教育部高等学校轻化工程专业
教学指导分委员会推荐"十一五"特色教材

QINGHUAGONGCHENG DAOLUN
轻化工程导论

石 碧 王双飞 郑庆康 肖作兵 主编

U0285816

化学工业出版社

·北京·

《轻化工程导论》是普通高等教育"十一五"国家级特色教材。本书系统而又深入浅出地介绍了皮革工程、制浆造纸工程、染整工程、添加剂化学工程等 4 个轻化工程专业方向的基本知识、科学原理和技术概况，并介绍了该专业的人才培养情况和科技发展趋势。

本书可作为普通高等学校轻化工程专业本科生的教材，也可以作为该专业大专生及相关专业学生的教学参考书。同时，本书也可以作为皮革、制浆造纸、染整、日用化学品等行业工程技术人员、管理人员的参考用书。

图书在版编目（CIP）数据

轻化工程导论/石碧等主编 . —北京：化学工业出版社，2010.7（2022.11重印）
教育部高等学校轻化工程专业教学指导分委员会推荐"十一五"特色教材
ISBN 978-7-122-08189-6

Ⅰ. 轻… Ⅱ. 石… Ⅲ. 化工工程-高等学校-教材
Ⅳ. TQ02

中国版本图书馆 CIP 数据核字（2010）第 095932 号

责任编辑：刘俊之	文字编辑：杨欣欣
责任校对：蒋　宇	装帧设计：张　辉

出版发行：化学工业出版社（北京市东城区青年湖南街 13 号　邮政编码 100011）
印　　装：天津盛通数码科技有限公司
787mm×1092mm　1/16　印张 16¾　字数 443 千字　2022 年 11 月北京第 1 版第 6 次印刷

购书咨询：010-64518888　　　　　　售后服务：010-64518899
网　　址：http://www.cip.com.cn
凡购买本书，如有缺损质量问题，本社销售中心负责调换。

定　　价：46.00 元

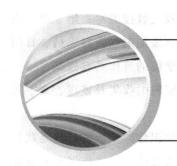

前言

　　1998 年教育部对高校本科专业的设置进行第四次调整时，将之前的皮革工程、制浆造纸工程和染整工程三个专业合并为"轻化工程"一个专业。进行这种归并的依据是：①使专业的覆盖面更广，学生的适应性更强。②这些专业具有共同的特点，即通过生物质资源的转化与利用，制造与人类生活息息相关的产品。例如，制革工程是以动物生物质（皮）的转化与利用为目的；制浆造纸工程是以植物生物质的转化与利用为目的；染整工程则是制革、造纸、纺织的重要基础技术。③这些专业的主要基础知识/基础课程相近。之后，"添加剂化学与工程"（即传统的日用化学品专业）也归并到轻化工程专业。专业归并后，原来的专业称为方向，如轻化工程专业皮革工程方向。

　　客观地讲，对于轻化工程专业，许多人对其内涵尚不够清楚。因此，出版一本全面介绍该专业的图书很有必要，这是我们撰写该书的目的之一。出版该书的另一个重要目的是，近年来，许多设置了轻化工程专业的高等学校都开设了《轻化工程导论》课程，而我国尚无相关教材，该教材的出版正好可以满足这一需求。

　　值得说明的是，多数高校是将《轻化工程导论》课程开设在大学的低年级（多数是一年级），其目的是使学生对本专业及自己今后要从事的工作有一个概要的了解，从而有助于基础和专业课程的选修及学习的规划。针对这一特点，本教材在撰写过程中特别注意了以下几点：

　　1. 考虑到学生尚未系统学习和掌握大学化学、化工、数理等基础知识，本教材在保证专业内容基本系统的基础上，尽量做到深入浅出，让学生能够基本读懂和理解，即内容深度尽量做到介于科普与专业之间。

　　2. 为了避免出现太多专业性很强、理解困难的内容，不要求对所有技术内容/工艺过程都作完整的叙述。必要时，在简单叙述的基础上，注明"该部分内容将在后续专业课程中进一步学习"。

　　3. 本教材的目的之一是启发学生对专业的兴趣，认识到轻化工程专业是一门科学内涵丰富，实际意义重大的专业。在材料的准备和撰写内容中尽量贯穿了这一指导思想。

　　4. 使学生了解从事轻化工程工作必须具备的基础、专业基础和专业知识，以及应该具备的实践能力。

　　本教材分为 4 章。其中第 1 章《皮革工程》及前言由四川大学制革清洁技术国家工程实验室的石碧教授编写；第 2 章《制浆造纸工程》由广西大学的王双飞教授编写；第 3 章《染整工程》由四川大学轻纺与食品学院的郑庆康教授编写；第 4 章《添加剂（香料香精、日用化学品）化学与工程》由上海应用技术学院香料香精技术与工程学院的肖作兵教授编写。

四川大学的博士研究生王亚楠、曾运航用了 5 个月时间完成资料的收集及整理、文字校对与规范化编排等工作，对本教材的完成做出了重要贡献。

如何将专业内容写得通俗易懂并具有启发意义，而又不失其知识性、系统性，这是我们在编写过程中遇到的一大难题。这方面的探索工作难免有顾此失彼之处，加之作者水平及知识面所限，本书可能存在疏漏和不妥之处，敬请读者指教。

作者
2010 年 3 月

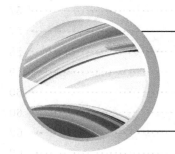

目 录

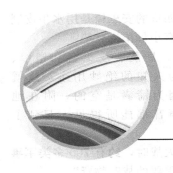

第 1 章
皮革工程

1.1 绪 论

1.1.1 皮革的历史

从地球上出现原始人类开始，对兽皮的加工和利用也就开始了。据人类学家 S. B. Leakey 在非洲的考察发现，人类对兽皮的使用可以回溯到 60 万年以前[1]。人类最早的衣服，就是原始人用当中开孔、能伸出头部的软兽皮披在肩上的斗篷。据北京周口店山顶洞北京人穴居遗址的发掘，早在 35 万年前，北京猿人已学会了用骨针缝制皮衣服[2]。史前时代，原始人居住的洞穴中，地面上多铺上兽皮做垫毯，洞穴出入口处则用兽皮作遮挡物。往后，游牧民用兽皮做皮帐篷作为居住的房屋。这种房屋在一两个小时就可以迅速搭成或拆掉，适合游牧民族的生活特点。

人类早期利用的动物皮未经过任何加工，只是晾干而已。由于动物皮的主要成分是蛋白质，干燥后十分僵硬，受湿后易腐烂，在 65℃以上热水中会蜷缩，甚至溶化成胶，易生虫，不便保存。

动物皮必须经过化学改性和机械加工，才能变得柔软、坚韧、耐热，才能长久保存而不腐烂，才有可能成为既实用又美观的物品。现在，人们把这种化学转变过程称为"鞣制"，正是"鞣制"把皮转变成了革。人类最早发明的"鞣制"方法有植物鞣法、明矾（铝）鞣法、油鞣法和烟鞣法。但为了实现这些方法，人类可能经历了成千上万年的、从无意识到有意识的实践活动。

在公元前 20 世纪左右，植物鞣法、明矾鞣法、油鞣法和烟鞣法即已被广泛使用，并逐渐形成制革业。

据文字的记载，在 3600 年前的商代，制革在我国已开始形成专业工种，当时的工匠共分土工、金工、木工、草工、石工、革工六种。在其后的周代（公元前 11 世纪～公元前 256 年），朝府设有"金、玉、皮、工、石"五种官吏来管理人民日常生活的必需品。

当人类掌握了将皮转变成革的技术后，皮革不仅成为了人类的生活必需品，也一度成为身份、富贵的象征及重要的军需品。

13 世纪时的旅行家马可波罗在他的中国访记中曾写到"中国有极好的皮革帐篷"，在贵族家庭"床单是光亮的红绿皮革，特别柔软，并用金银线镶饰，墙上有大幔帐和织有图案的挂毯及刺绣皮革，一派美丽富有的景象。这些都出自无名手艺人的技艺"。

罗马人用牛皮制作教堂的门窗和管风琴的风箱。14 世纪的皇家账目使我们了解到，每座宫殿都用加工过的皮革作地毯和墙壁贴面。法国的勒浦伊大教堂仍然保存着 11 世纪的大门，木板的门扉上用漆过的皮革包裹，铁饰镶嵌。巴黎圣母院的壁衣以革作底，至今还能清晰地分辨出皮革底层的残迹。从最漂亮的大教堂到最简朴的教堂，讲道台一般用石头、橡木、青铜或锻铁制作，装有精制的皮扶手，扶手的颜色往往与整个讲道台恰成对比，讲道台的伞顶常常也用同样的皮革装饰。日内瓦主教弗朗索瓦·德·沙勒和波苏埃曾说过，他们不断用手抚摸皮扶手，启示他们唱出不朽的赞美词。法国国王亨利四世的安乐椅是用水牛皮制作的。在路易十四时代，凡尔赛宫内有 270 把镂空座椅，全部装有小母羊皮软垫[3~5]。

皮革在军事上的功劳不小。古时作战使用的刀鞘、弓箭、盾牌、皮头盔和铠甲、马鞍等都离不开皮革。在中国古代兵法上，皮革还有一鲜为人知的绝妙用途，这就是把牛皮做的装箭用的囊袋规定为战士行军露宿的枕头。因为箭囊是空的，附在地上能接纳地面传来的声音，在数里内如有敌方人马行动，声音都能听得见，起到了现代报警雷达的功效。

即使在近代，中外军事家也十分重视军事用革。第二次世界大战时，约有 700 多类军事物件使用皮革，因此美国国防部曾经宣布皮革是"美国第七种最重要的战略物资"。

1.1.2　近代皮革工业的形成

公元前 1800 年，地中海地区的一些国家即开始以作坊的形式生产皮革，并将其作为商品交易。如所谓"摩纳哥革"即是当时摩纳哥人用植物鞣剂鞣法、植物鞣剂-油结合鞣法生产的皮革，曾经闻名于世界。但是，能够满足人类需要的、大规模的制革工业，是随着近代科技的突破而逐渐形成的。

1840 年，德国化学家维勒发现了苯胺，为现代染料工业奠定了基础；1858 年，德国化学家 F. Knapp 发明了"铬鞣法"。正是这两项发明，使皮革的品质、美观度大为提高，皮革制造业快速发展。

1858 年发现铬鞣法后，直到了 1893 年才形成操作简单、控制容易的一浴铬鞣法，使皮革的性能得到了很大的提高。这种鞣制方法迅速得到推广应用，并因其独特的鞣制效果，使皮革的耐水洗、耐贮存及耐湿热稳定性大幅度提高，因而逐渐取代了以往的各种鞣法，在轻革鞣制中占主导地位。

早期的制革过程是通过在池子中浸泡而完成的。19 世纪人们开始使用制革转鼓进行制革操作。铬鞣法的应用使皮革的性能得到了提高，而转鼓的普遍应用则意味着皮革工业逐步地告别了作坊时代。转鼓使制革工人的劳动强度大大降低，生产效率大大提高。

20 世纪，各类皮革专业机械设备如剖层机、去肉机、磨革机、熨平机、喷浆机等被开发并被制革生产过程采用，使制革生产的水平不断提高，皮革产品的应用范围不断拓展。20 世纪，皮革化工产业的快速发展则成为了皮革产品时尚化的催化剂。

值得说明的是，皮革科学研究的发展，对近代皮革工业的形成和发展产生了重要作用。19 世纪以前，人们主要按照经验控制皮革生产过程。19 世纪中后期，西方国家开始研究制革的科学原理（主要是化学原理）。由于加工对象是蛋白质，而制革又是当时为数不多的成熟工业，许多学者加入研究行列。至 19 世纪末、20 世纪初，制革的基本理论初步形成。具有象征意义的事件是，1929 年美国学者 John Arthur Wilson 在已有研究成果的基础上，编辑出版了第一本系统阐述制革化学原理的专著"The Chemistry of Leather Manufacture"，这本著作至今对皮革生产仍有指导意义。正是因为制革科学研究的发展，至 20 世纪初，制革科学原理对生产产生了重要影响，逐渐形成了理论基础较完整、生产技术较成熟的工业过程。

1.1.3　皮革工业的现状及发展趋势

20 世纪 60 年代之前，欧美国家的皮革产量和质量占绝对优势。20 世纪 60～80 年代，日本、韩国等国家和中国台湾地区的皮革工业得到了快速发展。20 世纪 80 年代以后，由于劳动力成本、环境压力等因素，世界皮革工业重心逐渐向亚洲国家转移，中国、印度等国家的皮革工业得到了快速发展。图 1-1 是新中国成立后皮革产量的增长趋势。

目前世界各地区皮革产量大致分布情况为：亚洲 53％，欧洲 27％，中北美洲 10％，南美洲 8％，其他地区 2％。

我国皮革、毛皮及其制品和鞋类的产量居世界第一位，皮革行业已经形成了较为完整的产业链，制革、制鞋、皮衣、皮件、毛皮及其制品等主体行业，以及皮革化工、皮革五金、皮革机械、辅料等配套行业都进入良性发展阶段。目前，我国皮革、毛皮及制品企业中"规模以上"企业（指全部国有企业及年销售收入 500 万元

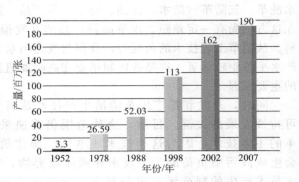

图 1-1　新中国成立后皮革产量增长趋势

人民币以上非国有企业）2 万余家，从业人员达 500 余万人。其中，2008 年，"规模以上"制革生产企业 788 家，从业人员 15.3 万人；"规模以上"制鞋企业 4800 多家，从业人员 200 多万人。据不完全统计，我国年产轻革 7 亿平方米左右，占世界总产量的 20％；年产鞋类 100 余亿双，占世界总产量的 50％以上。皮革商品出口已经连续多年位居轻工行业首位（400 亿美元/年）。

皮革工业在我国轻工行业中所占的产值、利润和出口额比例如图 1-2 所示。

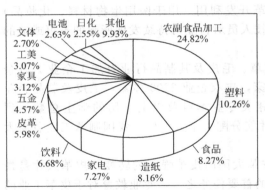

(a) 2008年中国轻工行业产值统计

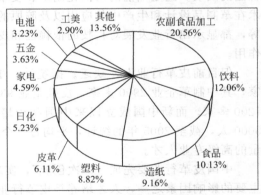

(b) 2008年中国轻工行业利润统计

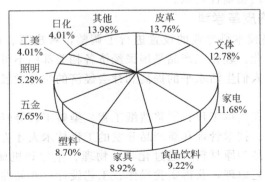

(c) 2008年中国轻工行业出口额统计

图 1-2　2008 年皮革工业在我国轻工行业中所占的产值（a）、利润（b）、出口额（c）比例

当今，全球皮革工业的竞争十分激烈，发达国家已经将产业发展的重点放在开发和生产

市场潜力大、附加值高的皮革产品上，以增强竞争力。例如，汽车坐套革、高档家具革、耐水洗革、三防革（防水、防油、防尘）等产品，发达国家正逐渐占据市场主导地位，而我国在这方面尚有一定差距。皮革高新产品的开发很大程度上依赖于先进的专业化工和生化材料。从制革工程技术的角度看，我国与发达国家并无明显差距，但皮革化工材料的研发和生产水平差距较显著。这是我国制革业在高附加值新产品开发和生产方面与发达国家存在差距的主要原因。

同时，开发和推广皮革清洁生产技术是当今皮革业发展的必由之路，也是实现行业可持续发展的关键。目前，全球范围仍普遍采用传统的硫化碱脱毛和铬盐鞣制作为制革的主体技术，因为这类技术成本低、操作简便、运行稳定。这些技术在制革过程中会生成高污染负荷的工业废水和固体废弃物，而原料皮的利用率只有 50%～60%。传统技术产生的制革污水成分复杂、污染负荷与污染物成分多变，故是一种较难治理的工业废水，采用被动的终端废水处理方式，很难达到严格的环保要求。因此在保证皮革产品质量和性能的前提下，开发能有效地减少或消除污染的清洁生产集成技术，是市场需求的必然。

1.1.4　皮革学科高等教育情况

制革是一门实践性、挑战性很强，变化多端的工程技术。它对工程技术人员的依赖性强。尤其在近现代，皮革行业的进步离不开皮革科技工作者的努力。无论是 19 世纪一浴铬鞣法的发明，还是当前的清洁化制革、皮革废弃物的利用、绿色皮革化学品的研发、高新技术在革制品设计和生产中的应用以及胶原的非制革开发利用（用于医用生物材料、化妆品）等，都显示出行业发展对科技的依赖性和皮革科技人员对行业可持续发展所起的不可或缺的作用。

但目前皮革行业人才缺乏。据统计，中国皮革、毛皮及其制品行业有加工企业 2 万余家，其中制革企业 2900 多家，皮鞋企业 9300 多家，皮衣企业 2200 多家，毛皮及制品企业 1200 多家。而新中国成立以来中国高校培养的相关专业本科及以上学历的学生总数不到 5000 人，截至 2005 年的统计，平均每 5 个企业才能分配 1 个大学生。我国制革工业急需大量的高级专业人才。

中国皮革行业要完成"二次创业"，实现由皮革大国向皮革强国的转变，皮革人才是最主要的影响因素之一，人才培养是皮革行业发展的首要任务之一。专业教育对于皮革工业的科技进步已经并将继续作出奠基性贡献。

1.1.4.1　我国高校中的皮革学科[6~8]

1998 年，教育部对高校本科专业的设置进行了调整，将皮革、造纸和染整三个专业合并为"轻化工程"一个专业。轻化工产品是国民经济各相关部门不可缺少的物质材料和人们日常生活的必需品。随着人们生活水平的提高和社会经济的快速发展，轻化工程扮演的角色越来越重要。

轻化工程专业以培养在皮革工程、制浆造纸工程、染整工程等轻纺化工领域从事工业生产、工艺设计、科学研究、技术管理和新产品开发的工程技术人才为目标。轻化专业学生应掌握以多种天然资源及产品为原材料，通过化学、物理、生化和机械方法加工皮革、纸张、纺织品等的基本理论和工艺原理，获得实验操作、工艺设计、产品性能检测分析、生产技术管理和新产品开发研究的基本技能。

目前，全国开设轻化工程本科专业的高校有 40 多所，如表 1-1 所示。其中开设轻化工程皮革方向的高校仅有 4 所，分别是四川大学、陕西科技大学、山东轻工业学院和齐齐哈尔大学。

表 1-1 开设轻化工程本科专业的高校

地理位置	学 校
北京	北京服装学院
天津	天津工业大学、天津科技大学
上海	复旦大学、华东理工大学、东华大学、上海工程技术大学、上海应用技术学院
河北	河北科技大学
河南	中原工学院
山东	青岛大学、青岛科技大学、山东轻工业学院
安徽	安徽工程科技学院
江西	江西农业大学
江苏	苏州大学、南京工业大学、江南大学、南京林业大学、南通大学、盐城工学院
浙江	浙江理工大学
湖北	湖北工业大学、武汉科技学院
湖南	长沙理工大学、湖南工程学院
广东	华南理工大学
广西	广西大学
云南	昆明理工大学
四川	四川大学、四川理工学院
陕西	西安科技大学、陕西科技大学、西安工程科技学院
黑龙江	东北林业大学、齐齐哈尔大学
吉林	吉林大学、吉林农业大学、东北电力大学、吉林化工学院
辽宁	大连轻工业学院
福建	福建农林大学

皮革行业的发展离不开配套行业及人才的支持。皮革行业需要既懂皮革，又掌握商贸知识的专门人才。如 2008 年"规模以上"企业工业总产值 5611.5 亿元，完成外贸进出口总产值 425.5 亿美元，却无经过正规培训的皮革贸易高校毕业生参与相关的工作。因此为适应皮革行业发展的需要，2004 年开始，四川大学"轻化工程"本科专业在传统的皮革工程方向的基础上，增加了皮革商贸、革制品设计方向。目前，陕西科技大学等也开设了革制品设计方向，一些学校还开设了合成革方向。

1.1.4.2 我国高校皮革学科人才培养规范

下面以四川大学的轻化工程专业为例，介绍我国高校皮革学科人才培养规范、培养目标和就业方向。

轻化工程专业皮革方向的培养目标是：培养适应新世纪轻化工行业，尤其是制革行业生产与发展的需要，德、智、体全面发展，系统掌握现代皮革工程、染整工程的基本理论、基本知识与基本技术，以及相关的科学技术与工程技术，具备从事皮革化学与工程、染整化学与工程、制浆与造纸工程等行业的科学研究、生产技术、生产管理、工艺过程分析与工艺设计能力的复合型高级工程技术人才。该方向的毕业生可到大专院校、科研院所、设计单位、大中型企业、外资公司以及相关的商检、外贸、海关、情报等技术与管理部门或单位，从事教学、科研、工程设计、技术开发、技术管理、经营管理、商贸、质检等工作。

轻化工程专业皮革商贸方向是培养具有较为扎实的皮革生产基础知识、基本理论、基本技能及国际经济、国际贸易和市场营销知识的复合型皮革商贸高级专门人才。该方向的毕业生能从事皮革市场营销、国际贸易、管理、调研、宣传策划和市场预测等方面的工作。

皮革革制品设计方向的目标是培养具有皮革的基础知识和基本理论、绘画艺术创作及艺术学基本素养和革制品设计、创作能力的较高综合素质的革制品设计高级复合型人才。革制品设计方向的毕业生能从事革制品的设计、生产加工、工艺技术实施、产品检测及企业管理等工作，能在相应行业的研究机构、企业、商贸、商检、学校等部门就业。

1.1.4.3 我国高校皮革学科的课程设置

下面以四川大学轻化工程专业的教学计划为例，介绍我国高校皮革学科的课程设置。

皮革、皮革商贸和革制品设计三个方向前两年（大一、大二）的课程基本相同，如校级平台课程、类级平台课程和实践环节等。后两年（大三、大四）的课程按方向设置，方向不一样，专业课程、建议选修课和素质教育课程有所不同。学生可按照自己的兴趣、爱好自由选择专业方向，以便培养有专长、适合行业需要的毕业生。

轻化工程专业皮革方向的主干课程：大学数学、近代化学基础、物理化学、高分子化学及物理、纤维化学与物理、鞣制化学、制革工艺学、染整化学、轻化工程设备基础、纺织品染整工艺、制浆造纸工艺原理、计算机应用基础等。详细的必修课和选修课内容见表 1-2 和表 1-3。

表 1-2　轻化工程专业皮革方向必修课

课程类别	课程名称
校级平台课程	思想道德修养与法律基础等、军事理论、军训、大学英语、体育、大学计算机基础、中华文化
类级平台课程	大学数学、大学物理、近代化学基础、物理化学
专业课程	纤维化学与物理学、制革概论、(双语教学)、制革工艺学、鞣制化学、染整化学、纺织品染整工艺、制浆造纸原理与工艺、轻化工助剂、轻化工分析检测
实践环节	大学物理实验、物理化学实验、高分子化学实验、专业综合实验、工科化学实验、工程训练、毕业实习、毕业设计及论文

轻化工程专业皮革商贸方向的主干课程：制革化学与工艺学、国际商贸、国际市场营销、管理学原理、皮革贸易学、皮革品质检验、计算机应用基础、多媒体与互联网技术等。

轻化工程专业革制品设计方向的主干课程：制革化学与工艺学、皮革制品材料学、素描、色彩、艺术评论、制鞋工艺学、服装工艺学、脚型测量与鞋楦设计、多媒体与互联网技术应用等。

表 1-3　轻化工程专业皮革方向选修课

课程类别	课程名称
建议选修课	轻化工程专业概论、高分子化学、生产清洁化技术、毛皮工艺学、轻化工程科技进展、革制品工艺学、制革机械设备、科研训练、皮革国际贸易仲裁、专业外语、科技外语、C语言程序设计、公共关系市场营销学、信息检索与利用
跨专业选修课	化工原理、化工原理实验、现代工程制图
素质教育课程	纳米材料与新材料、环境与可持续发展、绿色化学引论
创新教育学分	创新实践

为了培养学生的创新精神和实践能力，四川大学轻化工程专业设置了"创新实践"和"科研训练"课程，使本科生在大学三年级就参与皮革科研和市场调研等工作，在

课题组体验和感悟科学研究精神，培养团队合作精神、创新能力和动手能力，提高科研素养，更好地认识和了解皮革科技和生产的基本思想和工作方法，协助或独立完成导师所承担科研项目中的部分工作，为大四的毕业论文研究工作和毕业后走向工作岗位打下基础。

1.1.4.4 皮革学科硕士和博士学位授权情况

全国有皮革学科硕士学位授权点的单位主要包括：四川大学、华南理工大学、江南大学、天津科技大学、陕西科技大学、华东理工大学、郑州大学和山东轻工业学院。

我国设有制革学科博士点的高校主要有：四川大学（一级学科博士学位授予单位）、华南理工大学（一级学位博士学位授予单位）、江南大学（一级学科博士学位授予单位）、天津科技大学（一级学科博士学位授予权单位）、陕西科技大学（皮革化学与工程博士点）。

其中四川大学是我国最早培养皮革专业研究生的学校。该校的皮革专业源于燕京大学皮革系（始建于 1923 年），1957 年开始招收研究生，1982 年获硕士学位授权点，1986 年获皮革化学与工程博士学位授权点，1988 年被列为皮革化学与工程国家重点学科，2005 年成为轻工技术与工程一级学科博士学位授权点，1996 年建立轻工技术与工程博士后流动站。四川大学皮革学科也是国家"211 工程"建设重点学科和"985 工程"科技创新平台建设学科，建有制革清洁技术国家工程实验室。

1.1.4.5 国内外皮革专业人才培养和科研单位

国内外从事皮革领域人才培养和科学研究的一些单位如表 1-4 所示。值得说明的是，许多科研单位实际上也从事人才培养、培训工作，对制革工业的发展起到重要的促进作用。实际上，国内外还有许多企业也建立有专业性和针对性较强的皮革研究中心，如巴斯夫公司、斯塔尔公司、科莱恩公司、广州德美精细化工有限公司、四川达威科技股份有限公司、四川德赛尔公司等。

表 1-4 国内外的皮革专业人才培养和科研单位（部分）

国　家	机　构
阿根廷	Centro de Investigaciony Desarrollo del Cuero（CITEC）（皮革研究与发展中心）
澳大利亚	CSIRO Leather Research Centre（Only Testing Facilities）（澳大利亚联邦科学与工业研究组织皮革研究中心）
奥地利	HBLVA für Chem. Industrie Versuchsanstalt F. Lederindustrie
巴西	Centro Tecnologico de Couro, Calcados e Afins（皮革、鞋类及制品技术中心）
	Centro Tecnologico do Couro（SENAI）（皮革技术中心）
	Rio Grande do Sul Federal University（UFRGS）（里约热内卢联邦大学）
保加利亚	Institute of the Shoe, Leather, Fur & Leathergoods（鞋类、皮革、毛皮和皮革制品研究所）
	Scientific & Technical Institute for Leather and Shoe Industry（皮革和鞋类工业科学技术研究所）
智利	Instituto Tecnologico del Calzado
哥斯达黎加	Centro de Tecnologia del Cuero（CETEC）（皮革技术中心）
法国	Centre Technique Cuir Chaussure Maroquinerie（CTC）（皮革与鞋类研究中心）
德国	Forschuninstitut fur Leder und Kunstsoffbahnen（FILK）
	Lederinstitut Gerberschule Reutlingen（LGR）（Reutlingen 皮革技术学校）
	Prüf- und Forschungsinstitut Pirmasens（PFI）

国　家	机　构
匈牙利	BIMEO Testing & Research Ltd Co
	Sci. Soc. of Hungarian Leather Shoe & Allied Ind.
印度	B. R. Ammedkar National Institute of Technogy
	Bharath Institute of Technology
	Central Leather Research Institute(CLRI)（印度中央皮革研究所）
	Govt. College of Engineering and Leather Technology（政府工程与皮革技术学院）
	Hartcourt Butler Technological Institute(Hartcourt Butler 技术学校)
	Institute of Leather Technology（皮革技术研究所）
意大利	l'Unione Nazionale Industria Conciaria(UNIC)Conciaricerca Italia S. r. l.
	PO. TE. CO. SCRL Polo Tecnologico Conciario
	SIMAC
	Stazione Sperimentale per l'Industria Delle Pelli e Delle Materie Concianti(SSIP)（意大利皮革研究所）
日本	Hyogo Prefectural Institute of Industrial Research（兵库技术研究所皮革工业技术研究中心）
	Scleroprotein & Leather Research Institute（硬蛋白质和皮革研究所）
	Tokyo Metropolitan Leather Technology Research Institute（东京都立皮革技术研究所）
	Technology Research Institute of Osaka Prefecture，Leather Testing Center（大阪技术研究所，皮革测试中心）
韩国	Korea Institute of Footwear & Leather Technology（韩国鞋类和皮革技术研究所）
墨西哥	CIATEG AC
新西兰	LASRA，Leather & Shoe Research Association of New Zealand（新西兰皮革和制鞋研究协会）
尼日利亚	Leather Research Institute of Nigeria（尼日利亚皮革研究所）
巴基斯坦	PCSIR，Leather Research Centre（巴基斯坦科学与工业研究协会皮革研究中心）
巴拉圭	Instituto Nacional de Tecnologia y Normalizacion (INTN)（国家技术和标准化研究所）
波兰	Section of Leather Technologists & Chemists（皮革工艺师和化学师研究室）
葡萄牙	Centro Tecnologico das Industrias do Couro(CTIC)（皮革工业技术中心）
罗马尼亚	ICPI，Leather & Footwear Research Institute（皮革与鞋类研究所）
	Polytechnic Institute of Iasi(Iasi 工学院)
俄罗斯	Central Scientific Research Institute for the Leather & Footwear Industry（皮革和鞋类工业中央科学研究所）
西班牙	AIICA（西班牙制革与相关产业研究协会）
	Escola d'Adoberia
	Instituo Quimico de Sarriá（萨里亚化工学院）
突尼斯	Centre National du Cuir et de la Chaussure(CNCC)
土耳其	Ege University，Engineering Faculty，Leather Engineering Department（Ege 大学工程学院皮革工程系）
乌克兰	Ukrainian Scientific Research Institute for the Leather & Footwear Industry（乌克兰皮革和制鞋工业科学研究所）

续表

国　家	机　构
英国	BLC Leather technology Centre Ltd(英国皮革协会皮革技术中心)
	British School of Leather Technology[英国皮革技术学校(北安普顿大学皮革工程系)]
	Greentech＋Associates
	W2O environmental(W2O 环保公司)
美国	Leather Industries of America,Leather Research Laboratory(美国皮革工业研究实验室)
	US Hide,Skin & Leather Association Laboratory(美国原皮和皮革协会实验室)
	USDA,Eastern Regional Research Center,Fats,Oils and Animal Coproducts Research Unit(美国东部农业研究中心,油脂和动物副产品研究室)
乌拉圭	Centro National de Tecnologia y Productividad Industrial
	Laboratorio Technologico del Urugay-Centro de Informacion
中国	四川大学生物质与皮革工程系、制革清洁技术国家工程实验室、皮革化学与工程教育部重点实验室
	陕西科技大学资源与环境学院
	中国皮革和制鞋工业研究院
	山东轻工业学院皮革化学与工程系
	烟台大学国家制革技术研究推广中心
	郑州大学皮革研究室
	齐齐哈尔大学皮革教研室
	温州大学浙江省皮革行业科技创新平台
	中科院成都有机化学研究所中科院皮革化工材料工程技术研究中心
	浙江海宁皮革研究院
	浙江嘉兴学院
	宁波工程学院材料工程研究所
	Footwear & Recreation Technology Research Institute 鞋类及休闲用品技术研究所(台湾)

1.2　制革的基础知识

1.2.1　皮与革

　　制革的原材料主要是各种家畜的皮，如牛皮、绵羊皮、山羊皮、猪皮等，也有野兽、海兽、某些鱼类和爬行动物的皮，这些统称为原料皮，也叫生皮。原料皮中含有蛋白质、脂类、糖类、水、无机盐等多种成分。制革即是将原料皮中不需要的成分去除，并对保留的成分进行处理和加工，从而使皮转变成革的过程。加工处理得到的产品就是革，图1-3 和图1-4 分别为皮和革。因此，了解原料皮和革的结构与性质，对认识和掌握制革技术非常重要。

1.2.1.1　原料皮的化学组成及其与制革的关系

　　组成原料皮的主要成分有蛋白质、脂类、糖类、水、无机盐等，这些组分的含量根据动物的种类、性别、老幼和生活条件而稍有不同，其中含量最高的固体组分是蛋白质，见表1-5。

图 1-3　原料皮

图 1-4　成品革

表 1-5　原料皮的化学组成（牛皮）[9]

组　　分	百分含量/%	组　　分	百分含量/%
蛋白质	30～35	无机盐	0.3～0.5
水分	60～65	糖类	<2
脂类	2.5～3.0		

原料皮中蛋白质的种类很多。真皮主要由胶原蛋白构成，此外还有弹性蛋白、白蛋白、球蛋白和类黏蛋白等（表 1-6），而表皮和皮的附属物——毛的主要成分是角蛋白。胶原是一种纤维状的蛋白质，其含量约占皮蛋白质总量的 98%，是皮和革中最基本也是最重要的成分。理论上讲，制革生产过程应只保留胶原。其余固体组分（其他蛋白质、脂类等）如果留在皮中，会使胶原纤维黏结在一起，并且阻碍鞣剂、染料等皮革化工材料向皮内的渗透和与胶原的结合，对制革过程和产品质量都会产生不利影响。因此需要通过化学、生化和机械等方法将它们全部除去。

表 1-6　原料皮真皮层的蛋白质组成[9]

蛋白质	100g 新鲜真皮的含量/g		
	阉牛皮	乳牛皮	犊牛皮
白蛋白和球蛋白	0.7	0.37	1.87
蛋白多糖	0.16	0.13	0.23
弹性蛋白	0.34	0.10	0.02
胶原	33.20	32.16	30.82

1.2.1.2　胶原蛋白的分子结构特征及反应活性

制革所利用的胶原是蛋白质中的一类，具有蛋白质的一般结构和性质。蛋白质是天然的高分子化合物，分子量❶从几千到几百万，其结构复杂、种类繁多、功能各异，但是蛋白质的水解产物都为 α-氨基酸，可见氨基酸是蛋白质的基本结构单元。天然存在的氨基酸约有 180 种，但构成蛋白质的氨基酸仅 20 余种[10]，称为基本氨基酸。其结构通式见图 1-5，其中 R 称为氨基酸的侧链。根据侧链基团的不同，氨基酸的性质也有所差异，如极性、酸碱性、水溶性等。几种典型氨基酸的结构式见图 1-6。

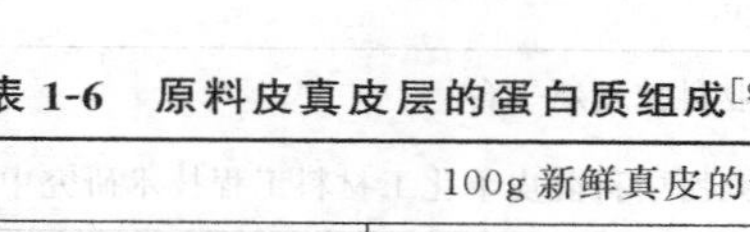

$$\text{HOOC}-\overset{\overset{\displaystyle H}{|}}{\underset{\underset{\displaystyle R}{|}}{C}}-NH_2 \quad \text{或} \quad {}^-\text{OOC}-\overset{\overset{\displaystyle H}{|}}{\underset{\underset{\displaystyle R}{|}}{C}}-NH_3^+$$

图 1-5　蛋白质基本氨基酸的结构通式

❶　指相对分子质量，全书同。

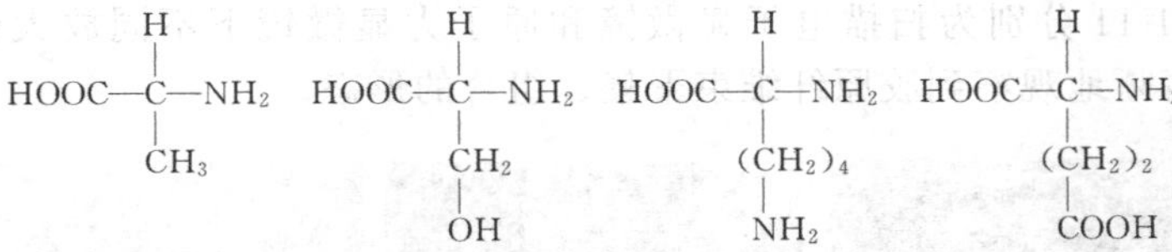

$$HOOC-\overset{\overset{\displaystyle H}{|}}{\underset{\underset{\displaystyle CH_3}{|}}{C}}-NH_2 \qquad HOOC-\overset{\overset{\displaystyle H}{|}}{\underset{\underset{\underset{\displaystyle OH}{|}}{CH_2}}{C}}-NH_2 \qquad HOOC-\overset{\overset{\displaystyle H}{|}}{\underset{\underset{\underset{\displaystyle NH_2}{|}}{(CH_2)_4}}{C}}-NH_2 \qquad HOOC-\overset{\overset{\displaystyle H}{|}}{\underset{\underset{\underset{\displaystyle COOH}{|}}{(CH_2)_2}}{C}}-NH_2$$

丙氨酸　　　　　　　丝氨酸　　　　　　　赖氨酸　　　　　　　谷氨酸

图 1-6　四种典型氨基酸的结构式

除基本氨基酸外，胶原蛋白的构成中还有其他几种氨基
酸。羟脯氨酸在胶原蛋白中的含量较多，约为 14%，而在一般蛋白质中含量较少，所以羟脯氨酸是胶原的化学结构特点之一，其结构式见图 1-7。

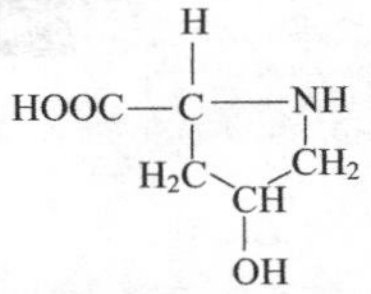

以氨基酸为结构单元组成蛋白质的基本反应是一个氨基酸的羧基与另一个氨基酸的氨基脱去一分子水，缩合生成肽键（酰胺键），如下式所示：

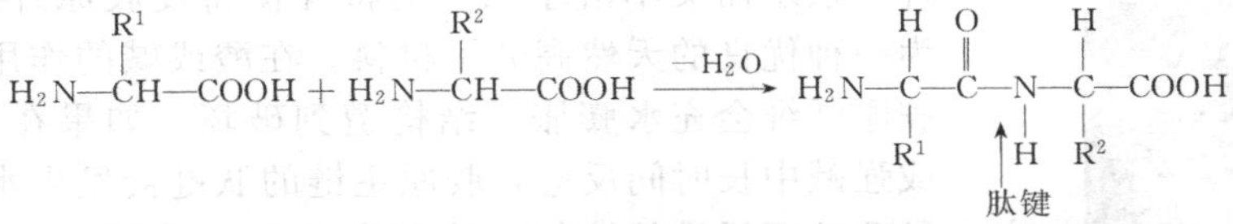

图 1-7　羟脯氨酸的结构式

$$H_2N-\overset{\overset{\displaystyle R^1}{|}}{\underset{}{CH}}-COOH + H_2N-\overset{\overset{\displaystyle R^2}{|}}{\underset{}{CH}}-COOH \xrightarrow{-H_2O} H_2N-\overset{\overset{\displaystyle R^1}{|}}{\underset{}{C}}-\overset{\overset{\displaystyle O\ \ H}{}}{C-N}-\overset{\overset{\displaystyle H}{}}{\underset{\underset{\displaystyle R^2}{|}}{C}}-COOH$$

肽键

多个氨基酸以肽键的连接方式形成一条长链，称为肽链。一条或多条肽链按一定的空间构型排列（如螺旋、折叠、扭转）即可组成蛋白质分子。胶原分子就是由三条肽链经过螺旋、缠绕而复合在一起的，并且依靠肽链之间的氢键等作用力来保持这种螺旋的形状（图 1-8）。电子显微镜下测得胶原分子长 280nm，直径 1.5nm，分子量约为 300000。胶原分子的每条肽链含有 1052 个氨基酸，其中一部分氨基酸的侧链（R）上含有羧基、羟基、氨基等各种官能团，而且分子主链上含有丰富的肽基（—CO—NH—），这些基团具有很强的反应活性，能与多种化合物进行化学反应，这也是制革过程中皮胶原与皮革化工材料产生结合作用的基础和前提。

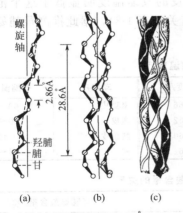

图 1-8　胶原螺旋示意图（1Å＝0.1nm）
（a）胶原的一条肽链；（b）三条肽链构成胶原分子；（c）螺旋状的胶原分子

图 1-9　胶原分子聚集成胶原纤维示意图

1.2.1.3　皮胶原纤维的结构和性质

让我们回顾一下从氨基酸逐级组成胶原分子的过程：首先 1052 个氨基酸脱水缩合，连接成一条肽链，然后三条肽链组合得到螺旋状的胶原分子。接下来更大规模的组装将继续进行。如图 1-9 所示，成百上千个胶原分子头尾相连聚集成长链，几条长链平行排列，并在链间产生类似于桥梁一样的横向共价键，如此形成的一束束纤维状的胶原，就叫做皮胶原纤

维。图 1-10 和图 1-11 分别为扫描电子显微镜和原子力显微镜下不同放大倍数的皮胶原纤维，可以真实、清晰地观察到胶原纤维束聚集、组合的形态。

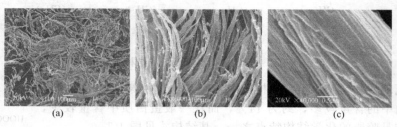

(a)   (b)   (c)

图 1-10   皮胶原纤维的扫描电镜照片

(a) ×100 倍；(b) ×1000 倍；(c) ×40000 倍

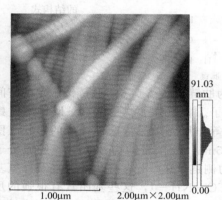

图 1-11   皮胶原纤维的
原子力显微镜照片

皮胶原纤维在水中并不溶解，但组成胶原的氨基酸上带有多种亲水的活性基团，正是这种"亲水而又不溶于水"的特性使得皮胶原纤维成为一种优良的天然高分子材料。在酸或碱的作用下，胶原纤维会充水膨胀，结构遭到破坏。如果在强酸或强碱中长时间反应，胶原主链的肽键会发生水解，导致胶原纤维的溶解，这种变化称为胶解。一些蛋白酶，例如微生物代谢产生的胶原酶，同样可以水解胶原纤维，所以胶原纤维容易受到微生物的侵蚀。当将皮胶原纤维置于液体介质中进行加热升温时，它在某一温度下会发生突然的收缩蜷曲，这个热变性温度称为收缩温度（T_s）。收缩温度越高就表示皮胶原纤维的热稳定性越好。皮胶原纤维的收缩温度根据动物种类不同而略有差异，一般为 60～65℃，但是水生动物皮的收缩温度明显低于这个范围，见表 1-7。这可能与水生动物皮中羟脯氨酸的含量较少有关（表 1-8），据此推测羟脯氨酸的环状结构可以提高胶原的热稳定性。

表 1-7   各种动物皮的收缩温度[9]

动物皮	收缩温度/℃	动物皮	收缩温度/℃	动物皮	收缩温度/℃
猪皮	66	山羊皮	64～66	家猫皮	60～62
牛皮	65～67	绵羊皮	58～62	鹿皮	60～62
犊牛皮	63～65	兔皮	59～60	鳕鱼皮	44
马皮	62～64	狗皮	60～62	鲨鱼皮	40～42

表 1-8   皮胶原收缩温度与羟脯氨酸含量的关系[9]

材料来源	收缩温度/℃	羟脯氨酸含量/%
鲨鱼皮	40	5.8
鱼皮①	55	7.8
牛皮	65	12.9

① 鱼皮种类原文不详。

1.2.1.4   皮的组织学结构

制革的原料主要是各种家畜的皮，其形状、大小因动物的种类不同而有显著差异，但化学组成和组织构造是基本一致的。了解原料皮的组织结构，对于制革工作者是必需的，因为皮革的性质、用途、制造方法的拟订等都与生皮的组织结构相关。

　　动物皮从外观上可分为毛层（毛被）和皮层（皮板）两大部分。把皮层的纵切片（垂直于皮面的方向进行切片）染色后在显微镜下进行观察，可清楚地看到皮层分为三层：上层叫做表皮层；中层也是最厚的一层叫做真皮层；下层叫做皮下组织层。图 1-12 和图 1-13 分别为显微镜下黄牛皮和山羊皮的纵切片，图 1-14 和图 1-15 分别为牛皮和猪皮的组织结构示意图。

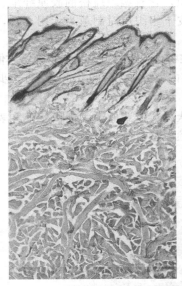

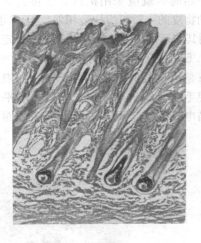

图 1-12　黄牛皮组织结构（纵切）[11]　　　　　　图 1-13　山羊皮组织结构（纵切）[12]

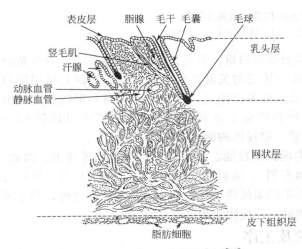

图 1-14　牛皮组织结构示意图[11]

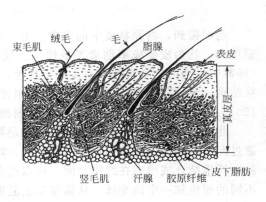

图 1-15　猪皮组织结构示意图

　　表皮层位于毛被之下，紧贴在真皮层的最上面，对真皮起到保护作用。表皮的厚度随动物种类和部位的不同而不同。如猪皮的表皮较厚，占整个皮层的 2%～5%，而牛皮的表皮只占0.5%～1.5%，山羊皮占 2%～3%，绵羊皮占 1%～2.5%。对于制革来说，表皮是无用的组织，在制革过程中要和毛一起被除去。但是原料皮在运输和保藏过程中都必须注意保护表皮，如果表皮受损，细菌就容易入侵真皮，引起掉毛甚至造成皮腐烂，从而影响成革的质量。

　　真皮层位于表皮层与皮下组织之间，是皮的主要部分，其重量或厚度约占生皮整个重量或厚度的 90%以上，又分为乳头层（也叫粒面层）和网状层两部分。真皮层主要由胶原纤维编织而成，除此之外，此层中还存在弹性纤维、网状纤维、纤维间质（指白蛋白、球蛋白、黏蛋白等非纤维蛋白质和糖类），及淋巴、血管、汗腺、脂腺、毛囊、肌肉、神经等组织。不同的动物皮，其附属组织的发达程度不尽相同。如绵羊皮和猪皮的脂腺比较发达，而牛皮的汗腺较多，这些腺体多分布在乳头层。革是由真皮加工制成的，革的许多特征都由这层的构造来决定。

皮下组织层是动物皮与动物体相互联系的疏松组织，含有编织疏松的胶原纤维、弹性纤维、血管、淋巴管和神经组织，并有大量脂肪细胞。皮下组织层对制革为无用之物，在制革过程开始时，就应采用机械方法将其除去。

动物皮的一般组织构造相似，但不同的动物皮还存在各自独特的组织结构特征，它们将直接关系到其制革加工方法和制革工艺的制定。这方面的详细内容将在今后的专业课中进一步学习。

1.2.1.5 革的结构和性质

革是由皮胶原纤维纵横交错，编织形成的立体网状材料。革的上表面由于毛和表皮的去除而使毛孔暴露出来，形成了凹凸不平、错落有致的颗粒状花纹，所以称之为粒面。图1-16为扫描电子显微镜下革的粒面和横截面的形貌。

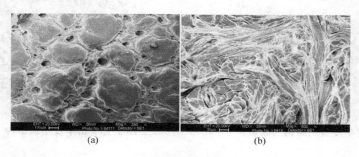

(a) (b)

图 1-16　铬鞣革的扫描电镜照片[13]
（a）粒面（×250 倍）；（b）横截面（×500 倍）

前面提到，将原料皮中的表皮、毛、非胶原蛋白质、脂类和糖类等基本除尽，只保留胶原蛋白，就为皮变成革创造了条件。实现这一转变的关键步骤叫做鞣制。鞣制是指用鞣剂（即鞣制所用的化学材料）对皮进行处理，在皮胶原纤维之间产生化学交联，形成稳定的网状结构。经过鞣制后，革的热稳定性相比原料皮有了显著提高，收缩温度可以达到 $90\sim120℃$。同时革具有更强的耐受化学试剂和微生物侵蚀的能力。

此外，革作为一种商品，还需要满足物理机械性能、感观性能以及美感等要求。因此，通过向革内添加一些填充材料（复鞣剂、填充剂）、染料和润滑材料（加脂剂）等，使其与胶原纤维结合或填充在纤维之间，可以改善革的柔软性、丰满性、力学强度等性能，赋予革不同的颜色和一定的光泽，从而使革制品能够广泛应用于生产生活之中。

1.2.2 皮转变成革的主要过程技术及工序

将原料皮转变成革的一整条技术路线叫做制革工艺，它是由几十步化学、生化和机械处理组成的过程技术。其中每一步加工处理称为一个工序，各个工序不是独立存在的，它与前后工序紧密相关。制革工艺依据皮的种类、状态和产品要求等的不同而有所变化，但一般来说，制革工艺都可被划分为三大工段，即准备工段、鞣制工段和整饰工段，每个工段包含十几个工序。准备工段的主要目的是为了去除皮上的毛、附带的污物、头、蹄以及制革所不需要的组织（如表皮、非胶原蛋白质、皮下组织等），松散胶原纤维，利于后工序化工材料的渗透与作用，为获得品质优良的皮革奠定基础。鞣制工段是实现由皮到革的质变过程，它通过鞣剂在皮胶原纤维之间的交联反应赋予革一些基本性能，如热稳定性、力学强度等。此时的革尚不能使用，因为它的物理机械性能以及外观还不符合要求，这就需要整饰工段来实现。整饰工段分为湿态染整和干态整饰两部分，它通过化学处理、机械作用、干燥、表面修饰等手段，提高革的品质，增强革的美感，使其具备更高的使用价值。图 1-17 为按照这三个工段的顺序，以猪皮加工工艺为例对其各个工序的说明。

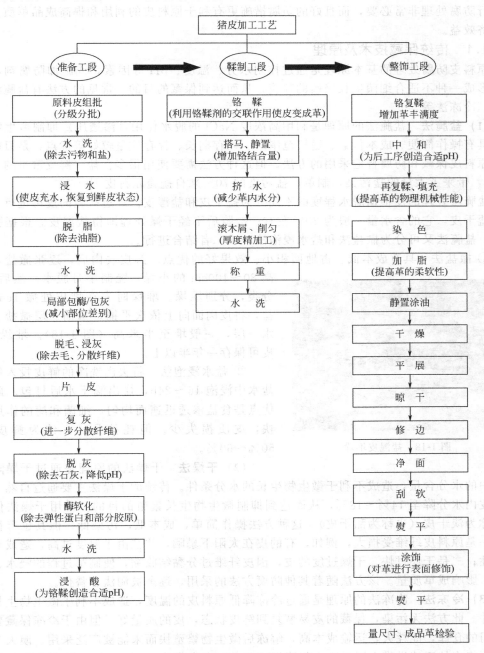

图 1-17　猪皮制革加工工艺

1.3　制革准备工段工艺技术及基本原理

1.3.1　原料皮保藏技术及原理

制革的原料皮从动物体上剥下来后，往往还需要经过一段时间的保存和运输后才能投入生产。此时的原料皮称为鲜皮，其上带有大量微生物，加上皮的主要成分是蛋白质、水、脂类等，为微生物的生长繁殖提供了丰富的养料，如果不采取有效的保护措施，在适宜条件下，原料皮自身的"自溶酶"和微生物会作用于原料皮而使其腐烂。因此，在原料皮的保藏中进行防腐处理非常必要，而且好的防腐措施更有利于原料皮的利用和提高成品革质量，增加经济效益。

1.3.1.1　传统保藏技术及原理

原料皮防腐处理的基本原理是通过控制水分、温度、pH 等因素，或施加防腐剂，在皮内外形成一种不适合细菌生长繁殖的环境，从而达到保藏的目的。常见的方法有盐腌法、干燥法、冷冻法等。

（1）盐腌法　盐腌法的原理是利用高浓度 NaCl 的脱水作用（渗透压）抑制微生物的生长，具有操作简便、成本低廉、适用范围广、贮存期长、保存质量较好等优点，是目前各个国家原料皮保藏和防腐普遍采用的方法。但这种方法需要使用很多食盐（鲜皮重量的30%～40%），带来了大量的盐污染，制革厂盐污染的70%来自盐腌原料皮[14,15]。

盐腌法处理的皮根据脱水程度的不同分为盐干皮和盐湿皮。经过盐腌的皮再进行干燥就得到盐干皮，它的含水量一般为 20%左右；盐腌后不经干燥处理即得盐湿皮。根据腌制的方式，盐腌法又可分为撒盐法和盐水浸泡法，或二者结合进行。

① **撒盐法**　具有成本低、占地面积小、效果好的优点。鲜皮去肉后，逐张撒盐，堆成高 80～100cm 的小垛，腌制半月脱水。然后分级、分类，分别堆垛。堆垛时先在堆皮处撒 1cm 厚的盐，将皮肉面向上依次平铺，每铺一层撒盐、淋盐水一层，一般堆至半米高（图 1-18）。堆垛正确，皮可保存一年半以上。

图 1-18　盐湿皮堆垛

② **盐水浸泡法**　将去肉洗净的鲜皮投入饱和食盐水中浸泡 16～24h，捞出滴干水后打包。此法的优点是食盐渗透迅速而均匀，细菌和酶的作用停止快，皮质损失少。但耗盐量大，约为鲜皮重的 50%～60%。

（2）干燥法　干燥法的原理是通过干燥降低原料皮中的水分含量，造成不利于微生物生长的水分条件。传统的干燥法主要通过自然干燥将原料皮内水分降至 14%～18%，从而达到抑制微生物生长繁殖的目的。采用干燥法保存的皮，称为淡干皮（也称为甜干皮）。这种方法操作简单，成本低，污染低。但其也有很多缺点：一是原料皮纤维受损大，例如，有的皮在太阳下暴晒，往往由于温度过高，造成皮蛋白质变性；二是干燥过快、干燥过度的皮，因皮纤维过分黏结收缩，使制革过程的浸水、回软困难，影响成革质量。该方法随着其他防腐方法的采用，逐渐被淘汰和替代。

（3）冷冻法　冷冻法的原理是通过冷冻降低原料皮的温度，造成不利于微生物生长的温度条件。此方法无污染，保藏的皮易恢复到鲜皮状态，皮的质量好。但由于冷冻保藏要求建立专门的仓库，能耗大，运输成本高，解冻后微生物繁殖快而未能被广泛采用。澳大利亚一家工厂将皮挂于传送带上通过冷空气降温，48min 内皮张冷却到 5℃后可贮存 5 天，每小时可以处理 300 张皮[14]。

1.3.1.2　原料皮保藏技术的发展趋势

近年来，人们的环保意识逐渐加强，各国政府对污水排放也制定了愈来愈严格的标准，印度、意大利、西班牙等国已制定了严格的含盐废水排放标准，盐腌法因其盐污染而引起人们的重视。因此使用清洁化的原皮保藏防腐技术替代盐腌法，减少或消除盐污染，对于实现制革业的清洁生产具有重要的意义。目前正在探索的原料皮保藏方法主要有以下方面：

（1）少盐保藏法 传统的盐腌法是盐污染的主要来源，但盐腌法的成本低、防腐效果明显等优点也是很突出的，要完全取消盐腌法目前还是很困难的。采用食盐和其他试剂（如杀菌剂、抑菌剂、脱水剂）结合使用的保藏方法，既可以减少食盐用量，降低盐污染，又能达到中短期防腐保藏的目的。

硼酸能够吸收皮纤维间隙中的水分，协助水分蒸发，同时还具有杀菌效果。用 4.5% 的硼酸溶液与饱和氯化钠溶液结合浸泡的方法，可使原料皮在 30℃ 下保藏 1 周左右[16]；采用将硼酸和食盐（均为固体）直接涂抹于皮的肉面，保藏 2 周后原料皮依旧完好[17]。此外，硫酸钠、EDTA 钠盐、杀藻胺等试剂也可用于少盐保藏法[18~20]。在选择防腐杀菌剂时应注重其专一性、高效性、低毒性，目前国外大多数皮革化工公司都有专门的防腐剂产品，国内在这方面的专用产品较少，还需要加大开发力度[21]。

（2）其他盐替代食盐 奥地利、德国、英国和孟加拉国等合作开发了用硅酸盐代替食盐防腐的原皮保藏方法。经硅酸盐防腐的原皮可保藏数月，皮中仅含有 10%~15% 的水分，所以非常坚硬，类似于羊皮纸。但是，原皮浸水回软没有任何问题，浸水后仍然能够制成高品质的革。另外，用含硅酸盐的浸水液代替纯水灌溉，能促进农作物的生长，提高产量[22,23]。

NaCl 和 KCl 物理性质和化学性质相似，但 NaCl 是制革废水中最难去除的成分之一，直接排放会造成土壤的盐碱化，使作物无法生长。KCl 却是植物生长所需要的肥料，因此如果可以使用 KCl 替代 NaCl 的话，当废水排放到土壤中时，K^+ 能直接被作物吸收，促进作物生长而不产生环境问题。用 KCl 保藏原料皮的操作方法与传统的盐水浸泡法基本相同，但 KCl 溶液的浓度至少在 4mol/L 以上，而且需要结合适当的机械作用以确保皮内 KCl 的浓度也达到一定程度。使用 KCl 处理，生皮的保存期可达 40 天以上，鞣制得到的革在力学强度、收缩温度等方面与常规盐腌皮基本相同，而柔软度更好。不过要全面实现用 KCl 替代 NaCl 还有很多工作要做，首先，KCl 的成本比 NaCl 高得多，如果能使用少量的 KCl，再辅以微量脱水剂或杀菌剂，也许既可以降低成本，又达到清洁防腐保藏的目的。此外，植物对 K^+ 的吸收并非是无限的，排放多少才能保证不出现负效应仍需要进一步研究[15,24]。

（3）辐射法 使用一定能量的电子束或 γ 射线照射，可以杀死材料表面的细菌。1999 年美国农业部批准使用电子束和 γ 射线对肉制品进行低温巴氏杀菌，以消灭生肉上的大肠杆菌和其他有害微生物。同样道理，辐射法也可应用于原料皮的灭菌处理。辐射法包括两个主要步骤：第一步是辐射前准备阶段，将原料皮置于转鼓中，加入杀菌剂和水，转动 1h 进行预杀菌，随后经过挤水，原料皮被送上传送带进行分级、修边和折叠；第二步即为电子束辐射过程。辐射处理后，此前分过级的原料皮继续由传送带送往无菌冷藏室，按重量和品质分类存放。如果将皮密封于塑料袋中不与外界接触，可保藏 6 个月以上，而且外观就像刚剥下的鲜皮一样。如果堆置于木板上，应避免粘上污垢并于 4℃ 保藏。辐射法处理时间短，效率高，既可达到防腐的目的，又能很好地保持鲜皮特性，是一种"绿色"技术。但是由于设备的特殊性，投资大，同时还需要灭菌包装或冷藏库，故只适于规模较大的工厂使用[15,25,26]。

（4）鲜皮制革 如果直接用鲜皮制革，就基本不存在盐污染的问题，而且可以减少原料皮在保藏过程中受到的伤害，提高成革质量，还能使浸水工艺得到简化，缩短工期，这已在德国 Moller 公司的实践中得到证实。因此，在环保压力日益增加的情况下，鲜皮制革得到了更多的关注。美国几家大型制革厂已有 60% 左右的原料皮是鲜皮，阿根廷多数大制革厂也有 75% 的原皮是直接来自屠宰厂的鲜皮。我国曾经有许多制革厂采用本地肉联厂的鲜皮制革，如前武汉制革厂，但随着计划经济时代的过去，这样的企业已经很少，只有一些地处养殖基地的制革厂（如湖南湘乡）部分采用鲜皮制革。但鲜皮制革也受到以下条件制约：生皮每天的供应量应稳定有规律，生皮的质量、重量应均匀，屠宰厂与加工厂不应距离太远，以减少运输时间。总的来说，鲜皮制革需要将技术和商业运作结合起来，通过多方面的合作和科学的管理，才能达到既减少污染又取得较高经济效益的目的[14,27,28]。

综上所述，虽然上面所列举的清洁化技术中有些方法投资较高，有些方法适用规模小，或者只能在一定程度上替代盐腌法，但不管怎样，任何一项技术的推广普及都需要时间让人们认识和接受。而且随着人们生态环境意识的提高，盐腌法在原皮保藏中的主导地位已经动摇，更科学、有效，更有利于环境保护的生皮保藏技术才是今后制革业的需要。

1.3.2　浸水工艺及原理

1.3.2.1　传统浸水工艺及原理

浸水是指通过池子、转鼓（图1-19）或划槽（图1-20）使保藏处理的原料皮重新充水，恢复到鲜皮状态的操作。

图1-19　转鼓

图1-20　划槽

鲜皮中含水分60%以上，而干燥法保存的皮水分含量为14%～18%，盐干皮水分含量20%左右，盐湿皮水分含量也不超过40%。因此，将这些失水的原料皮投入清水中，随着水逐渐向皮内渗透，可以明显观察到皮逐渐变厚、变软，这种现象叫做充水。图1-21表示的是不同条件下干燥的山羊皮，在不同pH溶液中的充水情况。产生充水的原因是皮蛋白质含有许多亲水基团，能够与水分子结合（在1.2.1.3中已有叙述）。原料皮能够充水的另一个原因与其组织结构有关，即皮胶原纤维形成的是网状编织结构，其中的空隙可以容纳大量水分子。浸水时如果加入NaCl之类的中性盐，可以促进皮的充水作用；而加入酸或碱，充水程度会急剧增加（图1-21），皮变得厚硬而有弹性，这种现象我们称为膨胀。膨胀的原因是蛋白质带上了电荷，亲水性增加，并在纤维之间产生了静电排斥力，这部分内容将在浸灰一节中（1.3.5.1）做详细阐述。

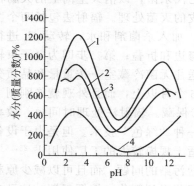

图1-21　不同条件下干燥的
山羊皮在不同pH溶液中
的充水情况[9]

1—鲜山羊皮；2—在15℃下
干燥；3—在37℃下干燥；
4—太阳下晒干

浸水工序的目的是：①使原料皮恢复到鲜皮状态，使由于失水而黏结在一起的胶原纤维重新分散，保证化工材料的进入和后工序的正常操作；②洗去皮张上的污物（如泥、粪、血等）、防腐剂和盐分，以利于后工序的进行；③除去皮内的部分纤维间质（可溶性的非纤维蛋白质），为后工序化工材料的渗透及其作用打下基础。

浸水采取的方式应视原料皮失水的程度、生产厂家的条件等因素而决定。可采用池浸水、转鼓浸水和划槽浸水。干燥法保藏的或失水程度大的原料皮不应立即采取转鼓或划槽浸水，因为此时皮比较僵硬，若采用转鼓或划槽等机械作用较强的方式，皮容易发生断裂。可以采用池浸水或先静置浸泡一段时间，然后再采用转鼓或划槽浸水。转鼓和划槽可以加速皮张充水，缩短浸水时间。制革生产中最常用的盐湿皮一般都在转鼓或划槽中进行浸水。

浸水工序中最重要的一点是控制微生物的繁殖，防止原料皮的腐烂。原皮经防腐保藏后，皮中的微生物只是受到抑制作用而并未死亡，在浸水时，保藏中使用的防腐剂进入水中，由于水量很大，其浓度被稀释了很多倍，从而失去了对微生物的抑制作用，微生物又开始复苏繁殖起来。同时，浸水过程中有很多可溶性蛋白进入水中，给微生物的繁殖提供了营养补给。微生物生长规律如图 1-22 所示。浸水温度为 20℃时，在 8h 以内细菌生长很慢，此时为缓慢期即图中的调整期，在此期间皮不会被细菌侵蚀。8h 后细菌迅速成倍增长，即为对数期，此时大量细菌作用于皮蛋白质，使皮受到损伤[9]。因此，浸水时应采取措施，防止细菌繁殖对数期的出现。

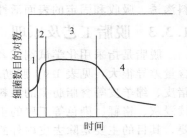

图 1-22　微生物的繁殖曲线
1—调整期；2—对数期；
3—稳定期；4—衰老期

为了抑制微生物的繁殖，减少皮的损伤，就要采取相应的防腐措施，最简单的方法就是在调整期的末期换水。但换水只能减少水中的细菌数量，并不能使皮内的细菌减少。浸水时加入防腐剂是抑制微生物生长的最有效的方法。传统的浸水防腐剂有漂白粉、次氯酸钠、五氯酚钠等，其使用量一般为水重量的 0.05%～0.2%。但从环保的角度看，这些防腐剂对环境有危害，尤其是五氯酚钠对环境会造成严重的污染。防腐的另一个途径就是添加浸水助剂，缩短浸水时间。当前使用最广泛的浸水助剂是碱类物质，其次是表面活性剂。加碱的目的是调节水的 pH 至 8.5～10，此时不但可以抑制细菌的繁殖，而且能加快皮的充水。硫化钠是我国制革厂使用最普遍的碱性物浸水助剂，另外还有硫氢化钠、多硫化钠、氢氧化钠等。硫化钠不仅可以很好的溶解皮内的部分纤维间质以及对胶原纤维束起到一定的分散作用，而且可很好的抑制某些微生物的生长繁殖，其防腐浸水效果非常好。但随着环保要求的不断提高，硫化碱的污染问题受到关注。氢氧化钠由于碱性太强，使用时难以控制，所以一般情况下不用。表面活性剂主要依靠其润湿和渗透的性能，加速浸水过程的进行，但同样存在污染问题，且应用成本较高。

下面列举一例转鼓浸水的工艺。

原料为猪盐湿皮，称重作为以下各材料的用量基准。

将皮投入转鼓中，加入水 300%（材料用量的计算公式为：加入材料的重量/皮的重量×100%，以后各材料的用量均照此计算），转动转鼓，水洗 10min，排掉水。向转鼓中加入水 200%，碱性物质 1%，表面活性剂 1.5%，防腐剂 0.2%，先转动 30min，此后转 5min停 60min，共浸水 18～22h。

1.3.2.2　浸水技术的发展趋势

传统的浸水方法操作时间长，用水量大（要适时换水），而且通常加入的一些浸水助剂，在提高浸水效果的同时，会带来环境污染问题。因此，高效率、低污染浸水助剂的开发，已成为国内外浸水技术的研究方向。

酶制剂和含酶助剂在此情况下应运而生。酶是一种高效的生物催化剂，在浸水过程中使用酶制剂和含酶助剂，能在使原料皮恢复到鲜皮状态的同时，起到加速纤维间质溶解、分散胶原纤维的作用，而且酶对环境的污染基本为零。酶法浸水的发展倾向于使用含有脂肪酶、蛋白酶、糖化酶、表面活性剂等多种成分的复合酶制剂，通过各个组分的协同效应以取得"1+1＞2"的效果。浸水开始时，脂肪酶和蛋白酶分别对原皮上的脂肪和纤维间质进行作用，在油脂多的地方，脂肪酶对油脂进行水解，使蛋白酶得以通过；反过来，蛋白酶通过分解纤维间质，让脂肪酶容易进入皮内[29]。另外，糖化酶可以分散皮胶原纤维，表面活性剂则起到促进酶渗透的作用。这种相互促进的结果是浸水快速而均匀。

随着酶制剂工业技术的发展，如果能通过基因工程等手段，对酶制剂进行改良，使其具有更好的储藏稳定性、更高的处理效率、更宽的活性范围，则酶制剂能更好地应用于各类原料皮的浸水工艺中[30]。

另外，开发自身生物降解性能好，对环境无害，作用温和，在使用过程中能促进其他材料渗透、吸收和固定的表面活性剂类浸水助剂，也是浸水技术的重要发展方向[30]。

1.3.3　脱脂工艺及原理

脱脂是指采用化学试剂或者机械方法除去皮内外脂类的操作。原料皮种类不同，其脂肪含量差异很大，见表1-9。脂肪的存在对制革生产和成革的质量会产生严重的影响，尤其是猪皮、绵羊皮等含脂肪多的原料皮。油脂脱不干净，将阻碍后工序化工材料的渗透，影响后续浸灰、铬鞣、染色等工序的正常进行。由此可见，脱脂操作对于脂肪含量较高的皮十分重要，其目的主要是除去皮内外的油脂成分，为后工序化工材料的渗透创造条件。

表1-9　几种常用原料皮的脂肪含量[31]

原料皮	黄牛皮	水牛皮	山羊皮	绵羊板皮	猪皮
脂肪含量/%	<2	<2	3～10	30	15

脱脂的方法主要分为机械脱脂（制革上称为去肉）和化学脱脂两种。机械脱脂就是采用去肉弯刀（图1-23）、去肉机（图1-24）、削匀机等工具或设备除去皮下脂肪层以及皮内部分脂肪的操作。此操作可以在浸水前，也可以在浸水后进行，视皮张的状态而定，在原料皮失水过多的情况下通常在浸水后进行去肉。去肉机是我国制革厂最普遍采用的一种机械去肉设备，其特点是投资低，效率高，适合大批量生产的去肉处理。削匀机用作去肉是我国近20年来采用的一种方式，它对控制皮张的破损率以及对腹肷等松软部位的干净去肉有显著效果，缺点是一次性投入较大且效率较低。采用去肉弯刀进行手工去肉劳动强度高、生产量低，但其最大优点就是投资小，针对性强，常常作为一种辅助去肉手段，但大、中型制革厂目前已很少使用。

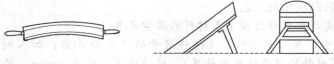

图1-23　去肉弯刀和刨皮板

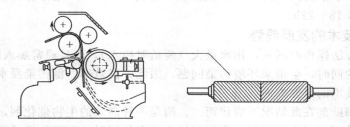

图1-24　去肉机及其刀辊

化学脱脂，顾名思义就是采用化学试剂（化工材料）对皮张进行处理，使其与皮内外的脂类物质发生作用，达到除去油脂的目的。对于猪皮、绵羊皮等含脂量大的原料皮必须有专门的脱脂工序，并在后工序中再分步适当脱脂。牛皮和山羊皮等含脂少的皮，脱脂可随浸水、浸灰、软化等工序同步进行，不需要专门的脱脂工序。化学脱脂常用的方法有乳化法、皂化法、溶剂法、酶水解法等。

(1) 乳化法　油和水两种不相混溶的液体，其中一种（这里是油）以小液滴的形式均匀分散在另一种液体中（这里是水），形成类似牛奶一样的乳液的过程叫做乳化。为了促进油滴在水中的分散，提高乳液的稳定性，常加入一些表面活性剂（也称乳化剂）来增强乳化效果。例如通常采用的洗涤剂、洗衣粉等都是可用于乳化的表面活性剂。乳化法脱脂的原理就是使用表面活性剂处理皮张，使皮内的油脂分散和乳化，再水洗将油脂除去。乳化法脱脂反应条件相对温和，脱脂效果较好，但由于成本较高的原因，在实际生产中很少单独使用进行脱脂操作。

(2) 皂化法　原料皮中的脂类物质大部分是脂肪酸甘油酯，这类油脂可以在碱液中水解发生皂化反应，生成能溶于水的脂肪酸盐和甘油，在水洗时很容易将它们除去。皂化反应的原理如下式：

$$\begin{matrix} H_2C-O-COR^1 \\ | \\ HC-O-COR^2 \\ | \\ H_2C-O-COR^3 \end{matrix} + 3H_2O \xrightarrow{OH^-} \begin{matrix} H_2C-OH \\ | \\ HC-OH \\ | \\ H_2C-OH \end{matrix} + R^1COOH + R^2COOH + R^2COOH$$

国内外的制革厂普遍使用纯碱（Na_2CO_3）进行皂化法脱脂，它具有价格低廉、作用温和、易控制等优点。但其不足之处在于皂化反应需要在加热条件下进行，而此时皮未经鞣制，耐热稳定性较差，所以不能在太高温度下长时间反应，这就造成了脱脂作用不完全。为使皂化法脱脂较为彻底，可采用两次脱脂的方式，还常与其他化学试剂（多为表面活性剂）协同使用。例如，纯碱与表面活性剂共同脱脂的方法叫做乳化-皂化法，它既能达到良好的脱脂效果，又能解决单独使用表面活性剂成本过高的问题。猪皮乳化-皂化法脱脂的参考工艺如下。

猪皮浸水后继续以下工序，在转鼓中进行，各材料用量以原料皮重量为基准。

脱脂 1：温度 35℃，水 100%，纯碱 2%，表面活性剂 1%，转动 120min。

水洗：温度 35℃，水 200%，转动 15min，排掉水。

脱脂 2：温度 35℃，水 100%，纯碱 1%，表面活性剂 1%，转动 90min。

水洗：温度 30℃，水 200%，转动 15min，排掉水。

(3) 溶剂法　溶剂法是利用能溶解皮内脂类的溶剂来脱脂的方法。制革中使用的通常都是有机溶剂，例如煤油、石油醚、二氯乙烷、三氯乙烯等，它们大多价格较高，而且回收溶剂的设备费用大，挥发出来的有机溶剂会对环境造成污染，对操作人员的身体伤害也较大，目前在制革生产上没有广泛使用。而对环境无害的超临界 CO_2 流体作为溶剂的脱脂，近年来引起了人们的关注。所谓超临界 CO_2 流体，是指 CO_2 气体在高于它的临界温度（31℃）和临界压力（7.39MPa）时表现出的一种存在形式，在此状态下 CO_2 具有极强的溶解能力。用超临界 CO_2 脱脂的最大优点是无污染，油脂分子可全部分离回收，溶剂 CO_2 来源方便且可重复使用。但此方法对设备要求很高，一次性投入费用大，目前还处于实验室研究阶段，有望在未来的制革过程中得到应用。

(4) 酶水解法　在一定的温度、浓度、pH 条件下，天然油脂可被脂肪酶催化水解，生成脂肪酸和甘油。酶法脱脂正是利用这一原理使皮内油脂水解，成为可溶性化合物而除去。相比于碱、表面活性剂和有机溶剂等，酶制剂本身无毒无害，脱脂过程也不产生有毒物质，是一种环保的化工材料。国外许多公司都有脱脂酶产品，如诺维信公司的 Greasex 系列碱性脂肪酶，德瑞公司的 Erhazym LP、德国 Carpetex 公司的 Uberol VDP 4581 等[32]。脂肪酶脱脂在制革生产上尚未普遍采用，主要原因是成本高，条件不好控制。另外脂肪酶本身也需要进一步筛选和优化，使其能在更宽的应用范围内保持较高的反应活性和稳定性。

脱脂工序会产生大量的去肉废渣和脱脂废水，如果不处理将对环境造成污染。这些废弃物中含有的油脂是一种重要的工业原料，可用于制造 2000 多种化工产品。我国制革厂曾有过将油脂回收利用，制成肥皂、混合脂肪酸等产品的尝试[33~35]。但是，如何对脱脂工序的副产物进行合理、有效的综合利用，仍然是一个亟待解决的问题。

1.3.4 脱毛工艺及原理

脱毛是从皮上除去毛和表皮的操作。脱毛除了有去掉毛、裸露粒面纹路、使成革美观等作用外，还具有进一步溶解纤维间质，分散胶原纤维，有利于其他化工材料渗透的作用。

在叙述脱毛工艺之前，让我们首先来了解一下毛的化学结构、性质和组织学结构，这将有助于理解脱毛的原理。

毛的主要成分是角蛋白，其氨基酸组成的最大特点是半胱氨酸和胱氨酸含量较高（图 1-25），这就使角蛋白肽链内或肽链间通过半胱氨酸和胱氨酸形成较多的双硫键（图 1-26），显示出特殊的坚固性。与胶原蛋白相比，角蛋白更耐酸和酶的作用，但双硫键对碱非常敏感，这使角蛋白能在稀碱溶液中膨胀、溶解。另外，氧化剂和还原剂都可以与角蛋白反应，将双硫键打断，从而使毛溶解。

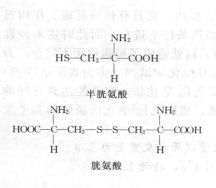

图 1-25 半胱氨酸和胱
氨酸的结构式

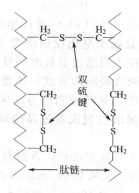

图 1-26 角蛋白肽链上
双硫键的位置

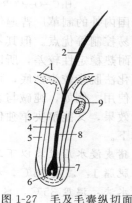

图 1-27 毛及毛囊纵切面
示意图[9]

1—表皮；2—毛干；3—外毛根鞘；
4—内毛根鞘；5—毛袋；6—毛乳
头；7—毛球；8—毛根；9—脂腺

图 1-27 是毛和毛囊的组织结构。从图中可以看到，毛沿长度方向分为两部分，露在皮外面的称为毛干，位于皮内的称为毛根。毛囊则是表皮凹入真皮内形成的凹陷部分，像袋子一样将毛根包裹住，毛囊分为毛袋（外层）和毛根鞘（内层）两层。

1.3.4.1 目前采用的典型脱毛工艺及原理

脱毛的方法分为碱法脱毛、酶脱毛和氧化脱毛等，碱法脱毛工艺又分为灰碱法、碱碱法、盐碱法等。这其中应用最普遍的方法是灰碱法。

(1) 碱法脱毛 碱法脱毛是以硫化碱（指硫化钠）为主要脱毛试剂，辅以其他碱（如石灰）或盐（如氯化钙），除去毛和表皮并使皮膨胀的脱毛方法。碱法脱毛的基本原理为：硫化钠在水中水解为硫氢化钠和氢氧化钠，生成的硫氢化钠具有还原性，可断开角蛋白的双硫键，使毛溶解。反应式如下：

$$Na_2S + H_2O \longrightarrow NaHS + NaOH$$
$$R-S-S-R（代表角蛋白）+ 2NaHS \longrightarrow 2RSH + Na_2S_2$$

同时，硫化钠水解产生的氢氧化钠也能与角蛋白发生反应，对毛的脱除起到一定的辅助作用。

灰碱法是将脱毛与膨胀（分散胶原纤维）集合在一起的方法，通常使用 2%～3%硫化钠和 5% 石灰 [$Ca(OH)_2$]。硫化钠主要用以破坏毛中角蛋白的双硫键，使毛完全溶化。石灰则使胶原纤维得以充分分散，由于灰液的碱性强，皮胶原纤维短时间内就达到膨胀状态，因此皮蛋白质损失少。制革生产中常用碱性更弱的 NaHS 代替部分 Na_2S，这样可降低皮的膨胀程度，使作用更加缓和，皮的粒面也细致一些。图 1-28 是猪皮在灰碱法脱毛后的组织学显微照片，可以明显看出这时根毛并不是被完整除去的，毛根还残留在皮中。这是因为硫化钠首先作用于暴露在皮外的毛干部分，使其毁坏成浆状，而深陷皮中的毛根部分受到的作用较弱，有可能没被毁掉，就残留在皮中了（图 1-29）。因此碱法脱毛的方式也被称为烂毛法或毁毛法。

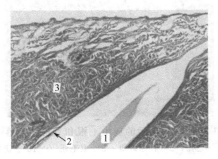

图 1-28　猪皮灰碱法脱毛后残留的毛根[28]
1—毛根；2—毛根鞘；3—胶原纤维（×10 纵切）

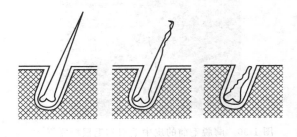

图 1-29　毁毛过程示意图

另需注意的是，不能将硫化钠和石灰的加入顺序颠倒，一定是先加硫化钠使毛溶化后再加石灰，否则就会产生令制革生产者非常头疼的护毛作用。所谓护毛作用是在碱性条件下，毛的双硫键断裂生成的 R—SH 和 R—SOH 与氢氧化钙生成新键（—S—Ca—O—S—），反应式如下：

$$R-SH + Ca(OH)_2 + HO-S-R \longrightarrow R-S-Ca-O-S-R + 2H_2O$$

新的交联键十分牢固地将毛固着在皮上。护毛作用一经产生是很难将毛从皮上除去的。除注意添加顺序外，同时还要保证硫化钠的量应足够，待毛开始溶解时再加入石灰。

灰碱法脱毛是一种传统的脱毛方法，具有原料易得、成本低、操作简单、技术成熟、成革质量稳定等优点，目前国内外制革生产仍然以灰碱法为主。但它存在硫化物污染严重、石灰处理困难、副产物难以利用等缺点。

另外，碱碱法是用硫化碱和烧碱（NaOH）来完成脱毛和分散胶原纤维的操作，多用于猪皮的生产，但烧碱作用非常强烈，控制不好会对皮造成损伤。盐碱法则使用中 $CaCl_2$ 或 NaCl，与硫化碱共同作用，可以避免皮的过度膨胀。这两种方法同样由于硫化物的使用，对环境有较大污染。

（2）酶脱毛　制革过程中应用酶脱毛具有悠久的历史，早在两千多年前，就有用粪便的浸液进行脱毛的记载，虽然当时人们并不知道是酶在其中起作用。早期使用的"发汗法"脱毛也是在适宜条件下利用皮张上的"自溶酶"及微生物产生的酶来削弱皮与毛的联结，达到皮、毛分离的目的。不过这种脱毛方法不易控制，容易使皮腐烂，早已被淘汰。1910 年，Otto Röhm 从发汗法中得到启发，研究出用胰酶脱毛的方法，这被认为是酶制剂在制革生产上应用的一个里程碑。之后随着其他酶制剂的不断开发、应用，使制革中酶的使用更容易控制，更科学化。目前，生产上使用的酶脱毛技术主要是指用人工发酵所产生的工业酶制剂在人为控制条件下的脱毛方法。

酶脱毛的目的是削弱毛和表皮与真皮之间的联系，除去生皮上的毛和表皮，同时对分散胶原纤维、除去生皮中的无用蛋白质往往也有一定的作用。

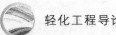

　　关于酶脱毛的机理，目前普遍认为的是，在蛋白酶的催化作用下，毛根与毛囊之间的结缔组织被水解破坏，导致毛根松动，并且借助机械作用，使毛从皮上脱落。从图1-30、图1-31中可以明显看出，酶脱毛前的生皮中存在着毛根和毛根鞘，酶脱毛后毛根和毛根鞘均已脱落，只留下空的毛孔，而不像灰碱毁毛法那样还有毛根残留在皮内（图1-28）。由于毛从皮上脱下时保持了完整的形状，并未受到损伤，所以酶脱毛也被称为一种保毛脱毛法。实际上，酶脱毛反应复杂，影响因素众多，其真实机理至今仍未研究清楚，还需制革研究者的不懈努力。

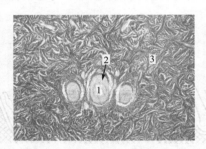

图1-30　酶脱毛前的皮中毛根和毛根鞘完好[36]
1—毛根；2—毛根鞘；3—胶原纤维（×10平切）

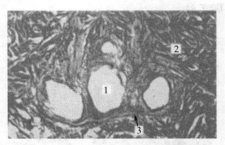

图1-31　酶脱毛后的皮中毛根和毛根鞘脱落[36]
1—毛孔；2—胶原纤维；3—束毛肌（×10平切）

　　酶脱毛的操作方法有堆置酶脱毛和有温有浴酶脱毛。堆置酶脱毛是指将一定量的酶制剂、防腐剂和渗透剂均匀涂抹在皮上，然后在一定温度下逐张堆放静置，直至毛能轻易脱掉（一般要两天以上），再用手工或脱毛机去毛的一种方法，目前这项技术主要用于猪皮脱毛。有温有浴酶脱毛是指将皮装入转鼓中，加入脱毛酶等试剂，调整到酶的最适条件下（最适温度、最适pH、最佳浓度等），通过转鼓的转动进行脱毛的方法。由于温度较高并伴有机械挤压和摩擦，所以酶向皮内的渗透快，脱毛迅速，可以在很短时间内将毛和表皮从皮上除去。以黄牛皮为例，在最适条件下，脱毛时间一般为40～70min[31]。

　　酶制剂本身无毒无害，将其用于脱毛产生的污染比传统灰碱法低很多，被公认为是一种清洁技术。而且毛从皮上脱下时未被破坏，可以回收利用，增加经济效益。但是酶脱毛的工艺控制较为困难，稍有不慎易出现皮损伤等质量事故，因此还需要在探索酶脱毛机理、筛选更适宜的酶品种、减少酶对胶原蛋白的损伤等方面多做研究。

　　（3）少硫脱毛　采用蛋白酶和少量硫化钠（用量为皮重量的1%～1.5%）结合脱毛的技术，既能减少50%～70%的硫化钠用量，降低硫污染，又能克服酶脱毛的缺点，保证成革质量稳定，是比较符合现在制革工业实际情况的一种脱毛方法，在各制革厂应用也比较普遍。但这毕竟是一种折中的方法，不能完全消除硫化物的污染。另外酶制剂在此强碱性条件下可能会失去反应活性，影响作用效果。

　　（4）氧化脱毛　氧化脱毛，就是利用氧化剂使角蛋白的双硫键断裂，从而将毛去除的一种方法。最早的氧化脱毛法使用的是亚氯酸钠（$NaClO_2$），如果控制得当可使成革品质优于灰碱法脱毛。但由于亚氯酸钠在脱毛过程中生成的二氧化氯（ClO_2）气体毒性大，且腐蚀性强，对设备的要求比较严格，大大限制了它的应用。

　　近年来，采用过氧化氢（H_2O_2，俗称双氧水）作为氧化剂进行脱毛得到了广泛关注。经研究发现，用2%～4%的过氧化氢和适量的氢氧化钠，在pH12～13的条件下脱毛能够得到令人满意的效果，2h内毛即可全部脱掉。双氧水与角蛋白反应的化学示意式为：

$$R—S—S—R + 5H_2O_2 \longrightarrow 2R—SO_3H + 4H_2O$$

　　为进一步探明过氧化氢氢氧化脱毛的机理，我们来看一下羊毛在碱性介质中受双氧水作用后的形态变化情况，如图1-32、图1-33所示。在pH为13，温度25℃，双氧水作用时间3h

的条件下，与空白样［图 1-32(a)］比较可以发现，当双氧水的浓度从 20g/L 提高到 40g/L 时，羊毛的毛根开始坍塌或被溶解［图 1-32(b) 和 (c)］，但毛干未发生明显破坏（图 1-33）。产生这一现象的原因是毛根的双硫键含量比毛干低[37]，更容易被双氧水破坏。因此氧化脱毛时毛的溶断首先发生在毛根部位。

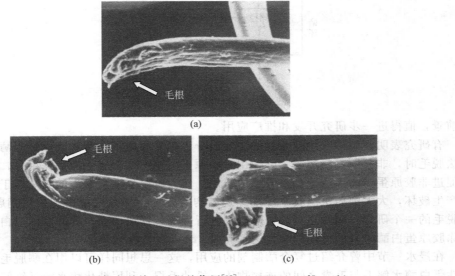

图 1-32　双氧水对羊毛毛根的作用[38]（pH 13，25℃，3h）
(a) 无双氧水；(b) 20g/L 双氧水；(c) 40g/L 双氧水（×400 倍）

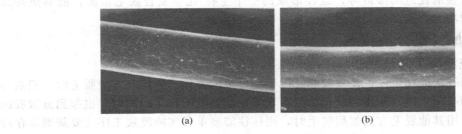

图 1-33　双氧水对羊毛毛干的作用[38]（pH 13，25℃，3h）
(a) 20g/L 双氧水；(b) 40g/L 双氧水（×400 倍）

上述研究工作给我们的启发是，采用过氧化氢和氢氧化钠脱毛时，如果条件控制得当，同样可能实现保毛脱毛，并对毛进行回收利用。过氧化氢氧化脱毛的另一个优点是此反应不产生有毒有害的物质，对环境污染较低。但是值得注意的是，过氧化氢作为氧化剂不只与毛发生反应，还会对木质转鼓造成腐蚀，因此此氧化脱毛技术对设备也有一定要求，一般应为不锈钢或塑料转鼓。

1.3.4.2　脱毛技术的发展趋势

（1）废碱液循环利用　传统灰碱法脱毛过程中，占加入量 40% 以上的硫化碱及 90% 以上的石灰没有被皮吸收而作为废物排放。因此，如果将这部分废水循环利用，则既可减少脱毛废水的排放量，从而降低制革废水中的硫化物浓度，又充分利用了硫化碱和石灰，节约了化工材料。而且，此项技术的实施费用较低，仅需要添置水泵、调节池等设施，同时，使用这项技术后，原有污水治理设备的压力大大降低，可延长污水治理设备使用寿命，降低了治污成本，是一种有实用价值的清洁生产技术。废碱液循环利用的简单流程如图 1-34 所示。

（2）酶脱毛发展趋势　作为一种高效率、低污染的保毛脱毛技术，酶脱毛具有良好的应

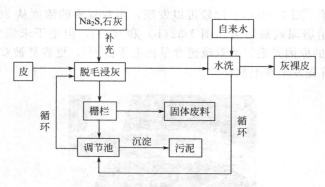

图 1-34   废碱液循环利用流程[39,40]

用前景，值得进一步研究开发和推广应用。

有研究表明，制革常用脱毛酶的主要组分都是非胶原蛋白酶和胶原蛋白酶的混合物。在酶法脱毛时，非胶原蛋白酶起主导作用。胶原蛋白酶不是酶脱毛的必需组分，但它具有一定的促进非胶原蛋白酶渗透、加速脱毛的作用。然而胶原蛋白酶最大的弊端在于它会对胶原蛋白产生破坏，大大削弱了皮胶原纤维编织结构的强度，导致成革出现质量问题[41,42]。因此酶脱毛的一个研究方向就是对混合酶制剂进行分离，提取出纯净的非胶原蛋白酶组分，从而消除胶原蛋白酶带来的负面影响，达到高效、专一的脱毛效果。

在浸水一节中曾介绍过复合酶制剂的应用，这一思想同样可以用在酶脱毛工艺中。通过碱性蛋白酶水解毛与毛囊之间的连接物质，松动毛根，利用糖化酶水解纤维间质，分散毛囊周围的胶原纤维，有助于毛的脱除，再加上一些化学试剂的辅助，如乙醇胺适度水解毛根的双硫键，表面活性剂促进酶渗透等，这样形成的一个生物-化学复合脱毛系统，能够更好地发挥各个组分的功能，起到协同作用。

1.3.5   皮胶原纤维分散技术

1.3.5.1   传统浸灰工艺及原理

浸灰是指用石灰处理生皮，使皮胶原纤维得到分散的操作。采用灰碱法脱毛时，浸灰与脱毛实际上是同一个工序。所用的硫化物、石灰等在起到脱毛作用的同时，也起到分散胶原纤维的作用。采用其他脱毛方法如酶脱毛时，则往往需要单独实施浸灰工序。复灰则是在浸灰后用石灰对裸皮（指经过脱毛处理后的皮）进行再次处理，它是浸灰作用的补充，对生产特别柔软的皮革产品至关重要。

浸灰（包括复灰）的目的有：①通过使皮充水膨胀，充分分散胶原纤维；②进一步溶解除去纤维间质，利于后工序化工材料向皮内渗透；③在碱性条件下除去皮内的部分油脂；④打开胶原分子链间的部分结合键，并释放更多的活性基团（如羧基、氨基），为鞣剂与皮胶原的结合打下基础。

在 1.3.2.1 中提出了膨胀的概念，即生皮在酸或碱中充水程度急剧增加，变得厚硬而有弹性的现象。浸灰时通常加入 5% 左右的石灰 $[Ca(OH)_2]$ 和适量的水，灰液 pH 在 12 以上，在此碱性环境中，皮胶原蛋白都带上了负电荷，反应示意式如下：

$$^+H_3N—P—COO^- （代表胶原蛋白） + OH^- \longrightarrow H_2N—P—COO^- + H_2O$$

由于胶原纤维都带有同种电荷（负电荷），它们相互排斥，结果造成纤维之间距离变大，更加分散，水分子也就更容易进入到纤维空隙中，皮呈现膨胀状态（图 1-35），这就是皮在碱液中膨胀的基本原理，称为静电排斥理论。除此之外，还可以用党南（Donnan）平衡理论来解释膨胀的原因，该理论将在以后的专业课"制革化学与工艺学"中学习。

石灰作为浸灰材料还有一个优点，就是它对胶原纤维的分散作用适中，能够防止皮张过

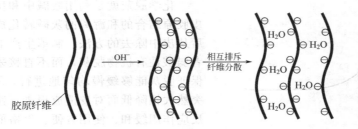

图 1-35 静电排斥理论示意图

度膨胀。这是因为 Ca^{2+} 与胶原多肽链上的羧基形成了交联键，反应式如下：

$$P—COO^- + Ca^{2+} + {}^-OOC—P \longrightarrow P—COO—Ca—OOC—P（胶原酸钙）$$

1.3.5.2 胶原纤维分散技术的发展趋势

传统的浸灰工艺具有材料易得、成本低廉、分散效果好等优点，但是由于石灰的溶解度低，在实际操作中需要过量使用（皮重量的 5% 以上），这就使得浸灰废液中含有大量不溶性的石灰沉淀物，形成制革厂特有的淤泥。这些石灰淤泥处理困难，如果进入森林或农田，会使土地板结，农作物及植被无法生长，严重影响生态环境[43,44]。因此，制革工作者正努力寻求其他更为清洁的胶原纤维分散途径，以降低甚至消除石灰的污染。

理想的纤维分散清洁技术应该满足以下条件[45]：①对生皮的分散作用能达到或接近传统浸灰工艺的效果；②分散后的裸皮适合后期的鞣制等处理；③不引入新的有毒有害物质，能较大程度降低废水的污染指标；④工艺操作简便，经济上可行。

NaOH 是一种易溶于水的强碱，而且价格便宜，有代替石灰分散纤维的可能性。但是 NaOH 对皮的膨胀作用剧烈，使用时要严格控制用量、温度、作用时间等条件，否则皮易受损伤。如果同时加入 0.4%～0.6% 的 $CaCl_2$ 可以发生以下反应：

$$2NaOH + CaCl_2 \longrightarrow Ca(OH)_2 + 2NaCl$$

生成的 $Ca(OH)_2$ 能抑制皮的过度膨胀。尽管其作用机理类似于石灰，但两者总用量仅为常规石灰用量的 10%～20%，可以大大降低淤泥的排放量[46]。

硅酸盐水溶液呈碱性，将其用于分散胶原纤维，作用过程缓慢温和，而且皮的膨胀程度和常规浸灰皮无明显差别。另外，由于硅酸盐的溶解度高，纤维分散过程没有淤泥产生，降低了污染[47]。因此硅酸盐有望成为一种替代石灰的分散材料。

如果能集合 NaOH、$CaCl_2$ 和硅酸盐的多重作用，再辅以一些适合在碱性条件下分解纤维间质、利于其他材料渗透的酶制剂，则有可能达到更好的纤维分散效果。或许这种无石灰复合系统正是未来纤维分散技术的发展方向。

1.3.6 脱灰工艺及原理

1.3.6.1 传统脱灰工艺及原理

脱灰是制革准备工段中伴随浸灰、复灰而存在的重要工序，是用酸性物在一定条件下除去皮内石灰和碱的操作。脱灰的目的有：①除去裸皮中的 Ca^{2+} 和碱，消除皮的膨胀状态；②降低裸皮的 pH 至 7.5～8.5，为后续的软化、浸酸等工序创造条件。

经过浸灰后，石灰和碱在皮中主要以两种形式存在：一是附着在皮的表面或沉积在胶原纤维间隙中的游离灰碱；二是与胶原发生化学结合（主要是离子键结合）的灰碱，比如浸灰一节中介绍的胶原酸钙（P—COO—Ca—OOC—P）。

脱灰的方式分为两种，即水洗脱灰和化学脱灰。水洗脱灰就是通过水洗将皮内游离的灰碱尽量洗出，但要达到较彻底地除去灰碱，仅靠水洗是无法实现的（图 1-36）。因此实际生产中一般以水洗脱灰为辅，化学脱灰为主，两种方式相结合的操作工艺。

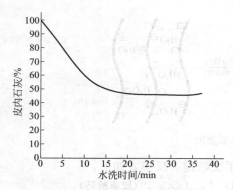

图1-36 水洗时间对去除石灰的影响[31]

化学脱灰就是利用酸碱中和反应的原理，将与皮胶原结合的和游离的灰碱转化成可溶性的盐，然后从皮中除去的方法。制革生产上多采用酸性盐或者弱酸性有机物脱灰，而不直接采用无机强酸，以保证脱灰能够缓慢均匀地进行，不至于出现因pH突然大幅降低而对皮造成损害。铵盐由于具有中和反应作用缓和、使用方便、价格低廉等优点而广泛应用于传统脱灰过程中，其中最普遍使用的脱灰剂是氯化铵和硫酸铵。在使用硫酸铵时，为避免生成难溶于水的硫酸钙而残留在皮中，影响成革质量，常加入稍过量的硫酸铵，与硫酸钙生成溶解度更大的复盐 $[(NH_4)_2 \cdot Ca(SO_4)_2]$。铵盐脱灰的反应式为：

用氯化铵脱灰 $2NH_4Cl + Ca(OH)_2 \longrightarrow CaCl_2 + 2NH_3 \cdot H_2O$

用硫酸铵脱灰 $(NH_4)_2SO_4 + Ca(OH)_2 \longrightarrow CaSO_4 + 2NH_3 \cdot H_2O$

$(NH_4)_2SO_4 + CaSO_4 \longrightarrow [(NH_4)_2 \cdot Ca(SO_4)_2]$

从反应式中可以看出，铵盐在脱灰过程中会产生刺激性的氨气，废水中的氨氮（指 NH_3 和 NH_4^+）含量也会大幅度提高，造成环境污染。高浓度的氨氮对水生动物具有一定毒性，并会引起水体富营养化，使水生植物过度生长，导致水质恶化，生态系统失衡。

1.3.6.2 脱灰技术的发展趋势

为了尽可能地减少脱灰软化时使用铵盐产生的高氨氮含量污水，国外从20世纪80年代以来即研究采用二氧化碳气体代替或部分代替铵盐的脱灰方法。芬兰西部 Viialan Nahka 制革厂成为全世界第一家全部采用二氧化碳气体脱灰的制革厂[48]，随后全世界有数十家著名的制革厂正式在生产中采用二氧化碳气体脱灰技术，取得了质量、环保、经济等多方面综合效益，脱灰装置见图1-37。总的来看，CO_2 气体脱灰能够有效降低废水中的氨氮含量，减少生产车间的氨气污染，控制方便，皮革质量较好，是一项值得推广的清洁化技术。

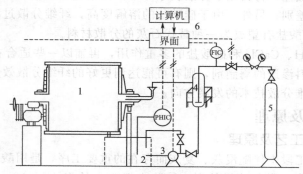

图1-37 CO_2 气体脱灰装置[49]

1—转鼓；2—废液收集装置；3—循环泵；4—CO_2吸收器；5—CO_2钢瓶；6—计算机控制系统

二氧化碳脱灰的基本原理见下面反应式：

$$Ca(OH)_2 + CO_2 \longrightarrow CaCO_3 + H_2O$$

$$CaCO_3 + H_2O + CO_2 \longrightarrow Ca(HCO_3)_2$$

当溶液中的pH高于8.3时，生成不溶性的碳酸钙，但当有充足的 CO_2 气体及水存在时，溶液的pH低于8.3，生成可溶的碳酸氢钙，从而达到脱灰的目的[50]。

另外，此前脱脂一节中介绍的超临界 CO_2 流体同样可以用于脱灰操作[51]，它为脱灰技术的发展提供了一条新颖的思路，但这种方法面临的最大障碍还是超临界设备的一次性投资较大，若要应用于实际生产还有很长的路要走。

脱灰技术的另一发展方向是研究开发新型无氨脱灰剂来代替铵盐。按照化学结构的不同，无氨脱灰剂大致可分为以下几类，见表1-10。需要注意的是，开发无氨脱灰剂时应综合考虑脱灰效果、成革品质、脱灰剂的价格和来源、对环境的污染等多方面因素，选择合理的产品，才有望应用到制革生产之中。

表 1-10　无氨脱灰剂的分类

类　别	脱灰剂	类　别	脱灰剂
无机弱酸	硼酸	酯类	羧酸酯、碳酸酯
有机酸	甲酸、醋酸、柠檬酸、乳酸等	芳磺酸	酚磺酸、磺基邻苯二甲酸等
镁盐	乳酸镁、硫酸镁		

1.3.7　软化工艺及原理

通常所说的软化工序也叫酶软化，它是采用胰酶或其他蛋白酶在一定条件下处理脱灰后的裸皮，使皮更加柔软的一种操作。最常用的软化酶制剂是胰酶，它是用动物胰脏经一系列加工后制得的粉状产品，是一个由多种酶组成的混合物[9]。

在讲述原料皮的化学组成和组织学结构时，曾经提到过一种非胶原的纤维状蛋白质——弹性纤维，它的存在会影响皮革的柔软度。弹性纤维主要是在软化工序中被去除，因为胰酶中含有弹性蛋白酶[9]，可以水解弹性蛋白，打断弹性纤维，从而保证了成革的柔软性。

浸灰时，皮内外的油脂、色素、毛根、表皮和纤维间质等物质已经受到了不同程度的降解作用，但还有一部分残留在皮中。在软化过程中它们容易受到酶的催化作用，继续分解成可溶的小分子物质，然后从皮上彻底的除去。另外软化酶对胶原也有一定的分散作用。因此，经过软化后皮纤维间的空隙被完全打开，呈现一种多孔网状的结构，不但利于后工序鞣剂等材料的渗透，而且可以赋予成革透气性、柔软性、丰满性等优良性能。

软化工序是在胰酶的最适反应条件下进行的，控制因素包括温度、pH、时间、酶用量等。传统酶软化的参考工艺如下。

原料为脱灰后的裸皮。

水 100%，温度 38℃；

胰酶 0.3%，渗透剂 0.3%；

转动 1h，pH 在 8.0 左右；

流水洗 10～15min。

需要特别注意的是，酶软化是制革工艺中较易发生事故的一个工序，其中酶制剂的用量、纯度、活性以及温度和时间的控制等都很重要。一旦软化过度，成革容易出现松面、强度低、弹性差等缺陷。所谓松面，是指革的粒面层（即上层）发生松弛，或者粒面层与网状层连接被削弱甚至两层轻微分离的现象（图1-38）。检验松面的方法是将革向内弯曲90°，粒面上出现较大皱纹，放平后皱纹不能消失即为松面[52]。软化时发生松面的主要原因是控制不当致使酶的渗透不够均匀，粒面层酶的浓度比皮的内部更高，受到的作用也更强烈，皮各部分软化的程度不同，最终导致松面。

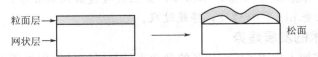

图 1-38　松面示意图

因此，未来软化的发展方向是采用渗透迅速、作用缓和的复合酶制剂，尽量避免松面的发生。此外如果能开发出具有缓释作用的酶制剂，在软化的初始阶段延缓其反应速率，直至酶在皮中分布均匀再开始作用，则操作的安全性和成品革的质量将大大提高。

1.3.8　浸酸工艺及原理

1.3.8.1　传统浸酸工艺及原理

浸酸是准备工段的最后一个工序（也可以看成是鞣制工段的第一个工序），它是将软化后的裸皮用酸和盐的溶液进行处理，为接下来的鞣制工段做好准备的操作。无机鞣法（如铬鞣、铝鞣法）在鞣制前一般都需要进行浸酸，而采用某些有机鞣法（如高浓度快速植鞣法，详见1.4.3）前也要采取这步操作。由于铬鞣是应用最普遍的鞣法，所以下面叙述的浸酸主要是针对铬鞣而言的。

浸酸的目的和原理主要有：

① 降低裸皮的pH，为铬鞣剂的渗透创造条件。软化后裸皮的pH在8～8.5左右，而铬鞣开始时所需要的pH在2.5～3之间。若不降低pH而直接进行铬鞣，带负电的胶原羧基（P—COO⁻）与带正电的铬离子在皮的表面很快就结合在一起了，皮的内部则未发生这样的鞣制反应，导致鞣制作用不均匀。而经过浸酸后，pH降低到2.5～3.0，此时皮胶原整体带正电，反应式如下：

$$^+H_3N—P—COO^- + H^+ \longrightarrow\ ^+H_3N—P—COOH$$

这样皮胶原和铬离子的电性相同，胶原羧基与铬的结合速率大大减慢，有利于铬鞣剂渗透到皮的内部。

② 终止酶的作用。酶软化后的水洗除去了大部分的酶，但仍有少量残留于皮内，浸酸时温度及pH都有所降低，会造成酶失去反应活性。

③ 进一步水解弹性纤维，分散胶原纤维，增加皮胶原与鞣剂分子的反应结合点。

传统的浸酸工艺使用的化工材料为食盐和酸。食盐的用量通常为皮重的6%～8%，必须在加酸之前先行加入转鼓，其目的是防止皮发生严重的酸膨胀（也叫酸肿）。酸膨胀的原理同样可以用1.3.5中介绍的静电排斥理论解释，只是在酸性环境中皮胶原纤维带正电。酸肿在制革中是不希望出现的，因为它会导致鞣制效果差，皮革质量严重下降。食盐能够防止酸肿的原因可以暂时理解为食盐的脱水作用抑制了皮的充水膨胀，在今后专业课中将用党南（Donnan）平衡理论做详细解释。

传统浸酸所采用的酸有无机酸和有机酸两类。无机酸中最常用的是硫酸，其次是盐酸，但盐酸浸酸会导致成革扁薄，不够丰满，且易产生危害人体健康的"酸雾"。由于酸性过强，在使用无机酸时如果控制不当，容易对皮造成损伤。有机酸（最常用甲酸）的酸性比硫酸等无机酸要弱一些，因此与皮作用更加缓和，但是有机酸又存在成本较高，降pH效果不如无机酸等问题。因此目前普遍采用两者结合使用的方式进行浸酸，同时在操作时须小心控制，避免皮受到损伤，具体工艺过程如下。

原料为软化后洗净的裸皮，以下各材料的用量以浸灰后皮的重量为基准。

水50%，温度20～22℃，NaCl 6%，转动10min；

甲酸0.6%，用其体积10倍的水稀释，缓慢加入转鼓中，转动30min；

浓硫酸1.0%，用其体积10倍的水稀释，分三次缓慢加入转鼓中，每次间隔15min，加完后再转90min，检查pH 2.6～2.8，停鼓过夜。

1.3.8.2　浸酸技术的发展趋势

制革生产中通常加入皮重6%～10%的食盐来抑制浸酸过程中可能引起的酸膨胀，这使得排放的废水中含有大量中性盐。据资料报道，如果不用盐腌法保存原皮，制革中至少可以减少 75％的中性盐污染；若浸酸工艺中不使用中性盐，则又可以减少 20％的中性盐[53]。为了解决传统制革工业中浸酸带来的盐污染，制革化学家们提出了无盐浸酸和不浸酸铬鞣的方法。

（1）无盐浸酸　所谓无盐浸酸，是指软化裸皮不用盐而直接用不引起膨胀的酸性化合物处理，达到常规浸酸的目的。其基本原理是使用的酸性物质能够与胶原氨基结合，从而避免胶原氨基结合氢离子，带上正电荷，防止由于静电排斥造成裸皮膨胀，见图 1-39。不引起膨胀的酸有芳香族磺酸、砜酸、没食子酸等[53~55]。

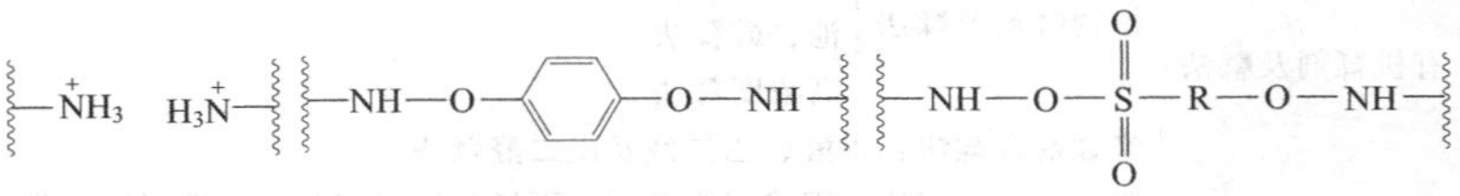

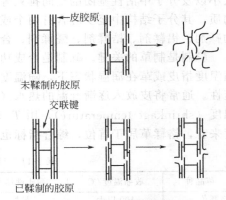

图 1-39　胶原氨基与氢离子、酚类和磺酸化合物结合示意图[55]

（a）在酸性条件下静电排斥而膨胀；（b）与酚结合不膨胀；（c）与酚磺基结合不膨胀

（2）不浸酸铬鞣　浸酸的主要目的是降低裸皮的 pH，为铬鞣剂的渗透创造条件，而不浸酸铬鞣的主要思路是合成新的铬鞣剂，使其在高 pH 条件下仍然带负电，可以顺利渗透到皮中，从而不经浸酸工序实现鞣制过程。此项技术不但能减少中性盐污染，而且具有简化工艺，缩短生产周期等优点，具有良好的发展潜力[56,57]。

1.4　制革鞣制工段的工艺技术及基本原理

鞣制是指用鞣剂处理裸皮，通过鞣剂的化学交联等改性作用，使之转变为革的过程。

原料皮经过准备工段中酸、碱、盐、酶等材料处理后，仍然属于皮，不具有革的性能。鞣制后的革耐湿热稳定性能提高，胶原结构更加稳定（见图 1-40），耐酸、碱等化学试剂、耐微生物（酶）作用的能力增强，遇水不膨胀，不腐烂。当皮变成革后具有成型性、透气性、丰满性和耐弯折性等优良性能，因此有很好的使用价值，可用以制作鞋靴、服装、家具和其他革制品。要想得到具有上述优良性能的革，裸皮必须经过鞣制、整理等过程。

能将皮转变成革的化学物质称为鞣质。含鞣质的化工材料称为鞣剂。鞣剂有很多种，如常用的有铬鞣剂、锆鞣剂、铝鞣剂、植物鞣剂、合成鞣剂、树脂鞣剂等。采用不同的鞣剂鞣革就出现了不同的鞣法。一般，如用铬鞣剂鞣制的方法称为铬鞣法，所鞣成的革就称为铬鞣革；用植物鞣剂鞣制的方法称为植鞣法，鞣成的革称为植鞣革。依此类推，可将制革生产常用的鞣剂及鞣法归纳如图 1-41 所示。

图 1-40　皮胶原在鞣制前后受湿热作用的变化[58]

革既保留了皮的纤维结构，又具有优良的物理化学性能。尽管各种鞣剂和胶原的作用机理不同，对胶原的作用程度有所差异，但经鞣制后所产生的效应大体上是一致的，鞣制效应有以下几点：

① 革在水中的膨胀度降低。

② 革的压缩变形减少，结构稳定性提高，耐湿热性能提高（T_s 高）。

③ 提高胶原的耐化学作用（酸、碱、盐、氧化作用）和耐微生物及酶的作用。

④ 增加纤维结构的多孔性，使革具有良好的透气、透水汽性。

⑤ 提高革的机械强度，使其耐弯折、耐撕裂以及抗张强度高，可适合多种用途。

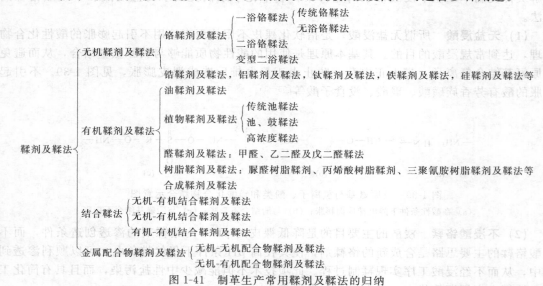

图 1-41　制革生产常用鞣剂及鞣法的归纳

鞣制作用的一般特点是鞣剂分子和胶原结构中两个以上的反应点作用，生成新的交联键。只与胶原在一点反应的化合物一般不会体现出明显的鞣性。鞣剂能否与皮胶原很好地发生交联结合，受到胶原纤维的氨基酸的排列、胶原相邻肽链间活性基团的距离、鞣剂分子的大小以及分子中活性基团的空间排列等多方面因素的影响。鞣剂必须是一种含多活性基团的物质，其分子结构中至少应含有两个或更多的活性基团。满足这些条件的鞣剂有铬鞣剂、植物鞣剂、铝鞣剂、锆鞣剂、醛鞣剂、合成鞣剂等。

鞣制是制革的关键。鞣制是否成功，除感观评价外，一般以收缩温度作为判断标准。收缩温度指皮或革在润湿状态下，随温度升高发生收缩变形时的温度，它能表征革的耐湿热稳定性。通常将皮放入逐渐升温的热水（或甘油）中，将其刚发生收缩时的瞬间温度记为收缩温度（shrinkage temperature），用 T_s 表示。从生皮及现有各种鞣制方法所得成革的收缩温度来看，铬鞣革居于首位，综合指标也以铬鞣革的性能最好（表 1-11）。

表 1-11　常见几种鞣剂的鞣革性能[58]

革品种	收缩温度/℃	耐水洗能力	柔软丰满性	粒面细致性	颜色
铬鞣革	100 以上	最好	好	一般	蓝
锆鞣革	90～95	较好	丰满,但纤维紧密板硬	一般	白色
铝鞣革	70～75	差	柔软、扁薄,不丰满	好	白色
钛鞣革	80 左右	较差	一般	较好	白色
铁鞣革	75 左右	较差	较柔软、扁薄,不丰满	较好	黄色

制革生产中应根据皮革的用途不同，采用不同的鞣剂及鞣法。例如，铬鞣法是目前制造轻革（质量较轻，如鞋面革、服装革等）的最理想的鞣法，而植物鞣剂则是生产重革（质地厚重，如鞋底革、箱包等）的理想鞣剂。

1.4.1　铬鞣工艺及原理

1858 年德国的 F. Knapp（克那浦）发现铬盐具有良好的鞣革性能；1884 年美国的 A. Schultz 成功发明了二浴铬鞣法，它是最早的铬鞣方法。但此法工艺过程较为复杂、技术要求高，而且容易产生六价铬污染。直到 1893 年，另一位美国人 M. Dennis（丹尼斯）发明了一浴铬鞣法，即采用三价铬盐进行鞣制操作。此方法由于操作简单，易于控制，成革耐湿热稳定性高等优点，很快被制革界所接受，并在制革工业中占据主导地位。经过一百多年的发展，现代制革工业已形成以铬鞣法为基础的一整套完善的制革工艺体系。铬鞣法成为当今制革生产应用最广泛、最主要、尚难以替代的方法。图1-42 为工厂生产的铬鞣革，又叫蓝湿革。

图 1-42　铬鞣革（蓝湿革）

1.4.1.1　传统铬鞣工艺及原理

（1）铬鞣剂　由于无机鞣剂 Cr^{3+}、Al^{3+}、Zr^{4+} 等在溶液中都是以络合物的形态存在，因此，有必要首先了解一下配位化合物在溶液中的状态。绝大多数重金属盐溶于水后，其金属离子首先是形成水合离子。例如，用于鞣革的 $Cr_2(SO_4)_3$、$Al_2(SO_4)_3$、$Zr(SO_4)_2$ 等，溶于水时分别形成 $[Cr(H_2O)_6]_2(SO_4)_3$、$[Al(H_2O)_6]_2(SO_4)_3$、$[Zr(H_2O)_6](SO_4)_2$ 等，一般略去外界酸根，写成 $[Cr(H_2O)_6]^{3+}$、$[Al(H_2O)_6]^{3+}$、$[Zr(H_2O)_6]^{4+}$ 等。因此，这些水合金属离子实际是水合配位离子。水合物 $[M(H_2O)_n]^{m+}$ 是溶液中金属离子存在的最基本形式，水分子作为配体与中心离子配位。

配位水分子上的氢受中心（金属）离子电荷的排斥而电离出 H^+，使溶液显酸性的现象称为水合金属离子的水解。水合金属离子水解给出 H^+ 的反应就称为水解反应。铬络合物的水解过程如下：

$$[Cr(H_2O)_6]^{3+} \longrightarrow [Cr(OH)(H_2O)_5]^{2+} + H^+$$
$$[Cr(H_2O)_5]^{2+} \longrightarrow [Cr(OH)_2(H_2O)_4]^+ + H^+$$

由反应式可见，促进水解的方法有：①加碱，中和溶液中的 H^+；②升温，促进中心离子排斥水分子中的 H^+；③稀释，实际是减少溶液中 H^+ 的浓度，促进水解反应；④静置，也是使带电的中心离子排斥水分子上的 H^+。

很多鞣剂络合物不仅会自发地水解，在水解的同时会发生配聚。所谓配聚，就是水合配离子之间发生桥联，将单核的水合配位离子或水合羟配位离子连接起来，形成二核或二核以上的较大配离子的现象。发生配聚时，分子变大，电荷升高。

例如：首先，$[Cr(H_2O)_6]^{3+} \longrightarrow [Cr(OH)(H_2O)_5]^{2+} + H^+$，$[Cr(OH)(H_2O)_5]^{2+}$ 可简写为 $[Cr(OH)]^{2+}$。紧接着两个 $[Cr(OH)]^{2+}$ 配聚生成二核铬络合物：

$$2[Cr(OH)]^{2+} \longrightarrow \left[Cr \begin{array}{c} HO \\ \\ OH \end{array} Cr \right]^{4+}$$

二核铬络合物也会发生水解，还可以与其他的铬络合物中的铬原子络位，生成三核、四核、五核等多核铬络合物。加碱、升温、稀释、静置不仅促进水解，也促进配聚。

络合物分子的大小，一般用碱度的高低来表示。碱度可以看成铬鞣剂中铬络合物分子大小的尺度，也可以看成铬鞣剂分子与皮蛋白质结合能力大小的衡量标准。碱度低，意味着分子中的羟基少，铬络合物分子小，结合能力弱，鞣剂易于向皮内渗透；碱度高，意味着分子中的羟基多，铬络合物分子大，与胶原的结合力强，但不易向皮内渗透。如铬络合物的碱度大小顺序为：$Cr_2(SO_4)_3 < [Cr_2(OH)_2](SO_4)_2 < [Cr_4(OH)_6](SO_4)_3$。

制革厂所用的铬鞣剂按形状可分为两大类，一类是自配的铬鞣液，一类是皮化厂生产的粉状铬鞣剂。其主要成分均为三价铬的碱式硫酸盐，化学表达式为 $[Cr(OH)SO_4]$。

① 铬鞣液　铬鞣液是在硫酸的作用下，用糖（葡萄糖、蔗糖）作还原剂将重铬酸盐（$K_2Cr_2O_7$ 或 $Na_2Cr_2O_7 \cdot 2H_2O$，俗称红矾）中的 Cr^{6+} 还原成 Cr^{3+}。铬鞣液的制备方法简

单，对设备要求低，能满足鞣制所需要的铬鞣剂的碱度。

在鞣制初期，为使鞣剂分子迅速渗透到皮内，采用的鞣剂分子大小必须比胶原纤维空隙小一些，待渗透均匀后，可通过加碱、升温、加水稀释等方法提高碱度，此时，鞣剂分子不断水解，进而配聚成大分子，与胶原活性基发生交联，完成整个鞣制过程。

目前，铬鞣液作为传统铬鞣剂仍被一些制革厂使用。但采用铬鞣液鞣制抛撒浪费大，劳动强度高，鞣制时铬的吸收不够好，鞣液运输不方便，只能各厂自行配制，这不仅造成了浪费和污染，而且由于自配，鞣剂量小，很难做到批与批之间鞣液的性质相同，造成蓝革批与批之间颜色差异大。因此近10年来应用已较少，国外几乎都采用铬鞣粉剂鞣制。

② 固体铬鞣剂　1959年，德国Bayer公司的H. Spahrkas和H. Schmid针对传统铬鞣液的不足，成功研究出固体粉状铬鞣剂。Chromosal B即是固体铬鞣剂的第一代产品。

固体铬鞣剂是将铬鞣液浓缩、干燥制得的粉状鞣剂，国内过去称为"铬盐精"，现在称作"铬粉"，由皮革化工厂按照一定的质量标准生产，溶于水后形成具有一定碱度的铬鞣液。我国制革业使用固体铬鞣剂的历史不长，但普及速度却相当快。由于铬粉具有质量稳定，运输安全方便，对环境污染小等优点，目前几乎所有的制革厂都采用铬粉做主鞣剂[31]。表1-12为固体铬鞣剂与铬鞣液的对比。

表1-12　固体铬鞣剂与铬鞣液的对比[50]

主要指标	固体粉状铬鞣剂	液体铬鞣剂
来源	市售	自配
Cr_2O_3含量	18%～24%	10%～12%
碱度	30%～33%,38%～42%	33%,38%～42%
自碱化性	一些产品具有自碱化性	一般无自碱化性
鞣革时Cr的利用率	较高，废液中含量较低	不如粉状铬鞣剂
采用的还原剂	工业葡萄糖，二氧化硫气体	常用工业红糖，葡萄糖
主要生产设备	反应釜，喷雾干燥塔，一次性投入较大	设备简单，投资少
配制污染情况	较小，易于处理	对环境及操作人员影响大
保存、运输	占地小，成本低，运输方便	占用设备，不便运输
使用普遍性	世界上使用普遍	一些小型企业使用
使用价格	较铬鞣液略高	略低于固体鞣剂

(2) 铬鞣方法　传统的铬鞣法有一浴铬鞣法、二浴铬鞣法、变型二浴铬鞣法。

① 一浴铬鞣法　一浴铬鞣法是直接用Cr^{3+}的碱式盐$[Cr(OH)SO_4]$处理裸皮，将裸皮鞣制成革的方法。该法在整个铬鞣过程中不使用Cr^{6+}，对环境危害小。鞣制过程容易控制，还可以通过简化鞣革工艺，提高铬的吸收和利用率等，减少环境污染。该方法从发明至今一直占据轻革鞣制的统治地位。

黄牛软鞋面革铬鞣参考工艺如下。

在浸酸液中进行，浸酸液pH为2.6～2.8。

加入铬鞣剂（铬粉，碱度33%）8%，转动4h，检查铬鞣剂基本渗透到皮心后，开始提高pH；

加入醋酸钠1%，转动30min；

小苏打（即$NaHCO_3$）1.5%，20倍温水溶解，每隔20min加入1/3，并检查溶液的pH，使pH达到3.8～4.0，加完小苏打后再转动60min；

加70℃热水200%（调浴液温度到38℃），转动120min，停鼓过夜；

次日早晨转30min，测量蓝湿革的收缩温度$T_s \geqslant 95℃$，将革从鼓中取出，搭马静置。

② 二浴铬鞣法　二浴铬鞣法是先用重铬酸盐的酸性溶液处理裸皮，使Cr^{6+}基本渗透到皮心部位、且分布较均匀（裸皮转变成橙黄色），这叫做第一浴。然后用还原剂（如$Na_2S_2O_3$）将裸皮中的Cr^{6+}还原为Cr^{3+}，使Cr^{3+}与皮胶原活性基发生交联，待皮心颜色全

部转变为蓝绿色，不带任何黄色阴影为止，此为第二浴。该过程可由下式表示：

$$K_2Cr_2O_7（橙黄色） + H_2SO_4 \longrightarrow H_2Cr_2O_7 + K_2SO_4$$

$$H_2Cr_2O_7 + 2H_2SO_4 + 3Na_2S_2O_3 \longrightarrow 2Cr(OH)SO_4（蓝绿色） + 3Na_2SO_4 + 2H_2O + 3S\downarrow$$

二浴铬鞣法鞣制的革，粒面特别细腻，革身柔软、丰满。但这种方法直接使用有致癌作用的 Cr^{6+}，对环境危害大，而且比一浴铬鞣法复杂费时，还原程度难以控制，因此除制造特别细腻的山羊、绵羊革外，二浴铬鞣法已基本被淘汰[31]。

③ 变型二浴铬鞣法　变型二浴铬鞣法又称一浴二浴联合铬鞣法。此法是在同一浴液中同时使用三价、六价铬盐处理裸皮，然后用还原剂（如 $Na_2S_2O_3$）还原六价铬，完成铬鞣过程。六价铬还原过程与二浴铬鞣法中的相同。该方法控制比较容易，产品质量稳定，除具有一浴铬鞣法的成革丰满的优点外，还具有二浴铬鞣法成革粒面细致、柔软、颜色浅淡等优点。目前有用于制造山羊正面革，也可用于服装革的制造。

(3) 铬鞣原理　铬鞣法在工业上的正式应用到现在已有上百年的历史了。在此期间许多皮革科技工作者对铬鞣原理和其他鞣法的机理进行了大量研究，但是鞣制机理十分复杂，很多问题还不能解答。下面将用经典理论介绍铬鞣原理。

原料皮经鞣制前准备工段中酸、碱、生物酶的处理后，可溶性蛋白质、油脂等胶原纤维间质几乎全部被除去，裸皮成为主要由胶原纤维构成的纤维网。胶原的氨基酸侧链含丰富的活性基团，而且在准备工段胶原纤维之间的盐键（$P{-}NH_3^+ \cdot {}^-OOC{-}P$，P 表示胶原纤维）、氢键被部分打开，甚至有些肽键也被打断，形成很多羧基和氨基，增加了胶原的活性基团数目。这些活性基团使铬络合物与胶原发生反应。当两条或两条以上胶原肽链上的活性基团同时与一个铬络合物发生配位反应时，铬络合物即在胶原纤维之间产生了交联作用，即鞣制作用，这就是铬鞣原理，同时也是无机鞣剂鞣制原理。对于铬鞣而言，与铬络合物发生配位反应的主要是胶原侧链上的羧基（$P{-}COO^-$）。

一个鞣剂分子只与一个胶原活性基团的结合，称为单点结合（图 1-43）。一个鞣剂分子与胶原结构中两个或两个以上相邻活性基的结合，称为双点或多点结合（图 1-44）。在鞣制初期，90％以上的铬鞣剂只与胶原形成单点结合，而单点结合被认为是没有鞣性的，只能增加鞣剂的结合量。但随着鞣制过程的进行，鞣液的碱度提高，鞣剂分子变大，由单点结合向双点和多点结合转化，胶原与铬的结合大量增加，交联作用增强。只有发生了交联作用才能使胶原的性质发生本质改变，而铬鞣剂分子能否在胶原肽链间形成配位交联，与鞣剂分子大小和组成结构、裸皮的状态相关。这将在以后的专业课"鞣制化学"中进行详细的介绍[50]。

图 1-43　单点结合

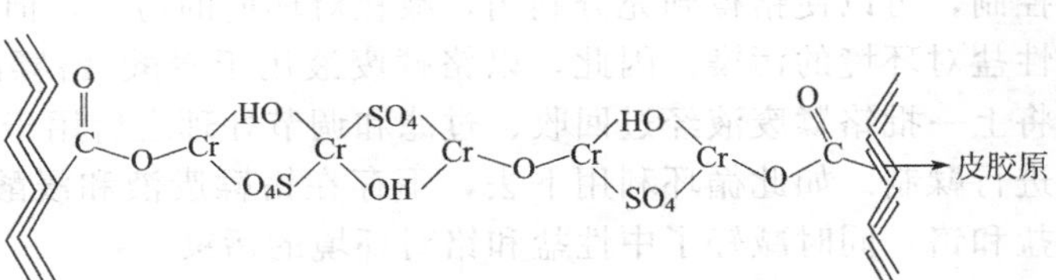

图 1-44　双点结合

1.4.1.2 铬鞣技术的发展趋势[59~67]

虽然铬鞣法具有诸多优点，但常规铬鞣的铬利用率仅为 65%～75%，大量未被吸收的铬被直接排放。铬鞣废水是制革工业中较难处理的一种废水，废水中除含皮渣外，还含有大量三价铬、中性盐、酸和可溶性油脂等，其中 Cr_2O_3 含量高达 1～5g/L，在我国每年排放的 $12000 \times 10^4 m^3$ 制革废水中就含铬盐 3000 多吨。三价铬的毒性及其在自然界的稳定性虽然还有争议，但流行病学调查已证明六价铬具有致癌性，因而铬被各国环保部门列为对环境有较大污染的金属离子之一。高浓度的含铬废水若直接排放出去，不仅污染水体，危害人类健康和生态环境，同时也是极大的资源浪费。随着铬鞣法的环境污染问题日益凸现以及人们消费观念的改变等，铬鞣法正面临着严峻的挑战。

在过去的十几年中，国内外制革科技工作者花费了大量精力进行研究，出现了不浸酸铬鞣、高吸收铬鞣、铬鞣液的循环利用等技术，另外还有铬与其他鞣剂的结合鞣法、完全不使用铬的无铬鞣法（这部分内容将在 1.4.3～1.4.5 节进行讨论）。下面简单介绍提高铬的利用率和铬循环利用的清洁化鞣制技术[59~67]。

(1) 提高铬的吸收率 如果能在不增加设备投资和鞣制工序复杂性，并能保证皮革质量的前提下，在鞣制过程中大幅度提高铬的吸收率，将废液中铬含量降低至能直接排放的水平，则有望缓解甚至解决铬污染问题。虽然提高铬的吸收率不一定能完全解决废水中的铬污染问题，但尽量提高铬的吸收率仍然是减少制革工业铬污染的有效途径，无论在经济还是环境效益方面均具有重要的意义。

提高皮对铬盐吸收的方法有：

① 通过优化常规铬鞣条件（包括工艺条件和鞣制方式）来促进铬盐的高吸收。其完全可以大幅降低废液中的铬污染，是一种投资少，见效快的清洁化鞣制技术。

② 使用高吸收铬鞣助剂来促进铬的吸收。这是一项从材料角度减少铬污染的有效技术手段，是当前国内外研究的重要内容。

③ 高 pH 铬鞣法。这是一种能有效提高铬与胶原结合量的新鞣制方法，它突破了传统铬鞣必须在较低 pH 条件下进行的限制，如"不浸酸铬鞣"。

④ 提高胶原的反应能力。胶原蛋白真正可与铬配位结合的羧基很有限，通过对胶原进行修饰，如在铬鞣前用醛酸化学试剂对裸皮进行预处理：

$$\text{P—RNH}_2 + \text{HOOC—CHO} \longrightarrow \text{P—RNH—CH—COOH}$$
$$|$$
$$\text{OH}$$

通过醛酸与胶原氨基的反应，在胶原侧链上引入羧基，以提高胶原与铬的交联结合量。这被认为是能大幅提高铬吸收的有效办法。

(2) 铬的循环利用 将铬鞣废液循环利用是一种可行的清洁化技术。铬的循环利用投资少，见效快，具有良好的经济和环境效益。

铬鞣废液的循环利用主要有两种方式：一是铬鞣废液回用于浸酸/铬鞣；另一种是铬鞣废液直接循环用于铬鞣。其中后者是将铬鞣废液经回收和处理后直接用于浸酸皮的铬鞣，实施相对简便，易于控制，可以使铬得到充分利用，减轻对环境的污染，但由于还要排放浸酸废液，仍然存在中性盐对环境的污染。因此，以铬鞣废液用于浸酸/铬鞣的循环利用方法应用更为广泛。它是将上一批铬鞣废液经过回收、过滤和调节处理之后用于下一批软化裸皮的浸酸，在浸酸液中进行鞣制。如此循环利用下去，不存在铬鞣废液和浸酸废液的排放问题，节约了大量的中性盐和铬，同时减轻了中性盐和铬对环境的污染。

1.4.2 其他无机鞣工艺及原理

在无机鞣中，铬盐是迄今发现的使用最方便、鞣制效果最好的鞣剂。但是由于铬盐在地壳中的储藏量有限，并且随着环保要求的不断提高，铬鞣剂的使用将会受到越来越多的限制，因此，从长远来看，有必要发展其他金属鞣法。

（1）锆鞣剂及鞣法 用锆盐鞣革开始于 20 世纪 30 年代的初期。用锆盐鞣制成的革是纯白色的，对于制作浅色革是一大优点。锆盐的填充性特别好，所以成革结实、丰满。其缺点是显得比铬鞣革板硬。

锆鞣剂的商品化已有很多年了，然而却一直未得到广泛应用。最主要的原因可能是因为必须在强酸性条件下才能使锆鞣剂渗透进皮内。即使 pH 为 2～3 时，锆盐都有可能会发生沉淀，导致鞣剂不能渗透到皮心，成革表面僵硬。如果能够开发一种在常规铬鞣的 pH 范围内使用的锆鞣剂，并能改善成革的粒面质量，则使用锆盐替代铬是完全可行的。

（2）铝鞣剂及鞣法 铝鞣法是人类最早使用的鞣法之一。公元前 2500 年～公元前 800 年，人类已经会用明矾（硫酸铝钾水合物，化学式 $KAl(SO_4)_2 \cdot 12H_2O$）鞣革了。铝盐在地壳中含量很高，价廉易得，相对毒性低，在铬鞣法未发现以前，曾广泛地被用于鞋面革、服装革、手套革、绒面革和马鞍革等的生产。铝鞣革具有色泽纯白、粒面细致等优点，但不耐水洗，成革一般较扁平、僵硬。所以工业上已经基本不采用单独的铝鞣法。铝盐目前主要用于进行结合鞣，如铬-铝结合鞣、植-铝结合鞣等。

（3）铁鞣剂及鞣法 在制革的历史上，铁盐也是最早用来制革的无机盐之一，早在 1770 年就有了记载。碱式三价铁盐具有鞣性，鞣革手感较丰满、柔软，与铬鞣革手感较为相似。且二者的鞣液性质也很相似，通过加碱、升温、静置等方法都能增加鞣性。但是到现在为止，铁鞣法还没有在工业上广泛应用。其最大的缺点是所鞣革不耐贮存。在贮存过程中逐渐变脆。这个缺点比之铝鞣革不耐水洗的缺点更严重。

铁离子有二价和三价两种状态，二价铁盐是没有鞣性的，使用时必须将它氧化为三价铁，而且必须氧化完全，如果存在二价铁，则易使革脆裂。

（4）钛鞣剂及鞣法 钛是一种广泛存在于植物、动物、天然水、深海矿物、陨石和其他星球中的金属元素，在元素分布量序列中占第九位，在金属藏量中占第四位，仅次于铝、铁、镁。我国是世界上钛资源最丰富的国家，储量约占世界储量的 1/2，海南、广西、广东、四川等地有较多的钛铁矿，尤其是四川的攀西河谷一带。钛真正作为皮革鞣剂开始于 1902 年，当时英国出现了钛鞣专利。钛鞣革与铝鞣革、锆鞣革相比在状态上最接近铬鞣革，软而结实，遇水不会发生退鞣。提高 Ti(Ⅳ) 盐鞣性的关键在于使 Ti(Ⅳ) 络合物的尺寸满足鞣制时的需要，同时提高 Ti(Ⅳ) 溶液的稳定性，使钛鞣能在较高 pH 下进行。

四川大学彭必雨等提出了 Ti(Ⅳ) 的鞣性应该高于锆（Ⅳ）、铝（Ⅲ）、铁（Ⅲ）等而仅次于铬（Ⅲ）的观点，从常用金属盐鞣革的综合性能和它们的资源、毒性等方面综合考虑，钛盐是理想的铬盐替代品，具有较为广阔的应用前景[68～70]。

1.4.3 植物鞣剂鞣制工艺及原理

植物鞣剂用于鞣制皮革已有相当久远的历史。已经很难确切考证是谁首先发现植物体内的这类物质可以使动物皮转变成革，从而使其热稳定性和抗腐蚀性增强。有人认为，人类至少在公元前 1 万年即开始有意识地利用植物鞣剂鞣制皮革。根据考古记载，公元前 1500 年左右地中海地区即有利用植物鞣剂鞣制的皮革，至公元前 600 年，这种鞣革方法在这一地区已相当普遍[71]。之后，逐渐扩展到全世界。

单宁（tannin）是植物鞣剂的有效成分，是含于植物体内的、能使生皮变成革的多元酚化合物，分子量一般在 500～3000。目前制革厂所使用的植物鞣剂，又叫栲胶，是以富含单宁的植物为原料，通过用水浸提、浓缩、化学改性、干燥而制得的固体块状物或粉状物。植物鞣剂品种不同，其有效成分——单宁的含量各异，一般为 50%～80%，其余为低分子量多酚、有机酸、糖和易沉淀的大分子量多酚等非单宁物质。富含单宁且具有植物鞣剂生产价值的植物原料（如植物的皮、干、根、叶、果实等）称为植物鞣料。国内外常见的植物鞣料有黑荆树皮、坚木、栗木、槟榔、橡椀、柯子、落叶松树皮、杨梅树皮、槲树皮、漆树叶等。

1858 年发明铬鞣法之前，植物鞣剂一直是最主要的制革鞣剂。之后，铬鞣剂在制革工业的轻革（如服装革、鞋面革）生产中占了主导地位。但世界制革行业现在每年仍使用20～30 万吨植物鞣剂，主要用于底革、带革、箱包革的鞣制和鞋面革的复鞣。植物鞣剂所鞣制的革具有组织紧密，坚实饱满，延伸性（指革受外力拉伸时的变形、伸长的性质）小，成型性好等独特的优点。因此，植物鞣剂在上述产品中的作用是其他鞣剂难以替代的。

近年来随着环保压力的增加，人们对更广泛地采用植物单宁这一绿色资源取代污染性较严重的铬鞣剂产生了浓厚的兴趣。这方面的研究工作已取得较大的发展。

(1) 植物鞣法的化学机理 植物鞣法的主要化学机理是植物单宁能在皮胶原纤维上产生多点氢键结合，在胶原纤维间产生交联，从而使胶原的热稳定性增加。氢键指与电负性大的原子 X（氟、氯、氧、氮等）共价结合的氢，如与负电性大的原子 Y（与 X 相同的也可以）接近，在 X 与 Y 之间以氢为媒介，生成 X—H…Y 形的键。植物单宁含丰富的酚羟基（见图 1-45），胶原中能发生氢键结合的基团也十分丰富，包括胶原主链上重复出现的肽基（—NH—CO—），胶原侧链上的羟基（—OH）、氨基（—NH$_2$）、羧基（—COOH）等。其中肽基是参与氢键结合的主体，为植物单宁的鞣制作用提供了基本保障。

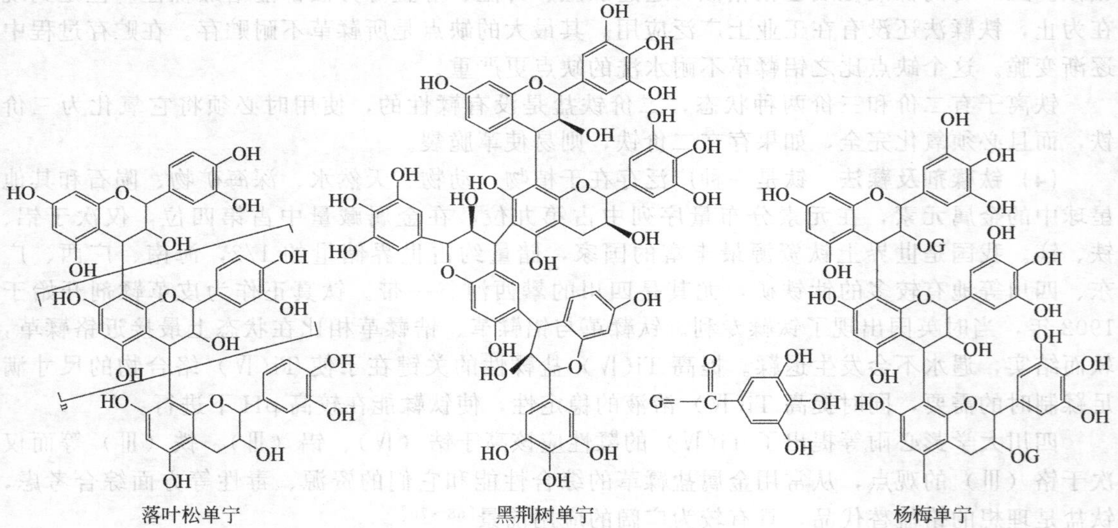

落叶松单宁　　　　　　黑荆树单宁　　　　　　杨梅单宁

图 1-45　植物单宁

近年的研究表明，疏水键在植物鞣质-蛋白质反应中起着重要作用，而且疏水键与氢键有协同作用[71]。目前认为比较合理的植鞣化学机理是：植物单宁首先以疏水键形式接近胶原，伴随而来的是单宁的酚羟基与胶原的肽基、羟基、氨基、羧基发生多点氢键结合，单宁分子发生牢固结合的同时，在胶原纤维间产生交联，使生皮转变成革[72,73]。

值得说明的是，植物在水溶液中是以胶体形式存在，因此在植鞣过程中，有一部植物鞣剂以胶体形式沉淀在皮胶原纤维之间，形成鞣制作用。

(2) 植鞣方法 植鞣按照鞣制的方法不同，可以分为 3 类。

① 池鞣　采用鞣池容纳鞣液，使用移动皮不改变鞣液或皮不移动更换鞣液的方式进行鞣制。裸皮刚开始放入鞣池的半天，要加强活动，防止产生色花（又称革面色斑，革面出现颜色深浅不同的斑块痕）。以后每天使皮浸入高一级浓度的鞣液中，直到池鞣结束。此法是

传统的植鞣方法，鞣制周期长，劳动生产率低，已经很少单独采用。图 1-46 为池鞣。

图 1-46　池鞣

② 池-鼓结合鞣　裸皮先在鞣池中基本鞣透，然后在慢速转鼓中进行鞣制，此法可加快渗透，缩短鞣制时间。

③ 高浓度速鞣法　裸皮先经过适当的预处理，如用少量的铬鞣剂、锆鞣剂或无水硫酸钠等预处理后，直接用粉状的栲胶在转鼓里进行鞣制。其中栲胶分多次加入，每次加入间隔一定的时间，直到植鞣结束。时间一般只需要 2～3 天。

具体方案以纯植鞣黄牛皮底革鞣制工艺为例：

材料用量以浸灰后的碱皮质量为基准进行计算。

a. 浸酸。液比 0.8，常温，食盐 6%～8%，硫酸 1.0%～1.3%，转 4h，使溶液的 pH 达到 2.5～2.8。

b. 去酸预处理。倒去部分浸酸废液，使实际的液比为 0.3～0.4，加入硫代硫酸钠4%～5%，转 2h，使溶液的 pH 达到 3.5。

c. 转鼓植鞣。在预处理液中进行，共加栲胶 45%，分 5 次加完。

第 1 次：加杨梅栲胶 10%，转 1h；

第 2 次：加杨梅栲胶 10%，转 3h；

第 3 次：加杨梅栲胶 10%，水 10%，转 5h；

第 4 次：加落叶松栲胶 10%，水 10%，转 12h；

第 5 次：加橡椀栲胶 5%，转 24～48h；

然后加水 200%，转 3h，pH3.7～3.9；

出鼓，静置 24～48h。

d. 水洗。水 200%，常温，转 30min。

e. 漂洗。水 200%，常温，加入低 pH 的合成鞣剂 2%（或草酸 0.5%），转 40min，pH3.5～3.7。

f. 水洗。水 200%，常温，转 15min。

植鞣一般在 pH 3～5 范围内进行。在多数情况下，制革厂会更精确地将 pH 控制在 3.5～4.5 范围内。鞣制初期取 pH 上限，便于栲胶渗透，鞣制后期使 pH 降至下限，便于单宁结合。这一条件的控制是制革者长期经验的总结。

植鞣时最好多种栲胶配合使用，以便发挥各自的特点，使成革紧实而丰满，并且使鞣制过程易于控制。在上述工艺中，由于杨梅栲胶 pH 较高，渗透最好，因此先使用。落叶松栲胶填充性优良，但渗透较慢，后于杨梅栲胶使用。橡椀栲胶的填充性好，但渗透最慢，宜于在裸皮已被鞣透之后使用。

植鞣后期加水除了可促进单宁的结合而外，还可以把非单宁和部分未发生牢固结合的单宁洗掉，以避免出现裂面（弯折革面至一定的形状，革面出现裂纹）、反栲（革面上出现颜色发暗的斑点）等成革质量缺陷。植鞣革静置后用酸性物漂洗可以起到两方面的作用：一是进一步降低成革的 pH，使单宁在革纤维中的结合更牢固；二是进一步除去沉淀在革纤维间而又难以牢固结合的非单宁物质，以避免革在存放和使用过程中发脆或因这些物质的氧化而变色。

1.4.4　其他有机鞣剂鞣制工艺及原理

1.4.4.1　醛鞣剂鞣制工艺及原理

很多醛类化合物均具有鞣性，例如甲醛、乙醛、乙二醛、戊二醛、丙酮醛等。其中，甲醛的鞣性最强，而戊二醛的鞣制效果较好。与铬鞣、植鞣等鞣法相比，醛鞣革最突出的优点是有优异的耐水洗、耐汗、耐溶剂、耐碱和耐氧化等性质。一些醛鞣剂的鞣性见表 1-13。

表 1-13　几种常见醛鞣剂的鞣革性能[58]

成革性质	收缩温度/℃	柔软丰满性	耐汗性	颜色
甲醛	80～85	差	良	白
乙二醛	85～86	较好	良	白
戊二醛	80～85	好	优	浅黄
改性戊二醛	80～85	好	优	白

（1）甲醛鞣剂　甲醛（HCHO）是醛类化合物中结构最简单的鞣剂，它有难闻的刺激性气味，易溶于水，常用水溶液状态保存。甲醛的 40% 水溶液俗称"福尔马林"，是很好的消毒剂和固定剂。

甲醛鞣革具有革色纯白，遇光不变色，耐汗液作用、不怕水洗等特点，但由于成革革身扁薄、容易变脆、湿热稳定性低等缺点，很少单独用甲醛进行鞣革，而一般与其他鞣剂如铬、锆、栲胶等进行结合鞣。

甲醛鞣革的原理是甲醛可以与胶原上的氨基形成亚甲基交联键，从而提高胶原的稳定性，其反应机理如下：

$$2P—NH_2 + HCHO \longrightarrow P—NH—CH_2—NH—P + H_2O$$

甲醛的水溶液长时间放置会发生自身聚合，生成不溶于水的白色沉淀，这会影响其鞣革性能。

（2）戊二醛鞣剂　戊二醛是含有 5 个碳原子的醛鞣剂，其化学结构式为：

$$OHC—CH_2—CH_2—CH_2—CHO$$

工业用戊二醛为水溶液，含量一般在 25% 左右，不高于 50%，具有刺鼻的气味。戊二醛与皮胶原的反应能力较强，与皮胶原结合量大，成革的收缩温度可以达到 80～85℃，能单独鞣制皮革或毛皮。经戊二醛鞣制的革颜色棕黄，手感好，耐汗、耐水洗性强。其缺点是戊二醛鞣剂的价格高，成革颜色较深，不适宜做浅色革，且其弹性较差。戊二醛鞣革的原理是戊二醛与胶原的氨基和羟基反应，生成较牢固的交联键。反应式如图 1-47 所示。

（3）改性戊二醛鞣剂　为降低戊二醛鞣革的成本，消除其所鞣成革色泽黄的缺点，可以对戊二醛进行改性，获得改性戊二醛。改性戊二醛生产成本较戊二醛低，挥发性极小，无明显刺激性气味，耐贮存。而且改性戊二醛鞣革，成革颜色浅淡、不泛黄，色泽饱满，并具有戊二醛鞣革的众多优点。

1.4.4.2　油鞣剂鞣制

油鞣是一种古老的鞣法，它是以含高度不饱和脂肪酸的动物油和植物油处理裸皮，并通过氧化作用使油与裸皮胶原发生化学结合，从而产生鞣制作用。油鞣革的纤维细致，柔软性、延伸性、透气性好，能耐水或皂液洗涤，干后不变性。油鞣革用途很广，除能制服装、

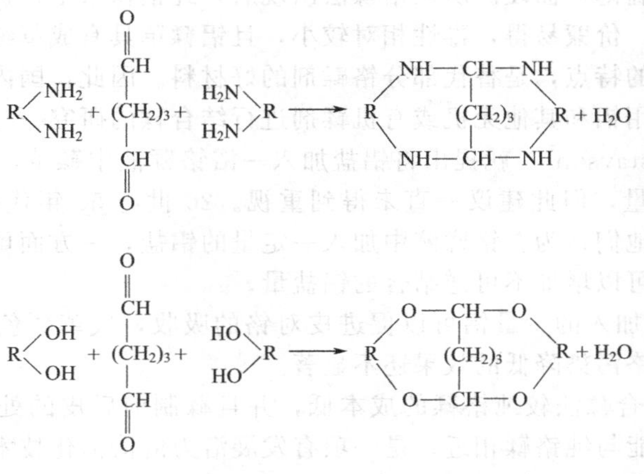

图 1-47　戊二醛鞣革的反应原理

手套和鞋等日用品外，还可用作过滤航空汽油、擦拭光学仪器及其他物件表面的清洁用革。过去油鞣革多用麂（读音 jǐ）皮制造，目前这种由麂皮为原料的高级绒面革多数用于服装（如衣服、裙子等）制造，少量用于清洁用革。随着人们物质生活的丰富，这种清洁用革市场扩大，近些年来开始用山羊、绵羊皮制造油鞣革。

1.4.4.3　合成鞣剂鞣制

早期制造合成鞣剂是为了生产与天然植物鞣剂性质相近的产品，主要是以芳香族化合物为原料进行加工的合成产品。现在，合成鞣剂发展迅速，种类繁多。由于其结构复杂，很难有某种方法能将鞣剂的特性全部准确地表达出来。目前，较为方便且普遍采用的分类方法是按照合成鞣剂的主要化学成分和结构特征进行分类。主要的合成鞣剂可分类为：芳香族合成鞣剂（包括代替型合成鞣剂、辅助型合成鞣剂、特殊性能的合成鞣剂）；脂肪族鞣剂（烷基磺酰氯鞣剂）；树脂鞣剂（丙烯酸树脂、氨基树脂、聚氨酯树脂及其他树脂鞣剂）。合成鞣剂现在很少单独用于鞣制，多用于复鞣工序，详见 1.5.3。

1.4.5　结合鞣工艺及原理

每种鞣剂都有自身的优点，结合鞣法就是采用两种或两种以上的鞣剂进行鞣制，以便取长补短，赋予皮革产品更好的性能，或是利用鞣剂之间的相互反应，提高鞣剂的交联结合能力。例如，单独用锆鞣剂鞣革能使成革致密丰满，但收缩温度低于铬鞣革。纯铬鞣的革丰满、柔韧，耐湿热稳定性高，但是粒面紧实程度不够，腹肷部易松面。如果采用锆和铬结合鞣制，各取所长，既可以解决成革的松面问题，又能降低铬鞣剂的用量，并且达到纯铬鞣革的收缩温度。下面将结合鞣法根据鞣剂的种类分为无机-无机结合鞣法、有机-无机结合鞣法和有机-有机结合鞣法 3 类进行介绍。

1.4.5.1　无机-无机结合鞣法

目前使用的具有鞣性的其他无机鞣剂在单独鞣制时，成革总体效果均不如铬鞣，因此一直未能替代铬鞣剂。但如果使用这些无机鞣剂与铬结合鞣，在成革中各自体现自身的特性，则可以取长补短，改善鞣后坯革的加工性能及成革的感观质量，同时可以充分利用自然资源，降低成本并减少铬污染。这方面常见的有铬-铝、铬-铁、铬-锌等结合鞣法。

（1）铬-铝结合鞣法　铝盐在制革上的应用已有很长的历史。铬鞣法发明前，铝鞣曾广泛地用来制造鞋面革、服装革、手套革、绒面革和鞍具革等。例如在幼发拉底河流域古 Sumerian 国王的墓穴中发现了用天青石和铝鞣制的皮革做装饰的王冠，其年代可追溯到公元前 3300 年[74]。铝鞣革色泽纯白，延伸性较好，柔软，但革的收缩温度低，不耐水洗，浸水后易退鞣而使革变得扁薄、僵硬。所以铬鞣法出现后，纯铝鞣法很快被取代。虽然铝的鞣性不如铬，但它分布广，价廉易得，毒性相对较小，且铝鞣革具有成革纯白、柔软、粒面细致而紧实，耐磨性能好的特点，是替代部分铬鞣剂的好材料。因此，国内外的制革工作者进行了很多改善铝鞣以及用铝和其他无机或有机鞣剂进行结合鞣的研究[75]。

早在 1923 年 Gustavson[76] 就提出将铝盐加入一浴铬鞣液中鞣革，可以促进裸皮对铬盐的吸收并提高成革质量，但此建议一直未得到重视。20 世纪 50 年代，前苏联学者对铝-铬结合鞣进行了研究，他们认为在铬鞣液中加入一定量的铝盐，一方面可以增加裸皮与铬盐的结合量，另一方面还可以增加不可逆结合的铝盐量。

虽然铝-铬结合鞣加入的少量铝可以促进皮对铬的吸收，成革颜色比纯铬鞣革浅淡，但对铬盐用量的节约和铬污染降低的效果还不显著。

总体看，铬-铝结合鞣法较纯铬鞣的成本低，并且鞣制前后皮的处理工艺变化不大，成革物理性能和感观性能与纯铬鞣相近，是一项有发展潜力的清洁化技术。

(2) 铬-铁结合鞣法 在制革工业的发展史上，铁盐是最早被尝试用于制革的金属盐之一，但其单独鞣革时会出现成革颜色深，强度低等缺点，一直没有在工业上得到广泛应用。P. Thanikaivelan 等人开发了一种新型铬-铁鞣剂，应用于鞋面革的生产，效果较好[77]。该鞣剂制得的成革收缩温度为 117℃，铬盐和铁盐的吸收率均在 90% 以上，废液中 Cr_2O_3 含量降低至 0.3g/L。通常铁鞣革放置一段时间，皮纤维强度会大大降低，但对于这种铬-铁鞣剂所鞣制的皮革，即使陈放一年，物理机械性能也只有少许下降，革的颜色没有加深和变黑的迹象。在感观性能等方面与纯铬鞣革相差无几。加上铁盐价廉易得，这种铬-铁络合物鞣剂具有很好的应用价值，有望部分取代铬鞣剂。

(3) 铬-锌结合鞣法 锌盐单独使用时鞣制效果不佳，所以一直没有引起人们的注意。但随着铬盐污染的日益严重，寻找可替代铬的鞣剂成了制革科学家们的共识。锌是植物和动物正常生长所必需的营养元素之一，能够以硫酸锌或氧化锌的形式被吸收和利用，不会对环境造成危害，因此人们开展了将锌和其他鞣剂结合使用的研究，取得不少进展，如铬-锌结合鞣、植物鞣剂-锌结合鞣、铝-锌结合鞣等。

B. Madhan 等人研制了一种铬-锌结合鞣剂，将其用于鞣制可提高皮对铬的吸收率，减少废液中的铬含量[78]。当鞣剂中 Cr 与 Zn 的摩尔比为 3∶7 时，铬吸收率最高，而且成革的物理机械性能优于其他比例。不过锌的吸收率较低，但锌被认为是无毒的，可供植物吸收，污染小。另外，使用铬-锌结合鞣法虽然可以减少铬用量，降低废液中的铬含量，但成革略显空松。

1.4.5.2 有机-无机结合鞣法

在有机-无机鞣法的研究中，植物鞣剂-金属结合鞣法是最受关注的，也是目前研究得比较成功的工作之一。用除铬以外的其他无机鞣剂与植物鞣剂进行结合鞣，可以解决这些鞣剂单独鞣革时不易获得高湿热稳定性的问题。研究最多、工艺较为成熟的是植-铝结合鞣，成革的收缩温度可达 125℃，其他非铬金属盐如钛、锆、稀土等与植物鞣剂的结合鞣也被研究过。20 世纪 80 年代中期还对那些被认为没有鞣性的金属离子如镁、镍、钴、铜等与植物鞣剂组成结合鞣进行过研究，革的收缩温度均在 90℃ 以上[79]。

(1) 植-铬结合鞣法 在进行少铬鞣法研究时，国内外学者最喜欢选用的基本材料是植物鞣剂，因为它是可生物降解的天然产物。但采用植-铬结合鞣法时，为了保证植物鞣剂在裸皮内渗透均匀，鞣剂用量至少在 15% 以上，因此不可避免地使成革具有较强的植鞣感，即革显得较重和过度紧实。如果能够较大程度地加快植物鞣剂在裸皮中的渗透速率，即用较少的植鞣剂达到均匀渗透的目的，则基于植物鞣剂的结合鞣法会变得更为切实可行。四川大学皮革工程系经过多年来对植物鞣剂改性的研究，建立了既可以显著加快植物鞣剂的渗透速率，又能提高产物与金属离子的配位能力的植物鞣剂改性技术，从而可以用少量的植物鞣剂与金属盐进行有效的结合鞣，在成革获得较高的收缩温度的同时基本消除了成革的植鞣感[80～87]。另外，依据制造的革品种不同，有先植鞣后铬鞣，也有先铬鞣后植鞣。

（2）植-铝结合鞣法 铝盐是植物单宁-金属结合鞣法中使用最广泛的金属盐，国内外学者对植-铝结合鞣及其机理做过大量的研究，为这一鞣法的实际应用打下了良好的基础[88～92]。目前普遍接受的机理可阐述为：裸皮经过植物单宁鞣制后，单宁先以氢键和疏水键与皮胶原结合，经过铝或其他金属离子复鞣，金属离子既能与皮胶原侧链羧基结合，也可与单宁分子发生作用，从而增加胶原纤维间的有效交联，提高胶原的湿热稳定性。

植物单宁和金属盐的结合鞣可以按照三种方式进行：①同时使用植物单宁和金属盐鞣制；②先用金属盐预鞣，再用单宁复鞣；③先用单宁预鞣，再用金属盐复鞣。其中方法①由于单宁与金属盐混合后容易产生沉淀，不宜采用。比较后两种方法，方法③成革的收缩温度总是高于方法②成革的收缩温度。不同栲胶与铝结合鞣的结果如表 1-14 所示。

表 1-14　植-铝和铝-植结合鞣法成革收缩温度的比较[93]

鞣　　法	收缩温度/℃	鞣　　法	收缩温度/℃
杨梅栲胶-铝	111	铝-杨梅栲胶	90
落叶松栲胶-铝	95	铝-落叶松栲胶	87
油柑栲胶-铝	113	铝-油柑栲胶	96
木麻黄栲胶-铝	107	铝-木麻黄栲胶	93

不过与传统铬鞣法相比，目前的植物单宁-金属结合鞣法仍存在一些问题。首先植物单宁的用量必须足够大（灰皮重量的 15% 以上）才能保证其在裸皮中的均匀渗透，在这种用量下，成革具有很强的植鞣感，粒面粗，革身板硬，同时还有渗透缓慢、鞣制周期长等问题。因此最好使用渗透性好、收敛性温和的荆树皮或塔拉栲胶等，但这类栲胶价格较高。其次鞣制工艺复杂，对工艺的控制要求很高[94]。因此，虽然早在 20 世纪 40 年代英国就开始将植-铝结合鞣应用于某些轻革的生产，但其应用非常有限。要想有效地解决植-金属结合鞣法所存在的问题，对栲胶进行改性无疑是比较有效的途径。

除了常用的铬、铝外，目前人们还在研究其他金属与植鞣剂的鞣革性能。不过，还有很多难题要解决。

1.4.5.3　有机-有机结合鞣法

已有的有机-有机结合鞣法包括植物鞣剂-醛结合鞣法、植物鞣剂-合成鞣剂结合鞣法、醛-油结合鞣法、四羟甲基硫酸鏻（THPS）-醛结合鞣法等，应用最普遍的是植物鞣剂-醛结合鞣法。

植物鞣剂与醛类化合物的结合鞣是另一类有可能取代铬生产高湿热稳定性轻革的方法。它利用植物单宁与皮胶原的氢键反应、醛类化合物与胶原侧链氨酸和植物单宁的共价键反应，在胶原纤维间产生具有协同效应的交联作用，大幅度提高胶原的热稳定性（见图1-48）。该鞣法具有成革湿热稳定性高，生产成本适宜和排放物可生物降解等优点。甲醛曾是结合鞣中应用较多的鞣剂，但植物鞣剂与甲醛结合鞣制的轻革往往过于紧实，且撕裂强度低，易发脆。四川大学皮革工程系研究过使用国产荆树皮栲胶与改性戊二醛结合鞣生产山羊服装革的技术，得到了收缩温度较高，丰满、柔软的革，既消除了铬污染，也部分克服了甲醛复鞣植鞣革引起的不耐贮存，力学性能差等问题[95,96]。采用适当的预处理技术，可以提高植物鞣剂在裸皮中的渗透速度，从而减少植物鞣剂的用量，使植物鞣剂-醛结合鞣法生产的革更接近轻革的性质。

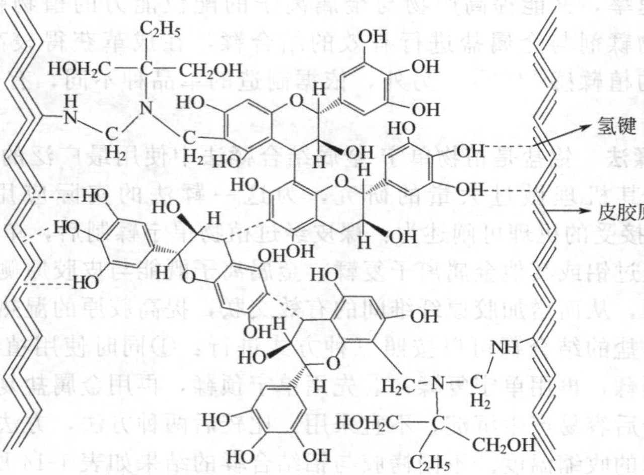

图 1-48　植-醛结合鞣的交联方式[97]

1.5　制革整饰工段工艺技术及基本原理

生皮经过鞣前准备工段和鞣制工段的加工变成了坯革（即半成品革，这里主要指铬鞣革），已经具有了革的基本性质，例如耐湿热稳定性高，耐化学试剂和酶的作用，但是还不能完全满足使用要求，还需继续进行整饰工段的操作。整饰工段的目的是赋予皮革更好的力学强度，提高革的丰满、柔软程度，增加革的花色品种，提高革的使用性能等，因此它对最终成革的品质起到至关重要的作用。整饰工段分为湿态染整和干态整饰两部分。湿态染整是在转鼓中有水存在环境下进行的，主要包括复鞣、中和、染色、加脂等工序。湿态染整后接着进行干燥、摔软、熨平、涂饰等干态整饰操作。以上分类的依据是操作的先后顺序和加工环境是否有水存在，本书则从另一角度分别讲述制革整饰工段各工序，1.5 节涉及的都是使用皮革化工材料对坯革进行加工处理的过程，包括复鞣、中和、染色、加脂和涂饰，其他一些不使用化工材料的纯机械操作，将在 1.6 节进行介绍。

1.5.1　铬复鞣工艺及原理

经过铬鞣后，生皮转变成了革，收缩温度得到显著提高，这次鞣制被称为主鞣。但只经过主鞣得到的革，往往不能满足消费者的使用要求，于是便出现了使用其他各种鞣剂对革进行的再次鞣制，这就是复鞣。复鞣的目的在于提高革的鞣制效果，改善成革的性能。采用不同类型的复鞣剂，或可提高铬鞣革的耐湿热稳定性，或可提高其丰满性和柔软性，或可提高其染色性能，或可提高其成型性等。随着皮革化工材料的发展，复鞣已经成为现代制革工艺过程中不可缺少的关键工序之一。

谈到复鞣，必须了解填充。填充指的是把一些分子较大、与坯革没有化学结合或化学结合力较小的材料填入、沉积、凝聚在革纤维间，对疏松的革纤维起一定的支撑作用。复鞣和填充往往是相辅相成的。字面上讲，复鞣一般代表化学过程，填充则代表物理过程。但在实际生产中，复鞣与填充没有明显的界限[98]。

复鞣剂按照化学成分和性质可主要分为无机复鞣剂和有机复鞣剂两大类。无机复鞣剂包括铬、铝、锆、钛、铁、稀土等金属盐，其中最常见的是用铬盐进行复鞣，简称铬复鞣。一般来说，铬复鞣在中和之前进行，而有机复鞣剂复鞣多在中和以后进行，所以本节将铬复鞣工艺单独列出进行介绍。

铬复鞣的目的有：①增加革中铬的结合量和均匀性，提高收缩温度，使革更加丰满柔软；②增加革的阳离子性（铬络合物与革上带负电的羧基结合，封闭羧基），有利于阴离子型（即在水溶液中电离后带负电）的有机复鞣剂、染料、加脂剂等与革牢固结合。

由于采用的鞣剂均为铬鞣剂，铬复鞣的原理与铬鞣相同，因此为了给铬复鞣创造条件，首先应对铬主鞣后的坯铬（蓝革）进行酸洗操作，降低革的 pH。另外裸皮经过主鞣后，已获得了较高的稳定性，胶原纤维基本定型，所以铬复鞣倾向于使用碱度较高（分子量较大）的铬鞣剂，而且复鞣的起始温度和 pH 较高，鞣制时间较短。铬复鞣参考工艺如下。

原料为削匀后的铬鞣革，称重作为以下材料用量的基准。

水 150%，甲酸 0.3%，脱脂剂 0.5%，在转鼓中转动 30min，pH 达到 3.0～3.5；

水 200%，温度 40℃，高碱度铬鞣剂 4%，转动 60min；

用甲酸钠和小苏打缓慢提碱至 pH4.0～4.2，总时间 3～4h。

但铬复鞣仍存在一些不足之处，例如不能对革的结构松软部位进行填充，延伸性（革受外力拉伸时的变形特性）过大，干燥时坯革面积收缩较严重等[52]。所以只进行铬复鞣的革也无法达到使用要求，通常会在中和后再用填充性强的复鞣剂复鞣。

1.5.2　中和工艺及原理

用碱性材料中和坯革中的酸的操作叫做中和，所用的碱性材料称为中和剂。中和是制革工艺中承前启后的操作，其目的是除去革内的一部分酸，提高革的 pH 至 4.5～6.5（根据工艺和成革品种不同，对终点 pH 要求不同），使革处于中性或带负电荷的状态，为后续阴离子型皮革化工材料（有机鞣剂、染料、加脂剂等）的渗透创造条件[98,99]。

顾名思义，中和是依据酸碱中和的反应原理进行的。中和前革带正电，呈酸性，加入碱性物质则可以改变革的电荷性质，使其不带电或是带负电，反应式如下：

$$+ H_3N—P—COOH + OH^- \longrightarrow H_2N—P—COOH + H_2O$$
$$H_2N—P—COOH + OH^- \longrightarrow H_2N—P—COO^- + H_2O$$

所以中和能够促进后工序中同样带负电的化工材料向革的内部渗透，防止这些材料一经加入即在革表面结合。这个道理与浸酸时叙述的降低 pH 来促进带正电的铬鞣剂渗透是一样的，只是 pH 升降方向和电荷性质恰好相反。

中和剂的选择对制革生产过程十分重要。从理论上讲，任何碱都有中和作用，但是若用强碱中和，作用太快太剧烈，碱还没有渗透就被大量消耗在革面上，易造成表面中和过度，甚至在革表面生成氢氧化铬沉淀 $[Cr^{3+} + 3OH^- \longrightarrow Cr(OH)_3 \downarrow]$，这种缺陷被称为铬斑。因此中和时一般使用强碱弱酸盐，比如碳酸氢钠（小苏打）、碳酸氢铵等无机盐，也有甲酸钠、醋酸钠等具有缓冲作用的有机酸盐。除此之外，使用中和复鞣剂是现代制革技术中一种重要的方法。中和复鞣剂由一些辅助型合成鞣剂（将在 1.5.3.2 介绍）和有机酸盐按一定比例配成，优点是能快而均匀地中和，并消除铬斑，但是加工成本较高。在实际生产中，通常将几种中和剂搭配使用，以达到良好的中和效果，操作也更安全[52,98]。

一般情况下，中和操作被安排在铬鞣或铬复鞣后，有机复鞣剂复鞣及染色加脂前。中和的程度对后工序材料的渗透以及革的最终风格影响很大，有"中和多深，染色加脂多深"的说法，所以可以通过控制中和深透的层次达到控制复鞣、填充、加脂、染色层次的目的（图1-49）。如果中和的终点 pH 较高，或整个革都被中和透了（工艺 1），后工序所用的复鞣剂、填充剂、染料、加脂剂等就能渗透到革的各层中，适用

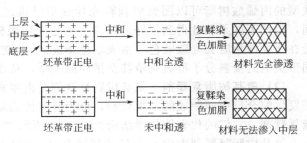

图 1-49　中和程度对后工序的影响[98]

于生产整体都很柔软的服装革等；如果终点 pH 较低，或是没有中和透（工艺 2），后续使用的阴离子型材料不能完全渗透，无法到达革的中心层，可以用来生产粒面紧实且有弹性的鞋面革等。中和参考工艺如下。

工艺 1

水 200%，温度 35℃，小苏打 1%，醋酸钠 1%，在转鼓内中和 1h；

要求中和完成后 pH 为 5.0～6.0。

工艺 2

水 200%，温度 35℃，甲酸钠 1%，中和复鞣剂 1.5%，中和 1.5h；

中和完成后 pH 为 4.5～5.0。

1.5.3 有机复鞣剂复鞣工艺及原理

经过中和后，坯革的 pH 和电荷性质已经达到了后续加工的要求，下一步通常是用有机复鞣剂进行复鞣和填充。此前铬复鞣一节对复鞣和填充的定义及作用进行了一些叙述，并指出单纯的铬复鞣存在无法填充革的松软部位等问题，因此需要利用有机复鞣剂的填充性和选择填充性，使革更加丰满，厚度和紧实度均匀一致，并且改善革的物理机械性能。有机复鞣剂包括聚合物类复鞣剂、醛类复鞣剂、合成鞣剂、植物鞣剂等类型，下面将对它们的结构和性质逐一进行介绍。

1.5.3.1 聚合物类复鞣剂复鞣

聚合物类复鞣剂也叫树脂鞣剂，是制革中广泛使用的一类复鞣材料，主要包括丙烯酸树脂、氨基树脂、聚氨酯树脂以及苯乙烯-马来酸酐共聚物等多种类型。在制革生产中使用量最大的一类是丙烯酸树脂复鞣剂，其次是氨基树脂复鞣剂。聚合物类复鞣剂进入坯革后可以在革纤维之间进行填充，也可以与胶原纤维及革中的铬鞣剂发生化学作用，使成革的手感和性能发生较大的变化。

(1) 丙烯酸树脂复鞣剂 丙烯酸树脂复鞣剂是由多种丙烯酸类单体共同聚合而成的一系列线形高分子物质，分子量几千至几十万，其单体主要包括丙烯酸、甲基丙烯酸、丙烯酸酯、丙烯腈及丙烯酰胺等。丙烯酸树脂的聚合反应式和基本结构单元如图 1-50 所示，而有关聚合反应的知识将在"高分子化学"课程中学习。

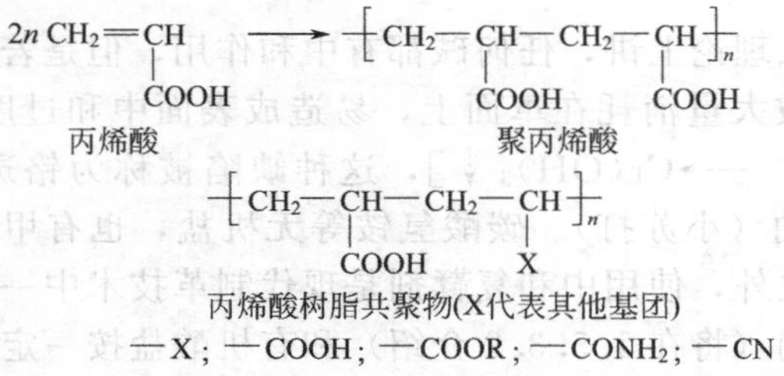

图 1-50 丙烯酸树脂的聚合
反应式和基本单元结构

丙烯酸树脂复鞣剂分子链上有大量的羧基，溶于水后可在合适的 pH 下发生离解而带负电，能与带正电的铬鞣剂结合，因此这类复鞣剂多用于铬鞣革的复鞣。当丙烯酸树脂大分子与铬鞣剂交联后，能够使革丰满，有弹性，对革的填充和增厚作用明显。同时线型的丙烯酸树脂可以团聚成颗粒充斥在革纤维之间，撑开纤维，使其获得更大的活动空间，因此革的柔软性得到很好地保持，这是丙烯酸树脂复鞣的突出优点[58]。而它的不足之处在于染深色时会导致败色（指成革色泽浅淡），这是因为丙烯酸树脂的阴离子性太强，与同带负电的染料分子形成竞争甚至排斥的关系，从而影响了染料与革的结合。

(2) 氨基树脂复鞣剂 氨基树脂复鞣剂是由尿素、双氰胺或三聚氰胺等胺类化合物与甲醛发生缩合反应而制成的一类鞣剂，分为脲醛树脂复鞣剂、双氰胺树脂复鞣剂和三聚氰胺树脂复鞣剂。它们的代表性化学结构如图 1-51 所示[98]。

氨基树脂复鞣剂中含有大量的羟甲基（—CH_2OH），这些羟甲基在复鞣过程中能与胶

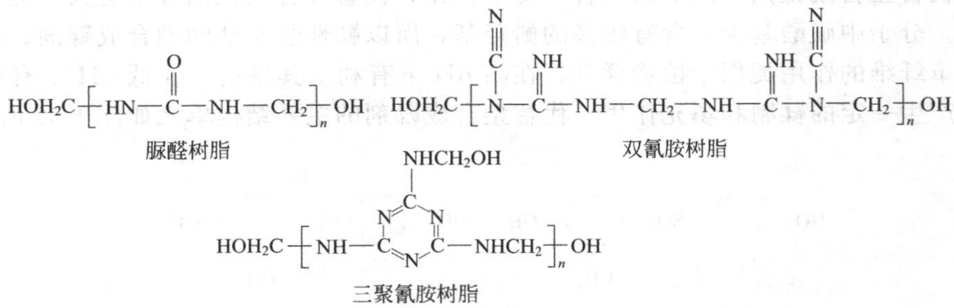

图 1-51　氨基树脂复鞣剂的结构

原纤维上的氨基脱水缩合，产生新的鞣制作用，反应示意式如下：

$$HOCH_2NH—R—NHCH_2OH（氨基树脂复鞣剂）+2P—NH_2（胶原纤维）$$
$$\longrightarrow P—NH—CH_2NH—R—NHCH_2—NH—P+2H_2O$$

所以，氨基树脂复鞣剂用于铬鞣革的复鞣，不但不会影响铬鞣效果，而且还有互补作用（铬鞣剂是与胶原羧基反应的）。

　　氨基树脂复鞣剂具有下列优点：具有较强的填充作用，特别是对革的松软部位有选择性的填充[58]；复鞣得到的成革丰满，粒面紧实，增厚作用明显；与丙烯酸树脂复鞣剂相比，败色作用小，基本能保持铬鞣革的特性，真皮感强。氨基树脂复鞣剂的缺点是，用该复鞣剂处理后的革在存放过程中容易释放出甲醛，使革纤维干枯和脆裂，耐老化性差，并导致产品中游离甲醛（致癌）含量增加，因此用量宜少。氨基树脂复鞣剂一般在中和后使用，用量掌握在 2%～5% 之间，温度 30～35℃，复鞣 30～60min。

1.5.3.2　合成鞣剂复鞣

　　在制革工业中，习惯上将芳香族合成鞣剂简称为合成鞣剂，它是指一类以芳香族化合物为主要原料合成的有机鞣剂。20 世纪初期，德国率先开发并生产了这类合成鞣剂，目的是代替植物鞣剂或改善植物鞣剂的鞣制作用，而在现代制革生产中，合成鞣剂已经成为了一种主要的复鞣材料。合成鞣剂的分子结构与植物鞣剂比较相似，但一般比植物鞣剂分子小，它主要是通过磺化和缩合两种反应合成的，分子上带有磺酸基（—SO$_3^-$）、酚羟基（—OH）等活性基团[100]。磺酸基能够赋予合成鞣剂良好的水溶性及反应性，酚羟基能够提高合成鞣剂的鞣制作用（与革纤维形成多点氢键）。随着皮化工业的发展，合成鞣剂种类越来越多，要将其进行严格的分组归类比较困难。目前一般根据合成鞣剂的用途将其分为辅助型合成鞣剂、代替型合成鞣剂和特殊性能的合成鞣剂。

　　(1) 辅助型合成鞣剂　辅助型合成鞣剂的分子相对较小，分子上磺酸基多，酚羟基少，所以渗透性能好，基本无鞣性，主要作为漂洗剂、分散剂、匀染剂及中和剂使用，能够促进植物鞣剂、染料等其他化工材料向革内渗透，并在革中均匀分布。辅助型合成鞣剂的主要结构单元如图 1-52 所示[98]。

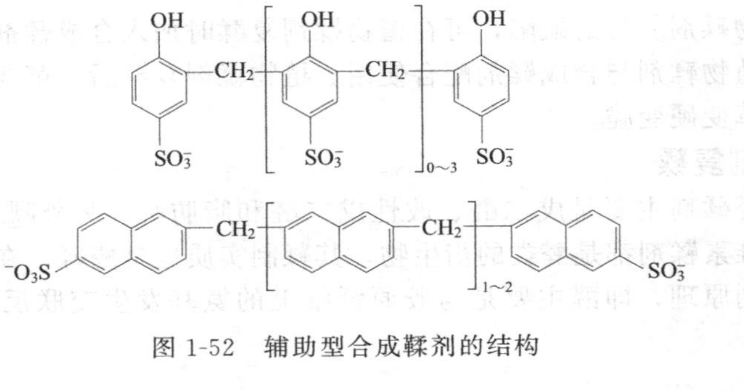

图 1-52　辅助型合成鞣剂的结构

（2）代替型合成鞣剂　同辅助型合成鞣剂相比，代替型合成鞣剂分子更大，但比植物鞣剂分子小。分子中磺酸基少，含有较多的酚羟基，所以鞣性强于辅助型合成鞣剂。代替型合成鞣剂与革纤维的作用类似于植物鞣剂，在高 pH 下有利于其渗透，在低 pH 下有利于其结合，能够产生一定的鞣制和填充作用。代替型合成鞣剂的主要结构单元如图 1-53 所示[98]。

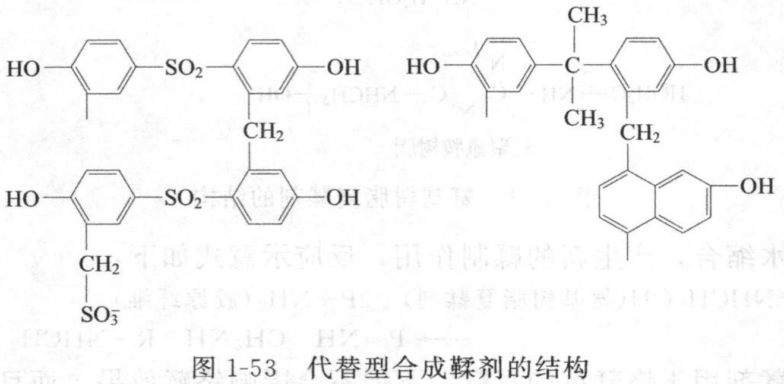

图 1-53　代替型合成鞣剂的结构

（3）特殊性能的合成鞣剂　特殊性能的合成鞣剂产品除了鞣制能力外，对皮革还具有某些特殊作用，可用于制造一些特殊皮革。例如白色革用合成鞣剂耐光性好，可防止白色革变黄；皱纹革用合成鞣剂可以制得有皱纹的特种艺术革；染色合成鞣剂和加脂合成鞣剂同时具有染色/加脂和复鞣性能。

1.5.3.3　植物鞣剂复鞣

当主鞣剂使用铬鞣剂或其他非植物鞣剂时，如果生产的皮革品种要求紧实、坚挺，那么复鞣时一定会使用植物鞣剂。植物鞣剂种类很多，结构相似但不相同，性能差异较大，适用于复鞣的植物鞣剂相对而言是一些渗透性较好、收敛性温和、色泽浅淡的优质产品，常用的有荆树皮、坚木、栗木、柚柑、杨梅等栲胶。

当植物鞣剂作为复鞣剂进行复鞣时，由于坯革的性质与鞣制前有所不同，因此其反应机理与植物鞣剂进行主鞣时也有差别。除了前面植鞣一节叙述的多点氢键结合为主的机理外，参与复鞣反应的还有植物鞣剂的酚羟基与铬鞣坯革中的 Cr^{3+}，它们可能发生多种形式的络合反应[98]。例如：

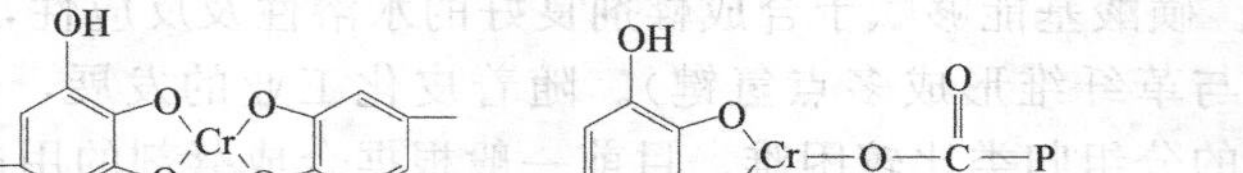

植物鞣剂的优点有：填充性强，是解决松面问题的首选材料；复鞣的革紧实、延伸性小、成型性好；磨革效果好；打光、压花等机械操作性能好。由于植物鞣剂复鞣革具有独特的性能，在汽车坐垫革、沙发革、鞋面革、箱包革中被广泛使用。但植物鞣剂用量过大易引起粒面粗糙，革身板硬、脆裂。另外会使革的耐光性、耐氧化性下降，使阴离子型染料的着色能力下降。

为了克服植物鞣剂复鞣的缺陷，可在植物鞣剂复鞣时加入合成鞣剂，促进植物鞣剂的渗透，工艺上常将植物鞣剂与合成鞣剂配合使用。植物鞣剂复鞣后，革要增强加脂作用，以滋润革面，避免成革变硬变脆。

1.5.3.4　醛鞣剂复鞣

复鞣使用的醛鞣剂主要是戊二醛、改性戊二醛和脂肪醛。另外噁唑烷鞣剂、双醛淀粉鞣剂以及双醛纤维素鞣剂都是醛类的衍生物，其鞣制实质也是醛鞣。在 1.4.4.1 节中已经讲解了醛鞣剂的鞣制原理，即醛主要是与胶原纤维上的氨基发生交联反应，使胶原的稳定性增加。

醛鞣剂复鞣的共同特点是使成革柔软，粒面细致，并有一定的填充作用；提高革的耐碱、耐汗和耐水洗性；提高革的染色均匀性，而对色泽深度的影响较小；与植物鞣剂结合使用能够显著提高革的热稳定性[58,98]。

需要特别指出的是，醛鞣剂复鞣常安排在中和之前，可与铬复鞣同时进行，这与其他有机复鞣剂是不同的。以戊二醛复鞣为例，在中和前加入，用量为削匀革重量的 2%～5%，得到的成革柔软且粒面细致，如果用于中和后则会造成粒面粗糙[52]。

1.5.3.5　复鞣工艺的控制

在实际生产中，复鞣的目的主要在于改善坯革的感观和加工性能，如成革粒面平细、饱满不松面、色泽均匀、坯革的可磨性好、绒面革起绒好、制品成型性好等。但是复鞣也使工厂成本增加，工艺复杂化，一些阴离子型复鞣剂还会使坯革的上染率下降，如表 1-15 所示。同样，阴离子型复鞣剂复鞣的坯革也会影响阴离子型加脂剂的吸收，因此在选用复鞣剂时需要考虑其对后续染色、加脂工序的影响。此外，复鞣剂由于种类众多，每一种又都有其优缺点，现代制革工艺中很少单独使用一种复鞣剂，通常都是将几种复鞣剂配合使用，扬长避短。在使用不同种类的复鞣剂时要特别注意使它们的作用彼此促进而不是相互抵消，其中心问题仍然是解决好渗透与结合的关系。下面举一例山羊鞋面革复鞣工艺[98]。

表 1-15　不同复鞣方式下阴离子染料的上染率

复鞣方式	上染率/%	复鞣方式	上染率/%
铬鞣剂	100	丙烯酸树脂鞣剂	40～60
戊二醛	60～80	氨基树脂鞣剂	60～80
合成鞣剂	20～90	植物鞣剂	20～40

原料为经过铬复鞣和中和后的铬鞣坯革。

水 150%，温度 35℃；

加 Leukotan970（丙烯酸树脂复鞣剂，Rohm & Hass 公司）3%，转 20min；

加 Basytan D（辅助型合成鞣剂，BASF 公司）3%，荆树皮栲胶 3%，Relugan D（三聚氰胺树脂复鞣剂，BASF 公司）2%，转 60min；

加甲酸 0.3%，转 20min（目的是降低 pH，加强复鞣剂与革的结合）；

排水，继续进行染色加脂等工序。

1.5.4　染色工艺及原理

染色是指用染料的水溶液处理坯革，使革被染上颜色的操作过程。除底革、工业用革和本色革外，大多数轻革在鞣制后都需要进行染色，使其呈现各种鲜艳的颜色，增加美感和使用性，以满足人们对时尚和各种用途的需要。早期的皮革染色使用的是来源于植物、动物或矿物的天然染料，到 19 世纪中期，由于合成染料的发展，以及后来铬鞣革的出现，皮革染色进入了新的阶段。近年来，研制皮革专用染料、减轻环境污染和控制致癌性染料的使用是染料和皮革行业重点研究的课题。

染色本身是一门比较复杂的学科，它包括光和颜色的关系，染料发色理论，颜色的测量方法，颜色的拼配原理，染料的分类、命名、结构和性质等内容。本书仅从制革常用染料和皮革染色工艺两方面做简要介绍，更详细的内容将在以后的专业课"制革染整化学"中进行学习。

1.5.4.1　制革常用染料及其性质

能用于皮革染色的染料品种很多，绝大部分是借用纺织工业的染料，本节只介绍皮革染色中最常用的酸性染料、直接染料、碱性染料和金属络合染料。由于皮革染料基本上都是水溶性的，不同种类的染料在水溶液中离解后带不同的电荷，因此可将各种染料分成阴离子、阳离子和两性染料，见表 1-16。

表 1-16 皮革染色常用染料[98]

染料种类	电荷性质	主要用途
酸性染料，直接染料	阴离子	铬鞣革染色
碱性染料	阳离子	植鞣革染色
金属络合染料	两性离子	通用

(1) 酸性染料　酸性染料本身不呈酸性，是因为其在酸性介质中进行染色而得名。酸性染料是皮革染色最常用的染料之一，其结构多为芳香族磺酸盐[101]，如图 1-54 所示。

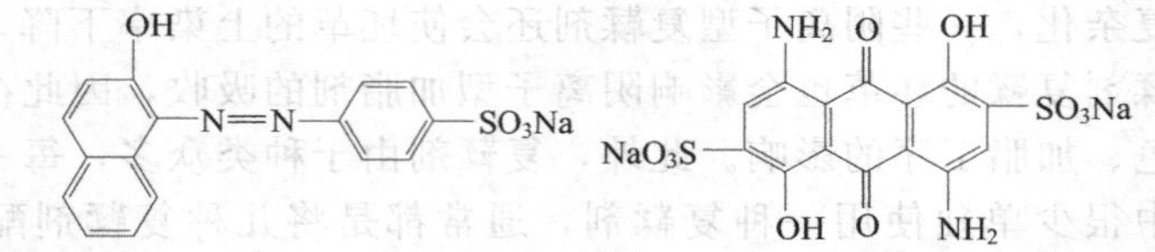

(a) 酸性橙Ⅱ　　　　　　(b) 酸性蓝R

图 1-54　芳香族磺酸盐的结构

酸性染料一般分子较小，在水中的溶解性好，其亲水基团主要是磺酸基。染料分子在水溶液中电离，形成的染料阴离子一般不聚集，分散程度高，因此酸性染料渗透性、匀染性（即均匀着色的能力）都较好。当加入酸后，染料阴离子会生成色素酸。色素酸有聚集倾向，利于染料在革纤维上的固定。

$$D—SO_3Na(代表染料分子) \longrightarrow D—SO_3^-(染料阴离子) + Na^+$$
$$D—SO_3^- + H^+ \longrightarrow D—SO_3H(色素酸)$$

酸性染料色谱齐全，色泽鲜艳，渗透性好，使用方便，但是由于分子较小，亲水基多，所以固定能力较弱，抗水性较差，不耐水洗[52]。

(2) 直接染料　直接染料染色时，无须借助媒染剂就能使纤维着色，故名"直接染料"。与酸性染料一样，直接染料分子中的主要亲水基团是磺酸基，但直接染料分子量更大，分子中含有较多的氨基、羟基、羧基等极性基团，结构为直线形，而且处于同一平面上[101]。如直接黑 BN 的结构式如图 1-55 所示。

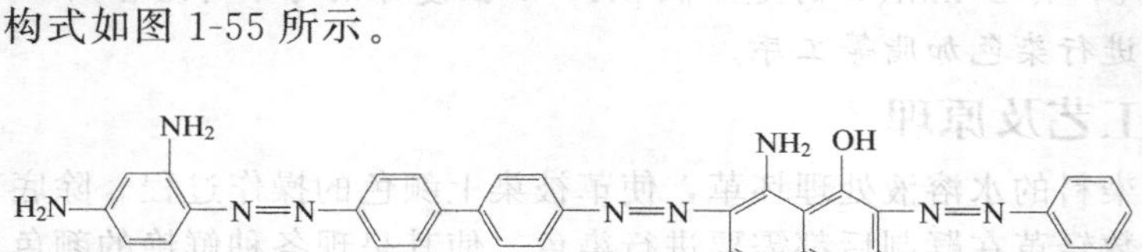

图 1-55　直接黑 BN 的结构式

直接染料的分子比酸性染料大，故渗透性较差，遮盖力好，适用于皮革的表面染色。直接染料在水溶液中电离出的染料离子也带负电，这与酸性染料相同，因此常与酸性染料配合使用，既能实现染色均匀深透，又能使表面着色浓厚。直接染料色谱齐全，染色方法简单，色泽浓厚，染色牢度较好，在制革的染色工序中应用也很普遍[52]。

(3) 碱性染料　碱性染料是有机碱与酸形成的盐，本身不具有碱性，也不是在碱性介质中溶解或染色的。之所以被称为碱性染料，是因为它在水溶液中会电离成染料阳离子[101]，见下面示意式：

$$Me—NH_3Cl(代表碱性染料) \longrightarrow Me—NH_3^+(染料阳离子) + Cl^-$$

碱性染料仅用于植鞣革的染色（因植鞣革带负电）和以加深色度为目的的套色法（即先用阴离子染料染色，再用阳离子染料套色），应注意的是，碱性染料不能与阴离子化工材料同时使用，否则会生成沉淀，影响染色效果[52]。

（4）金属络合染料　金属络合染料主要是由酸性染料、直接染料等与铬、钴、铜、铁、镍、锌等金属离子络合而成。络合后分子中既有染料阴离子，又有金属阳离子，同时具有两种电荷性质，是一类两性离子染料[101]。所以金属络合染料与皮革能以多种形式结合（详见《制革化学与工艺学》下册），染色牢度好，更加耐光、耐水和耐摩擦。金属络合染料虽然只有几十年的历史，但其在皮革领域的应用正逐渐扩大。

（5）禁用染料　在了解制革常用染料的同时，我们也应知道，某些含有偶氮基的染料（即分子中有—N＝N—）能分解产生具有致癌作用的芳香胺。于是欧盟颁布指令，禁止使用这些染料及销售含有这些染料的皮革产品，这一举措对我国皮革产品出口影响较大[102]。因此，选用无毒染料进行皮革生产，并大力研发新型染料，成为当今染料和制革工业发展的趋势。

1.5.4.2　皮革染色理论及工艺

皮革染色是一个复杂的物理和化学过程，基本历程可分为三个阶段[98]：①染料从溶液中被吸附到皮革的表面，这一吸附过程速率很快；②染料由皮革的表面不断向革内扩散和渗透；③染料在革纤维上结合，这个过程既有化学作用（离子键、配位键、共价键等），又有物理作用。

在染色过程中，渗透与结合相互依赖、相互影响，依然是制革者关注的核心问题。现用最常见的铬鞣革与酸性染料、直接染料之间的相互作用来阐述渗透和结合的有关原理。

根据前面所介绍的一系列知识，染料渗透的原理其实不难理解。1.5.2 节讲过，中和操作提高了 pH，使革不带电或带负电。坯革的这种状态能够减缓带负电的酸性染料和直接染料与革的结合速度，促进染料的渗透和分散。如果在染色前用同样带负电的有机复鞣剂复鞣，也有利于染料的渗透，但由于复鞣剂和染料都是与革的阳离子基团结合，所以染料的结合会受到影响，如表 1-15 所示。

谈到结合，下面就染料结合的原理进行简单的叙述。铬鞣革的羧基在鞣制时就与铬络合物发生了结合，因此在酸性条件下染色时，主要是带正电的氨基与染料阴离子产生离子键结合，如图 1-56 所示。

另外染料分子上的一些羟基、氨基、偶氮基等能与胶原纤维的肽键、羟基等形成氢键，染料和革纤维之间还存在范德华力（即分子间力），这些都对染料与皮革的结合起到重要作用。

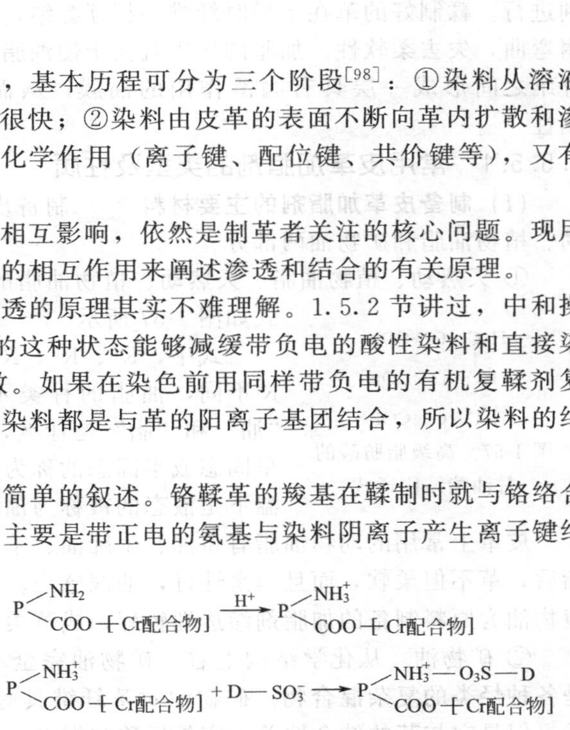

$$P\diagdown \begin{matrix}NH_2\\COO\end{matrix}\!+\!Cr\text{配合物}]\ \xrightarrow{H^+}\ P\diagdown \begin{matrix}NH_3^+\\COO\end{matrix}\!+\!Cr\text{配合物}]$$

$$P\diagdown \begin{matrix}NH_3^+\\COO\end{matrix}\!+\!Cr\text{配合物}]\ +\ D\!-\!SO_3^-\ \longrightarrow\ P\diagdown \begin{matrix}NH_3^+\!-\!O_3S\!-\!D\\COO\end{matrix}\!+\!Cr\text{配合物}]$$

图 1-56　染料结合的原理

皮革染色最常用的方法是在转鼓中转动染色，其次是刷染和喷染，下面分别作简要介绍。

（1）鼓染法　鼓染是铬鞣革普遍采用的一种染色方法。转鼓的机械搅拌作用可以促进染料的均匀渗透，又利于染色温度的控制（一般 30～60℃）。鼓染又可分为一次染色法、分次染色法、异步染色法和套色法等，具体内容将在"制革染整化学"课程中进行讲解。

（2）刷染法　刷染是将事先溶解好的染料，用刷子刷于革的表面，然后干燥，使染料逐渐吸收而着色的方法。刷染的优点是仅在革的表面染色，节约染料，对植鞣革染色效果较好。

（3）喷染法　喷染是将配制好的染液通过喷枪均匀地喷在干革的表面，是单面染色法，常常用来补充色调或增色。

下面列举猪正面服装革的染色工艺[98]。

蓝湿革削匀、称重，作为以下各材料用量基准；经漂洗、铬复鞣和中和后，进行染色。

① 染色　水 200%，温度 50℃，酸性黑 ATT 染料 1.5%，直接耐晒黑染料 0.5%，酸性大红染料 0.05%，在转鼓中转动 20min。

② 加脂　各种加脂剂总计 20%，转 90min。

③ 固定　甲酸 0.5%，稀释后分 3 次加入转鼓中，每次转 15min，加完后再转 20min。

1.5.5　加脂工艺及原理

加脂也叫加油，是指用加脂剂处理坯革，使其吸收一定量的油脂，从而具有更好的力学性能、柔软度和使用性能的操作过程。

我们知道，制革原料皮都含有油脂，在准备工段通过脱脂操作已将其基本除尽，那为什么前处理需要脱脂，染整时又要进行加脂呢？脱脂工序去除的是原料皮中的脂肪细胞和组织，目的是促进后续化工材料向皮内渗透，尤其是鞣剂，保证了鞣制这一制革关键步骤的顺利进行。鞣制好的革在干燥时纤维会相互黏结，纤维之间的可移动性降低，皮革会变硬，不耐弯曲，失去柔软性。加脂的作用就在于使油脂重新被皮革吸收，并包裹在革纤维表面，在纤维之间形成一层具有润滑作用的油膜，从而增加皮革的柔软度和力学强度，提高使用性[98]。

1.5.5.1　常用皮革加脂剂的类型及性质

(1) 制备皮革加脂剂的主要材料[98]　制备皮革常用加脂剂所需的原材料主要包括天然动、植物油脂和矿物油两部分。

① 天然动、植物油脂　天然动、植物油脂的主要成分是高级脂肪酸的甘油酯，结构通式如图 1-57 所示。

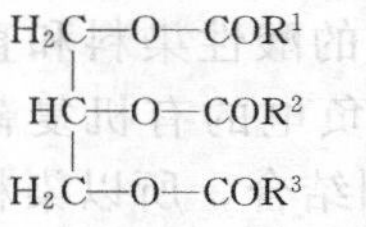

$$H_2C—O—COR^1$$
$$HC—O—COR^2$$
$$H_2C—O—COR^3$$

图 1-57　高级脂肪酸的甘油酯结构通式

式中，R^1、R^2、R^3 代表不同的饱和或不饱和脂肪酸的碳链。R 不同，油脂的种类不同。我们一直在提"油脂"二字，那么"油"和"脂"是什么，它们有什么区别呢？通常情况下，常温下呈固态或半固态的称为脂，其主要组分是饱和脂肪酸的甘油酯；常温下是液态的被称为油，其主要组分是不饱和脂肪酸的甘油酯。

皮革上常用的动物油脂有鱼油、牛蹄油、羊毛脂、牛油、猪油等，一般经过动物油脂加脂后，革不但柔软，而且润滑性好，油润感强。植物油主要有蓖麻油、菜籽油、豆油等，以植物油为原料制备的加脂剂渗透性较好，成革柔软，但油润感较差。

② 矿物油　从化学结构上看，矿物油完全不同于天然油脂，它们是石油的分馏产物，是各种烃类的复杂混合物。矿物油对革纤维具有润滑作用，能促进其他加脂材料向革内渗透，但是它与革的结合性差，容易迁移和挥发，加脂效果不持久。因此矿物油一般不单独使用，而是与其他加脂材料配合使用。

(2) 常用皮革加脂剂的类型[100]　皮革加脂的方法主要是乳液加脂（见 1.5.5.2），因此加脂剂应具有两个基本成分，一是油成分（又叫中性油，即上面所讲的天然动、植物油脂或矿物油），二是乳化成分（又叫乳化剂）。乳化剂是采用化学改性的方法，在不溶于水的油成分的分子中引入亲水基团而制得的，作用是使不溶于水的油成分分散在水中，形成相对稳定的乳液，促进乳液加脂的进行，这与 1.3.3 乳化法脱脂中的表面活性剂有相同之处。

根据加脂剂中乳化成分的电荷性质，可将加脂剂分为阴离子型、阳离子型、两性型和非离子型，这是目前普遍采用的分类方法。

① 阴离子型加脂剂　阴离子型加脂剂是加脂剂中的主导产品，应用最广，用量最大，主要包括以下四种类型：

a. 硫酸化加脂剂。这类加脂剂的亲水基团是硫酸酯基（$—OSO_3^-$），用于加脂可使革获得良好的油润性和柔软性。常见产品有硫酸化蓖麻油、硫酸化菜子油、硫酸化鱼油、硫酸化猪油等，此外牛蹄油、鲸脑油的硫酸化产品是高档加脂剂，具有较好的柔软、丰满、填充性能。

b. 亚硫酸化（或磺化）加脂剂。这类加脂剂的亲水基团是磺酸基（—SO_3^-），注意磺酸基的 S 是直接与主链 C 相连接的，而硫酸化加脂剂亲水基的 S 是通过 O 与 C 相连的。亚硫酸化加脂剂具有良好的渗透性、耐光性和耐电解质能力，常见产品有亚硫酸化鱼油、亚硫酸化羊毛脂等。

c. 磷酸化加脂剂。这是近十多年来发展较快的一类加脂剂，主要包括天然磷脂（存在于大豆油、菜籽油和蛋黄中）和合成磷酸酯加脂剂，其亲水基团主要是磷酸酯基 [—$OPO(OH)_2$]。磷酸化加脂剂能与胶原纤维和铬鞣剂结合，具有优良的加脂性能。

d. 羧酸盐类加脂剂。又叫皂类加脂剂，亲水基团是羧基（—COO^-）。这种加脂剂耐酸及耐电解质能力较弱，应用较少。

② 阳离子型加脂剂　阳离子型加脂剂主要用铵盐类化合物等阳离子表面活性剂作为乳化剂，加脂乳液带正电荷，仅用于铬鞣前的预处理和主加脂后的表面加脂。

③ 两性型加脂剂　两性型加脂剂既有阴离子型亲水基团，也有阳离子型亲水基团，随介质 pH 的变化而带负电荷或正电荷，所以可在较宽的 pH 范围内使用。但其成本较高，应用尚不普遍。

④ 非离子型加脂剂　非离子型加脂剂大多是用非离子表面活性剂乳化油脂类物质而制得的，其特点是不带电荷，因此具有很好的分散、渗透能力。

1.5.5.2　皮革加脂工艺及原理

皮革加脂工艺中应用最普遍的是多种阴离子型加脂剂对铬鞣坯革进行乳液加脂。一般认为，皮革的乳液加脂历程是：加脂剂通过乳化形成乳液，逐渐渗透到革的内部，然后破乳，造成油水分层，最终水被挤出，油脂被吸附在革纤维的表面，形成一层油膜，使革纤维分散，并产生润滑作用。

（1）加脂剂的乳化　加脂剂的主要成分是中性油和乳化剂。本来油和水是分层的，但是在乳化剂的作用下（乳化剂分子中的亲水基团与水亲和，亲油基团与油亲和），并通过搅拌，油脂被乳化剂分子包围形成液滴，分散在水溶液中形成乳液粒子，这些粒子朝向外面的亲水基都带负电荷（阴离子型加脂剂），因此相互排斥，不易聚集，使加脂乳液保持稳定，如图 1-58 所示。

图 1-58　加脂乳液形成示意图[98]
○——中乳化剂；○ 其亲水基团；—亲油基团

（2）加脂乳液的渗透　加脂乳液和革的电荷性质仍然是加脂剂渗透和结合的关键，其原理与复鞣剂、染料的渗透是相同的。在扩散作用以及机械作用下带负电的乳液粒子不断向革内渗透，最终分布在革纤维周围。

（3）破乳和油脂的固定　破乳是乳化的反过程，它是指本已分散的油脂小液滴重新聚集，最终导致油和水又分离为两层的过程。乳化剂的极性基团能以离子键、配位键等形式与革纤维发生结合，致使加脂乳液破乳。另外加酸也可以封闭乳化剂的亲水基，促使破乳。加脂乳液破乳后，油脂分子会大量地吸附、沉积在革纤维表面，加脂工序就完成了。

加脂操作一般使用转鼓，在中和后与染色同浴（指染色和加脂之间不换水）进行。通常选择多种加脂剂产品（阴离子型为主）搭配使用，以达到最好的加脂效果，加脂剂用量则根据革的柔软度要求而定，大概在削匀革重量的 10%～20% 左右。加脂温度一般控制在 45～55℃。下面举一例黄牛软鞋面革加脂工艺[98]。

铬鞣削匀革称重，作为以下各材料料用量基准。经铬复鞣、中和、有机复鞣剂复鞣后，进行染色加脂。

① 染色。水 100%，温度 50℃，染料 1%～3%，转 30min。

② 加脂。与染色同浴，温度 50℃；亚硫酸化鱼油 2%，硫酸化牛蹄油 2%，复合型加脂剂 2%，结合型加脂剂 3%，复鞣加脂剂 3%，混合在一起，用适量热水乳化，搅拌后加入转鼓中，转 60min；甲酸 1%，稀释后分 2 次加入，每次 15min，加完后再转 20min，至 pH3.8；阳离子加脂剂 1%，用适量热水乳化后加入，进行表面加脂，转 30min。

③ 水洗，出鼓，搭马静置。

1.5.6　涂饰工艺及原理

皮革经过一系列湿态染整工序以及干燥等机械整理操作后，就进入了生产的最后一道化学处理工序——涂饰。涂饰是指将多种化工材料配制成的浆料，均匀地涂布、覆盖在革的粒面上，形成一层或几层薄膜的操作，以达到修饰、美化皮革表面的效果。在涂饰过程中也会穿插进行一些机械操作，如干燥、熨平、压花等。

涂饰的作用主要表现在以下几个方面：

① 增加皮革的美感，提高耐用性能。经过涂饰后，革表面颜色鲜艳、光滑、有光泽。另外，由于涂饰后革的表面形成了一层保护性的膜，这层膜有防水、耐干湿擦、耐有机溶剂、防雾等特性，使革容易保养和清洁，提高了革的使用性能，扩大了皮革的使用范围。

② 修正或遮盖革表面上的轻微伤残，使质量较差的坯革能做成好革，提高使用价值。

③ 增加革的花色品种，满足时尚需求。通过涂饰和某些机械操作（如压花）的有机结合，可以生产具有多种效应的革，提高产品附加值。

涂饰是一个复杂的工艺过程，它包括许多物理和化学变化，涉及高分子化学、高分子物理等方面的原理，例如涂料流变学、颜料的分散理论、涂膜的成膜机理等[98]。本书作为入门教材只简单介绍涂饰所用到的一些化工材料（即涂饰剂）以及涂饰的工艺技术。

1.5.6.1　皮革涂饰剂的基本组成

涂饰剂一般由成膜剂、着色剂及溶剂按一定的比例配制而成[103]。此外，还有一些添加剂如渗透剂、交联剂、增塑剂等。

（1）成膜剂　成膜剂是能够在皮革表面形成一层连续均匀的薄膜，并与革面牢固结合的一类化工材料，是涂饰剂最主要的组分，决定着涂饰薄膜的基本性质，同时还要具有容纳涂饰剂中的其他成分如颜料、染料、助剂等的能力。常用的成膜剂品种将在 1.5.6.2 进行介绍。

（2）着色剂　着色剂的作用是赋予涂层颜色，使革的色泽更加明亮、浓厚、饱满、均匀。皮革涂饰主要用颜料来着色。颜料与染料的区别在于颜料既不溶于水，也不溶于有机溶剂，而染料都是可溶性的物质。颜料以微粒的形式在水或有机溶剂中分散，具有色泽鲜艳、遮盖力强的特点，因此可以用来遮盖皮革表面的伤残。染料在皮革涂饰中很少使用，主要用于高档皮革产品。

（3）溶剂　溶剂是涂饰剂配方中的重要组成部分，主要用来溶解其他材料、降低黏度，改善加工性能，另外还影响着涂层的许多表观性能。最常用的是水，也会用到一些有机溶剂。

（4）添加剂　添加剂也称涂饰助剂，品种多，用量小，作用效果显著。例如调节涂层手感的手感剂，增加涂层柔韧性的增塑剂，促使浆料润湿革面并向革内渗透的渗透剂，提高涂层强度的交联剂等。

$$成膜剂\begin{cases}天然成膜剂——酪素及其他蛋白类\\改性天然成膜剂——硝化纤维\\合成成膜剂\begin{cases}丙烯酸树脂\\聚氨酯树脂\\丁二烯共聚物\\聚氯乙烯树脂\end{cases}\end{cases}$$

图 1-59　成膜剂的分类

1.5.6.2　常用成膜剂介绍

成膜剂是涂饰剂中的基础成分，可以根据来源和性质将成膜剂进行如图 1-59 所示的分类[104]。

目前制革生产中最常用的成膜剂是丙烯酸树脂和聚氨酯树脂。

(1) 丙烯酸树脂成膜剂　丙烯酸树脂成膜剂是以丙烯酸酯类单体和其他丙烯酸类单体为原料，通过共聚得到的一类成膜剂。其聚合的原理、条件与丙烯酸树脂复鞣剂相同，但是成膜剂的单体主要是不亲水的丙烯酸酯类（$CH_2 = CH—COOR$），这使得它在性质上与复鞣剂有很大差别。

丙烯酸树脂成膜剂具有许多优点，如对革的黏着力强，成膜性能良好，涂层有光泽，可以与颜料膏及其他类型的成膜剂等混合使用而不影响效果，耐光、耐老化、耐干湿擦性能优于酪素成膜剂，卫生性能优于硝化纤维成膜剂。

丙烯酸树脂成膜剂使用历史悠久，产品种类齐全，针对性强，特点突出，助剂配套，价格低廉，使用方便，是皮革涂饰中使用最广泛、使用量最大的一类成膜剂。

(2) 聚氨酯树脂成膜剂　制造聚氨酯的主要原料是二元/多元异氰酸酯（官能团为—N=C=O）和二元/多元醇，二者聚合形成氨基甲酸酯基（—NH—CO—O—），见下式[100]：

$$R^1—N=C=O+HO—R^2 \longrightarrow R^1—NH—CO—O—R^2$$

聚氨酯树脂成膜剂具有优良的耐热耐寒性，良好的成膜性、黏着性、柔韧性及耐干湿擦性，与颜料及其他树脂有较好的混溶性。聚氨酯涂饰皮革还有一个优点就是涂层光亮、耐水，易于清洁和保养。但其缺点是透气性和透水汽性差，应用成本较高。

(3) 硝化纤维光亮剂　硝化纤维是纤维素的衍生物，在皮革涂饰中主要作为光亮剂，在顶层涂饰（见 1.5.6.3）时使用。

(4) 蛋白类成膜剂　蛋白类成膜剂的应用历史悠久，其中应用最广泛的是酪素。其用途主要有两方面[98]，一是作底层涂饰的黏合剂；二是用作顶层涂饰的光亮剂及手感剂。涂层光泽自然柔和，手感舒适，耐熨烫，可打光，卫生性能好。

1.5.6.3　皮革涂饰工艺及原理

(1) 涂饰的各层　涂饰工序能赋予皮革柔软性、均匀性、抗水性、手感、颜色、光泽等多种性能，但这不是一层涂饰就能达到的。通常涂饰由底层、中层和顶层这三个涂层组成，有时在底层之下还要加上封底层，不同的涂层有各自的功能[98]。图 1-60 为涂饰前后皮革的示意图。

(a) 涂饰前

(b) 涂饰后

图 1-60　涂饰前后的皮革

① 封底层　常采用阳离子树脂成膜剂，它能与坯革表面的阴离子材料（湿染整时加入的）结合，形成一层薄薄的隔离膜，使以后的各涂层不能渗入革内，以免影响真皮感。同时封底还能填充革粒面中的空隙，达到克服松面、掩盖毛孔的目的。

② 底层　底层要求柔软，黏着力好，与皮革能牢固结合。配料时多使用软性树脂成膜剂，少用或不用中硬性的成膜剂。用颜料调整色调，使其与成品革颜色基本一致。为了使涂层黏着牢固，还可以加入少量渗透剂。

③ 中层　中层是涂饰层中的核心一层，要求具有很好的力学强度和弹性，并且应该完成革面的遮盖和色调的调整。因此应多用中硬性树脂，少用软性树脂，有时混用适量的酪素以改善手感，提高中层硬度。

④ 顶层　顶层也称手感层，是涂饰的最外层，通常比较薄，仅仅是为了满足成革的手感或光泽。酪素和硝化纤维都是常用的光亮剂，而手感剂的种类层出不穷，能制造出多种效应的皮革。

（2）涂饰操作方法　将涂饰剂向皮革表面施涂的方法有刷涂、揩涂、喷涂、辊涂、淋浆、贴膜、移膜涂饰等。

① 刷涂和揩涂　将皮平铺在台板上，用马鬃刷蘸上涂饰液刷在革面上的涂饰方法叫刷涂。揩涂是用纱布或棉布包上棉球或泡沫塑料，用其蘸浆液后均匀地揩在革面上。由于刷涂和揩涂对革面施加的摩擦力较大，能够使浆液与革面牢固黏合，所以主要用于封底和底层涂饰。该法的缺点是劳动强度较大，生产效率低。

② 喷涂。喷涂是最常用的涂饰操作方法，分为手工喷涂和喷涂机喷涂两种。手工喷涂时，手持喷枪（图 1-61），使喷枪嘴与革面保持 0.5～0.7m 的距离，喷时不断地来回移动喷枪与革面的位置，使整张皮喷匀。手工喷涂的质量受操作者技术的影响较大，生产效率低，但设备投资小。

图 1-61　喷枪

图 1-62　喷涂机上的喷枪

喷涂机（图 1-62、图 1-63）是一种将喷浆与干燥联合起来的联动化生产设备，该设备

图 1-63　喷涂机

由喷涂室、干燥烘道以及传送带装置组成，由电脑程序控制。工作时，将革铺于传送带上，由传送带将革传至喷涂室，接受喷涂以后，再被传至干燥烘道烘干。采用喷浆机涂饰生产效率高，节省涂料，涂饰质量稳定。

③ 辊涂　辊涂是近年来出现的涂饰方法，优点是涂饰剂用量少，涂饰效果好，用途广，除一般要求的各层涂饰外，还能进行套色、印花、辊油、辊蜡等操作。辊涂机工作原理如图 1-64 所示，实物见图 1-65。

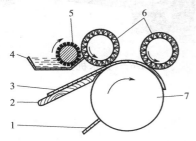

图 1-64　辊涂机工作原理
1—刮板；2—工作台；3—革；4—浆槽；5—青
铜槽纹辊；6—刷辊；7—转筒

图 1-65　辊涂机

1.6　制革过程的机械操作

制革过程是改变原料皮性状的过程，是由一系列的化学处理（如前面讲到的脱毛、浸灰、鞣制、染色、加脂等）和机械操作来完成的。机械操作指借助外界机械力的作用使皮革的尺寸、形状、物理力学性能和感官性能等发生改变的操作。如直接改变产品厚度的片皮、削匀，改善物理力学性能的做软，改变外观的压花等都是机械操作。这些机械加工将明显影响成革的品质和产率，因此每一个机械操作都十分重要。

本节将按照与制革生产过程基本一致的顺序，简单介绍挤水、片皮、削匀、磨革、干燥、做软、熨平和压花等机械操作的目的及作用原理。有兴趣深入学习的同学，可参阅《皮革机械加工原理》以拓展相关知识。

1.6.1　挤水

挤水操作的目的在于除去革中的一部分水分，以便下一道工序的加工或缩短干燥时间。皮革的机械挤水操作通常在下述情况中进行。

(1) 蓝湿革片皮前和削匀前的挤水　革鞣、静置后的蓝湿革的水分含量一般都在60%～80%之间[104]。坯革中过多水分的存在不仅增加后续机械加工的难度，也影响加工精度。坯革的不同部位存在差异，使得皮张松软的部位含水量多，相对增厚多，这时若进行片皮操作（按需要调整坯革的厚度），让整张皮获得相同厚度，则干燥后的成革会出现明显的厚度差。因此，应尽可能减少其水分含量，以便获得整张厚度均匀的皮革。通常使用挤水机（图1-66、图1-67）除去坯革中的一部分水，使水分含量降低到 45%～55%。皮革经过挤水机加工以后，除了其所含的一部分水分被挤掉以外，也会使革中剩余的水分布得更均匀。此外，某些挤水机还带有平展作用，革身被舒展平整，其面积也有所增加。

(2) 真空干燥前的挤水　染色加脂后的湿革水分含量往往超过 65%，在对皮革进行某些干燥加工（主要是真空干燥）以前，应该进行机械挤水。挤水的目的是缩短干燥时间，降低能耗，便于后期整理，因此希望挤水越干越好。

挤水时主要是要控制好挤水压力，要求挤水后水分含量符合要求，各部位水分均匀，革身平整，不挤出死褶，不挤破或撕破皮，不使皮沾污。

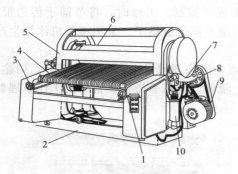

图 1-66　双辊挤水机[31]

1—张紧辊；2—底座；3—张紧辊调节手轮；4—传
送带；5—机架；6—上压辊；7—蜗杆减速器；
8—下压辊轴承座；9—电动机；10—液压缸

图 1-67　挤水机实物图

1.6.2　片皮（剖层）

皮革生产过程中，要采用各种方法使整张皮、整批皮厚度达到均匀一致，使生产出的成品革具有规定的厚度，符合制造革制品的要求。特别是当今人们对皮革产品要求轻、薄、软，因此制革生产中，大多是通过片皮（剖层）来达到这些要求的。片皮就是把皮的过厚部分（肉面层）剖掉，保留粒面层以制成所需的厚度均匀一致的革。剖下的肉面层（二层皮），如有足够的厚度，还可继续剖分。因此，片皮的目的在于：①调整坯革的厚度以满足成品革对厚度的要求，且使整张革厚度均匀；②提高原料皮的利用率，一张皮可剖分成多层，这样就可增加革的品种和产量，充分合理利用原料皮；③进一步除去残余的皮下层，有利于后工序化工材料的渗入。

不同的革产品，其成品厚度的要求不相同。对较厚的原料皮而言，其厚度远远大于成革所需的厚度。以猪皮为例，原料皮厚 3～5mm，而猪正面革为 1.3mm 左右，猪服装革厚度要求是 0.6～0.8mm。

通过片皮不仅能满足成革所需的厚度，提高革的质量，而且还使皮张资源获得了充分的利用，使一张皮变多张皮，提高了原料皮的利用价值，降低了制革的加工成本，减少了制革废物的产生。通过剖分灰皮、硝皮等工艺方法，还可以把不能制革的废物作其他用途，而且节省了后工序化工材料的用量。

在整个皮革加工中可以片生皮、片灰皮、片硝皮，也可以片蓝湿革。

片生皮是指在鲜皮水洗或干皮浸水去肉后进行的带毛片皮。采用片生皮工序，机器不受化学药品的腐蚀，使用寿命可以延长，工人劳动条件比较好。同时，还可以使片皮后的整个湿加工操作在转鼓中连续进行，减少皮进出转鼓的次数，减轻工人劳动强度，并有利于制革生产的自动控制和连续化。但由于剖生皮是带毛进行，片皮精度受毛的影响，厚度不易控制，对片皮机本身精密度要求也高，在制革厂用得比较少。

片灰皮是指在脱毛浸灰后进行片皮。裸皮经过浸灰后产生膨胀，皮张纤维疏松，皮的厚度增加，具有较高的弹性，剖分切割容易，厚度也容易控制，分的层数多，原皮利用率高。实践证明，片皮后的灰皮厚度一般比最终的成品革的厚度大 30%～50%，可以依次控制片灰皮的厚度。片灰皮后皮变薄且厚度均匀，对后工序（复灰、脱灰、软化、浸酸、鞣制等）更加有利。化学试剂能更快地向皮内渗透，减小皮内外层之间的差别和不同部位之间的差别。剖下的皮屑可制明胶。但是片灰皮时不易掌握成革的厚度，膨胀后的皮重量增加，皮面发滑，操作的劳动强度较大。片灰皮是在灰碱存在的条件下进行的操作，对机器有腐蚀作用，使机器的精度和使用寿命都受到影响，同时工人劳动条件差。

片蓝湿革是指在铬鞣后进行片皮。这时皮纤维已得到初步定型，厚度比较容易控制，片皮精确度高，二层和三层得革率高。工人劳动条件好，对机器腐蚀性小，可以延长机器的使用寿命。为了比较精确控制片皮厚度，在片皮前需要挤水。片蓝湿革的缺点是片下的革边、革屑等含有铬，固体废弃物不容易处理和利用。

片皮是在带刀式片皮机（图 1-68、图 1-69）上进行，片皮机的精度对片皮质量及得革率影响很大。片皮控制的主要技术指标是片皮厚度和整张皮厚度的均匀程度。为此要求进行片层的同一批蓝湿革的厚度要尽可能一致，对于肉面有伤残的蓝湿革要先采用填补的方法，用面粉、革屑或高岭土混合一些黏合剂将伤残处补平，以保证不产生剖洞。

图 1-68　片皮机

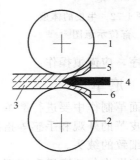

图 1-69　片皮示意图[105]
1—花辊；2—环辊；3—皮革；4—带刀；
5—上剖层皮；6—下剖层皮

1.6.3　削匀

削匀是调整和精确控制坯革厚度的操作，其目的是使厚度不合要求和各部位有差异的皮革达到规定的厚度且均匀一致。削匀操作在削匀机（图 1-70、图 1-71）上进行。通常将带有粒面的坯革进行肉面削匀，又叫削里。削匀机的主要部件有带有螺旋刀片的刀辊、供料辊、传送辊以及磨刀装置，通过调节刀辊与供料辊之间的间隙达到控制削匀革厚度的目的。

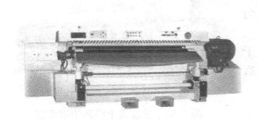

图 1-70　削匀机

图 1-71　削匀操作

通过削匀操作，还可使革肉面平整光洁，成革面积有所增加。削匀也是一种加强皮或革臀部处理的措施之一。通常将制革原料皮划分成臀背部、肩颈部、腹肷部、四肢部和头尾部（图 1-72）。部位不同，皮的厚度、胶原纤维编织的紧密度不同。这种部位之间存在的差异就是部位差，是制革过程中需要十分注意的问题。一般颈部和臀部较厚，胶原纤维编织紧密，而腹肷部较薄，胶原纤维编织疏松。加强对臀部的削匀，使其变薄，有利于在后加工过程中让臀部纤维进一步得到较为充分的松散，缩小部位差，获得整张厚薄均匀、柔软一致的成革，克服臀部偏厚、偏硬的缺点[105]。

削匀操作可对酸皮、硝皮、蓝湿革进行，削匀厚度依成品革的厚度要求而定，但由于革

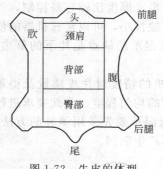

图 1-72 牛皮的体型
部位示意图[31]

在湿态染整和干态整饰过程中，尤其是干燥过程中厚度会发生变化，而且变化程度因工艺不同而不同，所以削匀厚度与成品革厚度之间的确切关系不能一概而论，一般掌握在削匀厚度较成品革厚度大 0.1～0.3mm。削匀浸酸皮或硝皮在鞣前就除去了应在鞣制后去掉的部分皮屑，有利于后续操作的加工质量，节省化工材料，而且削匀屑无需脱铬处理便能利用，价值较高。

由于削匀操作中易出现削洞（皮张的某些部位被刀片削成眼洞）、撕破、削焦（皮张的某些部位被刀片的高速摩擦产生的热烧坏）、跳刀（一般表现形式为皮革的表面上呈现肉眼可见的切削条纹）等缺陷，因此削匀是保证坯革张幅完整的重要工序，应谨慎操作。

1.6.4 磨革

绒面革制作中要进行磨革（磨绒）。磨革是现代制革生产中一项很重要的机械加工，它可以使皮革的外观和手感等指标都得到很大改善。磨绒的目的是在革粒面或肉面产生均匀、平齐、细致的绒头。

磨革操作包括磨里和磨面两种。磨里就是对皮革的肉面进行磨革加工，它的主要目的是改善皮革肉面外观，使革的厚度更加一致，加工反绒面革（在革肉面进行磨绒的革）。磨面的主要目的是改善革的粒面外观，提高皮革档次，生产正绒面革（指在粒面进行磨绒的革）。

严格地讲，在皮革表面进行的磨革加工实际上也是一种对皮革纤维的切削加工。不过，磨革与削匀加工产生的效应却有相当大的差别。皮革经磨革处理后，在革面上留下的是一系列深浅不一、排列杂乱无序的磨痕，并且皮张不会受到伸展作用。由于磨痕的宽窄、深浅及相互间隔距离的绝对尺寸极小，因此皮张经磨革处理后，对光线的反射更柔和，手感更舒适。此外皮张表面上原有的一些微小伤残被磨掉，但又基本上不破坏皮革本身的粒面特征。

磨革分湿磨和干磨。湿磨是磨湿革或半干湿革，一般用于起绒加工，在削匀后进行。湿磨对磨革机及砂纸的要求较高，对蓝湿革的水分含量均匀性要求也高，应严格掌握在30%～35%之间[106]。干磨是磨干坯革或半干坯革，皮革生产中，采用干磨的情况更多些。图 1-73 是通过式干湿两用磨革机。

图 1-73 通过式干湿两用磨革机

1.6.5 干燥

干燥是制革生产中由湿操作转为干操作的工序，在整饰过程中极为重要。皮革经染色、加脂后，水分含量一般为60%～70%。如果仅用挤水机进行机械脱水只能将水分含量降至50%左右，而成革要求的水分含量为14%～18%，因此革中多余的水分只能通过干燥去除。对于皮革来说，干燥并不只是水分的简单去除。在干燥过程中，对革施以一定的机械处理，皮革的物理力学性能还会发生一系列的变化。

皮革的干燥方法很多（见图 1-74 至 1-77），其主要目的是：①除掉革中多余的水分，以满足后工序对坯革水分含量的要求；②利用革在水分的去除过程中产生的物理化学变化，促进鞣剂、染料及油脂与胶原纤维进一步结合，改善皮革性能；③使坯革的纤维编织进一步定形[31,105]。

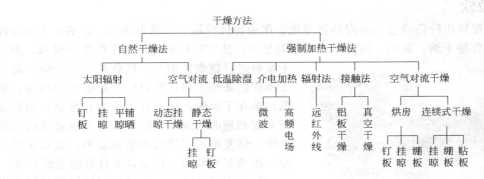

图 1-74 干燥方法分类[105]

图 1-75 连续式自然挂晾干燥

图 1-76 真空干燥机

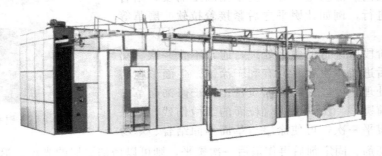

图 1-77 绷平干燥机

1.6.6 做软

生皮在湿操作阶段经过一系列的物理化学作用和机械加工后成为坯革。坯革在干燥过程中，皮纤维容易干缩、黏结。因此，坯革要满足各种感官指标和物理力学性能的要求，需在干燥后进行整饰性加工。就软革而言，做软是加工操作的必经工序，其目的是松散胶原纤维，消除坯革在干燥时产生的纤维干缩和黏结，消除皮板发硬和翘曲的现象，赋予革适当的柔软度和延伸性，恢复革因干燥而收缩的面积，提高革的强度，改变革的粒面，使革具有良好的表面粒纹。

图 1-78　双排振荡拉软机

按照实现做软操作的机器工作原理可以将做软分为：刮软、拉软、铲软、搓软和摔软。由臂式刮软机和立式拉软机实施刮软，由振荡式拉软机（图 1-78）实施拉软，由铲软机（图 1-79）来实现铲软，由搓软机实现对革的搓软或搓纹，由转鼓（图 1-80）实现对革的摔软。

图 1-79　铲软机

图 1-80　八角形摔软转鼓

无论采用哪种做软方法对革进行处理，其操作效应都是由机器对皮张施以弯曲和拉伸的综合作用结果。每一种做软的方法都有各自的特点和不同的操作要求，能够达到不同的做软程度和做软目的。实际生产中的做软总是由一种或几种做软方法的组合来实现操作目的[105]。

1.6.7 熨平

熨平（图 1-81）指使皮革通过工作表面平整、光洁的热熨板（或辊、滚筒等），并施加一定的压力于皮革表面，使革身平整紧实、毛孔平服，提高革面的光泽，但不改变皮革粒面（或被加工表面）的纹路结构。熨平一般多在涂饰操作后进行，但为了提高产品质量，有时应根据加工需要，结合其他机械整理进行，例如让熨平之后紧接着拉软、磨革等操作。

革在整饰阶段所进行的熨平处理，通常不止一次。猪正面革在拉软后进行一次熨平，有利于涂饰；牛面革在磨面前经过熨平处理，可以提高磨面质量；对于修饰面革来说，在底涂之前熨平一次，可遮盖粒面的细微伤残，如果在喷中层后又熨平一次，可使涂层与革面牢固结合、革身

图 1-81　熨平操作

平整，喷完光亮剂、固定剂后再作最后一次熨平，则可以增加涂层的光泽、提高涂层的耐水性和防尘性等[105]。

1.6.8　压花

压花（见图 1-82）和熨平一样，也多在涂饰操作后进行，压花操作主要有两个目的：①美化皮革表面；②增加革身的紧实程度，提高皮革的力学性能。

压花机配有表面刻有各种风格花纹的压花板（或辊），既有仿其他动物皮粒面的花纹，也有各种美术花纹。压花操作可掩盖天然皮革粒面原有的一些伤残或缺陷，增加了革的美观性。对于制造假面革，以及美化二层革等，压花更是不可缺少的操作。

熨平和压花是轻革整理的重要工序之一，尽管它们的操作目的不同，但都是通过热的金属板或辊（滚筒）对皮革表面施加机械挤压力及热力来进行加工的工序。不同的是，压花的工作机件（压花板或压花辊）的表面

图 1-82　压花操作

刻有花纹，且工作压力比熨平时大，因此经压花处理后的皮革表面纹路结构会发生改变，革身将变得更加紧实[105]。

1.7　制革工业的技术难点及可能的解决方案

制革工业自始至终都是处理和加工皮的过程。而制革加工所用的原料皮具有不规则、不均匀的特性，这与其他行业（如纺织工业等）加工的物料有着显著的不同之处。例如原料皮的种类不同、皮张的部位不同，皮的胶原纤维结构就会出现差异。当皮革化学品与皮作用时，传质与反应也存在着巨大的矛盾。这些因素都极大地增加了制革工作者加工皮革的难度，使制革工业表现出其独有的技术难点。因此，正确认识皮革加工与原料皮之间的关系，对制革技术人员来说十分必要。

1.7.1　原料皮的不规则性

原料皮作为制革加工的物料，存在的不规则性主要包括以下几个方面：

① 不同种类的原料皮，如猪皮与牛皮，牛皮与羊皮，甚至山羊皮与绵羊皮等的组织构造各不相同。

② 相同种类的原料皮，由于动物生长的区域不同，皮张的张幅大小、厚薄和胶原纤维发达程度等存在差异。这种差异不如原料皮的种属差异那么大，但对成革品质的影响仍然是显而易见的。如华北、东北、内蒙古和西北地区的猪种皮厚、毛孔大、粒面粗糙、部位差大，而浙江金华猪则皮薄、面细、部位差小。

③ 种类相同，生长区域也相同的动物的原料皮，若动物的饲养条件、性别、年龄和宰杀季节不同，则获得的原料皮品质不同。如阉黄牛皮就比公、母黄牛皮张幅大，厚薄均匀，纤维紧密。

④ 同一张皮，部位不相同则组织构造不相同。如臀背部的胶原纤维束比腹肷部的胶原纤维束更粗壮，编织更紧密，成革强度更高。

原料皮的不规则性影响着制革加工过程和成革品质，是制革业不同于其他行业的重要原因，但同时也是制革技术不断提高、皮革化工材料不断发展、革的花色品种不断增加的驱动力之一。

1.7.1.1　原料皮的不规则性对制革过程的影响

胶原纤维束编织的紧密度随着部位的变化而变化。臀背部胶原纤维束粗壮、编织紧密、强度大、耐磨性高、延伸性小，而腹部胶原纤维束细小、编织疏松、强度低、延伸性好、较易变形。颈部的特征介于臀背部和腹部之间。另外，各部位的厚度也存在差异。如四川猪的

臀部和腹部厚度比可达 4∶1 或 5∶1，如此大的厚度差，必然给生产带来困难，增加制革的技术难度，延长生产周期，提高加工成本，加大制革废弃物的处理负荷。所以从生产一开始就应注意减小或消除部位差，以制造出品质均一的皮革[31]。

在整饰工段以前，许多张皮都是在同一条件下接受同样的化学处理，而这些皮的大小、厚薄各异。这就必然导致有些皮的处理比较适当，有些皮的处理不足，有些皮的处理过度，最终合乎要求的成革只有其中的一部分。虽然原料皮批与批、张与张、同张皮的部位与部位之间存在种种差异[107]，但是制革厂不可能为此采取不同的生产方案（如实行单张生产等）。因此尽可能缩小皮张的差异显得十分重要。

1.7.1.2 解决方案

由于原料皮的不规则性，制革行业有着"看皮做皮"的说法，这是制革工作者多年来总结的尤为重要的经验。制革技术人员必须根据皮在不同时刻的状态，不断调整工艺，努力提高皮革的品质。

对于不同种类的皮，要根据其自身的组织结构特点进行处理。以牛皮和猪皮为例，黄牛皮脂肪含量低，而猪皮脂肪组织发达，皮中脂肪的存在严重影响了化料向皮内的渗透。加工这两种皮就要根据它们的不同拟定各自适合的工艺。在猪皮制革加工时，自始至终都要注意脱脂，专门的脱脂工序是必需的；在加工牛皮时，只需在浸水、脱毛、脱灰等工序中加入适当的脱脂剂即可。

对同种皮，减少成革差异最重要也是最有效的方法就是在原料皮投产前进行组批。即由一些长期工作在生产第一线、具有丰富经验的制革技术人员，按照原料皮产地、保藏方式、皮板的陈旧、厚薄、质量、大小、皮张的老嫩、伤残多少等将类似的皮组成一批，进行生产。这样可以使皮张在制革加工过程中受到的化学和机械作用尽量均匀，保证成革品质尽可能一致[31]。应该说，良好的组批是"看皮做皮"的基础。

缩小产品差异的另一有效途径是在浸水、脱毛、分散纤维、复鞣及削匀时对皮张进行有针对性的局部处理，以减少或消除部位差。当原料皮浸水回软至一定程度（含水量达 50% 以上）时，可进行刮软操作，臀背部等硬厚部位多刮、重刮，腹部等松软部位少刮、轻刮或不刮，从而保证原料皮浸水的均一性[31]。

包灰脱毛法在制革厂广泛用于绵羊皮、山羊皮和猪皮的生产。所谓包灰，就是将硫化钠溶于水，并在硫化钠溶液中加入石灰，调成糊状，然后将其涂在皮的肉面以达到脱毛和减少部位差的操作。如在制造山羊服装革时，可将高浓度的硫化钠脱毛糊涂在厚皮背脊线两侧的肉面上，中浓度的涂在薄皮背脊线两侧的肉面上，低浓度的涂抹在腹肷部位的肉面上，然后肉面对肉面，在常温下堆放 3～4h，以加强局部处理，减轻碱对生皮边腹部位的作用。同理在加工猪皮时，可以在其臀部涂酶或涂碱，分散臀部的纤维组织，促使紧密的臀部胶原纤维分离程度与其他部位一致。

某些复鞣剂是分子量大小不均一的混合物，在复鞣时可被坯革有选择地吸收。坯革较松软的部位对大分子的复鞣剂吸收较多，较紧实的部位对大分子吸收较少而对小分子吸收较多[108]。利用复鞣剂的选择填充性可使革的厚度和紧实度均匀一致，对减小部位差有明显的作用。如使用具有选择填充性的氨基树脂复鞣铬鞣革，可给予革的空松部位得以实质性的填充。但是复鞣至今还不能彻底解决产品的部位差异，而且复鞣剂本身还存在一些缺点。例如氨基树脂复鞣剂处理后的革在存放过程中容易释放出甲醛，使革纤维干枯、脆裂，耐老化性差，并导致产品中游离甲醛含量增加。因此要提高成革均匀性，还需要进一步地改善复鞣剂的性能。为了研发出新材料，制革工作者需要有良好的"高分子化学"、"蛋白质化学"和"生皮组织学"等基础知识。

正如 1.6 节所介绍，削匀也是一种加强皮或革臀部处理的措施之一。加强对臀部的削匀，能使皮或革的臀部变薄，有利于在后加工过程中让臀部纤维进一步得到充分松散，减小部位差，获得整张厚薄均匀、柔软一致的成革。值得注意的是，削匀操作会产生大量的碎皮屑或碎革屑，这些废料大部分被制革厂作为垃圾处理，给环境带来了污染，同时制约着制革行业的发展。回收利用这类固体废弃物是降低环境污染、综合利用资源的有效途径，现已成为国内外关注的重要课题[109]。制革工作者不仅要改进制革技术追求成革品质，更应该加强环保意识，主动参与环保工作，对制革产生的污染采取积极有效的措施进行处理。

1.7.2　皮革化学品传质与反应的矛盾

传质是体系中由于物质浓度不均匀而发生的物质转移过程。传质和反应的统一体内，传质和反应双方互相影响和制约。这里皮革化学品的传质指皮革化工材料从浴液向皮表面、从皮的表面（粒面及肉面）向皮的中间层的渗透。皮革化学品的反应指皮革化工材料与皮的作用（如软化酶对皮的水解，鞣剂、染料与皮的结合）。在制革过程中，皮化材料的渗透和作用也是互相影响和制约的，表现为一对矛盾。

1.7.2.1　传质与反应的矛盾对产品质量及环境的影响

制革加工的原料皮具有一定的厚度，各层（粒面、中间和肉面层）的组织结构也不尽相同，给皮革化学品的传质带来了困难。而且皮化材料向皮内渗透的同时总是伴随着与皮的作用，传质和反应相互竞争。这不但影响产品的质量，而且化工材料（鞣剂、染料、加脂剂等）不能被皮革完全吸收，只能随废水排放出去，造成环境污染。下面是传质与反应相互影响和制约的实际例子。

软化时酶制剂向皮内的渗透和与皮蛋白的作用同时进行。若条件控制不当，酶制剂渗透不均匀，在粒面层的浓度比在裸皮内部的浓度更高，则粒面层受到的作用更强烈、纤维更松弛。皮各层软化的程度不同便造成了松面。

铬鞣时，化学品的传质和反应即铬鞣剂与裸皮的渗透和结合，是鞣制过程的一对主要矛盾。铬鞣剂在向皮内渗透的同时会与皮结合，若在皮表面过多和过快的结合，将阻止其自身充分渗入皮内，皮革切口的中层会留下一条未鞣透的浅色带。这种缺陷称为表面过鞣[31]，是反应过快制约了传质造成的。另外，传统铬鞣工艺中铬的吸收率只有 $65\% \sim 75\%$，即有 $25\% \sim 35\%$ 的铬残留在废鞣液中不能与皮结合，废水中铬的浓度达到 $3 \sim 8g/L$（以 Cr_2O_3 计），造成严重的环境污染和资源浪费。这同样是由于传质和反应的矛盾导致的。

在染色加脂过程中，染料、加脂剂的渗透与结合也是相互依赖和影响的。例如某些染料用于铬鞣革的染色，渗透性差，沉积于革的表面，主要是表面染色，可能造成染色不均匀；而另一些染料用于铬鞣革的染色渗透性好，但是染不浓、坚牢度（指物料经染料染色后，抵抗外界作用而保持原来颜色的能力）低。某些加脂剂产品渗透能力差，破乳后存在于革表面，使皮革摸起来手感油腻，造成表面浮油的缺陷。因此，合理的渗透和结合对染色加脂过程十分重要。

1.7.2.2　解决方案

国内外制革科技工作者经过长期的研究，在各工段都提出并采取了一些措施以平衡传质和反应。其原理和方法涉及"化工原理"、"高分子化学"、"物理化学"等基础知识，这里只做简单介绍和举例。

为避免软化工序松面现象的产生，科技人员正致力于开发渗透迅速、作用缓和的复合酶制剂。开发新型的皮革化工材料对促进工序初始阶段化料的渗透、均匀分布和提高成革质量有积极作用。

为了防止表面过鞣，鞣制初期要求鞣剂尽快地渗透到裸皮内部，即渗透快而结合慢；鞣制后期渗透基本完成，需要加快鞣剂与皮的结合，提高鞣制效果。调节 pH 是达到此目的非常有效的方法。如铬鞣前采用浸酸来降低裸皮的 pH，封闭胶原的羧基，增强胶原的阳电性，减缓鞣剂分子（铬鞣剂带正电）与胶原的结合，便于鞣剂分子向皮内渗透，防止表面过鞣。鞣制后期，加碱提高 pH，鞣剂分子不断变大，与胶原的活性基团发生交联，完成整个鞣制过程。但值得指出的是，浸酸时需加入裸皮重 6%～10% 的食盐来抑制浸酸及铬鞣过程中可能引起的酸膨胀，这会带来大量的中性盐污染。所以传统的工艺仍需不断优化，力求更加节约化工材料，减轻环境压力。此外采用高吸收铬鞣技术，能大幅提高皮对铬鞣剂的结合能力，将铬污染消除在生产过程中，是一条较理想的清洁化铬鞣途径。

调节 pH 不仅对鞣制过程的渗透和结合有平衡作用，对复鞣、染色、加脂过程同样具有效果。如中和操作通过改变坯革的 pH，使革不带电或带负电荷，能促进带负电荷的皮革化学品（有机复鞣剂、染料、加脂剂等）在复鞣、染色和加脂的初始阶段向革内渗透，防止这些化工材料在革的表面结合[98,99]。而在染色、加脂的末期加入甲酸降低 pH，可促进染料和加脂剂与革结合，达到固定染料，使油脂破乳而沉积在革纤维表面的效果。除了调节工艺的 pH，改变温度、加入助剂等措施也能帮助渗透或者促进结合。

皮革化学品传质与反应的问题是制革工业的核心科学问题，是能否制造出性能优良的皮革的关键，也是制革工业的难点。如果皮革化学品能先传质后反应，即先迅速而均匀地渗入皮内，待透入皮心后才与皮反应，那么我们就能得到均匀性好、品质优良的革制品。但皮革有一定的厚度，要达到上述目标十分困难。制革工作人员只能不断努力，改进工艺，开发化工材料，尽可能平衡传质与反应、渗透与结合的关系，从而提高皮革制品的质量。

参 考 文 献

[1] Rossi W A. A Short Historical Journey with Leather. Footwear Manufacturing, 1987, (11/12): 6-8.

[2] 中国科学院文学研究所中国文学史编写组编写. 中国文学史. 北京：人民文学出版社，1962.

[3] 吕绪庸，吕欣. 中国制革科技史讲座之———中国制革科技史绪言. 西部皮革，2000，(2)：46-47.

[4] 吕绪庸，吕欣. 中国制革科技史讲座之二——多才多艺的皮革业绩颂（一）. 西部皮革，2000，22 (3)：50-52.

[5] 吕欣，吕绪庸. 多才多艺的皮革业绩颂（二）. 西部皮革，2000，22 (4)：40-42.

[6] 廖隆理，陈武勇，等. 轻化工程专业皮革方向发展战略研究（Ⅰ）. 皮革科学与工程，2004，14 (3)：54-57.

[7] 廖隆理，单志华，等. 轻化工程专业皮革方向发展战略研究（Ⅱ）. 皮革科学与工程，2004，14 (4)：54-60.

[8] 廖隆理，陈海明，等. 轻化工程专业皮革方向发展战略研究（Ⅲ）. 皮革科学与工程，2004，14 (5)：57-59.

[9] 成都科学技术大学，西北轻工业学院. 制革化学及工艺学：上册. 北京：轻工业出版社，1982.

[10] 沈同，王镜岩. 生物化学. 2 版. 北京：高等教育出版社，1991.

[11] 孙丹红，黄育珍，郭梦能. 中国牛皮组织学彩色图谱. 成都：四川省科学技术出版社，2005.

[12] 黄育珍，楼敏. 成都麻羊皮组织结构的研究. 皮革科技，1982，(10)：1-7.

[13] Rao J R, Kanthimathi M, Thanikaivelan P, et al. Pickle-free Chrome Tanning Using a Polymeric Synthetic Tanning Agent for Cleaner Leather Processing. Clean Technologies and Environmental Policy, 2004, 6(4): 243-249.

[14] Michel A. Alternative Technologies for Raw Hide and Skins Preservation. Leather Ware, 1997, 12 (2): 20.

[15] 于淑贤. 现代生皮保藏技术文献综述. 中国皮革，1999，28 (17)：23-26.

[16] Hughes I R. Temporary Preservation of Hides Using Boric Acid. Journal of the Society of Leather Technologists and Chemists, 1974, 58: 100-103.

[17] Kanagaraj J, Sundar V J, Muralidharan C, et al. Alternatives to Sodium Chloride in Prevention of Skin Protein Degradation: A Case Study. Journal of Cleaner Production, 2005, 13 (8): 825-831.

[18] Vankar P S, Dwivedi A, Saraswat R. Sodium Sulphate as a Curing Agent to Reduce Saline Chloride Ions in the Tannery Effluent at Kanpur: A Preliminary Study on Techno-economic Feasibility. Desalination, 2006, 201: 14-22.

[19] Russell A E. Liricure-powder Biocide Composition for Hide and Skin Preservation. Journal of the Society of Leather Technologists and Chemists, 1997, 81: 137.

[20] Cordon T C, Jones H W, Naghski, et al. Benzalkonium Chloride as a Preservative for Hide and Skin. Journal of the American Leather Chemists Association, 1964, 59: 317-326.

[21] 彭必雨. 制革前处理助剂Ⅱ——防腐剂和防霉剂. 皮革科学与工程，1999，9 (3)：53-58.

［22］ Munz K H. Silicates for Raw Hide Curing. Journal of the American Leather Chemists Association，2007，102：16-21.

［23］ Munz K H. Silicates for Raw Hide Curing and in Leather Technology. The XXIX Congress of the IULTCS and the 103rd Annual Convention of the ALCA. Washington DC，USA，2007.

［24］ Bailey D G，Gosselin J A. The Preservation of Animal Hides and Skins with Potassium Chloride-A Kalium Canada，LTD：Technical Report. Journal of the American Leather Chemists Association，1996，91：317-333.

［25］ Bailey D G. The Preservation of Hides and Skins. Journal of the American Leather Chemists Association，2003，98：308-318.

［26］ Bailey D G，DiMaio G L，Gehring A G，et al. Electron Beam Irradiation Preservation of Cattle Hides in a Commercial-scale Demonstration. Journal of the American Leather Chemists Association，2001，96：382-392.

［27］ Bailey D G. Ecological Concepts in Raw Hide Conservation. World Leather，1995，8（5）：43.

［28］ Bailey D G. Future Tanning Progress Technologies. Proceeding of United Nations Industrial Development Organization Workshop，1999.

［29］ 于志森. 不同酶制剂的使用有助于皮革质量和面积得率的提高——皮革浸水酶的应用. 中国皮革，2006，36（9）：1-3.

［30］ 杨晓阳，马建中，高党鸽，等. 制革浸水助剂的研究现状与展望. 皮革科学与工程，2007，17（5）：42-45.

［31］ 廖隆理. 制革化学与工艺学：上册. 北京：科学出版社，2005.

［32］ 彭必雨. 制革前处理助剂Ⅶ：酶制剂. 皮革科学与工程，2001，11（4）：22-29.

［33］ 方景顺. 中小制革厂油脂的回收利用. 中国皮革，1991，20（3）：31.

［34］ 金言，苑美邻. 利用含油废水生产黑肥皂. 中国皮革，1991，20（7）：45-46.

［35］ 吴关炳. 下脚油脂利用技术开发. 今日科技，1995，（9）：9.

［36］ 何先祺，郭梦能，黄育珍. 中国猪皮组织学彩色图谱. 香港：中国大地出版社，1990.

［37］ 骆鸣汉. 毛皮工艺学. 北京：中国轻工业出版社，2000.

［38］ Shi B，Lu X F，Sun D H. Further Investigations of Oxidative Unhairing Using Hydrogen Peroxide. Journal of the American Leather Chemists Association，2003，98：185-192.

［39］ Cantera C S，Vera V D，Sierra N，et al. Unhairing Technology Involving Hair Protection Adaptation of a Recirculation Technique. Journal of the Society of Leather Technologists and Chemists，1995，79：12-17.

［40］ Maia R A M. Clean Technologies，Targets Already Achieved and Trends for the Coming Years. Journal of the Society of Leather Technologists and Chemists，1998，82：111-113.

［41］ 李志强. 酶法脱毛机理研究［D］. 成都：四川大学，2000.

［42］ 李志强，张年书，尹晓渝，等. 酶制剂的不同组分在脱毛过程中的作用及评价方法研究. 中国皮革，1996，25（6）：10-14.

［43］ 彭必雨. 制革前处理助剂Ⅴ：浸灰助剂. 皮革科学与工程，2000，10（3）：23-28.

［44］ 林炜，穆畅道，唐建华. 制革污泥处理与资源化利用. 皮革科学与工程，2005，15（4）：57-61.

［45］ 韩茂清，单志华. 少灰、无灰浸灰研究现状. 皮革科学与工程，2006，16（6）：47-50.

［46］ 安徽合肥制革厂，成都工学院学习队. 黄牛面革应用166蛋白酶脱毛试验总结. 皮革科技动态，1975，2：20-26.

［47］ Saravanabhavan S，Thanikaivelan P，Rao J R，et al. Sodium Metasilicate Based Fiber Opening for Greener Leather Processing. Environmental Science & Technology，2008，42（5）：1731-1739.

［48］ 颜绍淮编译. 芬兰二氧化碳脱灰方法. 西部皮革，1989，（3）：46.

［49］ Purushotham H，Chandra Babu N K，Khanna J K，et al. Carbon Dioxide Deliming—An Environmentally Friendly Option for Indian Tanneries. Journal of the Society of Leather Technologists and Chemists，1993，77：183-187.

［50］ 廖隆理. 制革工艺学：上册——制革的准备与鞣制. 北京：科学出版社，2001.

［51］ 李志强，廖隆理，冯豫川，等. 皮革的CO_2超临界流体脱灰. 化学研究与应用，2003，15（1）：131-133.

［52］ 魏世林. 制革工艺学. 北京：中国轻工业出版社，2001.

［53］ Puntener A. The Ecological Challenge of Producing Leather. Journal of the American Leather Chemists Association，1995，90：206-219.

［54］ Palop R，Marsal A. Auxiliary Agents with Non-swelling Capacity Used in Pickling/Tanning Processes：Part1. Journal of the Society of Leather Technologists and Chemists，2002，86：139-142.

［55］ 单志华，王群智. 无盐浸酸及助剂的研究. 中国皮革，1998，27（10）：5-7.

［56］ 陈武勇，叶述文，陈占光，等. 不浸酸铬鞣剂C-2000的应用研究. 皮革化工，2000，17（6）：5-10.

［57］ Thanikaivelan P，Kanthimathi M，Rao J R，et al. A Novel Formaldehyde-free System Chrome Tanning Agent for Pickle-less Chrome Tanning：Comparative Study on Syntan Versus Modified Basic Chromium Sulfate. Journal of the American Leather Chemists Association，2002，97：127-136.

[58] 陈武勇，李国英．鞣制化学．修订版．北京：中国轻工业出版社，2005.

[59] 石碧，陆忠兵．制革清洁生产技术．北京：化学工业出版社，2004.

[60] 李国英，罗怡，张铭让．高吸收铬鞣机理及其工艺技术（Ⅰ）——高吸收铬鞣机理探讨．中国皮革，2000，29（1）：20-22.

[61] 李国英，罗怡，张铭让．高吸收铬鞣机理及其工艺技术（Ⅱ）——高pH铬鞣工艺研究．中国皮革，2000，29（19）：20-22.

[62] 李国英．高吸收铬鞣机理及其工艺技术［D］．成都：四川大学，1999.

[63] 李国英，罗怡，张铭让．高吸收铬鞣机理及其工艺技术（Ⅳ）——高吸收铬鞣新工艺在猪服装革上的应用．中国皮革，2001，30（3）：19-20.

[64] 徐冷，王军，李康魁，等．制革厂铬鞣废液直接循环利用技术．工业水处理，1999，19（6）：45-46.

[65] 潘君．清洁化制革工艺——毁毛废液、复灰废液、铬鞣废液的循环利用［D］．四川：四川大学，1998.

[66] 王军，钟崇林，王清海，等．制革厂铬鞣废液直接循环利用及生产实用技术研究．中国皮革，1997，26（4）：20-21.

[67] 潘君，张铭让．清洁化制革工艺技术研究（续）．四川皮革，2000，22（2）：34-39.

[68] 吴兴赤．钛鞣——无铬鞣的选择之一．西部皮革，2002，24（8）：8-11.

[69] 彭必雨，何先祺．钛鞣剂、钛鞣法及鞣制机理的研究（Ⅰ）：钛（Ⅳ）盐鞣性的理论分析及钛鞣革的发展前景．中国皮革，1999，27（13）：7-15.

[70] 彭必雨，何先祺，单志华．钛鞣剂、鞣法及鞣制机理研究Ⅱ．Ti（Ⅳ）在水溶液中的状态及其对鞣性的影响．皮革科学与工程，1999，9（2）：10-14.

[71] Haslam E. Vegetable Tannins-renaissance and Reappraisal. Journal of the Society of Leather Technologists and Chemists, 1988, 72：45-64.

[72] Shi B, He X Q, Haslam E. Gelatin-polyphenol Interaction. Journal of the American Leather Chemists Association, 1994, 89：98-104.

[73] 石碧，何先祺，张敦信，等．植物鞣质与胶原的反应机理研究．中国皮革，1993，22（8）：26-31.

[74] Kovac V, Francke H. 毛皮鞣制中不同铝鞣剂的对比研究．中国皮革，1999，28（19）：6-7.

[75] 李闻欣．铬-铝鞣制方法的发展及现状．西北轻工业学院学报，2001，19（1）：30-33.

[76] 制革工业译文选．赵顺生，吕绪庸，黄静，陈兰芬译．北京：轻工业出版社，1985.

[77] Thanikaivelan P, Geetha V, Raghava J, et al. A Novel Chromium-iron Tanning Agent：Cross-fertilization in Solo Tannage. Journal of the Society of Leather Technologists and Chemists, 2000, 84：82-86.

[78] Madhan B, Fathima N N, Rao J R, et al. A New Chromium-zinc Tanning Agent：A Viable Option for Less Chrome Technology. Journal of the American Leather Chemists Association, 2002, 97：189-196.

[79] Kallenberger W E, Hernandez J F. Preliminary Experiments in the Tannin Action of Vegetable Tannins Combined with Metal Complexes. Journal of the American Leather Chemists Association, 1983, 78：217-222.

[80] Shi B, Di Y, He Y J, et al. Oxidising Degradation of Valonia Extract and Utilization of the Products：Part 1. Oxidising Degradation of Valonia Extract and Characterisation of the Products. Journal of the Society of Leather Technologists and Chemists, 2000, 84（6）：258-262.

[81] Shi B, Di Y, Song L J. Oxidizing Degradation of Valonia Extract and Utilization of the Products：Part 2. Combination Tannages of Degraded Product Using 10% H_2O_2 with Cr(Ⅲ) and Al(Ⅲ). Journal of the Society of Leather Technologists and Chemists, 2001, 85：19-23.

[82] Di Y, Shi B, Song L J, et al. Oxidizing Degradation of Valonia Extract and Utilization of the Products：Part 3. Auxiliary Tanning Effects of Degraded Products Using 20% and 30% H_2O_2. Journal of the Society of Leather Technologists and Chemists, 2001, 85：171-174.

[83] 石碧，狄莹，宋立江，等．栲胶的化学改性及其产物在无铬少铬鞣法中的应用．中国皮革，2001，30（9）：3-8.

[84] 宋立江，杜光伟，狄莹，等．落叶松栲胶高度亚硫酸化产物改性及其产物应用性质的研究．林产化学与工业，1999，19（4）：1-6.

[85] 狄莹．植物单宁化学降解产物与金属离子络合规律及其应用研究［D］．成都：四川大学，1999.

[86] 宋立江．橡椀栲胶氧化降解改性产物用于植-铬（铝）结合鞣法的研究［D］．成都：四川大学，1999.

[87] 杜光伟．落叶松栲胶改性及应用研究［D］．成都：四川大学，1997.

[88] 何先祺，王远亮．植-铝结合鞣机理的研究（Ⅴ）—多元酚-铝与羧基和氨基化合物的作用．中国皮革，1996，25（6）：15-19.

[89] 何先祺，蒋维祺，李建珠，等．植-铝结合鞣法中几种常用国产栲胶的性质．林产化学与工业，1983，2：1-12.

［90］ Sakes R L，Cater C W． Tannage with Aluminum Salts，Part Ⅰ：Reactions Involving Simple Polyphonic Compounds． Journal of the Society of Leather Technologists and Chemists，1980，64：29-31.

［91］ Sakes R L，Hancock R A，Orszulik S T． Tannage with Aluminum Salts，Part Ⅱ：Chemical Basis of the Reactions with Polyphenols． Journal of the Society of Leather Technologists and Chemists，1980，64：31-32.

［92］ Covington A D，Sakes R L． Tannage with Aluminum Salts，Part Ⅲ：Preliminary Investigation of the Interaction with Polycarboxylic Compounds． Journal of the Society of Leather Technologists and Chemists，1981，65：21-28.

［93］ 何先祺，蒋维祺，李建珠，等． 植-铝结合鞣法中几种常用国产栲胶的性质． 林产化学与工业，1983，2：1-12.

［94］ 单志华，石碧． 改性橡椀栲胶与非铬金属离子结合鞣． 林产化学与工业，2000，20（2）：5-8.

［95］ 罗建勋，单志华． 无铬结合鞣的研究． 中国皮革，2006，35（13）：39-42.

［96］ 石碧，曾少余，曾德进，等． 无铬少铬鞣法生产山羊服装革（Ⅱ）工艺平衡的研究． 中国皮革，1996，25（12）：9-12.

［97］ 陆忠兵，廖学品，孙丹红，等． 单宁-醛-胶原的反应——对植醛结合鞣机理的再认识． 林产化学与工程，2004，24（1）：7-11.

［98］ 单志华． 制革化学与工艺学：下册． 北京：科学出版社，2005.

［99］ 张廷有． 皮革染整基础． 北京：科学出版社，1999.

［100］ 周华龙． 皮革化工材料． 北京：中国轻工业出版社，2006.

［101］ 钱国坻． 染料化学． 上海：上海交通大学出版社，1988.

［102］ 马建中，兰云军． 制革整饰材料化学． 北京：中国轻工业出版社，1998.

［103］ 沈一丁，李小瑞． 高分子科学与皮革化学品． 西安：陕西科学技术出版社，1994.

［104］ 单志华． 制革工艺学——制革的染整． 北京：科学出版社，1999.

［105］ 李波，杨淑娟． 皮革机械加工原理． 北京：化学工业出版社，2005.

［106］ 王鸿儒． 皮革生产的理论与技术． 北京：中国轻工业出版社，1999.

［107］ 马兴元． 羊皮制革技术． 北京：化学工业出版社，2005.

［108］ 卢行芳． 猪皮制革技术． 北京：化学工业出版社，2005.

［109］ 李闻欣． 制革污染治理及废弃物资源化利用． 北京：化学工业出版社，2005.

[91] Sykes R L, Carson W P. ... Solvents with Aluminum Sulfate, Part 1: Economic Involving ...

[92] Sykes R L, Hancock R A, Orszulik S T. ... Linkages with Aluminum Sutas ... Part II ... with Polyphenols. Journal of the Society of Leather Technologists ...

[93] Covington A D, Sykes R L. Tannage with Aluminum Salts ... with polycarboxylic Compounds. Journal ...

[94] 郑典模, 林松柏, 王志国, 等. ... 北京: 化学工业出版社 ...

[95] 张铭让, 李志强. ... 中国皮革, 2005, 35 (35): 30-33.

[96] 付丽红, 章川波, ... 中国皮革, 1996, 25 (2): 40-43.

[97] 魏世林, 杨宗邃, 单志华. 制革化学. 北京: ...

[98] 陈武勇, ... 2005, 34 (4): 37-41.

[99] 丁绍兰, ... 2005.

[100] 周国庆, 陈武勇, 但卫华, 等. 制革工艺学. 北京: 中国轻工业出版社, 2005.

第 2 章
制浆造纸工程

2.1 绪　论

在现代生活中，纸与纸产品有着非常重要的地位，对人类活动的各个领域都有深远的影响。纸张提供记录、贮存和传播信息的手段；实际上所有书写和印刷任务都是纸张承担的。它是应用最广泛的包装材料，而且是重要的建筑材料。

2.1.1 造纸的历史

造纸术与指南针、印刷术及火药合称为中国古代科学技术的四大发明，在推动人类文明发展中起了重大作用。在纸发明以前，我国曾结绳记事，后在骨、石、木、竹上刻字或漆字，到了春秋末年，又在缣帛上书写；埃及则用尼罗河畔的纸莎草（图 2-1）、印度人用树叶、巴比伦人用泥砖、希腊人用陶器等作为书写材料。到我国东汉和帝时，蔡伦总结了前人的经验，于公元 105 年，提出用树皮、麻头、破布和渔网作为原料制浆造纸，是世界上公认的第一个造纸术的发明者。

2.1.1.1 我国古代造纸技术的发展

公元 2 世纪初，即东汉时期，在皇室手工业作坊里，出现了世界上最早的造纸发明家蔡伦（图 2-2）。他身为宫廷宦官，担任中常侍、尚方令等要职，为取代简帛的书写，采用简易可行的造纸工艺。他领导工匠们利用麻质纤维造纸的技术，采用树皮、麻头、破布和渔网等废旧物作原料，造出了质量精良的纸张。元兴元年（公元 105 年），蔡伦将尚方中生产出来的一批良纸献给朝廷，受到了汉和帝刘肇的称赞。公元 114 年，蔡伦被加封为龙亭侯，故后世把蔡伦那时所造的纸美誉为蔡侯纸[1]。

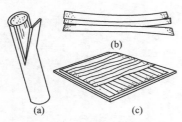

图 2-1　纸莎草的制作过程

图 2-2　蔡伦画像

我国古代造纸技术的发展大致可以划分为四个阶段：①初制时期（西汉、东汉）；②成长时期（西晋、东晋、南北朝）；③鼎盛时期（隋、唐、宋）；④缓慢时期（元、明、清）。

在明代宋应星的专著《天工开物》中，详细记载了我国古代手工造纸的工艺（图 2-3）。由于各地采用的原料和条件不同，造纸过程略有差别，但都大同小异。其基本生产过程如下[2]：

选料→浸泡→发酵→蒸煮→洗浆→堆晒→碾浆→抄帘→压榨→焙干→成纸

图 2-3　《天工开物》中记载的古代造纸法

2.1.1.2　造纸术向世界的传播

造纸技术的外传是分为以下两个阶段进行的：首先是纸张、书信或纸制品（书籍、画幅等）被带往国外；其后是各国学习造纸法[3]。

公元 4 世纪中叶，朝鲜半岛境内的百济国已向中国学习了造纸技术。7 世纪初叶，朝鲜和尚昙（音谈）征东渡，把他学到的造纸法和制墨法传授给日本人，受到当时日本的摄政王圣德太子的重视。

造纸法向西传播，也跟丝绸、瓷器一样，是通过阿拉伯人、波斯人等辗转传入欧洲的。公元 751 年（唐玄宗天宝十年），造纸法传到大食国（阿拉伯）的撒马尔罕。在中国造纸工匠的帮助下，阿拉伯人在该地建立了第一个造纸工场。当时生产出来的纸被称之为"撒马尔罕纸"。过了 40 多年，即公元 793 年，阿拉伯人在新都城巴格达（今伊拉克首都）兴办了另一所造纸工场，招聘了中国造纸工匠。于是，造纸法又向西迈出了一步。接着，公元 795 年在大马士革（现叙利亚首都）也有了造纸行业。因其邻近地中海，交通方便，与欧洲联系密切，把自己生产的纸张大量供给欧洲使用。公元 1100 年在摩洛哥境内的非司也兴建了造纸工场。从 8 世纪到 12 世纪初，阿拉伯人曾垄断造纸技术大约有 400 年之久。公元 1150 年，阿拉伯人航海到达了西班牙，在西班牙南部的沙提伐设立了造纸工场，这是欧洲历史上的第一个造纸工场。公元 1180 年法国开始生产纸张。公元 1271 年意大利学会了造纸。到了公元 1312 年，造纸又传入德国。公元 1450 年，德国古登堡西洋活字印刷机的出现刺激了德国造纸业大发展。英国在亨利七世统治时期以前，本国不生产纸张，完全依靠法国和西班牙进口。到了公元 1460 年，英格兰才开办了第一个造纸工场。造纸术的传播如图 2-4 所示。

2.1.1.3　现代造纸技术的发展

就在明清时期，欧洲的"文艺复兴"（约公元 1350～1550 年）、"工业革命"（约公元

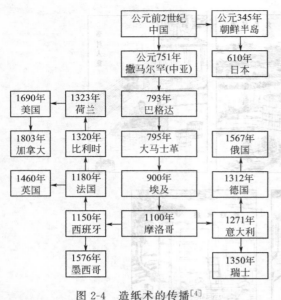

图 2-4　造纸术的传播[4]

公元前2世纪 中国 → 公元345年 朝鲜半岛

公元751年 撒马尔罕(中亚) → 610年 日本

1690年 美国 ← 1323年 荷兰 ← 793年 巴格达

1803年 加拿大 ← 1320年 比利时 ← 795年 大马士革 ← 1567年 俄国

1460年 英国 ← 1180年 法国 ← 900年 埃及 ← 1312年 德国

1150年 西班牙 ← 1100年 摩洛哥 → 1271年 意大利

1576年 墨西哥 ← 1100年 摩洛哥 → 1350年 瑞士

1750～1900 年）相继兴起，资本主义的生产方式取代了中世纪的封建社会的生产方式，从此欧洲的科学技术获得了空前的发展。18 世纪，工业革命为从手工业工场准备向大机器生产过渡创造了条件。英国工业革命首先由资本周转较快、获利优厚的轻工业部门开始。1782 年，在前人工作和经验积累的基础上，瓦特等人几次改进的蒸汽机陆续出现了，很快地在生产中发挥了巨大作用。

工业革命对造纸业产生了很大的影响。专业机器制造出来了，化学应用于生产中。特别是 19 世纪电的发现与利用，更有助于造纸生产完成历史意义的转变，完成了从手工抄纸到机器造纸的过渡。自 18 世纪以来，造纸技术上有了"五大革新"，这就是：①1750年荷兰式打浆机的出现；②1804 年第一台长网造纸机问世；③1844 年利用木材制造磨木浆成功；④1866 年化学法制浆（亚硫酸盐法）投产；⑤公元 1884 年硫酸盐法开始生产等。造纸系统的机械化和制浆系统的化学化，使机制纸生产日益具备现代化大型企业的规模，成为名副其实的造纸工业了。

如果说造纸机发展速度在前 100 年是比较缓慢的话，那么在后 100 年中，则可以说是突飞猛进的。纸机车速从 20 世纪初的 175m/min，发展到了 1995 年的超过 1300m/min。在这一时期，纸机装备也迅速发展，1909 年，Millspaugh 在 Niagara 大瀑布旁的 Cliff 造纸公司开发出了真空伏辊，随后在 1911 年又开发出真空压榨辊。1923 年，Beloit Iron Works 公司制造了第一台带网部摇振的纸机，提高了成形质量。1934 年，第二流浆箱加装在长网机上，用于两层纸页的生产。1945 年，压力流浆箱出现，为纸机车速的提高奠定了基础。1946 年，纸机实现了总轴传动。20 世纪 50 年代，先后开发了纸机流浆箱布浆器（1950 年）、上浆系统的除气装置（1953 年）；在纸机网部采用了真空吸移辊（1953年），在纸机干燥部采用了热气罩（1955 年），并于 1958 年在压榨部装置了可控中高辊。进入 20 世纪 60 年代，先后开发了水力式高速多层成形器，并开发了刮水板（1962 年）和沟纹压榨辊（1963 年），以提高纸机车速。20 世纪 60 年代的最重要的一项成果是，第一台计算机控制的造纸机于 1966 年在英国牛津的 Wolvercote 造纸厂安装；到了 70 年代，双网纸机已被广泛地应用；80 年代，出现了宽压区压榨和闪急干燥；90 年代，纸机的车速已超过 1300m/min。

到 21 世纪，造纸机的发展将会如何呢？1996 年，TAPPI 组织了一个有关专家的圆桌会议，专门探讨这一主题。专家们预计，到 21 世纪，纸机的车速将会超过 2000m/min。在进入 21 世纪后，这一目标已经实现了。

制浆造纸历史发展中的若干重要里程碑汇总在表 2-1 中。这些发明及其研制的模型机奠定了现代造纸工业的基础。在 20 世纪，这类早期的和相当原始的技术有了迅速的革新和改进，并开发出了诸如盘磨机械制浆、连续蒸煮、连续多段漂白、机内纸张涂布、双网成形和计算机过程控制等技术。因为纸浆和纸的生产需要连续运送大量的物料，物料输送的机械化往往是造纸工业发展的一个重要方面。

表 2-1　现代造纸工业发展的里程碑

年份/年	历 史 事 件
1798	授予 Nicholas-loais Robert 第一台连续抄纸机的专利(法国)
1803,1807	将由 Dohkin 设计的改良式连续抄纸机(如图 2-5 所示)的专利授予 fourdrinier 兄弟(英国)
1809	将圆网纸机专利授予 John Dickinson(英国)
1817	美国建成第一台圆网纸机
1827	美国建成第一台长网纸机
1840	开发出磨石磨木浆法(德国)
1854	首次用烧碱法制取木浆(英国)
1867	将亚硫酸盐制浆法专利授予 Benjaming Talghman
1870	磨石磨木浆工艺首次获得商业应用
1874	亚硫酸盐法首次获得商业应用
1884	Carl Dahl 发明硫酸盐法制浆(德国)

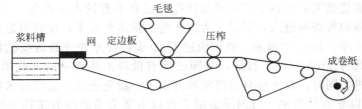

图 2-5　1803 年的改良抄纸机

2.1.2　现代造纸工业概况

2.1.2.1　造纸工业在国民经济中的地位

现代的造纸工业在国民经济中占有相当重要的地位。其特点表现为：①建厂的投资额较大；②消耗的纤维原料较多；③能源耗用较高；④设备庞大，例如一台日产 100t 的造纸机，其总重量约有 1300～1900t，某些造纸设备的部件加工大得可以与万吨远洋轮上的构件相匹配；⑤众所周知，造纸用水量是很多的，每吨纸大约需用水十几吨到几百吨，产生的污水量也很大。在今天，造纸工业已经是每个独立国家所必须建立的经济部门之一了。有关统计数据表明，2007 年全球纸和纸板总产量为 3.943 亿吨，比 2006 年增长了 3.04%。

对于目前正处于快速发展的我国而言，造纸工业在国民经济中也具有重要地位，已成为我国经济发展的一个热门行业。在我国，造纸工业是国内少有的市场需求尚未得到完全满足的行业之一。目前我国正处于工业化、城市化的重要发展阶段，随着国民经济形势的发展，人们物质文化生活日益丰富和提高，预计未来几年里，由于消费升级而带动的对纸制品需求作用仍将非常明显。同时，造纸工业的发展还带动了林业、农业、包装、印刷、化工、机械制造和交通运输等行业的需求，是国民经济发展的新增长点。我们可以认为：造纸工业是一个具有较大发展空间的朝阳行业。

2.1.2.2　国内造纸工业的现状及发展趋势

(1) 现状

① 发展速度快　全球造纸工业生产与消费每年以 2%～3% 的速度增长，亚洲以 8.5% 增长，名列各大洲之首，而中国造纸工业以 18.13% 的增幅列亚洲之首。我国现在已经是世界上仅次于美国的第一大纸品消费国，各类纸和纸制品的消费量占世界纸消费总量的 14% 以上。

造纸工业在我国呈快速发展态势。随着全球经济的复苏，中国经济进入新的一轮增长周期，我国的造纸工业突飞猛进。截至 2007 年，全国纸和纸板生产量 7350 万吨，消费量 7290 万吨，人均消费量 55kg，产量和消费量均居全球第一；而在建国初期，全国纸和纸板生产量 22.8 万吨，人均纸和纸板消费量仅为 0.24kg。虽然我国纸和纸板的生产、消费水平都有了很大进步，但是与发达国家相比却相差甚大，在一些发达国家（如美国、比利时、芬兰），人均消费纸和纸板量超过 300kg。

② 整体水平与发达国家有差距　我国虽已是纸张生产大国，但还不是一个造纸强国，和世界发达国家相比，有很大差距。我国造纸工业还面临着许多困难和问题，例如技术装备水平落后、产品技术含量低、资源利用率不高等。在实际生产中"消耗多、污染大、效率低"的现象普遍存在。从我国的造纸企业格局来看，80%以上的企业都是规模不大的中小造纸厂。传统的碱法制浆工艺废液回收处理和污染防治难度大、费用高、中小造纸厂因资金不足而无法将造纸废液废气进行有效处理。中小造纸企业的大量存在，不仅造成了严重的污染问题，而且纸张质量低、产品过剩的问题也比较严重。

虽然我国目前造纸工业整体水平仍然与国际先进水平有较大的差距，但近 10 年来，由于国家投资的拉动和外资的进入，引进了大批先进的技术和设备，使我国造纸工业的技术和设备有了很大的进步。1994 年以来，我国引进了 70 多台技术先进的造纸机和纸板机，这些设备的生产能力约为 1100 万吨。目前，我国已拥有世界上最先进的文化纸机、新闻纸机、薄页纸机和纸板机。同时，我国也自行研究和开发了一批先进制浆造纸技术和设备。

③ 造纸原料以非木材为主　与国际造纸工业以木浆为主的原料结构不同，中国造纸工业的原材料主要以麦草、稻草等非木材为主。造纸用木浆的比例较低，只有 21% 左右，远远低于发达国家 90% 以上的木浆比例，造成中国纸和纸板产品的质量差、品种少、档次低。随着国内原料结构的调整以及近年来新闻纸、白纸板、箱板纸等许多新生产线的建立，作为造纸原料使用的废纸用量已越来越大。由于基本依赖国际废纸，我国已成为全球最大废纸进口国。

近几年来国内林纸一体化工程迅速兴起，国内可提供用于造纸的林木资源逐年增强，到 2010 年，我国造纸林基地可稳定提供 5600 万立方米木材，竹材 1350 万吨，可制木浆 1300 万吨以上，竹浆 400 万吨，大大减轻对国际市场木浆的依赖，届时影响我国造纸工业原材料的瓶颈问题将得到有效解决。

此外，在高档纸生产方面，由于生产技术和工艺水平的限制，造成高档纸产品供不应求，许多品种还要从国外大量进口。

(2) 发展趋势　现代造纸工业是资金密集型、技术密集型、能源密集型和大规模型的产业，具有生产连续性强、工艺流程复杂、能源消耗高、原材料处理量大、污染负荷重、投资大的特点。"生产规模大型化、产品高档化、技术装备现代化、生产清洁化和水资源的节约利用"则是当今世界造纸工业发展的主要趋势。

解决好我国造纸工业原料供给和节约资源、保护环境两大问题是关系到我国造纸工业能否持续、快速、健康、稳定地发展，也是我国造纸工业能否走新型工业化、现代化道路的关键。任重而道远，每一位造纸工作者必须为此做出更大的努力。

2.1.3　造纸学科在高校的分布与发展

2.1.3.1　造纸在我国高校中的分布

早在新中国成立前，就有相关学校设置了造纸学科，新中国成立后我国造纸工业迅速发展，有很多高校设立了本学科。以下是几所设立制浆造纸工程专业的本科院校。

(1) 华南理工大学　其轻化工程专业于 1952 年成立，经几代人的努力，已成为我国制浆造纸领域最主要的科学研究和高层次人才培养的基地。本专业所在的学科点已建设成为具有国家重点实验室、国家工程研究中心、博士后流动站、博士学位授予权和国家级重点学科。科研经费和科研成果位列华南理工大学院系前列。自 1992 年以来，先后设立了广州造纸集团公司奖学金、美国陶氏化学公司奖学金、广东中山星达公司奖学金等。现有各类在校学生 346 人，其中本科生 210 人，硕士生 80 人，博士生 52 人，在站博士后 4 人。

(2) 天津科技大学 其制浆造纸工程学科是我国最早设立的制浆造纸学科，其前身为 1939 年的中央技艺专科学校，历经四川化工学院、成都工学院、天津大学等变迁，发展至今为止，已有 60 余年的历史。该学科自 1981 年起一直为原轻工业部和轻工总会部级重点学科，所属实验室为原轻工总会部级重点实验室。1983 年该学科被国务院学位委员会确定为第一批博士学位授权点，该学科现在为天津市的重点学科。该学科拥有一支老中青结合、思想活跃、作风严谨、教学水平高、科研能力强的学术队伍，现有科研人员 27 人，其中教授 7 人，博士生导师 4 人，副教授 8 人，具有博士学位者 6 人，另有 2 人在职攻读博士学位。

在校专业学生总数 342 名，其中：本科生 275 名，硕士生 36 名，博士生 31 名。自 1958 年至今，本科生毕业生人数 1671 名，专科生 496 名（包括高等教育自学考试），硕士生 152 名，博士生 35 名。

(3) 陕西科技大学 其造纸工程学院（原轻化工系）成立于 1958 年，同年，制浆造纸专业首批招收了四年制本科和二年制专科学生。1981 年，西北轻工业学院（现陕西科技大学）首次在制浆造纸专业和轻工机械系招收硕士研究生。同年，制浆造纸专业首先获得硕士学位授予权。1996 年开始筹办精细化工专业，同年，精细化工专业招收四年制本科生，1997 年，精细化工专业并入学院的化学工程系。1999 年，在工业企业设备管理专业的基础上成立过程装备与控制工程专业，并于同年开始招收四年制本科生。2001 年，轻化工系更名为造纸工程学院，2003 年获博士学位授权点。

目前面向全国招收博士研究生、硕士研究生、工程硕士生、硕士研究生班、本科生及本、专科成人教育班、专业证书班等各层次的学生。创建至今，已形成多层次的办学机制，现在每年为社会输送造纸相关类高级专业技术人才约 200 余人。

(4) 大连轻工业学院 其化工与材料学院轻化工程专业是 1958 年建校初期创办、1959 年开始招生的老专业，当时专业名称为"植物纤维造纸工学"；1961 年更名为"制浆造纸工学"；以后又更名为"制浆造纸工程"；1999 年，按国家新的本科专业招生目录，更名为"轻化工程"。目前是辽宁省唯一的培养该专业本科以上学历的学科，也是东北及内蒙古地区唯一的具有三种硕士研究生（统招工学硕士、同等学力、工程硕士）学位授予权的学科。1984 年开始招收"制浆造纸工程"工学硕士研究生；1993 年获工学硕士学位授予权；1999 年开始招收"制浆造纸工程"工学硕士同等学力研究生（班）；2000 年获得"轻工技术与工程"工程硕士学位授予权。

自该专业创办至今，已培养了 1500 余名造纸专业的本科高级人才，并已招收各类硕士研究生近百名，获硕士学位 47 人。目前，轻化工程专业共有专业教师 13 人，其中教授 7 人，副教授 2 人；博士 3 人，硕士 6 人（其中在读博士 2 人）。

(5) 北京林业大学 其材料科学与技术学院化工系，专业设置 1987 年，专业课程设置：制浆原理与工程、造纸原理与工程、制浆造纸设备、环境污染与治理、高效清洁制浆、制浆造纸工厂设计、造纸专业课程实验、植物资源化学、木素利用技术、生物工程概论、专业课程设计、加工纸、造纸助剂、纸的结构与性能。

在校专业学生人数：本科生 200 人，硕士生 20 人，博士生 7 人。专业毕业生人数：本科生 470 人，硕士生 45 人。专业教师情况：共有 17 人，其中教授 2 人，副教授 9 人，讲师 4 人，博导 2 人。

(6) 东北林业大学 其材料科学与工程学院林产化学工程系，专业设置时间为 1987 年。

专业课程设置：无机化学、有机化学、分析化学、物理化学、植物纤维化学、化工原理、制浆原理与工程、造纸原理与工程、制浆造纸分析、造纸仪表与自控、制浆造纸设备、制浆造纸工厂设计、计算机在造纸工业中的应用、轻化工业概论、制浆造纸技术进展、制浆造纸专业外语、轻化工程高新技术等。

在校专业学生人数：大学本科139人，硕士11人，博士1人，总计153人。专业毕业生人数：本科256人，专科247人，硕士16人，总计518人。专业教师共13名，其中教授3名，副教授5名，讲师（工程师）6名。

(7) 山东轻工业学院　其轻化与环境工程学院制浆造纸工程学科设置于1978年，是省级重点学科，2001年该学科跨入省级强化建设行列，2005年成立山东省制浆造纸科学与技术重点实验室。目前，制浆造纸工程学科已形成了制浆造纸污染控制与生物技术应用、非木材纤维制浆新技术及二次纤维利用、湿部化学与功能纸、制浆造纸过程自动控制等四个特色鲜明的、稳定的、具有较强优势的研究方向。

在校专业学生人数：硕士研究生46名，大学本科540名。自开办以来共毕业29名硕士生、1243名本科生以及145名专科生。专业教师，教授12名，副教授（含高级实验师）11名，讲师3名，助教3名，博导2名。

(8) 广西大学　其轻工与食品工程学院轻化工程系制浆造纸专业设置时间为1978年。

专业课程设置：植物纤维化学、制浆原理与工程、造纸原理与工程、制浆造纸实验技术、制浆造纸机械与设备、造纸湿部化学原理及其应用、轻化工程设计概论、包装原理与工程、纸加工原理与技术。

在校专业学生人数194人，其中本科164人（大类招生，仅统计三、四年级学生数），硕士生31人，博士生8人。自开办以来共有1150多名学生毕业，其中本科910人，专科162人，硕士35人，博士2人。专业教师共15人，其中教授3人，副教授7人，讲师2人，助教3人，博导1人。

(9) 江南大学　其纺织服装学院造纸研发中心成立于2003年，是一所从事造纸技术和生物质资源综合利用的科研机构。主要培养制浆造纸工程专业硕士和博士研究生。制浆造纸专业设置于2001年。课程设置：制浆工程原理、造纸工程原理、废纸再生工程、造纸助剂、造纸湿部化学等。在校专业学生人数：硕士生和博士生共9人。共有专业教师7名，其中教授4名，副教授2名，讲师1名，博士生导师3名。

(10) 长沙理工大学　其生物与轻工系轻化工程（造纸）专业设置时间1958年，原系湖南轻工业高等专科学校（大专），是国家教育部高等工程专科产学结合教学改革第一批试点专业。

专业课程设置：植物纤维化学、制浆原理与工程、造纸原理与工程、轻化工机械、轻化工工厂设计、轻化工环境保护、皮革技术、染整技术、现代仪器分析、纸厂质量管理、废纸回收工程、加工纸、轻化工助剂、高得率制浆、造纸技术、纸张与印刷、专业英语、成品检验、湿部化学、轻化工程计算机辅助设计。

在校专业本科生170人。专业毕业生人数：专科生1150人。专业教师共12人，其中教授3人、副教授6人，讲师3人。

(11) 四川理工学院　其生物工程系专业设置时间为1991年。专业课程设置：植物纤维化学、制浆原理与工程、造纸原理与工程、制浆造纸机械与设备、制浆造纸工厂设计概论、制浆造纸助剂、加工纸、造纸废水处理工程等。在校本科生185名。专业毕业生人数：专科生235名，本科生119名。专业教师共计11名，其中教授3名，副教授6名，讲师2名。

(12) 浙江理工大学　其轻化工程系2003年9月挂靠"材料加工工程"硕士点开始招收制浆造纸工程硕士研究生，2004年9月"轻化工程"专业开始招收制浆造纸工程本科生，

2004 年 2 月获"轻工技术与工程"领域工程硕士专业学位授予权，同年开始招收制浆造纸工程硕士专业学位研究生。专业课程设置：植物纤维化学与物理、制浆原理与工程、造纸原理与工程、制浆造纸机械与设备、废纸再生利用技术、制浆造纸工程综合实验、制浆造纸工程专业英语、制浆造纸环境保护、制浆造纸过程控制与时化、制浆造纸工程设计、纸与纸板的结构与性能、特种纸与加工纸制造技术、造纸助剂与纸机湿部化学。

(13) 东北电力大学　其轻化工程（造纸）专业前身是吉林省轻工业学校制浆造纸专业（中专），有近 30 年的历史 2000 年吉林省轻工业学校并入东北电力学院，同年停招制浆造纸专业（中专班），2001 年开设轻化工程专业（造纸专业），并开始招生（本科）。专业课程设置：制浆原理与工艺、造纸原理与工艺、植物纤维化学、废纸再生技术、加工纸工艺、制浆造纸机械设备、废水处理、环境保护、制浆造纸仪表及自动化、包装原理与工程、印刷概论、化工助剂等。在校本科生 200 人。专业毕业人数：本科 35 人。专业教师 7 人，其中教授 1 人，副教授 4 人，讲师 2 人。

2.1.3.2　造纸学科的课程设置

本专业的主干学科是化学化工、物理、机械、自动控制、植物纤维化学、制浆造纸原理与工程。

造纸学科是建立在化学化工、流体力学、物理、机械等发展的基础之上的，涉及的各学科的基本理论和方法为本专业的研究与发展提供了依据。该学科又是一个工程特性很强的学科，工程技术理论和方法也本学科的基本方法。该专业着重于工程技术人才培养，培养模式中以自然科学、人文社会科学及工程技术三类基础课程构筑平台。培养过程注重理论联系实际的方法，工程实践训练贯穿教学的全过程，通过对制浆造纸工程学科理论与专业知识的系统掌握，对相关学科理论与专业知识的基本了解，使学生把专业理论与解决工程的实际紧密结合，有利于学生个性发展和培养他们的创新能力。

2.1.3.3　造纸学科的专业规范

制定专业规范要有一定的量化指标，考虑到各校的教学管理制度不同，不能将指标统一固定，本专业规范要以举例或推荐的方式提出制定本专业规范所依据的主要参考指标。

(1) 培养方案

① 本科学制　基本学制四年，实行学分制的学校可以根据学分制要求进行学制管理，一般为 3～6 年。

② 学位　对完成并符合本科培养方案要求的学生，授予工学学士学位。

③ 每年的学习时间　学生在校时间（包括集中实习实践时间）不低于 40 周。在校总周数：200～202 周（其中教育教学 166～168 周，寒暑假 32～34 周）。

④ 总学分　本方向培养方案的应修的总学分不低于 150 学分，一般在 180 学分以内。总学分包括普通（通识）教育、专业教育、综合教育和创新教育等不同类型的学分。其中：a. 普通教育的学分占总学分的 30% 左右，其中包括政治思想教育和人文社会科学、经济管理、自然科学、体育、外语。b. 计算机信息技术占总学分 10% 左右。c. 专业教育的学分占总学分 50% 左右。d. 综合教育的学分占总学分 6% 左右。e. 创新教育的学分占总学分 4% 左右。

⑤ 总学时　理论教学不高于 2500 学时；综合教育的学分本专业规范不作规定。

⑥ 学时与学分的折算方法　本规范建议课堂教学按 16～18 个学时折算 1 学分，实验教学按 32 学时折算 1 学分，集中实践性环节按每周折算为 1 学分，体育课 36 个学时折算 1 学分。在特殊情况下，某些课程的学时学分折算办法可自行调整。未实行学分制的学校，学时与学分的折算由各校根据学校实际情况自行决定。

(2) 师资队伍

① 教师数量。生师比不高于 16∶1。

② 35 岁以下的青年教师中博士、硕士比例应在 50％以上。

③ 主讲教师中具有硕士及以上学位或讲师以上职称，并通过岗前培训，取得合格证的教师应占在职教师的 85％以上。

(3) 教学条件

① 教学经费能够保证教学的正常进行。

② 具有满足教学需要的教学仪器设备。

③ 具有满足教学、科技/科研活动需要的图书资料（含校图书馆、院系资料室的文字、图像等各种文献资料）、实验室和多媒体教学环境。

(4) 实践教学

① 实践性质的教学学分占总学分的参考比例为 25％左右。

② 有符合本专业方向培养目标的学时校内、校外实验/实习基地。

③ 毕业论文（设计）环节不低于 12 周，选题应结合科学研究或生产实际，能体现本行业领域的最新发展状态或应用需求。

2.1.4　国内外造纸研究与学术机构

2.1.4.1　国内造纸研究与学术机构介绍

(1) 中国制浆造纸研究院　中国制浆造纸研究院（以下简称"中国纸院"）前身为轻工业部造纸工业科学研究所，始建于 1956 年，1999 年转制为科技型企业，并入中国轻工集团公司。

目前，中国纸院资产总额 8860 万元，建筑面积 31000m²；在职员工 200 余人，其中具有中高级以上专业技术职称 70 人，并拥有 20 位专家享受国务院颁发的政府特殊津贴。中国纸院是国家级造纸工业科研机构，科研手段完备、装备齐全，涉及造纸工业各个领域；同时，中国纸院还代表国家负责造纸工业标准化、质量监督检验、信息服务等行业技术管理工作，编辑出版的《中国造纸》等 5 种期刊在国内外造纸行业中具有广泛的影响。50 年来，中国纸院共完成 1300 多项研究项目，其中 140 多项分别获国家、部（委）颁发的各种奖励，是推动中国造纸工业技术进步的主力军。

1984 年国务院学位委员会批准中国纸院为制浆造纸和造纸环境保护专业硕士研究生学位授予单位，已为造纸行业培养硕士研究生 43 名。中国纸院还是我国造纸工业对外技术交流和开展国际合作的窗口，代表中国参加国际造纸界的各类专业会议，参与国际合作及援外项目近 30 项，为中国造纸工业扩大国际影响做出了突出贡献。

(2) 中国造纸学会　中国造纸学会成立于 1964 年 6 月。它受中国科学技术协会和中国轻工业联合会的共同领导，属国家一级学会。其宗旨是：组织广大造纸科技工作者，落实实施"科教兴国"战略，促进我国造纸工业科技进步，促进造纸科学技术普及与推广，促进国际学术交流与合作，促进科技成果转化为现实生产力，促进科学技术与经济相结合，为推动中国造纸工业现代化建设做出贡献。

中国造纸学会具有知识密集、人才密集、联系广泛、能独立自行开展活动等特点和优势，拥有 1.8 万名个人会员和 168 个团体会员，分布在全国各地，全国重点造纸企业，科研、设计单位，大专院校，以及相关行业的企业，它们都是中国造纸学会的团体会员。各省级造纸学会受中国造纸学会的业务指导。

2.1.4.2　国外造纸研究与学术机构

(1) 美国

明尼苏达大学（Univ. of Minnesota），圣保罗。

缅因大学（Univ. of Maine）化学工程系、木材与纸科学系。

北卡莱罗纳州立大学（North Carolina State University）森林资源学院，罗利。

华盛顿大学（Univ. of Washington）森林资源学院，西雅图。

威斯康星大学分校（Univ. of Wisconsin-Stevens Point，UWSP）自然资源学院造纸科学系，史蒂文斯点。

西密歇根大学（Western Michigan University）造纸科学与工程系，卡拉马祖。

弗吉尼亚理工学院（Virginia Tech.）木材科学与森林产品系。

佐治亚理工学院（Georgia Institute of Technology）造纸科学技术中心，亚特兰大。

迈阿密大学（Miami University）造纸科学与工程系，沃克福德。

纽约州立大学（The State Univ. of New York）造纸科学与工程系，锡拉丘兹。

奥本大学（Auburn University）制浆造纸研究教学中心，奥本市。

造纸科学技术研究院（IPST），亚特兰大。

(2) 加拿大

麦克马斯特大学（Mcmaster University）化学工程系制浆造纸中心，汉密尔顿。

麦吉尔大学（Mcgill University）制浆造纸研究中心，蒙特利尔。

不列颠哥伦比亚大学（Univ. of British Columbia）制浆造纸中心，温哥华。

多伦多大学（Univ. of Toronto）制浆造纸中心，多伦多。

新不伦瑞克大学（Univ. of New Brunswick），弗雷德里克顿市。

加拿大研究院制浆造纸中心，蒙特利尔。

不列颠哥伦比亚理工学院（B. C. Institute of Technology）制浆造纸系，伯纳比。

(3) 巴西

维索萨联邦大学（Federal University of Vicosa），维索萨。

(4) 芬兰

赫尔辛基理工大学（Helsinki University of Technology）森林产品技术系，Espoo。

欧洲森林研究院（EFI），约恩苏。

奥博技术大学（Abo Akedemi University）造纸化学系。

芬兰制浆造纸研究院（Finish Pulp & Paper Research Institute），Espoo。

芬兰森林研究院（Finish Forest Research Institute），赫尔辛基。

(5) 瑞典

机械与材料工程学校（School of Mech. & Material Engineering）制浆造纸化学与技术系，斯德哥尔摩。

瑞典制浆造纸研究院（Swedish Pulp & Paper Research Institute），斯德哥尔摩。

(6) 挪威

挪威科技大学制浆造纸中心（NTNU），特隆赫姆。

(7) 英国

曼彻斯特理工学院（UMIST）造纸科学系，曼彻斯特。

纤维技术学会（Fibre Technology Association），西约克郡。

造纸工业研究学会（PIRA），萨里。

制浆造纸研究基金会（FRC）。

(8) 法国

法国造纸与印刷工程学校（EFPG）。

法国制浆造纸研究院（CTP）。

(9) 德国

造纸技术研究院（Institute for Paper Technology）。

(10) 意大利

比萨大学（University of Pisa）制浆造纸系，卢卡。

(11) 澳大利亚

蒙那什大学（Monash University Clayton）化学工程系澳大利亚制浆造纸研究中心。

澳大利亚国立大学（Australian National University）森林系，堪培拉。

英联邦科学和工业研究组织（CISRO）森林与林产品中心。

(12) 新西兰

新西兰制浆造纸研究组织（PAPRO）

(13) 韩国

国立江原大学（Kangwon National University）森林科学学院，春江市。

国立忠北大学（Chungbuk National University）森林资源学院，清州市。

(14) 日本

筑波大学（University of Tsukuba），筑波市。

森林与林产品研究院。

东京大学（The University of Tokyo）农业与生命科学研究生院，东京。

(15) 印度

造纸技术研究院（IPT），萨哈兰普尔市。

中央制浆造纸研究院（CPPRI），萨哈兰普尔市。

2.1.5　国内外著名造纸企业介绍

2.1.5.1　国内著名造纸企业介绍

(1) 山东晨鸣纸业集团股份有限公司　该公司是以制浆、造纸为主业的大型企业集团，拥有武汉晨鸣、晨鸣热电、齐河晨鸣、湛江晨鸣、江西晨鸣、赤壁晨鸣、延边晨鸣、海拉尔晨鸣、吉林晨鸣等 10 多家子公司。总资产 260 多亿元，年纸品生产能力 400 万吨，进入中国企业 500 强和世界纸业 50 强，被评为中国上市公司百强企业和中国最具竞争力的 50 家蓝筹公司之一，"晨鸣"商标被认定为中国驰名商标。

目前，集团拥有国家级技术中心、博士后科研工作站及多条国际一流水平的造纸生产线，主导产品为高档铜版纸、白卡纸、轻涂纸、新闻纸、双胶纸、电话号簿纸、静电复印纸、箱板纸、书写纸、高密度纤维板、强化木地板等，其中 7 个产品被评为"国家级新产品"，23 个产品填补国内空白，4 种产品列入"国家免检产品"，产品远销英国、日本、美国、澳大利亚等 50 多个国家和地区。

(2) 山东太阳纸业股份有限公司　始建于 1982 年，发展成为融造纸、化工、外贸、电力、科研、林纸、投资为一体的国家大型股份制企业。目前，公司拥有资产总额 87 亿元，年生产能力 150 万吨，员工 7500 人，是全国最大的民营造纸企业、全国最大的高档涂布包装纸板生产基地、全国最大的烟卡生产企业。主要产品有：高档涂布包装纸板、高档工业用原纸、高级文化办公用纸三大系列 150 多个品种规格，产品畅销全国各地并远销美国、非洲及东南亚等 10 多个国家和地区。

(3) 华泰集团　华泰集团是集造纸、化工、印刷、热电、林业、物流、商贸服务于一体的企业，全球最大的新闻纸生产基地，2006 年在国家统计局公布的首届全国大企业集团竞争力 500 强中排名第 3 位。集团下辖华泰纸业股份有限公司、华泰化工集团、华泰新华印刷、华泰热力、华泰大厦、华泰林业、大众华泰印务、华泰国际物流等 10 多个子公司。拥有国家认定的企业技术中心和国家级实验室，在全国同行业第一家挂牌成立博士后科研工作站。

集团现有总资产 150 亿元，年生产包括新闻纸、文化纸、包装用纸、生活用纸四大系列 100 多个规格品种的机制纸能力 200 万吨，化工及造纸化工助剂 100 万吨，年承接印刷能力 50 万色令，日印刷 800 万对开张。

2.1.5.2　国外著名造纸企业介绍

　　(1) 美国国际纸业公司 （International Paper，简称 IP）　成立于 1898 年，是世界上最大的纸业公司，世界 500 强企业。全球员工 117000 人，在全世界 31 个国家设有工厂，客户分布 130 个国家，主要业务包括包装纸类及液体包装设备、印刷用纸、特殊产品、森林产品等。

　　(2) 斯道拉·恩索 （Stora Enso）　1998 年 12 月，瑞典的斯道拉集团与芬兰的恩索集团强强合并，组成斯道拉·恩索集团。合并后的斯道拉·恩索集团年产 1500 万吨纸张及纸板，年销售额为 128 亿欧元，一跃成为全球最大的林纸产品制造商之一，在 40 个国家拥有约 42500 名员工，分别在芬兰的赫尔辛基、瑞典的斯德哥尔摩、美国的纽约证券交易所上市，是世界 500 强企业。

　　(3) 瑞典塞露罗莎纸业公司 （Svenska Cellulosa）　该公司成立于 1929 年，是欧洲最大的私人森林拥有者，并拥有 260 万公顷生产性森林。总资产达 120 亿美元，业务范围遍布欧、美、亚洲地区。整个生产过程和造纸厂的木材原料都遵循森林管理委员会（FSC）的标准。

　　(4) 乔治太平洋纸业公司 （Georgia Pacific）　北美生活用纸产品最大的制造商之一，在欧洲及其他各地市场具有相当地位。在纸箱加工方面，生产与销售有较大规模。主要经营生活用纸及一次性桌面用品、纸箱纸板及包装纸、漂白纸浆及纸张等。

　　(5) 芬欧汇川 （UPM-Kymmene Group）　拥有上百年历史的芬欧汇川集团是世界最大森林工业集团之一，总部设在芬兰赫尔辛基，在赫尔辛基和纽约证券交易所上市。集团在 17 个国家建有生产企业，销售网络更是遍布全球。2002 年，芬欧汇川集团的产值为 104.75 亿欧元，营业利润为 10.62 亿欧元。雇员数达 35，579 人。芬欧汇川集团的业务领域包括：纸产品（杂志纸、新闻纸、文化纸和特种纸）、纸品加工、木产品等。

　　(6) 日本王子制纸株式会社 （Oji Paper Co.，Ltd.）　王子制纸株式会社为进入世界 500 强的国际著名制纸公司，在成立至今 130 多年，为日本造纸行业的领军企业。王子制纸株式会社主要从事以各种纸浆为原料的一般机制纸、包装用纸、其他未加工纸、无碳复写纸、生活用纸、瓦楞箱纸板及白纸板等的生产、加工及销售，瓦楞纸（瓦楞纸、瓦楞纸箱）、纸制容器、塑料膜、热敏记录纸、粘贴纸及纸尿片等加工产品的生产及销售，公司自有地及建筑物的租赁业务以及日本国内外的造林事业及公司自有林的维护及管理。

　　(7) 美国金佰利公司 （Kimberly-Clark）　金佰利成立于 1872 年，是世界级家用纸类、无纺布及吸水体方面技术的创始者，在 130 多年的创业历史中拥有了众多的发明成果和世界首创。该公司是全球最大的纸巾生产厂商和全美第二大家庭和个人护理用品公司。

　　(8) 金光集团 （Sinar Mas Group）　印尼金光集团由亚洲知名华人企业家黄奕聪先生所创立，其业务主要集中于浆纸业、农业及食品业、房地产业等核心产业，其中浆纸业由亚洲浆纸业有限公司（Asia Pulp & Paper Co.，Ltd.，简称 APP）主导。经过 30 年的不懈努力，APP 现已发展成为世界纸业十强之一，总资产达 100 多亿美元，年生产及加工总产能约 1000 余万吨。

2.1.6　国内著名造纸专家学者介绍

　　(1) 陈克复　制浆造纸工程专家。1966 年毕业于复旦大学力学专业。1970～1975 年在天津大学和天津轻工业学院进修纸浆造纸工程。1991 年晋升为教授。1993 年至 1996 年任华南理工大学制浆造纸工程国家重点实验室副主任，1996 年至 2003 年任华南理工大学造纸与环境工程学院院长，现为华南理工大学教授、博导、"植物资源化学与化工"国家级科技创新平台首席科学家兼主任。教育部轻工与食品领域专业教学指导委员会副主任委员。2001年被评为广东省南粤优秀教师；2003 年及 2005 年被授予广东省优秀共产党员称号；2004 年被评为广东省南粤杰出教师。2003 年当选为中国工程院院士。

长期从事制浆造纸工程和环境工程的科研与教学工作，主要研究方向为纤维悬浮液流动力学及流变学、中高浓制浆技术、纸页形成技术、涂料与涂布技术、废纸脱墨制浆技术及造纸废水处理。为了解决我国造纸工业资源与环境的"瓶颈"约束问题，在节水、节能、减少污染的新技术研发与普及方面，特别在实施中高浓制浆技术以取代低浓制浆方法方面进行了不懈的努力，并在中高浓制浆技术中取得了原创性、实用性的重大成果，研制成功中高浓纸浆少污染漂白技术与成套装备，为我国造纸工业清洁生产做出了突出贡献。

出版专著《造纸机湿部浆料流体动力学》、《制浆造纸机械与设备》（上、下册）、《中高浓制浆造纸技术的理论与实践》等 8 本（部），发表论文 165 篇，其中 38 篇被 SCI、EI 收录，获国家技术发明二等奖和国家科技进步三等奖各 1 项。2003 年当选为中国工程院院士。

（2）陈嘉翔 博士生导师（1986 年起任），我国知名的制浆造纸专家。联合国教科文组织植物资源化学国际专家委员会委员，中国造纸学会学术委员会委员，华南理工大学制浆造纸工程国家重点实验室第二届学术委员会名誉主任。完成国家科学基金、广东省科学基金、原国家教委博士点基金和原轻工业部基金项目多项，有近 10 项成果获奖，发表论文 230 多篇。先后到美国、加拿大、日本等 10 多个国家参加国际会议、访问交流和讲学。

陈教授从 20 世纪 50 年代开始从事人造纤维浆粕的研究，70 年代开展制浆机理的探讨。他参加的"甘蔗渣富强纤维的研究"获 1978 年全国科学大会奖。在制浆机理的研究方面，他曾就南方生长的主要造纸原料（如马尾松、桉木、竹子、蔗渣、龙须草、芒秆、稻草、芦苇以及麦秆等）的制浆机理开展了深入研究，并先后在国内外有关刊物发表了 200 多篇学术论文。

制浆机理的研究成果，对改革旧的制浆工艺，缩短生产周期，提高产品的质量和产量，降低消耗，提高造纸工业的经济效益，具有重要的指导意义和实用价值。目前，该成果已为广东、云南、河南等省的造纸厂采用，并已取得显著的经济效益。此外，陈嘉翔教授还主编了造纸专业的工具书《制浆造纸手册》第二分册和全国统编教材《制浆原理和工程》。其专著有《制浆化学》、《植物纤维化学结构的研究方法》和《高效清洁制浆漂白新技术》。

（3）詹怀宇 博士、教授、博士生导师。1997～2004 年任制浆造纸工程国家重点实验室主任，现任制浆造纸工程国家重点实验室学术委员会副主任。主要研究方向为制浆化学与生物化学。近年来，主持并完成了国家自然科学基金、教育部重点项目和博士点基金、广东省重点项目和自然科学基金以及国际合作等 20 多个项目。

在无/少污染高得率制浆、深化脱木素蒸煮技术和原理、纸浆无污染漂白（含氧漂白和生物漂白）、二次纤维回用技术以及制浆造纸清洁生产与污染控制等方面取得重要成绩。曾获国家教育部科技进步二、三等奖各 1 项，教育部提名国家技术发明二等奖 1 项，广东省科技进步二等奖 2 项，广东省自然科学三等奖 2 项，广东省科学技术二、三等奖各 2 项。已在国内外学术刊物发表论文 280 多篇，其中被三大索引收录 130 多篇，已授权的发明专利 3项，主编和参编的教材和专著 5 部。现为美国制浆造纸协会（TAPPI）会员、中国造纸学会理事、学术委员会委员、国际学术交流委员会副主任、碱法草浆专业委员会副主任、广东省造纸学会副理事长、广东省科学技术协会委员，并是《中国造纸》、《中国造纸学报》、《国际造纸》、《纤维素科学与技术》、《造纸科学与技术》和《华南理工大学学报》等学术刊物的编委。

2.2　植物纤维化学概述

植物纤维化学主要研究植物纤维原料的生物结构及其所含各组分，特别是纤维素、半纤维素和木素三种主要组分的化学组成、化学结构、物理和化学性质。

2.2.1　植物纤维原料的分类[5]

植物纤维原料种类很多，分类也较复杂，但造纸工业常用的植物纤维原料大体可分为三大类。

(1) 木材纤维原料　木材纤维原料又分为针叶木和阔叶木两大类。

① 针叶木　又称软木，如云杉、冷杉、臭杉、马尾松、落叶松、红松等。其木质部由 95%左右的管胞构成，其余 5%左右为髓线细胞及树脂道。针叶木纤维长度一般在 1.1~5.6mm，宽度在 0.03~0.075mm。针叶木的杂细胞较少，且一般都能在洗涤、抄纸过程中流失。针叶木浆比较纯净，纤维长，能制造强度高的高级纸张。

② 阔叶木　又称硬木，如白杨、青杨、桦木、枫木、榉木、桉木等。阔叶木与针叶木不同，木质部有较多导管。阔叶木的纤维长度一般为 0.7~1.7mm，宽度为 0.02~0.04mm。阔叶木纤维较针叶木纤维短，且含有较多的杂细胞，因而成纸强度稍低，成纸比较疏松，吸收性强，不透明度高，特别适于做印刷、书写纸类纸张。

(2) 非木材纤维原料

① 禾本科纤维原料　这类原料主要有竹子、芦苇、荻、芦竹、芒秆、甘蔗渣、高粱秆、稻草、麦草等。禾本科纤维原料是我国最主要的造纸原料，其中最主要的是芦苇、荻、竹子、甘蔗渣、麦草等原料。

② 韧皮纤维原料　这类原料大体包括两类原料：一类是树皮类，因部分树皮的皮层中含有较多的纤维，故有利用价值，如桑皮、檀皮、雁皮、构皮、棉秆皮等；另一类是麻类，包括红麻、大麻、黄麻、青麻、亚麻等。

③ 籽毛纤维原料　包括棉花、棉短绒及棉质破布等。

④ 叶部纤维原料　部分植物的叶子中富含纤维，如香蕉叶、龙舌兰麻、甘蔗叶、龙须草等。

(3) 半木材纤维原料　这类原料主要指棉秆。棉秆的形态、结构介于木材和禾本科原料之间，全世界约有 35 个品种。其化学成分、形态结构及物理性质与软阔叶木相近。

2.2.2　植物纤维原料的化学成分和结构

2.2.2.1　木材纤维原料的化学成分

造纸用植物纤维原料的化学成分是利用原料、制订生产工艺条件的基本依据，与产品的产量和质量有密切关系，对生产过程及综合利用等方面也有影响。原料中，除植物光合作用所产生的碳水化合物和木素外，还含有少量的树脂、脂肪、蜡等有机化合物和植物生长所需的原料运输及生产过程中带来的各种金属等。并且，原料的这些成分因植物的种类、产地等的不同而异。因此，植物纤维原料的化学成分是非常复杂的。

$$
\text{木材}
\begin{cases}
\text{碳水化合物}
\begin{cases}
\text{纤维素(含量 45\%，由葡萄糖基构成)} \\
\text{半纤维素(硬木含量 35\%，软木含量 25\%；} \\
\text{结构单元主要有葡萄糖基、甘露糖基、} \\
\text{半乳糖基、木糖基、阿拉伯糖基等)}
\end{cases} \\
\text{木素(硬木含量 21\%，软木含量 25\%)} \\
\text{抽提物(含量 2\%~8\%，包括萜烯、树脂酸、脂肪酸、非皂化物)}
\end{cases}
$$

图 2-6　木材原料的化学组成

原料的主要化学成分是指原料中的纤维素、半纤维素和木素三种成分（图2-6）。在原料中，这三种成分构成植物体的支持骨架；其中，纤维素组成微细纤维，构成纤维细胞壁的网状骨架，而半纤维素和木素则是填充在纤维之间和微细纤维之间的"黏合剂"和"填充剂"。在一般的植物纤维原料中，这三种成分的质量占原料总质量的80%～95%（棉花的纤维素含量高达95%～97%），故称之为植物纤维原料的主要化学成分。

(1) 纤维素　纤维素是世界上最丰富的有机化合物，是由葡萄糖基构成的直链状有机高分子化合物，化学性质比较稳定，是组成细胞壁的主要成分，是制浆中尽量保留的部分。木材中约含50%左右，而棉花纤维含纤维素达98%以上。

(2) 半纤维素　半纤维素是由两种或两种以上的糖基构成的带支链的有机高分子化合物，聚合度比纤维素低得多，也是构成细胞壁的主要成分，除特种浆外，制浆中也要尽量保留。但是，浆中半纤维素含量高，滤水性差，难洗浆，易打浆，成纸紧度高，发脆，声响大。

(3) 木素　木素是由苯基丙烷结构单元，以碳碳键和醚键构成的立体、网状高分子化合物。木素填充在细胞之间以及细胞壁内微细纤维之间，使植物体具有刚性。化学法制浆的主要目的就是脱除木素，原料中木素含量越高，制浆越困难。

(4) 其他少量组分　以上所述是组成植物细胞的三大主要成分。除此之外原料中尚有其他含量较少的组分，它们是细胞的分泌物或细胞腔内的贮存物，在一般常用的原料中含量不大。但若含量过多，对某些有特殊要求的纸张则必须采用相应的措施予以除去。包括：

① 树脂、脂肪　一般原料中的树脂、脂肪含量较少，都在1%以下。但在松属木材中含量较多。它们黏性较大，容易黏结成团，粘在铜网和压辊上则造成抄纸困难；在纸上则形成透明的树脂点，降低纸的质量。它们易与碱作用而溶于水中，所以含树脂多的松木一般都用减法制浆。脂肪一般危害不大，也可以被皂化溶出。

② 淀粉、果胶　淀粉为细胞腔内的贮存物质。含量不多，易溶于热水，对制浆造纸没有什么影响。一般的原料中含果胶不多，易被稀碱液分解溶出。在植物中以果胶酸盐的形式存在，被认为是植物中灰分的来源。

③ 单宁、色素　一般的原料中含量较少，且易被热水抽出，但含量较多时应事先设法抽出，否则使纸浆的颜色变深不易漂白。少量木材的心材中色素含量较高，给制浆带来困难。

④ 灰分　灰分是植物纤维原料中的无机盐类，主要是钾、钠、钙、镁、硫、磷、硅等盐类。一般木材的灰分都在0.2%～1.0%左右，草类原料中灰分较高。一般的纸张对原料中灰分的高低没有什么特殊要求，也不会产生什么影响。草类原料中，灰分中的二氧化硅含量高，蒸发时结垢，造成碱回收困难。

2.2.2.2　木材纤维原料的结构

(1) 木材纤维原料的生物结构　木材纤维原料是制浆造纸的最主要原料，了解木材原料的生物结构和细胞形态是我们利用原料的基础。解剖木材原料，通常是通过横切面、径切向、弦切面三个切面来进行的。在三个切面的切片中，可以了解原料的生物结构特征、细胞形态、细胞组成以及细胞之间的结构关系等。

图2-7显示了一个展现基本结构的树干剖面图。图2-8显示了一个木材横断面示意图。形成层由树皮与内边材之间的一个薄层细胞组织所组成。在温和气候下，形成层生长的速率随季节而变。在春季生长薄壁纤维细胞，而在秋季则生长较紧密的厚壁纤维。在每年的寒冷季节，形成层停止生长。每年生长的循环周期反映在年轮上，年轮总数则代表树龄。内皮（韧皮）是一个狭层细胞组织，在这里，富含碳水化合物的树汁通过筛管和射线上下流动。外皮是一群死亡细胞，它原先存在于活的内皮中，由纤维素、半纤维素和木素以及许多其他

成分所组成。

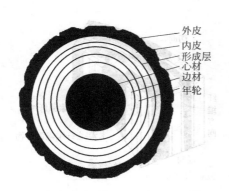

图 2-7　木材的剖面图

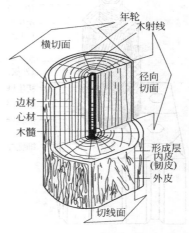

图 2-8　木材横断面示意图

　　树木的边材部分提供树冠的结构支撑，其作用好似一个食物贮库，并起到将水从根部向上输送的重要功能。它在生理上是活的（只是薄壁组织细胞），并通过从树冠流来的树汁不断地与形成层和韧皮进行交流。在树干中心，心材是死亡木细胞的核心部分，它的生理活动已经终止，其功能只是作为结构支撑。心材由于在细胞壁和腔中沉积了含脂有机化合物，颜色一般比边材深得多。在化学法制浆时，这类沉积物使药液在心材比边树更难渗透。有少数材种（特别是云杉），心材与边材之间的颜色差别很小。在树木中心，有一个细小的软细胞组织的核心，称为木髓。

　　（2）植物细胞的细胞壁结构　植物细胞的显著特征之一是具有细胞壁；细胞壁包围在细胞的最外层，使细胞具有一定的形状。各种植物细胞的细胞壁在构造及化学成分等方面会有一定的差别。植物纤维细胞是造纸植物纤维原料中最主要、最基本的细胞。

　　细胞壁是由原生质体所分泌的物质形成的。细胞壁可以分成胞间层、初生壁和次生壁三个部分；细胞壁上还有纹孔、胞间联丝等结构以实现细胞之间水分及其他物质的输导、流通。植物细胞分裂产生新细胞时，在两个细胞之间形成一层薄膜，称为胞间层，即中间层（middle lamella，简称 ML）。在细胞的形成和生长阶段，原生质体所分泌的纤维素、半纤维素等物质在胞间层的内侧沉积形成了初生壁（primary wall，即 P 层）。初生壁停止生长之后，原生质体所分泌的纤维素等产物在 P 层内侧沉积形成的细胞壁，称为次生壁（secondary wall，即 S 层）。根据形成的先后，次生壁可分为外层（S1 层）、中层（S2 层）和内层（S3 层）。其中，S1 层在 P 层内侧，S2 层处于 S1 层与 S3 层之间；而 S3 层则与细胞腔相邻，又称三生壁（tertiary wall，即 T 层），如图 2-9 所示。

　　造纸植物纤维原料的三种主要成分中，纤维素是构成微细纤维，组成纤维细胞、导管以及射线细胞等细胞壁的骨架物质，而半纤维素、木素则是纤维间及微细纤维之间的"黏合剂"、"填充剂"，如图 2-10 所示。

　　不同的制浆蒸煮药剂，其作用机理不同，对木素和半纤维素这两种"黏合剂"、"填充剂"降解的程度也不同。化学浆就是在适当的温度下，通过化学药品的作用使纤维间及微细纤维间的"黏合剂"、"填充剂"溶出、纤维分散而成纸浆，再经过适当的漂白就可获得不同纤维素"纯度"的糊浆，满足各种纸浆质量要求。机械浆及化机浆等，则是以保留或极少影响"黏合剂"、"填充剂"为前提，通过机械磨碎成浆的。可以说，各种形式制浆的工艺及机理都与原料的主要化学成分及其分布密切相关。

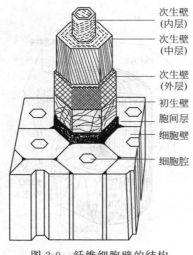

图 2-9　纤维细胞壁的结构

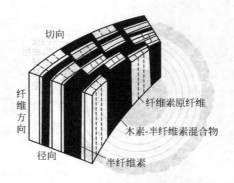

图 2-10　细胞壁中各成分的分布

2.2.3　纤维素

纤维素是植物纤维原料的最主要化学成分，也是纸浆、纸张的最主要、最基本的化学成分。原料的纤维素含量高低，是评价原料的制浆造纸价值的基本依据。

(1) 化学结构　纤维素是由 β-D-葡萄糖基通过（1→4）-苷键联结而成的线状高分子化合物，其结构见图 2-11。对纤维素进行元素分析，发现它是由 C、H、O 三种元素组成的。对纯的纤维素进行完全水解，可全部水解成葡萄糖。

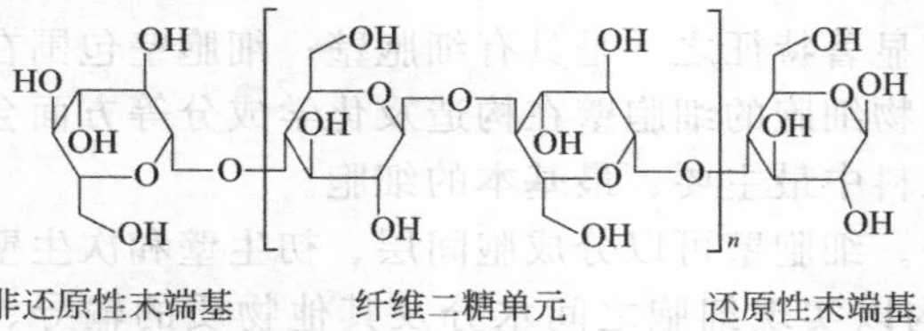

非还原性末端基　　纤维二糖单元　　还原性末端基

图 2-11　纤维分子结构

纤维素分子中的 β-D-葡萄糖基含量即为纤维素分子的聚合度（DP）。天然存在的纤维素分子的聚合度都是高于 1000 的。例如，棉花纤维初生壁的聚合度为 2000～6000，次生壁的聚合度为 1400（与木材类、麻类的纤维的聚合度相似），草类纤维的聚合度稍低些。经过蒸煮及漂白，纸浆纤维的聚合度会受到不同程度的降解。因此，在一般情况下，生产过程中尽量保护纤维素，以免造成纸浆得率、强度下降，生产成本提高。

(2) 物理性质

① 密度　纤维素的相对密度为 1.50～1.56 左右，而天然棉花的相对密度为 0.77～1.05。这是因为纤维中有较多空隙，故在空气中的相对密度较小。

② 比热容　纤维素的比热容在 0.32～0.33J/(kg·K) 左右，纸浆中含杂质越多，比热容越大。

③ 电化学性质　纤维素的导电性能非常差，故可用纸作为绝缘材料，但纸的绝缘性能与灰分和水分的含量有关。灰分由 1% 降至 0.3%，绝缘性能增加 50～100 倍。木材的水分由 7% 增至 30%，导电性增加 10 万倍。

④ 力学性能　就单根纤维来说，它的力学性能与纤维素的聚合度和定向程度有关。聚合度越高，抗涨强度和抗撕裂强度越好，所以制浆过程应尽量避免纤维素过度裂解断链。纤维的定向程度因各种原料而不同，定向程度高，纤维的抗张和耐磨性能好。至于纸张的强度，除与纤维的强度有关，更重要的还是纤维与纤维之间的结合强度。

⑤ 吸湿性 绝干的纤维素能很快地吸收空气中的水蒸气，这就是纤维素的吸湿性。空气中的水蒸气含量越高，纤维素吸收的水分越多。纤维吸水后，纤维内部分氢键被破坏，使纤维的柔软性增加。纤维的纯度越大吸湿性越小。如棉花、麻，纤维素含量高，吸湿性小。

⑥ 润胀和溶解 润胀指溶液进入纤维内部使纤维的体积变大。水只能进入纤维的无定形区，使纤维的尺寸发生改变，但并不能使纤维素溶解。这称为结晶区间的润胀。有些溶液可以使纤维素的结晶区内发生润胀，无限润胀即是溶解，这时纤维素与溶液形成了均一的纤维素溶液。常用的润胀剂有 $NaOH$、H_2SO_4、$ZnCl_2$、铜氨溶液等。

(3) 化学性质 纤维的化学性质是由纤维素的分子结构决定的。

① 纤维素的酸性水解 纤维素分子的葡萄糖基的 α-苷键对酸的抵抗力是不强的，在适当的 pH、温度和处理时间下，可以水解成一系列的产品：水解纤维素、纤维素糊精、低聚糖、纤维二糖，最后则完全水解成葡萄糖。

就是在一般的亚硫酸盐蒸煮和碱法预水解中，纤维素的酸性水解也是或多或少的存在轻微水解产生的水解纤维素，由于聚合度降低而使纤维的强度下降，低分子部分则会溶解出来。

② 纤维素与碱作用 纤维素的葡萄糖基的 α-苷键在稀碱溶液中是稳定的，因此，棉制品用肥皂洗涤不会损坏，但是在高温及碱液的浓度较高时纤维也会发生破坏。这一性质的应用包括：a. 剥皮反应——在碱法蒸煮中，在 150℃ 以下，由于纤维素分子末端葡萄糖基上的醛基在碱性溶液中发生异变而使末端基脱落，脱落后又产生一个新的具醛基的末端基。因此，末端基可逐个脱落进入溶液而使制浆的得率下降。b. 碱性水解——在蒸煮温度升至 170℃ 时，纤维素会发生葡萄糖苷的碱性水解。断裂后分子链较短时可直接溶入溶液。

③ 纤维素的氧化 纤维素上的醇基、醛基，在不同的条件下被氧化成醛基、酮基以及羧基。纸浆在漂白时，纤维素总是不可避免地会受到氧化，生成各种形式的氧化纤维素。

④ 生成纤维素的衍生物 纤维素的衍生物主要是在失水葡萄糖的六元环上存在羟基进行酯化或醚化，从而改变纤维素的性质，吸湿性降低、可溶性增加、挠性和柔软性也增加，使纤维素的衍生物具有各种不同的用途。

(4) 纤维素与制浆造纸的关系 化学法制浆中加入化学药品脱除木素的同时，不可避免地与纤维素反应，因此，在蒸煮中要合理制定工艺条件，尽量减少对纤维素的损伤，从而提高浆的得率和强度，提高成纸的质量。

2.2.4 半纤维素

半纤维素不同于纤维素，不是由均一单糖组成的，而是一群复合聚糖的总称。它是低分子碳水化合物的聚合物，即非纤维素的碳水化合物（通常把淀粉、果胶除外）。

(1) 化学结构 半纤维素是由多种糖单元组成的，常见的有木糖基、葡萄糖基、甘露糖基、半乳糖基、阿拉伯糖基、鼠李糖基等；并且，半纤维素分子中还含有糖醛酸基（如半乳糖醛酸基、葡萄糖醛酸基等）和乙酰基；分子中还常带有数量不等的支链。由此可见，半纤维素是由多种糖基、糖醛酸基所组成的，并且分子中往往带有支链的复合聚糖的总称。

不同原料的半纤维素含量及组成不同。除棉花纤维基本不含半纤维素外，其余各种原料中均含有一定的半纤维素。针叶材、阔叶材、禾本科三类代表性原料中均含有较多的半纤维素，且其化学组分不同。这些特点将对制浆造纸过程、产品质量及综合利用带来不同的影响。

半纤维素是无定形物质，是填充在纤维之间和微细纤维之间的"黏合剂"和"填充剂"，其聚合度较低（小于 200，多数为 80～120），易吸水润胀。半纤维素的存在对纸浆（及纸张）的性质及纤维素样品的加工性能带来不同程度的影响。对于一般造纸用浆来说，保留一定量的半纤维素，有利于节省打浆动力消耗，提高纸页的结合强度。故在符合纸张质量的条件下应尽量多保留半纤维素，以提高得率、降低生产成本。在生产人造纤维及其他纤维素衍生物时，半纤维素则应尽量除去（戊糖含量低于5%），以免对生产工艺过程及产品质量带来不良影响。

半纤维素与纤维素间虽然没有化学键的连接，但和纤维素分子间存在氢键的连接和物理的混合，因而使得纤维素和半纤维素定量的分离产生困难。

(2) 性质　半纤维素易受酸水解、断裂而使聚合度降低，也有剥皮反应，可以进行酯化、醚化以及氧化反应，但半纤维素聚合度低，化学反应速度比纤维素快。

半纤维素的多聚糖，由于结构不同，对于化学试剂的抵抗存在差异，因而不同的制浆方法，浆中残留的半纤维素的组成也不相同，对纸浆的性质也有不同的影响。

(3) 半纤维素与制浆造纸的关系　从造纸的角度看，尽量保留纸浆中的半纤维素，可以提高纸浆得率，缩短打浆时间，提高纸张的机械强度。

但半纤维素保水力强，滤水慢，含量高时给洗浆和抄纸带来一定的困难。而且半纤维素的化学性质不如纤维稳定，长期贮放易受空气中的氧氧化而使纸张变黄。

2.2.5　木素

木素是植物纤维原料中除数量极少的单宁物质外，唯一的芳香族的高分子聚合物。在自然界中是不单独存在的，它作为细胞间的黏结物及细胞壁的填充物，使植物体具有刚性。

在不同的植物纤维原料中，木素的分子组成、数量和分布状态都有差异。因此，木素是一类性质相似的物质的总称。

(1) 化学结构　木素是由苯基丙烷结构单元（即C_6—C_3单元）通过醚键、碳碳键连接而成的芳香族高分子化合物。图2-12为木素的基本结构单元。

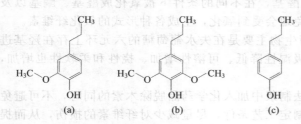

图2-12　木素的基本结构单元

不同原料的木素含量及组成不同。针叶材原料的木素含量最高，一般可达30%左右（对绝干原料质量）；禾本科原料的木素含量较低（一般为20%或更低）；阔叶材原料的木素含量一般介于针叶材和禾本科两类原料之间。棉花纤维的木素含量极微。

原料中，木素是填充在胞间层及微细纤维之间的"黏合剂"和"填充剂"，是原料及纸浆颜色的主要来源。原料及纸浆中的木素含量是制订蒸煮及漂白工艺条件的重要依据。针叶材原料的木素含量高，难蒸煮、漂白；禾本科原料的木素含量低，较易蒸煮、漂白；阔叶材原料介于上述两种原料之间。并且，木素含量高低及木素性质不同，纸浆的白度及白度的稳定性也将不同。故生产中，应依纸浆质量对白度及白度稳定性的不同要求，将木素不同程度地除去。对纤维素衍生物及高白度、高白度稳定性纸张的生产用浆，蒸煮、漂白时必须尽量除去木素；对新闻纸等对白度、白度稳定性要求不高的生产用浆，可采用H_2O_2、$Na_2S_2O_4$等进行漂白；对泥袋纸及瓦楞纸等用浆，一般对白度没有特别要求，在符合产品的质量要求的条件下，可尽量保留木素，以提高纸浆得率，降低生产成本。

(2) 物理性质　天然的原本木素的物理性质不能直接进行研究，必须从分离出来的木素进行推论。

① 分子量　在分离过程中木素的分子量由于降解而降低或者由于缩合而增大，这就使木素分子量的测定产生困难，大多数分离木素的分子量在1000～12000。

② 颜色　木素的颜色随分离的方法不同而异，分离方法愈缓和则颜色愈浅。如磨木木素的颜色为浅乳酪色，布朗木素为浅黄褐色，而酸木素则为棕褐色。

③ 溶解度　低分子量的木素可溶于氮杂苯、丙酮和酚中。一般的分离木素：如乙醇木素溶于乙醇，而不溶于水和其他有机溶剂中；磺化木素可溶于水而不溶于无水有机溶剂中；碱木素或硫酸盐木素溶于碱溶液而不溶于酸溶液或无水有机溶剂中；酸木素则在任何溶剂中都不溶。一般来说，木素的分子量愈大溶解度愈小。

④ 木素的分子形状　用 X 射线衍射证明，木材的木素是无定形的。在木材中呈类似于可以润胀的毛细状的凝胶，对化学药品和气体有较强的吸收能力。

⑤ 木素的熔点　由于木素是无定形的，所以没有一定的熔点。某些分离木素，如乙醇木素、碱木素，当温度升高到 70~110℃ 则出现软化和黏性增加。

(3) 化学性质　木素的化学反应主要包括制浆及漂白过程中的反应。

要使木素溶解，一般必须使它降解、碎裂成碎片，分子量变小。其次，还必须在木素分子中引入亲水性的基团，使木素分子溶剂化才能使木素分子进入溶液。

① 与 NaOH 的反应　一般认为 NaOH 与木素的作用主要表现为：a. 木素大分子的碱性水解，使木素裂解为木素分子的碎片，从而增加木素的溶解度；b. 木素的碱性裂解，在木素分子中引入新的酚羟基，酚羟基是带酸性的，与碱性溶液作用生成木素的钠盐，增加木素的稳定性和亲液性使木素易于溶出。

② 与 Na_2S 的反应　硫酸盐法蒸煮的组成为 $NaOH+Na_2S$。在碱液中加入 Na_2S 后，对蒸煮有利，木素的溶出速度加快。Na_2S 起了加速木素溶解的催化剂的作用，并且阻碍了木素的缩合，从而使木素溶出加快。

③ 与氯反应　氯气或氯水在室温下能与木素作用，使木素分子裂解成氯化木素的碎片。氯化木素可溶于碱性溶液中（部分溶于水）从而达到分离木素的目的。

④ 与次氯酸盐反应　次氯酸盐是纸张漂白中使用较为普遍的一种漂白剂。在碱性条件下，木素被降解成碎片进入溶液。

⑤ 氧化反应　木素在工业上能与一系列的氧化剂反应，使之氧化裂解成木素碎片溶出，或破坏木素分子中产生颜色的基团，而达到漂白纸浆的目的。常用的氧化剂有：ClO_4、$NaClO_2$、H_2O_2、Na_2O_2 等。

(4) 木素与制浆造纸的关系　制浆中，特别是化学法制浆中，主要目的就是脱除木素，通过化学药品与木素的反应，使木素变成可溶性物质溶出，从而达到分散纤维和纯化纸浆的目的，使原料离解成浆。

2.3　制　　浆

2.3.1　原料的备料

造纸植物纤维原料在化学蒸煮或机械磨解之前需进行必要的处理，以除去树皮、树节、穗、鞘、髓、尘土和砂石等杂质，并将原料按要求切成一定的规格。因此，备料就是为满足生产需要对贮存的原料进行加工处理的生产过程。

备料的基本过程大致分三步：①原料的贮存；②原料的处理；③处理后料片的输送和贮存备用。我国是植物纤维原料多样化的国家，原料种类不同，其备料过程也不同。

由于木材和非木材原料的备料过程差别很大，分别介绍。

2.3.1.1　木材原料的备料[6]

造纸用的木材原料除原木外，还有制材废料、枝丫材、梢头木等。木材原料的备料过程包括锯断、剥皮、除节、劈开、削片和筛选等工序。应根据浆种、原料种类、生产规模等合理确定备料过程。如生产磨石磨木浆，原木仅需经过锯断、剥皮等工序；而生产漂白硫酸盐浆则需经过上述所有过程。若不用原木，用板皮生产硫酸盐浆，只需经过削片和筛选两道工序。图 2-13 为常见原木备料流程图。

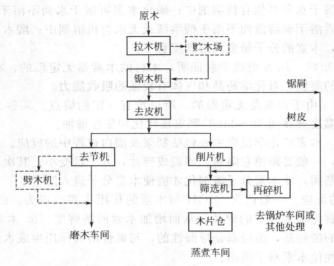

图 2-13 常见原木备料流程图

(1) 原木的锯断 来厂的原木一般比较长，为了适应生产的需要，需对原木进行锯断。将长短不齐的原木锯成一定规格的木段，以便去皮机、削片机和磨木机处理。通常磨木机要求原木长度为 6cm 或 12cm，普通削片机要求原木长度 2.0～2.5m。原木的锯断可采用单圆锯、多圆锯和带锯三种。

(2) 原木的剥皮 树皮在制浆造纸厂是极不受欢迎的。它的存在会给制浆造纸过程带来许多不利影响，如降低蒸煮器的效率，增加制浆药品的消耗，纸浆得率低、质量差等。因此，通常情况下原木都要进行剥皮。

最早的剥皮方法是人工剥皮。人工剥皮剥得干净，损失小，并可只剥去外皮而将内皮留下。但人工剥皮劳动强度大，劳动生产率低，因此现在一般都采用机械剥皮。圆筒剥皮机又称鼓式剥皮机或摩擦式剥皮机，是常用的剥皮设备，图 2-14 为圆筒剥皮机示意图。还有环式剥皮机和滚刀式剥皮机等。树皮多送锅炉作为燃料燃烧处理。

图 2-14 圆筒剥皮机示意图

(3) 原木的除节和劈木 为了满足磨木浆质量的要求和维护磨石，送磨木机的木段如果带有节子，必须先除节才能使用。对于直径过大的原木，必须劈开后方能送磨木机或削片机。原木的除节一般是用电钻除节或用类似钻床的除节机来除节。对小树节可将钻头直接对准树节钻除。对大树节，则先沿树节周围钻孔，最后将整个树节敲掉。也有利用小圆锯除节的。

劈木的目的是将较大直径的原木劈开，并把腐材劈除，便于磨木和削片。劈木要用劈木机，有立式和卧式两种。立式劈木机又分为单斧式和双斧式。卧式劈木机则有固定斧子移动原木的和固定原木移动斧子两种。目前采用的劈木机仍以立式为主。

（4）原木和板皮的削片　用木材生产化学浆、化学机械浆和木片机械浆，需要将原木、枝丫材和板皮等削成木片，然后再进行蒸煮，以提高成浆质量。削出的木片要求尺寸规格均一，尽量减少大片和碎末。木片的规格一般为：长 15～25cm，厚 3～7cm，宽 5～20mm，木片合格率在 90% 以上。图 2-15 为木材削片机的结构示意图。

（5）木片的筛选和再碎　对木片质量而言，尺寸的大小与分布情况是最重要的一项技术指标。从削片机出来的木片，往往带有粗大片、长条、三角木、木节和木屑等，因此，必须通过筛选将过大或过小的木片分离出来。过大木

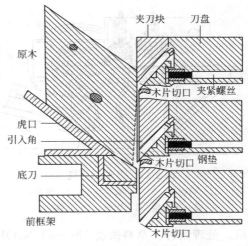

图 2-15　木材削片机的结构示意图

片通常需要再削片或再碎，以充分利用木材。碎片作为废料处理掉或作其他用途。此外，有些木片往往混有相当数量的树皮，因此，为了保证木片质量还需要从木片中除去树皮。

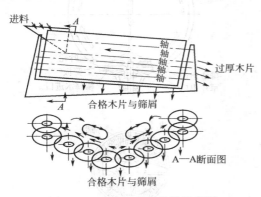

图 2-16　V 形盘式筛片机示意图

① 木片的筛选　木片筛选的目的是把削片机出来的木片，经过筛选设备将合格木片与粗大木片、木条、木屑、木节等分离开来，以便得到均匀的木片。最早多用圆筛和高频振框平筛，后来逐步采用摇摆式筛片机，再后来又出了多边形筛片机和盘式筛片机（如图 2-16 所示）。

② 粗大木片的再碎　粗大木片和木条再碎的目的是经过再碎或再次削片，达到合格要求，以便提高浆的质量和原料利用率。木片再碎所采用的设备有再碎机和小型削片机。目前再碎机的应用仍较普遍，但小型削片机是发展的趋势，因其处理效果比较好。

2.3.1.2　非木材原料的备料

非木材原料种类很多，原料的性质和特点差别较大，因此需分类介绍。

（1）稻麦草原料的备料　主要是切断和净化。备料工艺分为干法备料、全湿法备料和干湿结合法备料三种。

① 干法备料　干法备料在我国应用相当普遍，常见的工艺流程见图 2-17。

a. 切料　切料的主要设备是刀辊切草机，见图 2-18。它由喂料、切草和草片输送三部

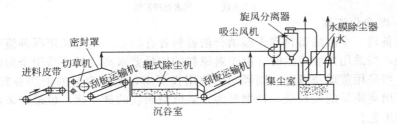

图 2-17　稻麦草干法备料流程

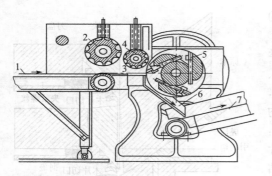

图 2-18　刀辊切草机

1—喂料带；2、4—喂料压辊；3—底刀；
5—飞刀辊；6—挡板；7—出料带

分组成。喂料部分包括喂料胶带和 2 个喂料压辊，一般安装在可移动的钢架上。切草部分包括飞刀辊和底刀板，飞刀辊上安有 3 把飞刀，刀片安装时与刀辊母线呈 4°～7°角，其目的在于使飞刀与底刀的接触是渐进的，这样可避免出现瞬时动力负荷高峰。

b. 筛选与除尘　原料经切断后送入筛选与除尘系统，以分离出草片中夹带的谷粒、尘土及部分草叶、草节等杂质。

② 全湿法备料　瑞典顺智（Sunds）公司设计的法备料工艺是全湿法备料的代表，其流程见图 2-19，整捆草料由传送带送入水力碎解机。处理条件：草料浓度 5%～6%NaOH 用量 1%（对草），40℃，150min。碎解机是一个球形壳体，底部安装有叶轮和筛板，见图 2-20 。在碎解机底刀和涡流作用下，草捆被打散、撕裂和切断，草片长度约 30mm。切碎的草片穿过筛孔由碎解机底部泵送至螺旋脱水机脱水。不能通过筛孔的重杂质，由碎解机底部的排渣机连续排出。

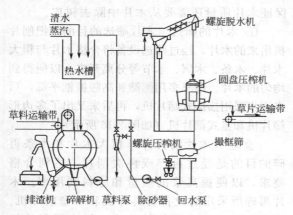

图 2-19　麦草全湿法备料工艺流程

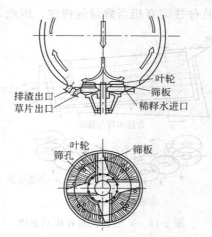

图 2-20　碎解机底部叶轮和筛板示意图

③ 干湿结合法备料　干湿结合法备料（图 2-21）具有干法备料和全湿法备料的某些优点和特点，其代表流程有两种。

a. 干切、干净化、湿洗涤流程

原料 → 切草机 → 除尘机 → 水洗机 → 螺旋脱水机 → 蒸煮工段

尘土等　　废水

除尘系统　污水处理系统

b. 干切、湿净化流程

上述干法备料、全湿法备料和干湿结合法备料各有特点，究竟采用哪种流程不能一概而论。一般来说，当采用连续蒸煮时，由于对原料的质量要求高，最好采用全湿法或干湿结合法备料工艺。当采用蒸球蒸煮时，则倾向于使用投资少，操作容易的干法备料工艺。当然，如果希望生产出高质量的浆和纸，特别是为了降低碱回收的硅干扰，也最好采用全湿法或干湿结合法备料工艺。

（2）蔗渣备料　甘蔗渣是糖厂的副产品，榨糖后水分和糖分含量较高，髓细胞含量也

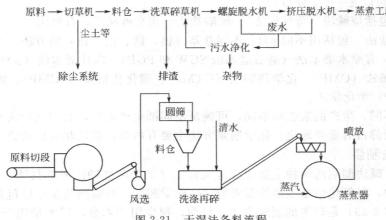

图 2-21　干湿法备料流程

高，对制浆不利。因此它的备料要点是降糖、降水、除髓。基本流程如下：

蔗渣 → 水力碎浆机 → 脱水机 → 刮板运输机 → 螺旋压榨机 → 蒸煮工段
　　　　　　↓
　　　　　蔗髓
　　　　　　↓
　　　　蔗髓浓缩机

① 贮存　甘蔗制糖属季节性生产，每年只有几个月的生产期，为了维持制浆造纸厂的连续生产，必须贮存一定量的蔗渣。糖厂新榨出的蔗渣，水分含量在 50% 左右，并含有 2%～6% 的可溶性固形物（大部分为糖分）。实践证明，新的蔗渣制浆，不仅耗化学药品高，而且制得的浆质量较差，特别是碱法蒸煮中，糖与碱作用后，生成棕色物质，浆料难漂白。因此，蔗渣要求经过贮存后再用于生产。

② 除髓　蔗髓是指蔗渣中的海绵状非纤维状物质，主要是一些杂细胞。蔗渣原料中髓细胞占 25% 左右，髓细胞的大量存在易造成蒸煮困难，备料过程中必须对蔗渣进行除髓处理，一般除髓率为 30%～40%。蔗渣的除髓有干法、半湿法、湿法三种，除髓设备常用锤式除髓机和水利碎浆机。

蔗渣原料的备料，除了需采用除糖、除髓部分以外，其备料流程与其他禾本科植物纤维原料的备料流程类似。

(3) 芦苇的备料　芦苇是我国主要的非木材纤维原料之一，主要利用部分为茎秆，而其节、穗、膜等部分多含薄壁细胞，易使成纸产生淡黄色或掉毛现象。

芦苇的备料流程中切料设备多选用圆盘切草机和风选除尘，其他部分类似稻麦草备料流程。具体流程见图 2-22。

(4) 麻类及棉秆的备料　麻类及棉秆果胶质含量较高，应贮存半年以上再用。麻类备料的流程是：贮存、切断、筛选。

由于麻类收割后水分含量大，贮存时要注意垛内通风。切断设备可采用辊式切草机，用锤式粉碎机粉碎，再筛选除尘，因为粉碎后，棉秆分丝，皮带和髓分离，有利于筛选。

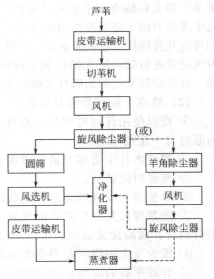

图 2-22　芦苇备料流程

2.3.2　制浆工艺

制浆工艺可分为化学法、半化学法、化学机械法、机械法。它们还可以进一步细分如下[7]：

① 碱法　包括烧碱法（苛性钠法）、硫酸盐法、预水解碱法、石灰法。

② 亚硫酸盐法　包括用不同 pH、不同盐基（钙、镁、钠、铵）的方法。

③ 机械法　有原木磨木法（磨石磨木法 SGW 和 PGP）、木片磨木法（RMP 和 TMP）。

④ 化学机械法（CMP）　化学热磨法（CTMP）、磺化化机浆（SCMP）、碱性过氧化氢化机浆（APMP）半化学法。

制浆方法不同，生产的浆性质不同，可满足不同纸生产需要，其中化学法制浆不论在产量还是质量方面都占有重要地位。化学制浆方法主要有两类：碱法和亚硫酸盐法。

2.3.2.1　碱法制浆

（1）分类　碱法制浆的两种主要方法是烧碱法（又名苛性钠法或苏打法）和硫酸盐法。在这两类方法中，氢氧化钠是主要的蒸煮的活性化学药剂，在硫酸盐法中还包含硫化钠。

烧碱法（图 2-23）是较老的制浆方法，目前，很少用于木浆，但大量用于草浆的生产。近几年蒸煮助剂的使用，使该种方法制浆的效率和质量有较大提高。这种方法制出的浆料具有松软、吸水性好、成纸不透明等优点，而且具备纸浆设备简单、操作容易、建厂投资少等特点，特别是连续蒸煮器的使用，使烧碱制浆更具生命力。

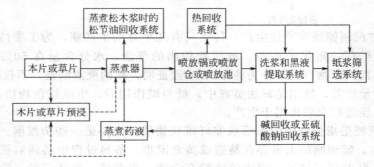

图 2-23　烧碱法制浆工艺流程图

硫酸盐法是烧碱法的产物，其生产流程示意图见图 2-24。当用硫酸钠代替碳酸钠来补充烧碱法中损失的碱时，在废液燃烧时硫酸盐还原成硫化钠，因而得名。硫酸盐法也叫 kraft 法，来源于德文和瑞典文中表示"强韧"的单词，是因为该法生产的纸浆十分强韧。最初，kraft 这个术语只用于高强度纸用的未漂纸浆，而术语硫酸盐浆指可以漂白的纸浆。现在，这两个名词可以互换使用。就制浆速率、纸浆得率、纸浆质量和生产成本而论，硫酸盐法优于烧碱法。碱法制浆还包括多硫化钠法和正在研究或发展中的氧碱法、绿液法、纯碱法、氨法等；有时候，也泛指制浆药剂为碱性的碱性亚硫酸钠法、中性亚硫酸钠或亚硫酸铵法。

（2）特点　硫酸盐法具有以下一些优点：

① 可以使用任何树种和非木材原料，使得原料供应有很大的灵活性；亚硫酸盐法使用的原料有一定的限制。

② 容许木片中有相当量的树皮。

③ 蒸煮时间较短。

④ 纸浆具有较高的强度，硫酸盐法是生产未漂和高强度纸浆的主要方法。

⑤ 随着现代化漂白技术的发展，特别是 20 世纪 50 年代采用了高效率的二氧化氯作为漂白剂后，硫酸盐法也成为生产漂白浆的主要方法了。

⑥ 较少发生树脂问题和草类浆的表皮细胞群块问题。

⑦ 有效率高的硫酸盐废液回收方法。

（3）蒸煮原理　在碱法蒸煮时，发生的主要物理变化是，碱液与料片接触并渗透到原料

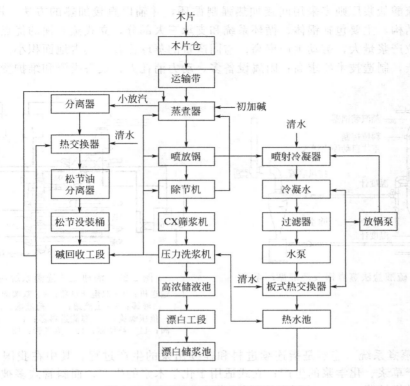

图 2-24　硫酸盐法制浆生产流程示意图

内部，细胞间及细胞壁中的木素溶出，纤维之间连接减弱，相互分离。另外，在高温的碱液中细胞壁润胀，由原料变成纸浆。

（4）蒸煮设备[8]　按照蒸煮方式不同，碱法蒸煮可分为间歇式蒸煮和连续式蒸煮。不同的蒸煮方式采用的设备及操作过程也不一样，间歇式蒸煮设备有蒸球和立锅；连续蒸煮系统包括立式、横管式和斜管式蒸煮系统。

① 间歇式蒸煮设备

a. 蒸球　蒸球属回转、间歇式蒸煮器，是中小型草浆厂的主要蒸煮设备，其结构见图 2-25。蒸球结构简单，操作方便，相同的容积，表面积小，节省材料，热量散失少，且由于回转，碱与料片混合均匀，可采用较小的液比。但直接通汽，球内碱浓度变化大，占地大，产浆量低。

b. 立式蒸煮锅　立式蒸煮锅按其加热方式不通，可分为直接加热和间接加热强制循环

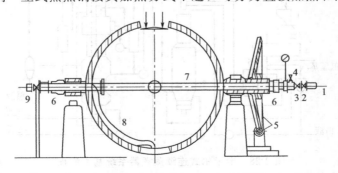

图 2-25　蒸球的结构

1、7—进气管；2、3—截止阀；4—安全阀；5—蜗轮蜗杆传动系统；

6—逆止阀；8—喷放弯管；9—喷放管

两种。我国硫酸盐浆厂则多采用间接加热强制循环，并辅以直接加热的方法。图 2-26 为立式蒸煮锅的结构，主要包括锅体、循环系统和支承三大部分。立式蒸煮锅的优点在于：锅容量较大，单位产浆量大，劳动生产率高；与同产量的蒸球比较，其占地面积小。但其缺点在于：构造复杂，制造技术要求高；附属设备多，动力消耗大；设备投资和维护费用大。

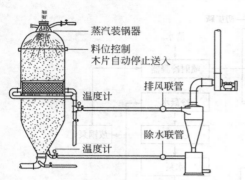

图 2-26　硫酸盐法蒸煮锅及药液循环系统

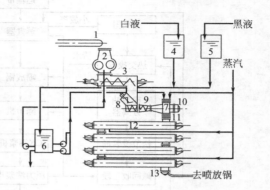

图 2-27　潘迪亚式连蒸系统流程

1—输送机；2—双辊计量器；3—双螺旋预浸渍器；
4—白液罐；5—黑液罐；6—药液罐；7—竖管；
8—预压螺旋；9—螺旋进料器；10—气动止逆
阀；11—补偿器；12—蒸煮管；13—出料器

② 连续蒸煮系统　连蒸是指连续进料和连续出浆的生产过程。其中在我国，横管式连蒸系统多用于草浆、化学浆的生产；立式适用于化学木浆的生产；而斜管式多被用来生产半化学浆或化学机械浆。

a. 横管式蒸煮系统　横管式又称潘迪亚式连蒸系统，见图 2-27。其主体部分为 2～8 根横管构成的蒸煮器，其特点是在横管内连续运动的原料被气相高温蒸煮成浆。20 世纪 80 年代后期，天津轻工机械厂从瑞典引进横管蒸煮器设计制造技术，近年该系统迅速国产化。

b. 立式连蒸系统　立式连蒸系统最典型的是卡米尔式，该系统 1950 年投入工业生产，几十年来经过不断改进，目前已发展成为先进、高效的木浆生产技术系统。如冷喷放技术，即向蒸煮器底部注入 70～80℃左右的稀黑液使纸浆喷放时的温度降低至 85℃，提高了浆料的强度。另外，还采用锅内高温逆流洗涤，提高了洗涤效率，简化了洗涤设备。卡米尔式连续蒸煮器系统的流程见图 2-28。

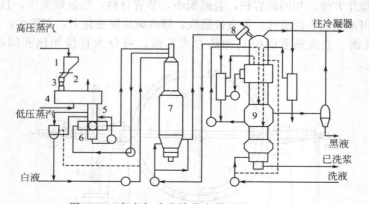

图 2-28　卡米尔式连续蒸煮器系统基本流程

1—木片仓；2—计量器；3—低压给料器；4—汽蒸室；5—溜槽；6—高压给料器；7—高压预渍室；
8—倾斜分离器；9—连续蒸煮器

c. 斜管式连蒸设备　斜管式连蒸设备的主要特点是采用快速气相蒸煮，单根管进行液相-气相蒸煮。蒸煮管的安装角度与水平呈45°倾斜，斜管连续蒸煮器的生产流程如图2-29所示。

这种设备的排列布置有较大的灵活性，能够适用于多种制浆法，例如硫酸盐法、中性亚硫酸盐法、化学机械法、半化学法和冷碱制浆等。原料可使用针叶木、阔叶木和锯屑等。

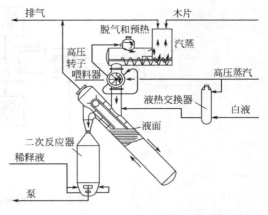

图 2-29　斜管连续蒸煮器

2.3.2.2　亚硫酸盐法制浆

亚硫酸盐法制浆就是采用亚硫酸及亚硫酸盐的混合液在较高的温度下蒸煮植物纤维原料，使木素被磺化后水解溶出，原料离解成浆的过程。

亚硫酸盐法主要的活性化学药剂是二氧化硫及其相应的盐基组成的酸式盐或正盐的水溶液。在近 100 年来的化学浆生产中，曾经起过重要的作用，在 1935 年时，亚硫酸盐法和碱法的使用情况大致相同。1997 全世界由亚硫酸盐法提供的纸浆还不到化学浆总产量的 4.5%，尽管如此，如具备适当的条件，采用这种方法会比采用碱法具有显著的优点。1997 年，德国生产化学浆，全部使用亚硫酸盐法。

(1) 分类

① 酸性亚硫酸盐法　蒸煮液中含有较多的游离 SO_2，溶液在 25℃时，pH 在 1～2 的范围内。用于制造化学木浆或化学工业用浆。

② 亚硫酸氢盐法　蒸煮液主要组成为亚硫酸氢盐，有很少或没有游离 SO_2，25℃时溶液的 pH 为 2～6，通常用于木浆或苇浆的生产。

③ 中性亚硫酸盐法　蒸煮液主要组成为亚硫酸盐，溶液在 25℃时，pH 在 6～9 的范围内，蒸煮液加入碳酸钠或其他碱性物质调节 pH。由于蒸煮液 pH 较高，一般用来蒸煮草类浆料。蒸煮阔叶木时，只能生产半化学浆或化学机械浆，即在蒸煮后还必须经机械磨碎才能成浆。

④ 碱性亚硫酸盐法　蒸煮液由亚硫酸盐及碱组成，25℃时，蒸煮液的 pH 在 10 以上。除了用于多段蒸煮外，一般不采用。

(2) 特点

① 亚硫酸盐浆与硫酸盐浆比较，在蒸解度相同时得率高一些。亚硫酸盐浆有较高的白度，可不经漂白直接与机械浆混合抄造新闻纸，以提高纸的机械强度。比硫酸盐浆容易漂白，容易打浆。

② 亚硫酸盐法精制浆与聚合度相同的硫酸盐法精制浆比较，纤维素分子量的分布较宽，没有碱法那么均匀。但是得率较高，一般可达 37% 左右。碱法精制浆的得率为 33% 左右，制浆工序复杂，消耗的化学药品较多。

③ 蒸煮用的化学药品价格比较便宜，成本低，废液可综合利用以制造酒精、酵母、胶黏剂等。

但亚硫酸盐法蒸煮也存在一些缺点，因而在使用上受到一定的限制：a. 蒸煮药液必须在工厂自行制造。b. 对纤维原料的适应性比碱法差，一般含心材较多或含树脂较多的木材，不太适合用亚硫酸盐法蒸煮。c. 蒸煮时间较长，装锅量低。d. 中性亚硫酸盐法浆颜色深，难漂白。

(3) 蒸煮流程　亚硫酸盐法蒸煮部分流程包括药液制备及蒸煮两部分，流程见图 2-30。

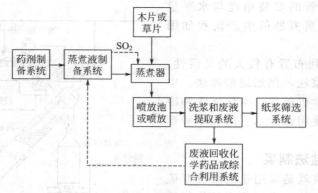

图 2-30　亚硫酸盐法蒸煮部分流程

（4）蒸煮原理　亚硫酸盐法蒸煮的目的是蒸煮液与木素发生磺化反应，生成木素磺酸盐溶出，原料离解成浆，同时尽量减轻碳水化合物的降解。

（5）蒸煮设备　亚硫酸盐蒸煮由于有庞大的制药系统，因此，一般都有较大生产能力的蒸煮设备与之匹配，而酸性亚硫酸盐和亚硫酸氢盐法常用于木浆及苇浆蒸煮，故常用的设备为立式蒸煮锅。

立式蒸煮锅系统包括锅体和药液循环系统。

① 锅体　锅体与碱法蒸煮锅体相似，也是分上锥部圆筒部和下锥部，如图 2-31 所示。不同之处在于亚硫酸盐药液腐蚀性较重，要衬耐酸砖，或用耐酸钢板制成的复合锅壁。

② 药液循环系统　药液循环系统的作用是将蒸煮液在循环过程中升温，药液从锅内抽出，经间接加热后送回锅内。

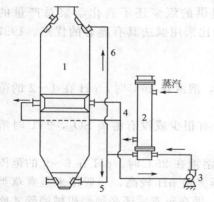

图 2-31　中部抽液循环蒸煮锅

1—蒸煮锅；2—加热器；3—循环泵；
4—中循环；5—下循环；6—上循环

2.3.2.3　机械法制浆

（1）机械法、化学机械法、半化学法制浆术语

磨石磨木浆（SGW），常压磨木。

压力磨石磨木浆（PGW），磨木温度＞100℃。

高温磨石磨木浆（TGW），磨木温度＞100℃。

盘磨机械浆（RMP），无预处理，木片在常压下用盘磨磨浆。

预热盘磨机械浆（TMP），木片在＞100℃预汽蒸，常压磨浆；或第一段温度＞100℃盘磨磨浆，第二段在常压下或＞100℃用盘磨磨浆。

压力盘磨机械浆（PRMP），木片不经预汽蒸，两段磨浆，磨浆温度均＞100℃。

化学盘磨机械浆（CMP），木片用化学药品在常压低温下或＞100℃预处理，用盘磨常压磨浆。

化学预热机械浆（CTMP），木片加化学药品在＞100℃预汽蒸，第一段盘磨磨浆温度＞100℃，第二段盘磨常压磨浆。

热磨机械化学浆（TMCP）或 OPCO，浆第一段盘磨磨浆温度＞100℃，然后进行化学处理，再经第二段常压磨浆。

碱性过氧化氢化学机械浆（APMP）

磺化化学机械浆（SCMP）

生物机械浆（BMP）

挤压法机械浆（EMP）

半化学法制浆（SCP）

中性亚硫酸盐法半化学浆（NSSC）

碱性亚硫酸钠法半化学浆（ASSC）

上述磨石磨木浆均标有 GW，其他机械浆均标有 MP；有时依其机械处理的程度，归类为：机械浆、化学机械浆和半化学浆。由于用这些方法制得的浆料的得率较高，也称为高得率浆。

（2）机械浆概述　机械制浆就是利用机械的力量，将原料撕磨成浆的过程。以木材为原料所得的浆料称为机械木浆或磨木浆，以草类为原料所得的浆料称为机械草浆。机械草浆生产厂家较少，正处于研究实验阶段。

机械浆自 1844 年被发明以来，由于它独特的性质，发展很快，近年来，由于环保意识的加强，机械制浆更显出其优势。又由于速生材的大面积推广，为机械浆生产创造了原材料方面的优势条件，新工艺不断涌现，发展呈上升势头。

机械浆优点是得率高、成本低、污染轻。成纸吸墨性好，不透明度高，质地松柔，适印性好。但动力消耗高，纤维分散性差，成纸强度低，易返黄。因此，常用于生产新闻纸，普通文化用纸，低定量涂布纸及纸板[9]。

按照所使用的磨浆设备不同，械浆可以分为磨石磨木浆和盘磨磨木浆两大类。磨木浆最早以磨石磨木浆为主，随着盘磨技术的发展，越来越多地使用盘磨磨木浆，目前，盘磨磨木浆的生产量已经超过半数。盘磨磨木浆可以利用枝丫材和边角料以及锯木厂的木片和锯屑代替原木，所制得的浆强度高，降低了人工费用。

（3）磨石磨木浆　磨石磨木浆（SGW）是所有浆种中得率最高（一般达到 90%～95%）、生产成本最低、环境污染最小的制浆方法。其生产的主要设备是磨木机。

① 工艺流程　磨石磨木浆是将原木直接送入磨木机内磨成浆料，其工艺流程见图 2-32。

② 磨浆原理　磨石磨木浆的生产是在磨木机上进行的。磨浆过程其实是一个能量传递和转换的过程。在磨木过程中纤维的离解一般可分为三个阶段：a. 磨石的振动能被木材吸收而转化成热能，木材在热能的作用下软化；b. 软化后的木材，在摩擦力和剪切力的作用

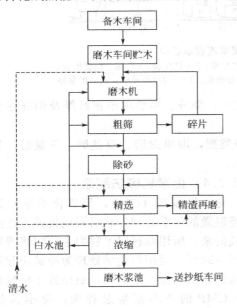

图 2-32　磨石磨木浆生产工艺流程示意图

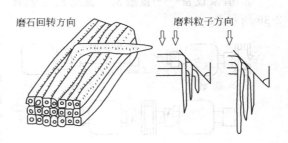

图 2-33　纤维剥离过程示意图

下，纤维从木材上离解下来；c. 分离下来的纤维与纤维束进行复磨和精磨。这种浆料经筛选、净化，即可送到下一工序处理，得到满足生产需要的浆料。纤维剥离过程见图 2-33。

③ 磨浆设备——磨石磨木机　磨木机的种类很多，根据其结构及加压系统的加压方式，又可分为间歇操作与连续操作两种类型。常用的磨木机有链式磨木机、袋式磨木机、库式磨木机、环式磨木机等，示意图见图 2-34。

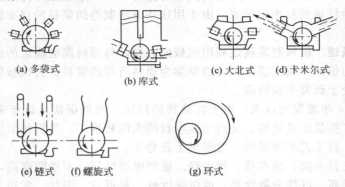

(a) 多袋式　　(b) 库式　　(c) 大北式　　(d) 卡米尔式

(e) 链式　　(f) 螺旋式　　(g) 环式

图 2-34　各种磨木机示意图

(4) 盘磨机械浆　盘磨机械浆是 1962 年才发展起来的一种机械制浆方法。它是在不用化学药品或用少量化学药品的情况下，采用圆盘磨分离纤维并精磨成浆的。木片不经预处理直接喂入盘磨机，称为普通木片磨木浆 RMP；木片经洗涤、预热再磨浆称为 TMP。

① 工艺流程　生产中可采用一段或多段盘磨机串联使用，视原料品种和成浆质量要求而定。图 2-35 为生产流程。

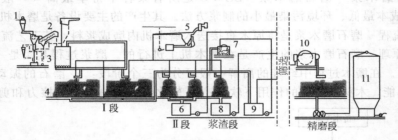

图 2-35　生产盘磨机械浆流程示意图

1—木片仓；2—皮带输送机；3—旋转阀；4—木片筛；5—高位箱；6—第一段盘磨浆；
7—分配输送器；8—第二段盘磨浆；9—第三段盘磨浆；10—圆网浓缩机；11—贮浆塔

② 磨浆原理　木片在磨浆机中经历了木片破碎、细分、离解成单根纤维及细纤维化等系列变化。

③ 磨浆设备——盘磨机　盘磨机主要有三种类型，即单盘磨、双盘磨、三盘磨，如图 2-36 所示。

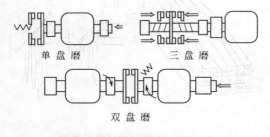

单盘磨　　　　三盘磨

双盘磨

图 2-36　盘磨机的三种构型

2.3.2.4　化学机械法制浆

化学机械浆（CMP，简称化机浆）是原料经轻微的化学处理，然后再用机械方法撕磨而成的浆。所用原料以木材为主，制浆得率在 85%～94%，常用的化学处理为冷碱法和亚硫酸盐法。从纸浆的性质看，更接近于机械浆。

CMP 的基本制浆过程为：化学预处理（预浸渍），常压磨浆和纸浆后处理（消潜、筛选、漂白等）。传统的化机浆生产按使用药液的不同，分为冷碱法与亚硫酸盐法两种，后者又发展为磺化化机浆（SCMP）。20 世纪 80 年代末至 90 年代初，出现了碱性过氧化氢化机浆（APMP），是新的化机浆生产技术，发展很快，具有良好的前景。

APMP 是在漂白 CTMP（BCTMP）基础上发展起来的。BCTMP 能耗高，排放废水负荷高，且含硫化合物，APMP 制浆可以克服上述不足，生产优于 BCTMP 的纸浆。

APMP 工艺，将制浆与漂白结合在一起同时完成，生产流程如图 2-37 所示。

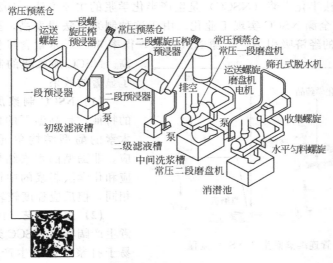

图 2-37　APMP 工艺流程

洗后木片，在第一台常压预蒸仓（即汽蒸仓），进行汽蒸后，送入第一段螺旋压榨预浸渍器；螺旋压榨压缩比为 4:1，可将木片中的空气与多余水分及树脂等挤出，并将木片碾细，然后进入与之相连的第一段浸渍管，浸渍液由初级滤液槽泵入浸渍管。第一段用的浸渍液，为水机来的滤液，是一种弱的浸渍液。根据需要，也可补入部分新浸渍液。经第一段预浸后的木片，进入第二台常压预蒸仓（也可称第一段反应仓），浸渍液中的化学药品，被通汽加热，并与木片中的成分继续化学反应。由反应仓出来的物料，进入第二段螺旋压榨预浸渍器。预浸药液来自二级液槽，一部分是来自第一段磨浆机后压榨脱水机的滤液，一部分为根据需要配制的新浸渍液，由二级滤液槽泵，输入二段螺旋压榨预浸器中。经第二段预浸渍后的木片，进入第三台常压预蒸仓，继续通汽进行化学反应。然后送入第一段磨浆机，进行常压磨浆，磨后粗浆稀释后，经洗涤脱水，进入第二段磨浆机再进行常压磨浆。磨后浆料进行消潜后送筛选系统。

整个流程最关键的是两段螺旋压榨机的作用，影响到浆的均匀性、强度和白度。螺旋压榨机主要对木片起到挤碾作用，关键参数在于螺旋压榨机的压缩比。一般作为密封用的进料螺旋，压缩比在 2:1 左右，但要将木片碾压均匀，压缩比必须在 4:1 或更高。

几种原料 APMP 制浆条件及浆性质列于表 2-2 中。

表 2-2　几种原料 APMP 制浆条件及浆性质

条件与指标	杨木	云杉	南方松	条件与指标	杨木	云杉	南方松
H_2O_2 用量/%	4.0	4.0	2.5	耐破指数/$(kPa \cdot m^2/g)$	2.4	2.5	2.1
NaOH 用量/%	6.0	4.0	2.0	撕裂指数/$(mN \cdot m^2/g)$	6.5	11.0	8.5
能耗/$(kW \cdot h/t)$	700	1100	1600	裂断长/km	4.9	4.1	4.0
加拿大游离度/mL	250	370	150	白度/%	86	79	78
松厚度/(cm^3/g)	1.9	2.4	2.6				

由表 2-2 可见，杨木 APMP 能耗最低，白度最高，纸浆强度也较好。云杉与南方松 APMP 强度较高，但能耗较大，白度较低。

2.3.2.5　半化学浆

半化学浆（SCP），其化学处理程度较化学机械浆激烈，但较化学浆温和，原料受化学处理尚未达到纤维分离点，仍需靠机械方法进一步离解。其粗渣较软，离解成纤维所需动力较少。相对来说，化学机械浆（CMP）的得率略高于半化学浆（SCP）。

中性亚硫酸盐法半化学浆（NSCC）是生产半化学浆的主要方法。1925 年第一家 NSCC 工厂投产，1948 年全漂 NSCC 实现工业化。由于这种制浆方法得率高，药品消耗低，设备规模小，具有很大的经济吸引力。全漂 NSCC 浆，得率 60%。木素含量低，纤维素含量较高。NSCC 加蒽醌的制浆方法，也取得了显著的效果。

（1）NSCC 制浆原理　NSCC 制浆的特征，是高温下的低脱木素速率，以木素的酚型结构单元的磺化为主要反应，非酚型的木素结构单元稳定，其反应和化学法制浆的中性亚硫酸钠法制浆相同，但反应程度较轻。

（2）生产工艺　图 2-38 为用斜管蒸煮生产阔叶木 NSCC 浆生产流程。该浆易于打浆，适于生产透明纸、防油纸、食品包装纸板等。

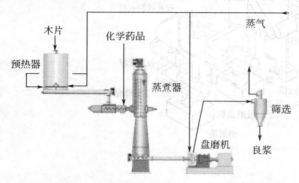

图 2-38　斜管连续蒸煮生产 NSCC 流程

2.3.2.6　制浆新技术[10]

（1）爆破法制浆　爆破法制浆也称蒸汽爆破制浆（steam explosion pulping，简写为 SEP），至今仍处于研究阶段，相对于 CTMP，爆破法可降低能耗 25%～30%。本法流程如下：

$$
\text{木片} \longrightarrow \underset{\text{48h}}{\text{预浸渍（60～85℃）}} \longrightarrow \underset{\text{NaOH+Na}_2\text{SO}_3\text{ 等}}{\text{喷洒药品处理}} \xrightarrow{\text{蒸汽蒸煮 180～200℃}} \text{爆破（190℃）} \longrightarrow \text{再磨}
$$

爆破浆的纤维完整，几乎不受损害，爆破后得到的粗料，要进行磨浆和消潜。在相同能耗的基础上，爆破浆的裂断长比 CTMP、CMP 高。

（2）有机溶剂法制浆技术　19 世纪末就有人提出利用乙醇提取植物原料中的木素来生产纸浆，而对有机溶剂法提取木质素制浆的深入研究则是 20 世纪 80 年代以后才兴起的。

有机溶剂法提取木质素就是充分利用有机溶剂（或和少量催化剂共同作用下）良好的溶解性和易挥发性，达到分离、水解或溶解植物中的木素，使得木素与纤维素充分、高效分离的生产技术。生产中得到的纤维素可以直接作为造纸的纸浆，而得到的制浆废液可以通过蒸馏法来回收有机溶剂，反复循环利用，整个过程形成一个封闭的循环系统，无废水或少量废水排放，能够真正从源头上防治制浆造纸废水对环境的污染。

而且通过蒸馏，可以纯化木素，得到的高纯度有机木质素是良好的化工原料，也为木质素资源的开发利用提供了一条新途径，避免了传统造纸工业对环境的严重污染和对资源的大量浪费。从国内外研究情况来看，我国对有机溶剂法制浆技术的研究起步较晚，但发展很快。美国、加拿大、德国、瑞典、芬兰、日本等国在这方面进行了深入的研究，作了不少工作，也取得了很大的成就。

（3）生物制浆技术　在生物制浆领域目前国内外研究最多的是利用白腐菌降解植物中的木素制浆技术。由于白腐菌和木素降解酶类能选择分解植物纤维原料中的木素（白腐菌的两种酶系可以彻底降解木质素为 CO_2），使得生物制浆成为可能。目前的研究主要是在化学制浆前，先进行生物预处理，经过预处理不仅可以降低制浆过程化学药品的用量及能源消耗，而且可以改善纸浆的力学性能。

2.3.3　纸浆的洗涤与筛选

在蒸煮或磨浆后，所得的纸浆称为粗浆。从蒸煮器出来的蒸煮后纸浆必须进行洗涤，其目的是：除去会在以后工序中污染纸浆的残液，以最低限度的稀释，回收最大量的废化学品[11]。

2.3.3.1　洗涤

(1) 纸浆洗涤的目的和要求　纸浆洗涤的目的就是尽可能完全地把纸浆中的废液分离出来，以获得比较洁净的纸浆；而废液提取的目的则是经济地回收蒸煮液。

纸浆洗涤基本任务和要求是，在满足纸浆洗净度要求的前提下，用最小的稀释因子，获得较高浓度、较高温度和较高提取率的废液。

(2) 洗涤原理　纸浆的洗涤主要是通过挤压、过滤和扩散（置换）等作用将废液从浆中分离出来。在洗涤过程中，纤维之间的游离废液比较容易分离，可通过挤压作用和过滤作用进行分离。而对于细胞腔和细胞壁内的废液，则需要通过扩散作用，使内部废液扩散出来，然后才能分离。此外，还有少量被纤维中的羧基吸附的金属离子等就比较难于分离出来。因此，纸浆的洗涤必须依靠多种作用，才能达到较好效果。纸浆洗涤设备一般都兼有上述 3 种作用，只是程度不同而已。

(3) 洗涤设备　纸浆洗涤设备的种类很多，其分类方法也不统一。如按处理纸浆的浓度分，有高浓洗涤设备和低浓洗涤设备。按洗涤原理分，有挤压洗涤设备、过滤洗涤设备和扩散洗涤设备。它们往往是兼有几种洗涤作用，只是一种洗浆机往往以某种作用为主，其他作用为辅。按操作运行方式分，有间歇洗涤设备和连续洗涤设备。按结构形式分，有鼓式、带式、辊式和多盘式洗浆设备，等等。

① 转鼓式洗浆机　主要包括以下两类。

a. 鼓式真空洗浆机　鼓式真空洗浆机是以真空负压产生的抽吸作用为推动力，将废液透过浆层滤出而得以分离的洗浆设备图 2-39 是分段式两区真空洗浆机的工作原理图。所谓分段式，是指转鼓根据各部分的作用不同分为几个段，如形成浆层段、预脱水段、喷淋段、吸干段和卸料段等。所谓两区是指黑液（以碱法浆洗涤为例）的脱除分两个区完成，即浓黑液分离区和稀黑液分离区。图 2-39 中所示的这种洗浆机为空心转鼓。

b. 压力洗浆机　图 2-40 是压力洗浆机的外观图。它和真空洗浆机的区别在于洗浆所需的推动力不同。压力洗浆机是利用洗鼓外的风压对洗鼓网面上的浆层进行压力过滤洗浆。洗浆机转鼓置于密封壳体内，用风机向其内压入 9～11kPa 的空气，以产生压力。在空气压力下，废液由转鼓表面浆层经短管进入转鼓内，转鼓端面用无孔盖板密封。废液经转鼓一端的空心轴颈由虹吸管进入接受槽。转鼓内废液和接受槽废液之间所需的最低液位差为 2m，可允许压力洗浆机安装在不太高的标高处。空气排入浆槽端部由同一台鼓风机抽走，因此空气稳定地循环而不会进入厂房内。浆层由转鼓进入密封罩内的搅拌器。浆料在搅拌器内打散，并与稀释液混合，然后泵入下一台洗浆机。

② 带式洗浆机　带式洗浆机，又称水平带式真空洗浆机（ultra washer），国外也称超级洗浆机，20 世纪 80 年代初在美国开始使用。我国 70 年代末也试制成功这类洗涤设备。

带式洗浆机的结构与长网纸板机的网部相似。图 2-41 是国外洗涤硫酸盐木浆的带式洗浆机示意图。一条无端合成滤网包绕传动辊和导网辊。网水平下面安有 7 个真空吸水箱（吸水箱个数可以变化），每个吸水箱都与单独的真空泵相连抽出滤液。含量 1%～4% 的浆料均匀地从流浆箱流送上网。浆料到达第一吸水箱上部时，脱水到含量10%～11%吸出的黑液返回用于上浆前的稀释。其余6个吸水箱按逆流洗涤原理洗涤浆料。安装在最后一个吸水箱上方的喷水管中喷入热水，浆中置换出来的稀黑液，用泵送入前一个吸水箱上面的喷水管，依次类推，直到第二个吸水箱，这里置换出来的滤液即为送往蒸发的浓黑液。

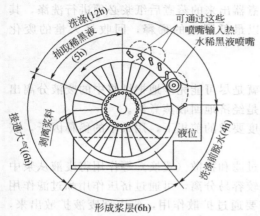 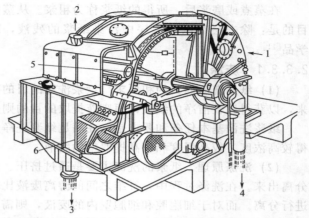

图2-39　分段式真空洗浆机工作原理图　　图2-40　压力洗浆机外观结构图

1—来自风机的空气入口；2—空气排出口；3—浆料排出口；

4—黑液排出口；5—密封辊；6—洗后浆料搅拌器

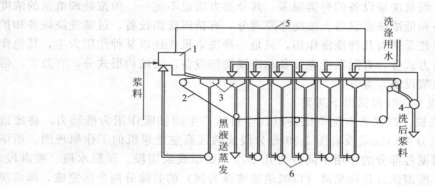

图2-41　水平带式真空洗浆机示意图

1—流浆箱；2—网；3—真空吸水箱；4—洗后浆料输送机；5—机罩；6—泵

③扩散洗涤器　扩散洗涤器分为间歇扩散洗涤器和连续扩散洗涤器。国外一些老厂往往还保留有间歇扩散洗涤系统，但新建厂已很少采用。20世纪70年代初，国外硫酸盐木浆的洗涤开始使用卡米尔连续扩散洗涤器，如图2-42所示。连续扩散器像一个漏斗形装置，含量10%～12%的浆料由扩散器漏斗形锥体的下部进入，并自下而上运动。

④挤压洗涤设备　挤压洗涤设备是一类通过机械挤压作用分离废液的纸浆洗涤设备。该类设备进出浆浓度高，扩散作用小，一般须与其他设备配合作用，或多台串联通过中间浆槽增加其扩散作用。这类设备已包括螺旋挤浆机、双辊挤浆机、压滤机和双筒挤浆机等。

2.3.3.2　筛选

(1) 筛选的目的与要求　粗浆中往往含有少量对造纸有害的杂质，如化学浆中的未蒸解分、纤维束、树皮；磨木浆中的粗木条、粗纤维束；还有外来杂质如砂石、金属杂物、橡胶和塑料等。这些杂质不仅影响产品质量，而且还会损害设备，妨碍正常生产。因此，筛选的目的就是将这些杂质除去，以满足产品质量和正常生产的需要。

原料种类、制浆方法以及纸浆质量不同，所选择的筛选设备和工艺流程、工艺条件也不相同。但其基本要求是筛选效率高，尾渣损失少，设备、流程简单，操作维修方便，动力消耗低。

（2）筛选原理　纸浆的筛选是根据浆中杂质与纤维之间尺寸大小和形状的不同，细浆（又称良浆）通过筛板，而浆渣被截留而分离的生产过程。

（3）筛选设备[12]

① 振动筛　振动式筛浆机，简称振动筛，是依靠振动作用破坏或干扰筛板上已形成的纤维层使细浆通过筛板而分离的一类筛选设备。按振动频率不同，可分为高频振动筛（频率超过 1000 次/min）和低频振动筛（频率 200～600 次/min）。按筛板的形状不同可分为平筛和圆筛。目前国内普遍应用的仍为高频振框式平筛，其他振动筛用得不多，有的逐渐被淘汰。

a. 高频振框式平筛（詹生筛）　振框式平筛主要用于纸浆的粗选，用来筛除较大的杂质如木节、草节、生片、砂石和铁屑等。高频振框式平筛如图 2-43 所示。

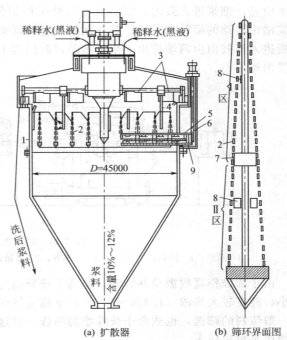

图 2-42　连续扩散洗涤器结构示意图
1—外壳；2—筛环；3—卸料刮刀；4—连接管；
5—支撑管；6—筛板振动机构；7—筛环隔板；
8—支撑；9—支撑管隔板

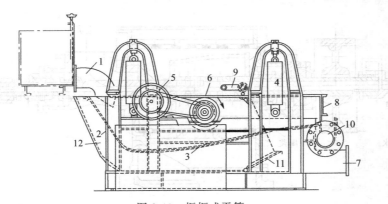

图 2-43　振框式平筛
1—浆料进口；2—筛板支架；3—筛板；4—弹簧装置；5—振动偏心轮；6—电动机；7—细浆出口；
8—筛渣槽；9—控制连杆装置；10—筛渣出口；11—浆料水位控制板；12—浆槽

国内常用的高频振框平筛，筛选面积 0.9m² 和 1.8m²，相应的生产能力为 15～30t/d 和 60t/d。孔径多为 3～10mm，硫酸盐木浆也有高达 16mm 的。进浆浓度 0.8%～1.5%，出浆浓度 0.6%～1.2%，缝型振筛的筛缝一般在 0.5～1.0mm 之间，振次为 720 次/min，振幅 10～12mm，生产能力 12～15t/d。

高频振框式平筛具有对浆料的适应能力强、除节能力高、生产能力大、动力消耗低、操作方便、维修容易等优点，但操作环境差。

b. 高频振动圆筛　高频振动圆筛一般为内流式，即进浆在筛鼓的外面，借助筛鼓内外的水位差，细浆进入鼓内，粗渣留在鼓外而得到分离，其结构如图 2-44 所示。它包括一个在浆槽中转动的筛鼓和支持筛鼓并联结偏重的框架。浆料进入筛鼓外面的浆槽中，良浆穿过筛板进入筛鼓内由两端排出。浆渣则随筛鼓转到上方，由筛鼓内的固定喷水管冲洗下掉入粗渣排出槽排出。

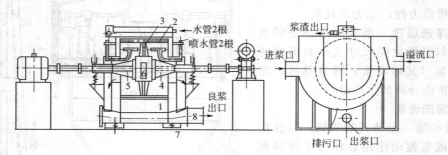

图 2-44　高频振动圆筛

1—浆槽；2—筛鼓；3—框架；4—锥形管；5—转轴；6—偏重轮；7—减振弹簧；8—软管接头

　　由于筛鼓作高频振动并转动，提高了筛分能力。因此这种圆筛具有生产能力高，占地面积小，能在较大浆浓（1.2%～1.5%）下筛选等优点。此外，由于筛缝为长缝形，故既可用作一般浆料的筛选，也适合于长纤维的筛选。但这种筛选设备的缺点是结构较复杂，拆装较麻烦尾浆量也较多。

　　② 离心筛　离心式筛浆机，简称离心筛，是利用转子产生的离心力和筛板内外的浆位差使良浆通过筛孔而与筛渣分离的筛选设备（外流式）。离心筛的种类很多，有 A 型筛、B 型筛、C 型筛 CX 型筛和 ZSL_{1-4} 型筛等。A 型、B 型、C 型 3 种离心筛是较早的产品，已经淘汰。目前国内使用的离心筛主要是 CX 型筛及后来改进的 ZSL_{1-4} 型离心筛（图 2-45）。

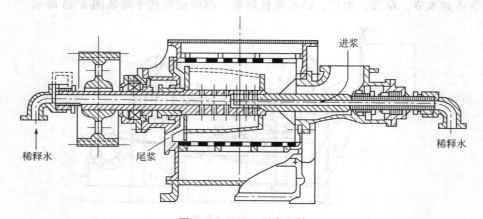

图 2-45　ZSL_{1-4} 型离心筛

　　筛选时浆料以一定的进浆压头，从筛浆机的一端进入，在转子旋转产生的离心力的作用下，合格纤维通过筛孔。与此同时，筛鼓内的浆料还受到具有一定倾角的叶片给予的轴向推力，向前推进。因此浆料在筛鼓内呈螺旋线运动，朝着筛浆机的另一端（排渣口）前进。叶片回转时产生的涡流和稀释水的冲刷作用使筛鼓的筛孔不断得到净化。

2.3.3.3　净化

　　经筛选后的浆中还有小颗粒的杂质以及原料中的杂细胞，必须通过离心分离将其除去。采用的设备通常为锥形除砂器和跳筛。

　　(1) 净化原理　纸浆的净化是根据纸浆与纤维之间相对密度不同，利用重力沉降或离心分离的方法，使相对密度大的杂质在重力或离心力的作用下与纤维分离的生产过程。

（2）净化设备

① 锥形除砂器　锥形除渣器的结构及原理如图 2-46 所示。锥形除渣器的结构比较简单，浆浓度在 0.5% 左右的浆料沿进口进入除砂器，在离心力的作用下由于杂质相对密度较大，受的离心力也大，所以被抛向器壁，然后在重力作用下沿器壁向下运动至排渣口排出。在锥形除渣器的中心处，浆料向上沿中心旋转运动，从顶部浆料出口排出。锥形除渣器的型号较多，国产的有 600、606、622、623、623，制作材料有不锈钢、塑料、玻璃和硬橡胶。

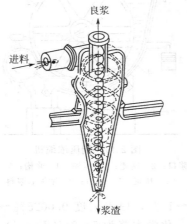

图 2-46　锥形除渣器

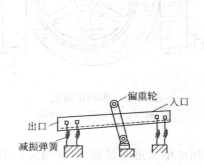

图 2-47　高频跳筛

② 跳筛　浆中的杂细胞含量影响纤维间交织，使强度降低，可采用跳筛除去杂细胞，如图 2-47。跳筛从浆料的进口到出口呈 10° 左右的倾斜，筛网采用 60 目的铜网或塑料网。跳筛进浆浓度为 0.5%，出口浓度 4%～7%，除能够除杂细胞外，还兼有浓缩的作用。

2.3.3.4　浆料的浓缩

（1）纸浆浓缩的目的

① 满足漂白工序的浓度要求　纸浆的漂白目前倾向于采用中浓漂白（8%～16%），即使低浓漂白，浆浓也要达到 3% 左右。而筛选、净化后的浆料浓度很低，一般为 0.5% 左右，因此必须对浆料进行浓缩。

② 满足纸浆贮存的需要　为了调节和稳定生产，浆料经筛选、净化后需进行贮存。在 0.5% 的浓度下贮存，1 吨绝干浆就需要 200m³ 的容积，这是很不实际的，因此必须浓缩后才能贮存。

③ 满足浆料输送的需要　纸浆在较低的浓度下输送，生产能力低，动力消耗大，经济上很不合算，因此需对浆料进行浓缩。

此外，浆料浓缩的过程也是进一步洗涤的过程，有利于提高纸浆的洗净度，减少漂白药品的消耗。

（2）浓缩设备

① 圆网浓缩机　圆网浓缩机（图 2-48）又称圆网脱水机，主要由圆网槽和转动的圆网笼组成。网笼上有 8～12 目的底网，表面上包覆着 40～65 目的铜网或塑料网。圆网内外存在液位差，白水穿过，网眼进入网笼后排出，纤维附在圆网表面，随圆网转出浆面时被转移到压辊上，然后由刮刀刮下或喷水管喷下，从排出口进入浆池。

圆网浓缩机一般转速 8～14r/min，进浆浓度 0.3%～0.8%，出浆浓度转 3%～6%。生产能力，化学木浆 3～4t/(d·m²)，机械木浆 1.2～1.5t/(d·m²)，苇浆 2.5～3t/(d·m²)，

稻麦草浆 $1.2 \sim 2 t/(d \cdot m^2)$。白水浓度 $0.06 \sim 0.08 g/L$。

② 侧压浓缩机 侧压浓缩机的工作原理（图2-49）与圆网浓缩机相同。其特点是网槽偏向入口侧，增大了圆网内外的水位差。在网槽另一侧的低液位处设有胶皮压辊，用以封闭网笼与网槽之间的间隙。浆料上网后形成的滤层，转移到胶皮辊上后由刮刀刮下。胶皮辊有杠杆，调节压辊的压力，以控制浆的出口浓度。

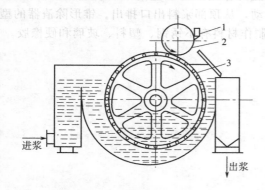

图2-48 圆网浓缩机
1—刮刀；2—压辊；3—网笼

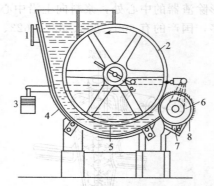

图2-49 侧压浓缩机
1—进浆口；2—网笼；3—压铊；4—浆槽；5—排水口；
6—压辊；7—刮刀；8—浓缩后浆料

侧压浓缩机进浆浓度 $1\% \sim 4\%$，出浆浓度 $7\% \sim 14\%$，白水浓度 $0.0025\% \sim 0.04\%$。单位过滤面积生产能力比圆网浓缩机高 $40\% \sim 150\%$，化学木浆为 $5 \sim 7 t/(d \cdot m^2)$，稻麦草浆 $1.5 \sim 3 t/(d \cdot m^2)$。

③ 鼓式真空浓缩机 鼓式真空浓缩机与前述鼓式真空洗浆机的工作原理和结构相同。与侧压浓缩机相比，由于浆层受真空吸滤作用，因此浓缩作用较大，出口浆浓可达 $12\% \sim 15\%$。

④ 落差式浓缩机 落差式浓缩机即前述的落差式洗浆机（又称无阀式低真空度真空洗浆机）常用的一般为管式浓缩机。落差式浓缩机的浓缩能力介于鼓式真空洗浆机和圆网浓缩机之间，其进浆浓度 $1\% \sim 1.2\%$ 出浆浓度，$10\% \sim 14\%$。其生产能力化学木浆 $3 \sim 5 t/(d \cdot m^2)$ 草浆 $2 \sim 3 t/(d \cdot m^2)$。

2.3.3.5 纸浆的贮存

(1) 纸浆贮存的作用

① 纸浆的贮存可以将间歇式的生产过程与连续性的生产过程连接起来，达到均衡生产的目的。

② 纸浆的贮存起到了中间缓冲作用，不致因为设备故障、设备维修或其他事故引起的局部停机而影响到整个生产过程。

③ 纸浆的贮存还起到了调节和稳定纸浆质量的作用。如设置中间浆池可以便于调节浆浓，减少浆料质量的波动，使纸浆质量稳定、均一。

(2) 浆池 常用的贮浆设备为浆池，按其贮存纸浆的浓度可分为低浓浆池和高浓浆池；按浆池结构可分为卧式浆池和立式浆池（塔）。低浓浆池贮存浓度一般为 $3\% \sim 5\%$，高浓浆池贮存浓度一般在 $8\% \sim 15\%$。低浓浆池可以是卧式也可以是立式，而高浓浆池一般为立式。对浆池的基本要求是混合均匀，无死角，不挂浆以及动力消耗低等。

① 卧式浆池 卧式浆池如图2-50所示，是目前使用较多的一种浆池。池子为钢筋混凝土结构贮存质量要求较高的浆时，池内壁要用水磨石或铺设瓷砖，以免挂浆。池底有 $2.6\% \sim 4\%$ 的坡度。推进器位于浆池最低点，将浆料推至最高点后借助池底坡度再流回到推进器，在池内循环。推进器有螺旋桨和涡轮两种形式。长纤维浆及浓度稍高的浆用螺旋桨推

进器，纤维短小的浆及浓度较低的浆则用涡轮式推进器。循环浆道有双浆道及三浆道两种。在浆池最低部有放料口和排污口。

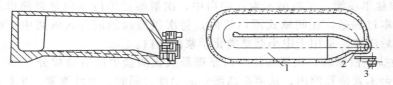

图 2-50　卧式浆池

1—浆池；2—推进器；3—电机

② 高浓浆池　图 2-51 和图 2-52 为立式高浓贮浆池。下部有螺旋浆循环器和喷水管。贮浆浓度 12%～14%，经稀释混合后用泵抽出。这种浆池贮存量大，占地面积小，多用于漂白前后化学浆的贮存。

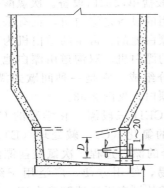

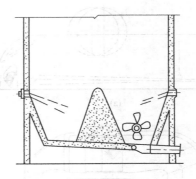

图 2-51　圆锥边高浓贮浆池　　　　　图 2-52　直边高浓贮浆池

2.3.4　纸浆的漂白

漂白是作用于纤维以提高其白度的化学过程。纸浆漂白在制浆造纸生产过程中占有重要的地位，与纸浆和成纸的质量、物料和能量消耗及对环境的影响有密切的关系。

未经漂白的纸浆都带有颜色。机械浆颜色最浅，亚硫酸盐浆颜色较浅，烧碱法颜色较深，硫酸盐浆颜色最深。

构成纤维主题的纤维素和半纤维素都是无色透明的，只是由于结构上的多孔性，空隙间包含着空气才使颜色变成白色、不透明。因此，未漂浆的颜色主要是浆中残留木素和原料中原有的或在蒸煮过程中形成的有色物质造成的。

2.3.4.1　漂白方法的分类

纸浆漂白的方法可分为两大类。

（1）溶出木素式漂白　通过化学品的作用溶解纸浆中的木素使其结构上的发色基团和其他有色物质受到彻底的破坏和溶出。此类溶出木素的漂白方法常用氧化性的漂白剂，如氯、次氯酸盐、二氧化氯、过氧化物、氧、臭氧等，这些化学品单独使用或相互结合，通过氧化作用实现除去木素的目的，常用于化学浆的漂白。

（2）保留木素式漂白　在不脱除木素的条件下，改变或破坏纸浆中属于醌结构、酚类、金属螯合物、羰基或碳碳双键等结构的发色基团，减少其吸光性，增加纸浆的反射能力。这类漂白仅使发色基团脱色而不是溶出木素，漂白浆得率的损失很小，通常采用氧化性漂白剂过氧化氢和还原性漂白剂连二亚硫酸盐、亚硫酸和硼氢化物等。这类漂白方法常用于机械浆和化学机械浆的漂白。

2.3.4.2 化学浆漂白

（1）化学浆的含氯常规漂白

① 次氯酸盐单段漂 在溶出木素式漂白中，次氯酸盐单段漂白是最简单最基本的漂白工艺。它的基本过程是，在间歇式漂白机内，将次氯酸盐漂液加入纸浆中。反应一定时间后，再进行漂后洗涤。常用于中小型草类化学浆的漂白。

a. 次氯酸盐漂白原理。次氯酸盐漂白原理是次氯酸盐中的有效成分 ClO^- 具有氧化性，能氧化碎解残余木素使其溶出，从而提高纸浆的白度。同时，对纤维素、半纤维素氧化作用较强，对纤维强度损伤较重。

b. 次氯酸盐漂白工艺。漂白时，用氯量的依据是浆种、漂前硬度、漂后白度。生产中采用间歇式漂白机的低浓漂白浓度为 $5\%\sim7\%$，而漂白塔内高浓漂白浓度可达 $12\%\sim18\%$。漂白温度控制在 $35\sim38℃$ 为宜，当温度超过 $40℃$ 时，漂液的分解加速。pH 控制在 $8.5\sim9.5$，可以减轻氧化作用，减少对纤维的损伤。

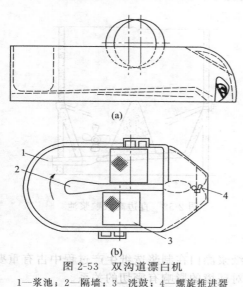

图 2-53 双沟道漂白机
1—浆池；2—隔墙；3—洗鼓；4—螺旋推进器

c. 次氯酸盐单段漂白设备。次氯酸盐单段或两段漂白常用的设备是漂白机，也有采用漂白塔或卧式连续漂白池的。常用的漂白机为双沟道带螺旋推进器的漂白机。双沟道由漂白池、推进器和洗鼓三部分组成。它是一种间歇式漂白设备，适用于低浓漂白，见图 2-53。

② 常规 CEH 三段漂 化学浆的 CEH 三段漂白指纸浆的氯化（C）、碱处理（E）、次氯酸盐（H）组合的漂白过程。次氯酸盐漂液因其价廉，制备容易，使用方便，广泛用于纸浆的漂白。但次氯酸盐漂白无法达到高白度，而且纤维强度损失大。如何进一步提高白度而不过分损伤纤维？经过试验发现，元素氯对木素有选择性作用，并易生成可溶于碱的氯化物，于是出现了氯、碱和次氯酸盐相结合的典型的三段漂白：CEH 三段漂。由于该工艺在多段漂中比较简单，成本较低，可达到较高的白度，浆的强度高，广泛应用于浆的漂白中，抄造中高档文化用纸。几十年来，漂白技术不断发展，但 CEH 三段漂至今仍是我国采用多段漂白的主要流程。

a. 氯化。把氯气直接通入纸浆，与浆中残余木素作用的过程叫氯化。氯化后，木素降解成为溶于水或稀碱液的碎片，经洗涤除去。从经济上来说，氯化除去木素要比用其他漂白剂便宜和方便，但近年发现氯化废水中含有致癌性和致突变性的二噁英等有机氯化物而引起人们普遍的关注。氯化工艺中，氯化的用氯量是三段漂白的关键，希望在氯化过程中尽可能除去较多的木素，减少在漂白过程中次氯酸盐的用量及其对纤维的损伤，一般的氯化用氯量为总耗氯量的 $60\%\sim80\%$。pH 应控制在 2 以下，生产中一般都不控制氯化温度，可以在 $3\%\sim4\%$ 的低浓下进行。通常亚硫酸盐浆的氯化时间为 $45\sim60min$，硫酸盐浆为 $60\sim90min$，草浆为 $20\sim45min$。

b. 碱处理。氯化后的纸浆，先经水洗，除去 50% 左右的易溶氯化木素，再进行碱处理。碱处理又叫碱抽提或者碱洗，碱处理的目的是利用热的稀碱液，把氯化后不溶于酸和水的有色氯化木素溶解除去，同时还能从纸浆中除去少部分的半纤维素，皂化纤维中的树脂酸和脂肪酸，也可能使纤维素受到某些降解或溶解。

碱处理通常用 NaOH，用碱量的多少与制浆方法及纸浆的硬度有关。一般控制 pH 在 11～11.5 左右，温度在 60～80℃，浓度为 10％～18％，时间不超过 1h。

c. 次氯酸盐补充漂白。经氯化和碱处理后，浆料中的大部分氯化木素已经溶出，但由于在碱处理过程中产生的碱性返黄，此时浆料的颜色呈黄色，白度并没有提高。还需要添加次氯酸盐漂白剂，抑制此种碱性返黄，并进一步提高白度。

在多段漂白中次氯酸盐漂白的原理与单段次氯酸盐漂白完全一致。但在补充漂白之前已进行了氯化及碱处理，所以漂白的条件较单段漂白要缓和得多。虽然如此，纤维素在次氯酸盐补充漂白时，还是不免或多或少地受到一些破坏。

d. CEH 三段漂白设备。氯化塔：图 2-54 为氯化塔外形，图 2-55 为氯化塔结构。氯化塔为升流塔，浆料与氯气混合后进入塔底，被循环泵推动沿塔底的导流槽以一定方向旋转向上，至塔顶被刮浆器刮出至洗涤设备。碱处理塔：由于处理的浆料浓度较高，一般都采用降流塔，结构如图 2-56 所示。浆料在塔顶进入塔内，停留一段时间后在塔的底部用水稀释。

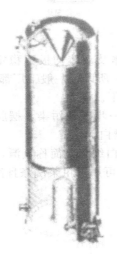

图 2-54　氯化塔外形

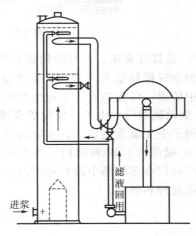

图 2-55　氯化塔结构

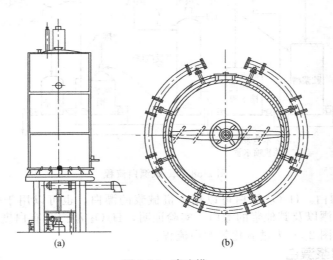

图 2-56　降流塔

(2) 化学浆的无元素氯漂白和全无氯漂白　在 CEH 三段漂白中，氯化段采用元素氯对木素作用，然后采用碱处理除去氯化木素，成本低，流程简单，操作方便。但污染较重，在漂白废水中检测出有致癌性和致突变性的二噁英及二苯并呋喃。

① 无元素氯漂白　无元素氯漂白（ECF）指采用ClO_2为主要漂白剂的漂白方法，能有效地脱除木素及其他有色物质，同时，对纤维素和半纤维素的氧化作用较少，能使它们能较好地保存下来。在使用ClO_2的多段漂白中（见图2-57），可获得白度为90%以上的强度高的纸浆。

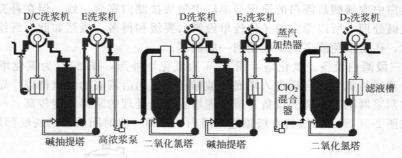

图 2-57　二氧化氯多段漂白流程

ClO_2是具有臭味、有毒的橘黄色气体，浓的ClO_2气体及液体均极不稳定，易发生爆炸。若用空气稀释至10%以下，温度低于50℃时比较安全。所以，一般工厂都是自行制造，在制备中防爆，以免伤人，工业生产中一般都稀释至4%以下。

② 全无氯漂白　由于环境保护要求愈来愈严，为了进一步减轻污染，摆脱漂白剂中的氯，发展了全无氯漂白技术，主要为氧-碱漂白和过氧化氢漂白。

a. 氧-碱漂白。氧-碱漂白是指在碱性条件下，用氧气漂白纸浆，简称氧漂，流程见图2-58。氧漂可用在多段漂中做补充漂白。而且废液中不含氯，可用于粗浆洗涤且洗涤液可送碱回收系统处理和燃烧。

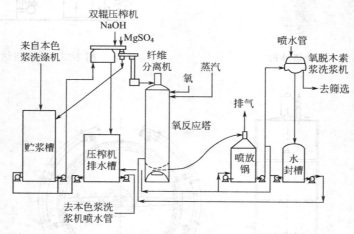

图 2-58　氧-碱漂白流程

b. 过氧化氢漂白。H_2O_2漂白可以用于机械浆的漂白，也可以用于化学浆漂白以及化学浆多段漂的终段漂以及其他浆的漂白。实验证明，H_2O_2漂白具有白度稳定性好、废水污染易处理等优点。图2-59为过氧化氢漂白流程。

2.3.4.3　高得率浆漂白

高得率浆由于特点与用途与机械浆有较大差别，所以漂白方法也不一样。

（1）高得率浆漂白方法的选择　由于机械浆几乎保留了原料中全部的木素，因此，不能采用像化学浆那样使木素溶出的漂白方法。因为不仅要消耗大量的化学药品，而且降低了纸浆的得率，也改变了机械浆的某些固有的性质，如成纸的紧度增加、透明度降低等。

机械浆的漂白采用氧化和还原两种漂白方法。氧化漂白所使用的氧化剂是采用氧化电势较低的物质，仅能将木素中的显色基团氧化成无色，但并不能使木素溶出。使用较普遍的是过氧化氢或过氧化钠。

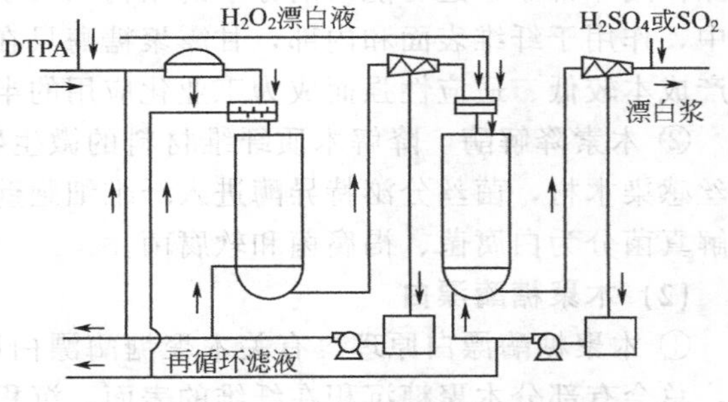

图 2-59　过氧化氢漂白流程

（2）高得率浆漂白方法

① 过氧化氢漂白　纯的 H_2O_2 是黏稠状的液体，极不稳定，在室温下分解放出氧气。如有铁、锰、铜等重金属的存在，会催化 H_2O_2 的分解。工业用的 H_2O_2 是 30％的水溶液，用铝制的容器运输。

过氧化氢漂白机械浆的特点是：a. 白度高、稳定性好。单段漂白机械浆可漂至 70％以上的白度，且纤维柔软、弹性好、成纸强度高。b. 漂白工艺灵活。H_2O_2 漂白可以在低浓、中浓、高浓条件下进行，也可在化学机械浆生产磨浆前浸渍漂白，在废纸浆生产中可加入碎浆机中漂白。c. 污染轻。H_2O_2 漂白废水污染轻，腐蚀性小，且 H_2O_2 有杀菌作用。

H_2O_2 漂白机理是：在机械浆的漂白中，在碱性条件下，H_2O_2 分解产生 HOO^-，而产生漂白作用。HOO^- 氧化木素使之变为无色物，提高纸浆的白度。

② 连二亚硫酸盐漂白　连二亚硫酸盐漂白机械浆，常用的有 ZnS_2O_4 和 $Na_2S_2O_4$。为粉末状结晶，有强还原性，易被氧化和分解。空气中的氧可将其氧化和分解，放出大量热甚至燃烧。熔点 55℃，受潮或露置空气中会失效。

连二亚硫酸盐的漂白机理是：连二亚硫酸盐在水溶液中分解放出氢，而产生还原性漂白，将机械浆中的醌还原成相应的酚。但漂后暴露在空气中又会使颜色变暗。图 2-60 为 $Na_2S_2O_4$ 的漂白流程。

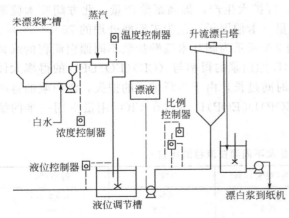

图 2-60　$Na_2S_2O_4$ 漂白流程

2.3.4.4　生物漂白

生物漂白过程就是以一些微生物产生的酶与纸浆中的某些成分作用，形成脱木素或有利于脱木素的状况，并改善纸浆的可漂性或提高纸浆白度的过程。生物漂白的目的，主要是节约化学漂剂的用量，改善纸浆的性能以及减少漂白污染[13]。

（1）生物漂白用酶　纸浆生物漂白用酶，主要有两类：半纤维素酶和木素酶。半纤维素酶包括木聚糖酶和甘露聚糖酶；木素酶有木素过氧化物酶、锰过氧化酶和漆酶。现分述如下：

① 半纤维素酶　用于纸浆漂白的半纤维素酶主要是木聚糖酶。木聚糖酶系主要包括三类：a. 内切-β-木聚糖酶，优先在不同位点上作用于木聚糖和长链木寡糖；b. 外切-β-木聚糖酶作用于木聚糖和木寡糖的非还原端，产生木糖；c. β-木糖苷酶，作用于短链木寡糖，产生木糖。木糖苷酶、甘露聚糖酶在过氧化物系列漂白中作用与木聚糖酶相似，但在含氯漂序前

预漂作用非常小，这可能与酶分子的结构和大小不同有关。木聚糖酶能渗透进入纸浆纤维微孔中，作用于纤维表面和内部，甘露聚糖酶只在纤维表面起作用。木聚糖酶因为作用明显、生产成本较低、适应性强而成为工业化应用的半纤维素酶。

② 木素降解酶　降解木质纤维材料的微生物主要是真菌和某些细菌，真菌通过孢子或菌丝感染木材，菌丝分泌特异酶进入纤维细胞壁，造成木材腐朽，基于木材腐朽类型把木素降解真菌分为白腐菌、褐腐菌和软腐菌。

(2) 木聚糖酶漂白

① 木聚糖酶漂白原理　有关木聚糖酶漂白原理，多数研究者认为：硫酸盐法蒸煮过程中，总会有部分木聚糖沉积在纤维的表面，沉积的木聚糖使纸浆纤维中大分子木素的通过和脱除受到限制。木聚糖酶能催化水解沉积在纤维表面的木聚糖，使之溶出并使纤维表面更显多孔状，有利于纤维里面和表面的木素碎片在后续的漂白和碱抽提段容易除去。同时，部分LCC（木质素-碳水化合物复合体）由于半纤维素的降解溶出而使残余木素释放出来，便于其后的漂白。另一假设是木聚糖酶催化细胞壁中木聚糖降解溶出，使其截留的木素容易扩散到纤维外。由于上述作用，使纸浆漂白性能改善，达到减少后续漂白化学漂剂（尤其是含氯漂剂）用量、提高终点白度、减轻污染负荷的目的。

② 木聚糖酶处理对纸浆性质的影响

a. 对纸浆卡伯值的影响。酶处理对纸浆卡伯值的影响取决于蒸煮方法和初始卡伯值。总的来说，浆中残余木素含量越高（即初始卡伯值越高），酶处理对纸浆卡伯值的影响就越大。初始卡伯值高，酶处理后碱抽提出来的木素量较多且木素分子量较高；相同卡伯值的深化脱木素浆与氧脱木素浆，经 XE 两段处理，前者被抽出的木素较多。

b. 对化学漂剂用量的影响。木聚糖酶在造纸工业应用的主要原因是经过酶处理后，后续漂段可用较少的氯和二氧化氯，而达到相同或更高的白度。不但减少了对环境的影响，而且降低成本，在相同 ClO_2 制备能力情况下，可扩大生产，提高纸浆产量。北方阔叶木硫酸盐浆经酶处理后，其后含氯漂白的有效氯用量（卡伯因子）仅为未经酶处理的 $75\%\sim80\%$。

c. 对纸浆得率、白度和强度的影响。表 2-3 所示为阔叶木硫酸盐浆不同漂白流程的纸浆白度和得率。从表中看出，X(EOP)D(EOP)D 漂白浆的得率与 (CD)(EO)DED 的得率大体相同。若酶处理的木聚糖酶用量过大，作用时间过长，由于半纤维素的损失，漂白浆的得率下降。与 (EOP)D(EOP)D 漂白相比，X(EOP)D(EOP)D 漂白在 ClO_2 用量少用一半的情况下，白度仍从 87.4% 提高至 89.0%。

表 2-3　阔叶木硫酸盐浆不同漂白流程的比较

漂白流程	Cl_2（对浆）/%	ClO_2（对浆）/%	白度/%	得率/%
(CD)(EO)DED	2.6	0.5	88.8	91.9 ± 0.7
(CD)(EOP)D(EOP)D	2.6	0.3	88.8	—
X(EOP)D(EOP)D	0	1.1	89.0	92.2 ± 1.2
(EOP)D(EOP)D	0	1.8	87.4	93.7 ± 1.0
X(EO)D(EOP)D	0	0.9	86.3	—
(EO)D(EOP)D	0	2.2	87.0	—

d. 对环境的影响。由于酶处理促进后续漂白中木素的脱除，并少用含氯漂白剂，漂白废水的 AOX、COD 和色度降低。

2.3.5　废纸制浆技术

废纸是重要的可再生资源，废纸的回收利用是解决造纸工业面临的原料短缺、能源紧张和污染严重等三大问题的有效途径。近 10 多年来。世界各国高度重视废纸资源的利用，废纸的回收率和利用率逐年增长，处理废纸的技术不断改进和完善，用废纸浆制成的纸和纸板的产量和品种也逐年增多。2004 年全球废纸回收量为 1.70473 亿吨，同比增长 5.9%。全球范围废纸回收率为 47.7%，欧洲的回收率为 54%，亚洲回收率为 45.4%，北美为 47.7%。从 20 世纪 50 年代开始，美国的 Garden State 造纸公司就研究再生新闻纸，随后加拿大、欧洲各国及日本等的许多造纸厂和研究机构都在研究和试验再生纤维的制造和使用。我国也在 20 世纪 90 年代开始使用 100% 的进口脱墨旧报纸生产再生新闻纸。

2.3.5.1　废纸的分类

联合国粮农组织按回收废纸的用途将回收废纸分为 5 大类：回收的新闻纸、回收的书籍废纸、回收的纸板箱废纸、回收的高质量废纸及其他回收废纸。在欧洲回收废纸标准中，将回收废纸分为 5 大类：普通品种、中级品种、高级品种、牛皮包装纸品种、特殊品种。其中在每一大类中，又根据不同的纸种，将废纸划分成若干小类。

我国废纸的分类标准在各地区业有区别，按照来源及用途分为如下几类[14]：

① 白色废纸　可看成是纸浆的代用品，其中包括未经印刷、具有比较一致的白度和无有害物的白纸。

② 书籍、杂质废纸　主要包括印刷厂或书店未发行和发行后回收的书籍，印刷着色、不含或含少量机械浆的废刊物、书籍等。

③ 旧新闻纸　由成捆的、选择过的旧报纸组成，不包括旧杂志。

④ 纸箱与纸板废纸　包括牛皮纸板，瓦楞纸板切边，旧瓦楞纸箱，各种废纸盒、纸箱，黄白灰色纸板等。

⑤ 纸袋纸废纸和牛皮纸废纸　指包装水泥后回收的破水泥袋、废牛皮纸袋及其他纸袋和牛皮纸废纸。

⑥ 混合废纸　这类废纸属低级废纸，主要含混合杂志、书籍、传票、单据账簿、学生练习本、包装废纸等。

2.3.5.2　废纸制浆工艺概述[15]

(1) 贮存　废纸贮存与稻、麦草贮存的要求相似，也要注意防火、通风、照明、排水等。

(2) 挑选　挑选是非常重要的环节，对严重污染、浸油、涂蜡或覆膜的废纸，要挑选出来，一旦进入制浆系统将难以处理，带来较大的危害。

(3) 碎解

① 碎解的目的　无论是废纸还是纸板，首先要将其碎解，使其中的纤维尽可能分散成单根纤维，最大限度地保持纤维的原有强度，并能把附着在纤维上的杂质有效地分离出来。

② 碎解设备——水力碎浆机　水力碎浆机（图 2-61）的碎浆作用，主要是由于转子的机械作用和转子回转时所引起的水力剪切作用，使废纸浆料间互相摩擦，最终达到碎浆

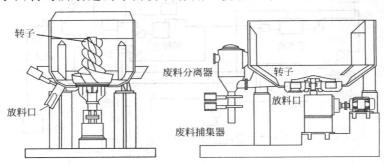

图 2-61　水力碎浆机

目的。

(4) 除砂 碎解后的纸浆在碎解机除去部分杂质，但仍要通过除砂器除去密度较大的杂质，常用的除砂器有高浓除砂器，其结构见图 2-62。

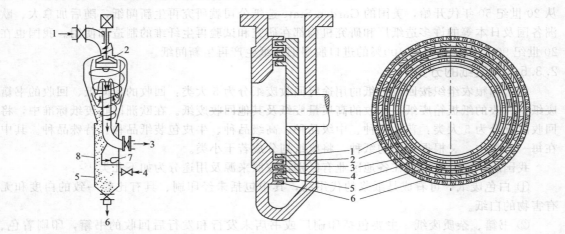

图 2-62　高浓除砂器

1—浆料入口；2—离心旋转盘；3—良
浆出口；4—清水；5—泥渣收集器；
6—泥渣排出口；7—电灯
8—观察玻璃

图 2-63　高频疏解机示意图

1、3、5—转盘上的齿环；2、4、6—定盘上的齿环

(5) 疏解 碎解只是浆废纸初步分散，没有分散好的纸片、纤维束在疏解中进一步分散。常用的疏解机有纤维分离机、圆盘磨浆机、高频疏解机（图 2-63）等。

高频疏解机的主要部件为转子和定子，转子高速旋转，纸浆在转子和定子间受到较高的冲击和强烈的剪切力而使纤维充分地分散。

(6) 筛选 疏解后的纸浆中含有比纤维密度大的砂粒以及比纤维密度小的塑料薄膜等杂质，要经过筛选将其除去。筛选设备可以采用精选设备中的压力筛，也可采用专门的废纸筛选设备，如纤维分离机等。

(7) 热熔胶的处理 由于回收的废纸中有许多使用过的特种加工纸，如热熔性涂布纸、热敏纸、涂布纸等，含有热熔性胶黏剂，在浆中会导致粘网、粘缸，还会产生纸病，因此，要除去废纸浆中的热熔胶。

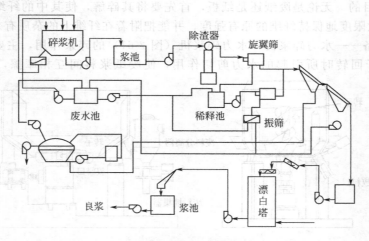

图 2-64　洗涤法脱墨流程

（8）脱墨　利用印刷油墨较重的废纸生产白色的书写印刷纸时，必须对废纸浆进行脱墨处理。图 2-64 为洗涤法脱墨流程。

2.3.6　蒸煮废液回收

2.3.6.1　黑液碱回收[16]

木浆黑液碱回收的碱回收率、热回收率可达 90% 以上。再生的蒸煮液在不补充或少补充商品化学药品的情况下循环用于蒸煮过程，回收的热能产生的蒸汽可供生产过程中许多地方的用汽需要，因此，在解决了黑液污染问题的同时，可为企业创造显著的经济效益。草浆黑液的碱回收率和热回收率较木浆黑液低，碱回收率一般尚未超过 70%，其回收工艺尚存在着很多问题需要进一步解决。基于木浆碱回收的成功经验，草浆废液的碱回收也仍为首选的办法。传统的黑液碱回收工艺流程如图 2-65 所示。

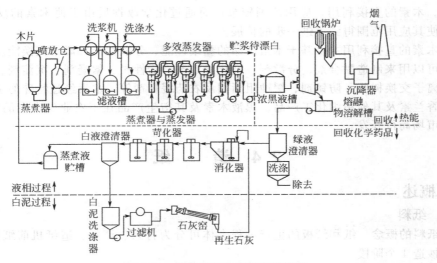

图 2-65　黑液碱回收工艺流程简图

提取的蒸煮黑液，要求"三高"，即浓度高、温度高和提取率高。

蒸发黑液，提高其浓度，以满足燃烧的要求。

燃烧是整个回收过程的核心，实现有机物和无机物的分离。现代碱回收炉既是燃烧炉，又是蒸汽锅炉，其燃料是经浓缩后的黑液，操作技术要求很高。

黑液经过燃烧后产生的无机熔融物溶解于稀的白液或水中形成绿液。绿液的主要成分是 Na_2CO_3 和 Na_2S 等，苛化绿液中的 Na_2CO_3 为 $NaOH$ 后，称为白液，通过燃烧及回收，经澄清处理后送到蒸煮工段使用。

2.3.6.2　蒸煮废液综合利用

（1）松节油的回收　硫酸盐法针叶木浆的蒸煮过程中，一些低挥发点的挥发物（主要是松节油）在升温过程中受热挥发。目前一些生产厂家，将这部分挥发释放物采用旋风分离器分离和冷凝器冷凝等办法加以回收，再通过倾析器进行倾析分离，就得到粗松节油。粗松节油中含有少量的甲硫醇和硫醚等物质，有一定的颜色，需经过精馏、洗涤、脱色和除臭等精制过程，以便得到纯度较高的精制松节油，作为商品出售。

（2）皂化物的提取和塔罗油的回收　木材原料中的树脂酸和脂肪酸，在硫酸盐法蒸煮过程中形成树脂酸和脂肪酸的钠盐，即皂化物。皂化物的提取方法一般采用静置法和充气法，其中以充气法效果最好。将粗皂化物用 20% 浓度的 H_2SO_4 进行洗涤和除杂处理，然后再进行 H_2SO_4 酸化处理，即可得到油状的松香酸和脂肪酸化合物及一些杂质成分，称为粗塔罗

油，酸化处理的主要化学反应为，

$$2RCOONa + H_2SO_4 \longrightarrow 2RCOOH + Na_2SO_4$$
$$RCOONa + H_2SO_4 \longrightarrow RCOONa + Na_2HSO_4$$

粗塔罗油主要含松香酸和脂肪酸，还含有一些非皂化物的化合物，所以其应用价值较为有限，尚需要进行精制处理。精制一般采用精馏法。通过精制，可得到松香酸、脂肪酸和塔罗油沥青等产品。另外，在粗塔罗油和塔罗油沥青中都含有一定量的植物甾醇，可用乙醇将其结晶出来。植物甾醇是一种优良的有机溶剂，还可用作制取维生素和某些激素的原料。

（3）黑液木素的提取和木素的利用

① 黑液木素的制取 从黑液中制取木素主要有两个途径：其一是将黑液浓缩后得到粗木素产品；其二是采用酸析法从黑液中分离出纯度较高的木素产品。

② 木素的利用 黑液木素的利用，可分为两个方面：一是直接应用；二是经过化学改性后应用。木素的直接利用，应用范围较窄；而通过化学改性后由于使木素的反应活性增加，从而使其应用范围得到了进一步的扩展。

黑液木素的直接利用主要基于木素产品的黏结性能、分散性能、离子交换能及螯合性能等，例如可以用来制造黏合剂、分散剂、乳化稳定剂、活性炭、絮凝剂、沉淀剂、金属离子封锁剂、离子交换树脂、防锈剂、缓蚀阻垢剂及农药缓释剂等。木素经过特殊的工艺处理还可以制取香兰素及其他精细化工产品。黑液木素及其衍生产品在工农业生产中的应用很广，在国内的市场尚待开发。

2.4 造 纸

2.4.1 概述

2.4.1.1 纸料

（1）纸料的概念 纸和纸板的生产过程大体可分为打浆、调料、造纸机前纸料的处理、纸或纸板抄造 4 个阶段。

（2）纸料的制备 纸料制备是纸料到达造纸机之前所有处理过程的总称。即纸浆在抄造前需经过打浆、施胶、加填（料）、染色及添加所需的助剂等处理，使抄造的纸张能达到预期的质量要求的过程。其制备流程见图 2-66。

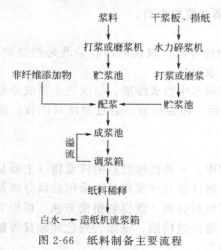

图 2-66 纸料制备主要流程

2.4.1.2 纸和纸板

（1）纸和纸板的概念 纸是一种特殊的材料，是由纤维（主要是植物纤维）和其他固体颗粒物质（胶料、填料、助剂等非纤维添加物）交织结合而成的，具有多孔性网状物性质的特殊材质。纤维原料和非纤维添加物经过选择和调配，施以相应的加工制造过程和方法，可以制得满足多种用途（如书写、印刷、包装、绘画、电气绝缘等）或需要的具有相应性能（如物理、化学、电气、印刷、光学等）的种类繁多的产品。

纸和纸板的区别在于它的定量和厚度。在我国，一般 $200g/m^2$ 以下，厚度 $500\mu m$ 以下的称之为纸。在此以上的称之为纸板。

（2）纸和纸板的分类和用途 纸和纸板种类繁多，品种成千上万。纸的分类、产品品种及其用途如表 2-4 所示。纸板分类、产品品种及其用途如表 2-5 所示。

表 2-4　纸的分类、产品品种及其用途

分　类	产品品种及用途
（一）文化用纸	1. 新闻纸：普通新闻纸、低定量薄页新闻纸、胶印新闻纸 2. 印刷纸：凸版印刷纸、凹版印刷纸、胶版印刷纸、书刊胶印纸、超级压光印刷纸、招贴纸、画报纸、证券纸、书皮纸、白卡纸、钞票纸、请柬卡纸、字典纸、坐标纸、扑克牌纸、地图纸、海图纸、玻璃卡纸等 3. 书写、制图及复印纸：书写纸、罗纹书写纸、有光纸、打字纸、拷贝纸、誊印纸、复写纸、水写纸、商用薄页纸、蜡纸、图画纸、水彩画纸、素描画纸、油画坯纸、宣纸、连史纸、皮画纸、描图纸、制图纸、底图纸、晒图纸、热敏复印纸、静电复印纸、光电复印纸等
（二）包装用纸	一般商用包装纸、茶叶包装纸、中性包装纸、食品粮果包装纸、防霉包装纸、感光材料包装纸、水果保鲜纸、邮封纸、鸡皮纸、透明纸、牛皮纸、条纹牛皮纸、纸袋纸、韧性纸袋纸、仿羊皮纸、防潮纸、防锈纸、包药纸、中性防油纸、防油抗氧纸、毛纱纸、轮胎包装纸、渔用纸
（三）技术用纸	各种记录纸、传真纸、心点图纸、脑电图纸、磁带录音纸、光波纸、电声纸、声感纸、穿孔带纸、电子计算机用纸、碳素纸、打孔卡纸、各种定性定量和分析滤纸、离子换纸、各种空气和油类滤纸、防菌滤纸、玻璃纤维过滤纸、电镀液滤纸、气溶胶过滤纸、航天用矿物纤维纸、金属纤维纸、碳素纤维纸、电容器纸、电气绝缘纸、电话线纸、电缆纸、军用保密水溶纸、炮声记录纸、弹筒纸、水砂纸、代布轮抛光纸等
（四）生活、装饰用纸	皱纹纸、卫生巾纸、卫生纸、面巾纸、尿布纸、消毒巾纸、药棉纸、纱布纸、水溶性药纸、采血试纸、测血色素专用蛋白纸、壁纸、植绒纸、贴花面纸、蜡光纸、卷烟纸等

表 2-5　纸板分类、产品品种及其用途

分　类	产品品种及用途
（一）包装用纸板	黄纸板、箱用纸板、牛皮纸板、牛皮箱纸板、茶板纸、灰纸板、中性纸板、浸渍衬垫纸等
（二）技术用纸板	标准纸板、提花纸板、钢纸板、衬垫纸板、封仓纸板、纺筒纸板、弹力丝管纸板、手风琴风箱纸板、制鞋纸板、沥青防水纸板、滤芯纸板、绝缘纸板、高温绝热纸板等
（三）建筑用纸板	油毡纸、硬质纤维板、隔音纸板、防水纸板、石膏纸板、塑料贴面纸板、建港排水纸板等
（四）印刷用纸板	字型纸板、封面纸板、封套纸板、火车票纸板等

（3）纸和纸板的制备　纸和纸板的生产流程如图 2-67 所示[17]。

2.4.2　打浆

打浆在造纸生产中占有极其重要的地位，是造纸生产中不可缺少的一项工艺操作。

打浆这个术语最早出现在荷兰式间歇打浆机处理浆料的过程中，随着打浆设备的发展，出现了连续打浆的打浆机。凡是浆料中的纤维受到剪切力的作用时，均称为打浆。这种剪切力可以来自打浆设备的刀（或磨齿）的机械作用，也可以来自纤维与流体间的速度梯度和加速度所产生的剪切力。

2.4.2.1　打浆的目的和任务

（1）打浆的目的　经过洗筛、漂白后的纸浆，还不宜直接用于抄纸。未打浆的纸浆，纤维光滑挺硬，有的太长，有的则太短，缺乏必要的切短和分丝。

打浆的目的是根据纸张或纸板的质量要求和使用的纸浆的种类和特征，在可控的情况下用物理方法改善纤维的形态和性质，使制造出来的纸张或纸板符合预期的质量要求。打浆使纤维产生变形、润胀、压溃、切断和细纤维化等作用。

（2）打浆的主要任务　打浆的任务是利用物理方法，对水中纤维悬浮液进行机械等处理，使纤维受到剪切力，改变纤维的形态，使纸浆获得某些特征（如机械强度、物理性能），以保证抄造出来的产品取得预期的质量要求。通过打浆，控制纸料在网上的滤水性能，以适应造纸机生产的需要，使纸幅获得良好的成形，改善纸页的匀度和强度。

（3）打浆前后浆料性质的变化　从制浆系统送来的未打浆的浆料一般含有很多纤维束。由于纤维既粗又长，表面光滑挺硬而富有弹性，纤维比表面积小又缺乏结合性能。如将未打浆的浆料直接用来抄纸，在网上难于获得均匀的分布，成纸疏松多孔、表面粗糙容易起毛、

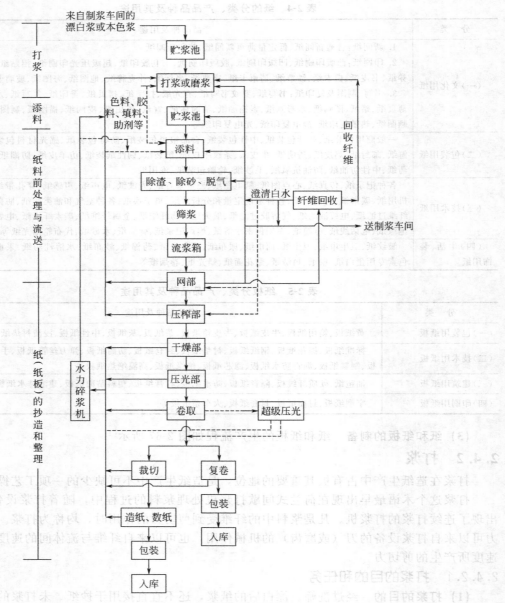

图 2-67 造纸的生产流程

结合强度甚低、纸页性能差、不能满足使用的要求。

　　打浆使纸浆获得新的性质，经过打浆处理的纸浆生产的纸，组织紧密均匀、强度较大。打浆对纸页的成形和成纸的质量具有十分重要的意义。

2.4.2.2　打浆原理

　　打浆是一个复杂的物理变化过程，可以通过控制打浆设备、打浆方式和打浆工艺与操作，使纤维形态的变化朝着所期望的方向发生，可以生产出多种不同性质的纸和纸板。

　　（1）打浆对纤维的作用　打浆对纤维的作用主要是：纵向分丝帚化和横向切断两个方面。而纵向分丝帚化又需经过细胞壁的位移和变形、初生壁和次生壁的破除、吸水润胀、细纤维化等阶段才能实现，这些作用在打浆过程中是交错进行，不能截然分开的。

　　（2）细胞壁的位移和变形　打浆的机械作用使次生壁中层的细纤维同心层产生弯曲，发生位移和变形。据观察，未打浆的纤维有位移，而开始打浆后又出现新的位移点，随着打浆过程的进行，位移点逐步扩大，并变得更为清晰。细胞壁的位移可在偏光显微镜下观察到，位移可分为三种形式，如图 2-68 所示。

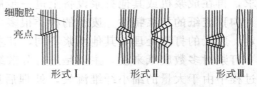

图 2-68　次生壁位移示意图

（3）初生壁和次生壁外层的部分破除　通过打浆的机械作用和纤维之间的相互摩擦将初生壁层和次生壁外层破除，才能使次生壁中层充分地润胀和细纤维化。

（4）吸水润胀　纤维润胀以后，其内聚力下降，纤维内部的组织结构变得更为松弛，使纤维的比容和表面积增加，提高纤维的柔软性和可塑性，甚至产生油腻的感觉。纤维润胀后其直径可以膨胀增大 2～3 倍，有利于纤维的细纤维化，能有效地增加纤维间的接触面积，提高成纸的强度，使透气度下降。

（5）细纤维化　纤维的外部细纤维化和内部细纤维化均有利于纤维的结合，提高成纸的强度、紧度和匀度等性能，对纸页的性质影响极大，是打浆的重要作用之一。如用超声波打浆，纤维的 P 层和 S_1 层则得以保留，纸浆的打浆度上升也很少，但能抄出强度很高的纸页，其原因是纤维获得了充分的润胀，即产生了强烈的内部细纤维化的结果。

（6）切断　一般来说，切断纤维使其降低长度，提高纸张均匀度和平滑度，但降低纸张的强度，特别是撕裂度。所以应根据纸种的要求和原料的特性，严格控制纤维切断的程度。通常对棉、麻浆由于纤维过长，在打浆时要求有较多的切断；针叶木浆纤维较长，应根据纸种的要求适当切断；阔叶木浆和草类纤维较短，不希望有过多切断，甚至应注意保留纤维的长度。

（7）产生纤维碎片　这些碎片的存在，一方面影响纸料的滤水性能，特别是草类纤维，因杂细胞含量多，纤维脱落的碎片也多，所以滤水性能差；另一方面，这些碎片的存在也会影响到纸页的物理强度。

2.4.2.3　各类浆的打浆特性

（1）木浆的打浆特性　木材纤维大体分为针叶木和阔叶木两大类。在同一类树种中，由于植物本身在不同季节的生长速度不同，又分为早材（春材）和晚材（秋材），它们各自的打浆特性是不同的。

① 针叶木和阔叶木　阔叶木比针叶木需要更高的打浆度才能取得相近的物理强度。阔叶木纤维较短，一般为 0.8～1.1mm。如果既要提高打浆度，又要尽量避免过多切断纤维，应以较低的打浆比压，较高的打浆浓度进行打浆。针叶木纤维较长，一般在 2～3mm，在生产水泥袋这一类纸时，并不需要切断纤维；但用于生产薄页纸，如打字纸、书写纸时，为满足匀度的要求，需将其切断到 0.8～1.5mm。

② 早材和晚材　与早材相比，晚材纤维较长，细胞壁厚而且硬，初生壁不易破坏，打浆时纤维容易遭到切断，吸水润胀和细纤维化比较困难。早材纤维壁较薄，纤维柔软，打浆时容易分离成单根纤维，打浆比较容易。

（2）草浆的打浆性能　草浆如稻、麦草浆，尽管半纤维素含量多，但非常不易打浆。草浆纤维较短，一般在 1.14～1.71mm 左右，杂细胞含量多，次生壁外层厚，且与次生壁中层黏结，因此在打浆中较难除掉。由于细胞壁不易除掉，使得纤维的吸水润胀和细纤维化非常困难。

（3）棉或麻浆的打浆特性　棉、麻多数是直接打浆，有的需经过脱脂处理。棉浆纤维较长，一般在 20～25mm 左右，不易发生润胀和纵向分裂。通常是先将其切短到合乎造纸的要求，再在成浆机或其他打浆设备上进一步加工成成浆。

(4) 废纸的打浆特性 废纸的种类很多，打浆的处理要求是根据再生产纸或纸板的品种而定。废纸的打浆处理与其他纸浆不同，其主要任务是碎解、除尘和适度的打浆。

打浆对多数废纸来说，主要是进行分散纸片的轻度打浆，不要求切断纤维。另外，在处理过程中由于大量的细小纤维流失，处理后废纸浆的打浆度都比原纸（或纸板）浆的打浆度低。

2.4.2.4 打浆工艺

(1) 打浆方式 纸张的种类很多，每种纸有不同的性质和要求。打浆条件不同，对纤维作用的强弱也不同。在生产中我们应根据纸张性质的要求，结合浆料特性和设备的性能，灵活运用。

① 游离打浆和黏状打浆 所谓"游离打浆"，是以降低纤维长度为主的一种打浆方式；而"黏状打浆"，是以纤维吸水润胀、细纤维化为主的打浆方式。

根据纤维在打浆中受到不同的切断、润胀及细纤维化的作用，将打浆方式分为四种类型：即"长纤维游离打浆"，"短纤维游离磨打浆"，"长纤维黏状打浆"和"短纤维黏状磨打浆"。"长纤维打浆"是指尽可能地保留纸浆中纤维的长度，"短纤维打浆"是指尽量对纤维进行切断。必须指出，在实际生产中4种打浆方式不可能截然划分。

我国通常将打浆度低于30°SR以下的浆料称为游离浆，打浆度高于70°SR以上的浆料为黏状浆，而介于30～70°SR之间的浆料则称为半游离半黏状浆。Henschel根据打浆度详细区分了游离浆和黏状浆，他认为：

打浆度小于30°SR   高度游离浆

打浆度为30～50°SR   游离浆或中等浆

打浆度为50～70°SR   黏状浆

打浆度为70～85°SR或大于85°SR   高黏状浆

② 四种打浆方式浆料的特性 按纤维吸水性能、细纤维化和横向断裂的主次程度，可以把打浆分成以下四种情况（如图2-69所示）。

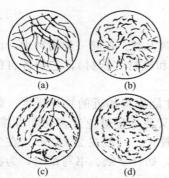

图 2-69 四种打浆方式
的纤维形态

(a) 长纤维游离状；(b) 短纤维游离状；
(c) 长纤维黏状；(d) 短纤维黏状

a. 长纤维游离打浆。这种打浆方式以疏解为主，要求将纸浆中的纤维分散成为单纤维，只需适当地加以切断，尽量保持纤维的长度，不要求过多的细纤维化。这种浆料的脱水性好，成纸特性表现为吸收性好，透气度大。但因纤维长，成纸的匀度欠佳，纸面不甚平滑；不透明度高，有较好的撕裂强度和耐破度；纸张的尺寸稳定性好，变形性小。这种纸料多用于生产有较高机械强度的纸张，如牛皮包装纸、电缆纸、工业滤纸等。

b. 长纤维黏状打浆。要求纤维高度细纤维化，良好的润胀水化，使纤维柔软可塑，有滑腻性，并尽可能地避免纤维切断，使纤维保持一定的长度。这种纸料因打浆度高，脱水困难，纤维长上网时容易絮集，影响成纸的匀度，需采用低浓上网。成纸的强度大，吸收性小，可用来生产高级薄型纸，如仿羊皮纸、字典纸、电话纸、防油纸、描图纸等。

c. 短纤维游离打浆。要求纤维有较多的切断，避免纸浆润胀和细纤维化。这种纸料脱水容易，纸的组织均匀，纸页较松软，强度不大，吸收性强。这种浆适于抄造如滤纸、吸墨纸、钢纸原纸、浸渍绝缘纸等吸收性强、组织匀度要求高的纸种。

d. 短纤维黏状打浆。要求纤维高度细纤维化，润胀水化，并进行适当的切断，使纤维柔软可塑有滑腻感。这种纸料上网脱水困难，成纸匀度好，有较大的强度，适合于抄造卷烟纸、电容器纸和证券纸等。

(2) 打浆质量检查 为了掌握浆料在打浆过程中的变化情况，控制好成浆的质量，必须进行打浆质量的检查。在生产中检查的项目一般包括浆料的浓度、打浆度、湿重等，为了进一步的实验研究，还应包括对纤维的长度、水化度、保水值等方面的检查。

① 打浆度 打浆度俗称叩解度，是以打浆度值反映浆料脱水的难易程度，综合反映纤维被切断、分裂、润胀和水化等打浆作用的效果。打浆度这一指标主要的缺点是不能确切地反映浆料的性质，因为影响浆料脱水的因素很多，而这些因素对纸页性质的影响并不是都成线性关系的。对纸浆滤水性能的测定有各种方法，其中以打浆度和游离度获得较广泛的应用。北美洲国家和日本多选用加拿大标准游离度（CSF），而欧洲和我国则习惯上应用肖伯尔打浆度（°SR），游离度与打浆度的不同只是测定表示方法上的差别。打浆度越大，纸料的游离度就越小，反之亦然。游离度与打浆度可以互为换算。

② 纤维长度 通常，打浆度并不足以反映纸料的性质，例如，受到高度切断的纤维和高度细纤维化而很少切断的纤维，可能获得相同的打浆度，但性质相差很大。为此，除了打浆度外，一般还要测定纤维的平均长度。测定纤维平均长度的方法主要有显微镜法和是湿重法两种。显微镜法比较复杂且速度较慢，生产中多用湿重法。

③ 保水值 保水值表示纤维打浆后水化及润胀的程度，用以反映细纤维化程度及可塑性，同时，纸张的紧度、裂断长、耐破度、耐折度等物理指标随保水值的增加而成直线上升。所以，保水值是一项能比较确切反映打浆质量的指标。因该法测定所用的时间较长，故在生产中不便于推广使用。

(3) 打浆对纸张性质的影响 打浆对纸张的性质有着重要的作用。在打浆过程中，一方面由于纤维的吸水润胀和细纤维化作用，增加了纤维的结合力；另一方面由于切断作用，而使纤维的平均长度下降。这两方面的变化，对纸张的某些强度指标起着不同的影响。为了控制生产提高成纸质量，必须研究打浆与纸张各种物理性质的关系和变化规律。图 2-70、图 2-71 是木浆和稻草浆打浆与纸张物理性质的关系图。

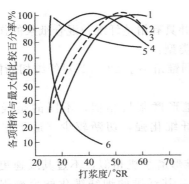

图 2-70 木浆打浆与纸张物理性质的关系
1—结合力；2—裂断长；3—耐折度；
4—撕裂度；5—纤维平均长；
6—透气度

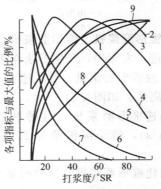

图 2-71 稻草浆打浆与纸张物理性质的关系
1—结合力；2—裂断长；3—耐折度；4—撕裂度；
5—纤维平均长；6—吸收性；7—透
气度；8—收缩率；9—紧度

从图 2-70、图 2-71 中可以看出，随着打浆度的提高，纸的各项性能均发生相应不同的变化，而两种纸浆的各种物性变化曲线是相似的。这说明打浆对不同纤维的作用有着共同的规律，只是随着浆料的不同稍有差异罢了。随着打浆的进行，纤维结合力不断增长，纸页的紧度、收缩率也相应上升，纸页的吸收性、透气性不断下降。然而另一方面，由于纤维平均长度的不断下降，使纸页的各项强度指标也有不同程度的下降。

2.4.2.5 打浆设备

打浆设备可作如图 2-72 所示分类。

$$
打浆设备 \begin{cases} 间歇式打浆设备：槽式打浆机 \\ 连续式磨浆设备：锥形磨浆机、圆柱磨浆机、圆盘磨浆机 \\ 高浓磨浆设备：高浓圆盘磨浆机 \\ 打浆辅助设备：水力碎浆机、高频疏解机 \end{cases}
$$

图 2-72　打浆设备分类

（1）槽式打浆机　槽式打浆机是打浆设备的起源，其他打浆设备都是在它的基础上发展演变过来的。其结构原理示意如图 2-73 所示。

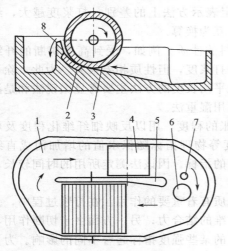

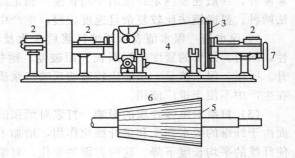

图 2-73　打浆机结构原理示意图
1—浆槽；2—底刀；3—飞刀辊；4—洗辊；
5—隔墙；6—放浆口；7—排污口；
8—山形部

图 2-74　普通锥形磨浆机
1—进浆口；2—轴承；3—出浆口；4—壳体；
5—转子刀；6—锥形辊；7—手轮

（2）锥形磨浆机　锥形磨浆机是连续打浆设备，并具有精整纤维、混合纸浆的作用。浆料由小端进，大端出，产生打浆作用。它有如下几种类型：

① 普通锥形磨浆机　其线速为 8～11m/s，转子圆锥角小于 22°。其对纤维切断能力强，适于打游离浆。如图 2-74 所示。

② 高速锥形磨浆机　这种磨浆机结构与普通锥形磨浆机相似，不同的是线速较高（11～20m/s），转子圆锥角为 22°～24°，对纤维细纤维化强，切断较少，适于中等黏状打浆。

③ 水化锥形磨浆机　这种磨浆机结构也与普通锥形磨浆机相似，不过其线速更高，达18～30m/s，其纤维的细纤维化能力最强，切断作用最小，适于黏状打浆。

④ 大锥度锥形磨浆机　这种新型锥形磨浆机的转子圆锥角为 60°～70°，转子转速高达 1450r/min。它是一种生产能力大、打浆能力强而单位动力消耗较低的连续打浆设备。由于刀角的影响，刀片对纤维产生强力的切断作用，主要用于纤维切断兼有纤维离解作用。见如图 2-75。

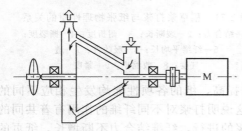

图 2-75　大锥度锥形磨浆机

(3) 圆柱磨浆机　由于锥形磨浆机转子与定子的磨损不均匀，容易引起打浆性能下降，稳定性能较差，继而出现了圆柱磨浆机。它的刀辊是圆柱形，沿壳体的内表面均匀地分布着四把定子刀，其工作原理如图 2-76 所示。

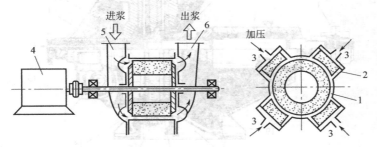

图 2-76　圆柱磨浆机工作原理示意图
1—刀辊；2—定子；3—加压介质进口；4—电动机；5—浆料进口；6—浆料出口

(4) 圆盘磨浆机　圆盘磨浆机自 20 世纪 60 年代引进以来，曾得到广泛应用，但实质上是间歇打浆机的一种改进。它有很多缺点，如切断能力差，对棉、麻、木浆等需要打半浆；通过量低，串联台数多；温度高、散热性差，容易引起石刀爆裂等；刀辊磨损快，设备的维修工作量大。在结构上按旋转磨盘数目可分为：

① 单盘磨　即一个磨盘固定，另一个磨盘回转。

② 双盘磨　即两个磨盘同时转动，但回转方向相反。

③ 三盘磨　即普通所称的双盘磨。它总共有三个磨盘，两边两个磨盘固定，中间磨盘转动，形成两个磨区，用螺旋移动定盘，以调节磨盘间隙进行加压，如图 2-77 所示。

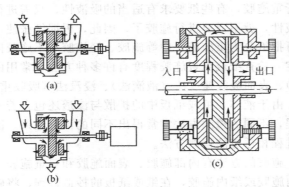

图 2-77　三盘磨机示意图
(a) 单流式；(b) 双流式；(c) 磨式部分放大图

典型三盘单动盘磨机的结构示意图如图 2-78 所示。三盘单动磨浆机装有三个圆盘，中间圆盘由主轴带动回转，它的两个表面均装有磨片，与两个固定圆盘上的磨片形成两对磨浆面，圆盘调节机构控制四个磨浆面的两个间隙的大小，以控制磨浆状况。转动磨盘的边缘线速度大约为 1500r/min。

2.4.3　调料

调料是施胶、加填、染色和添加其他化学助剂等几个工艺过程的总称[18]。

单纯用植物纤维纸浆抄造纸页，还不足以赋予纸页全面的质量性能，为此，人们尝试在植物纤维纸浆的基础上添加其他的辅助材料，称为造纸化学品或造纸助剂。就其作用来看，大致分为两大类：一类是"功能性助剂"，赋予或改善纸页某些特定性能，如抗水性、不透明性等；另一类是"过程性助剂"，改善纸页抄造过程的性能，如滤水性、留着性能等。

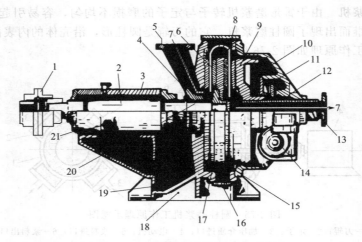

图 2-78 三盘单动盘磨浆机机构示意图

1—联轴器；2—转轴；3—轴承套管；4—垫料箱；5—进浆口；6—磨片；7—浆流；8—转动盘磨；9—机座
固定盘磨；10—铰链门；11—蜗轮蜗杆；12—调节螺旋；13—出浆口；14—磨盘调节传动装置电动机；
15—不锈钢衬垫；16—排水口；17—磨浆室；18—底座；19—排水口；20—陶瓷套；21—油位观察表

2.4.3.1 施胶

(1) 施胶的目的 施胶的目的是使纸或纸板具有抗拒液体（特别是水和水溶液）扩散和渗透的能力，以适宜于书写或防潮抗湿。

(2) 施胶的分类 不是所有的纸都需要施胶，要视其用途的不同而定。有些纸要求有好的抗液性能，需要进行重施胶，有些纸要求有适当的吸液性，只需进行一定程度的施胶，有些纸则需求有好的吸液性，就不需要进行施胶了。因此，根据纸张使用情况的不同，要求施胶程度的轻重，大体可把纸分为重施胶、中等施胶、轻施胶和不施胶四种类型。

(3) 施胶度的测定 检查纸或纸板施胶程度有许多种方法，常用的有墨水画线法、表面吸收重量法（Cobb 法）、表面吸收速度法（液滴法）、浸没法（吸收重量法）、液体渗透法和毛细管吸收高度法等。由于液体在纸或纸板中的扩散与渗透还包含着表面效应、纤维的膨胀和化学变化等复杂过程，不同的检测方法常常得出不同的评价结果。因此，不同用途的纸或纸板，要使用与使用过程相适应的检测方法。

(4) 施胶的方法 施胶的方法有内部施胶、表面施胶和双重施胶三种。

内部施胶也称浆内施胶或纸内施胶，在纸或纸板的抄造过程，将施胶剂加入纤维水悬浮液中，混合均匀后再沉着到纤维表面上；表面施胶也叫纸面施胶，纸页形成后在半干或干燥后的纸页或纸板的表面均匀涂上胶料；双重施胶则浆内及纸面均进行施胶。国内绝大部分要求施胶的纸或纸板一般都采用内部施胶，只有一些有特殊要求的纸或纸板才用表面施胶或内部及表面双重施胶。

(5) 施胶和施胶剂的发展 加进纸或纸板之后能使其具有抗液性能的物质称之为施胶剂，能使施胶剂沉淀且固着在纤维或纸面上的物质则称为沉淀剂。

纸页施胶的历史是悠久的，几乎一发明了造纸就采用对纸页进行施胶的方法，不过古时候的施胶是将手抄纸抄成之后再浸没于装有淀粉胶料的器皿中，然后提起晾干，以达到书写时不渗透墨水的要求，其实这就是一种简易的表面施胶，这种施胶方法一直沿用到 1807 年才被内部施胶所取替。

从 1807 年发明了松香胶浆内施胶至 20 世纪 80 年代一百多年时间内，基本上都是用松香胶料作施胶剂，用硫酸铝作沉淀剂，一般都保持在 pH 4～5 的酸性情况下进行施胶。松香胶料由于价廉易制备，施胶易控制且废纸易处理等优点，至今仍为造纸工业常用的主要施胶剂。但是由于低 pH 的酸性施胶条件对设备的腐蚀以及对纸张白度、强度带来的不良影响，再加上胶料的来源问题，近五十多年来造纸工作者进行了大量的研究和改进工作，并取得了重大的发展。可以说施胶剂的发展是围绕着胶料来源、低 pH 条件对设备及纸张质量的影响两大问题而进行的。

从 20 世纪 50 年代开始，为解决低 pH 施胶带来的不良影响，提出少用或不用硫酸铝沉淀剂，即中性施胶的问题，开始发展能与纤维素直接起化学作用的反应性胶料（或称合成胶料）。20 世纪 60 年代为寻找能代替硫酸铝的沉淀剂，采用阳离子聚合物存留剂和少量硫酸铝作沉淀剂用于强化松香胶，虽然能保持在 5.6～6.5 的较高 pH 条件下进行施胶，但要增加施胶成本。20 世纪 70 年代在发展高分散体松香胶并用部分阳离子树脂与少量硫酸铝作沉淀剂以提高施胶 pH 的假中性施胶的同时，迅速发展合成胶料中性施胶。

我国施胶技术发展缓慢，至今虽仍以松香皂型胶为主，但中性施胶对提高施胶效果，改善纸张质量和耐久性，减轻设备腐蚀和废水污染，降低生产成本，以及充分利用碳酸钙填料等方面带来了好处，是施胶发展的主要方向。

2.4.3.2　加填

加填就是在纸料的纤维悬浮液中加入不溶于水或微溶于水的白色矿物质微细颜料，使制得的纸张具有不加填时难以具备的某些特定性质。

(1) 加填的目的

① 改善纸页的光学性质和印刷适性　加填可提高纸的不透明度和白度，减少印刷过程的透印现象；提高纸页的匀度、平滑度，增加纸张的柔软性和手感性；改进纸张的吸油墨性和形状稳定性，从而使纸页具有更好的印刷适应性。

② 满足纸张某些特殊性能的要求　如卷烟纸加用碳酸钙，不仅是为了提高不透明度和白度，改进手感，更重要的是为了改进透气性，调节燃烧速度，使烟纸与烟草的燃烧速度相适应。又如导电纸加用炭黑，是为了取得导电性能。字型纸板加用硅藻土是为了提高纸板的可塑性和耐热性，有利于压型。

③ 节省纤维原料、降低生产成本　填料的相对密度大，价格便宜，在纸中可以代替部分纤维，节约原材料。另外加填能改善纸张的干燥速率，有利于提高纸机车速，减少蒸汽消耗，降低生产成本。

但是填料的加入会降低纸页的强度和施胶度。

(2) 加填的作用　加填的作用包括：①纤维在相互交织成纸后，存在凹凸不平，加入填料后，可以使纸面平整、光滑；②加填后纸张可显得柔软、疏松，并有可塑性，适于印刷；③填料具有不透明性，可以提高纸的不透明度，使薄纸更适于两面印刷；④纤维间有了填料，减少了纤维间的接触，产生了许多毛细孔，提高了纸张的吸水性。

填料白度一般比纤维高，加填可以增加纸张的白度。

(3) 填料的种类

① 天然填料　是指天然矿藏经开采及机械加工而得的，如滑石粉、白土、钛白粉、石膏等。

② 合成填料　是指经化学反应制得的或化工厂的副产品，如沉淀碳酸钙、硫酸钡、硅铝、硅钙填料等。

(4) 填料选用要求　填料选用必须具备的几个要求是：①白度和亮度，白度一般要求在 90 度以上；②有比较高的折射率，以提高纸张的不透明度；③颗粒要细致、均匀，以增加覆盖能力和保留率，颗粒细度要求能够通过 180～200 目筛；④纯度要高，不含砂粒和其他物质；⑤相对密度较大，不易溶于水；⑥化学性质稳定，不易受酸、碱等作用而产生变化；

⑦灼烧减量不大于 6%；⑧供应量要充足，价格便宜，运输使用方便。

总之在保证纸张质量的前提下，合理选用，并尽可能多加填料。不同纸种的加填量相差很大，少的在 2% 以下，高的达到 40%，多数纸种为 10%～20%，见表 2-6。

表 2-6　几种纸张加填量示例

纸种	填料种类	加填量/%	纸种	填料种类	加填量/%
书写纸	滑石粉、瓷土	4～10	有光纸	滑石粉、瓷土	10～20
凸版印刷纸	滑石粉、瓷土、碳酸钙、二氧化钛	5～40	打字纸	滑石粉、瓷土	20～25
胶版印刷纸	滑石粉、瓷土、二氧化钛	10～25	新闻纸	滑石粉、瓷土、碳酸钙	2～6
字典纸	滑石粉、碳酸钙、二氧化钛	20～30	卷烟纸	碳酸钙	35～40

（5）常用填料和主要性质　造纸工业所用的填料很多，种类和性能见表 2-7。

表 2-7　常用填料的性能

填料种类	化学组成（近似值）	相对密度	粒度/μm	折射率	散射系数/100Sn	亮度/%	颗粒形状
滑石粉	30.6%MgO,62%SiO$_2$	2.7	0.25～5.0	1.57	—	96.8	细小片状
瓷土	39%Al$_2$O$_3$,45%SiO$_2$	2.58	0.5～10.0	1.56	9.5～11.5	82	细小片状
白垩	96%CaCO$_3$	2.65	0.1～2.5	1.65	17～24	98	圆形
沉淀碳酸钙	98.6%CaCO$_3$	2.65	0.1～0.35	8	28～36	98.9	菱形
钙钛白	65%CaCO$_3$,35%Mg(OH)$_2$	2.5	1.0～2.0	1.53	49	92～94	—
钛白	98%TiO$_2$	3.9	0.15～0.3	2.55	43～51	95.1	球形
红金石、钛白	90%～95%TiO$_2$	4.2	0.15～0.3	2.7	54～68	96	球形
锌白	95%ZnS	4.0	0.3	2.37	—	98	球形
硫酸钡	97%BaSO$_4$	4.3～4.4	1.0～2.0	1.64	7.8	98	针状
沉淀硅酸钙	5%CaO,78%SiO$_2$	2.08	0.08～0.13	1.45	25.4	96.5	球形
硅酸铝	67%SiO$_2$,12%Al$_2$O$_3$,9%Na$_2$O	2.10	0.2	1.55	22.4	95	球形
硅藻土	92%SiO$_2$	2.0	0.5～4	1.47	24～40	69～83	—

（6）几种常用天然填料

① 滑石粉　滑石粉是一种良好的造纸填料，能满足一般纸张的加填要求，加之滑石粉矿藏丰富，价格较低，是目前国内使用最广泛的一种填料。滑石粉是由天然矿石滑石磨碎而成，是一种水合硅酸镁矿，分子式为 $3MgO \cdot 4SiO_2 \cdot H_2O$，密度 2.6～2.8g/cm^3，折射率 1.57，粒度 0.5～5μm，白度 90%～96.8%。滑石粉粒子呈鳞片状，有滑腻感，极软，化学性质不活泼，能提高纸页的匀度、平滑度、光泽度和吸油墨性，改善纸页的印刷性和书写性，多用于印刷类和书写类等一般文化用纸的加填。但由于折射率不高，滑石粉很少用于薄页纸中。

② 白土　白土也叫高岭土、瓷土或铝矾土，是由长石或云母风化而成，通常称高岭石，密度 2.6～2.8g/cm^3，折射率 1.56，白度 80%～86%，粒度 0.5～10μm。白土的颗粒有呈六角片状和管状的两种，具有高度的分散性和可塑性、高的电阻和耐火度、良好的吸附性和化学惰性，能提高纸页的印刷性和书写性，也是较常用的一种造纸填料，但品种较好、颗粒较细的白土多用于纸张的纸面涂布。

高岭石中一般含有较多的石英和云母杂质，开采及使用时要特别注意净化。作为造纸填料的白土，通常是在干燥和粉碎后用风选法进行分级净化；而用于纸面涂布的白土，往往需用水洗的方法净化，以便制得颜色更好和粒度更细的白土。

③ 碳酸钙　用作造纸填料的碳酸钙分天然和人造两种，天然碳酸钙又称磨碎碳酸钙或白垩，是由天然石灰石研磨而成；人造碳酸钙有沉淀碳酸钙和钙镁白两种，而沉淀碳酸钙又分轻质碳酸钙和重质碳酸钙，是经化学反应制得。

天然碳酸钙分子式 $CaCO_3$，密度 $2.2\sim2.7g/cm^3$，折射率 1.58，白度 98%，粒度 $0.1\sim3\mu m$；沉淀酸钙分子式 $CaCO_3$，密度 $2.2\sim2.95g/cm^3$，折射率 1.56，白度 98%，粒度 $0.1\sim0.3\mu m$；钙镁白分子式 $CaCO_3 \cdot Mg(OH)_2$，密度 $2.5\sim2.7g/cm^3$/时，折射率 1.53，白度 94%，粒度 $1\sim2\mu m$。

碳酸钙的优点是白度高、颗粒细，能显著提高纸页不透明度，吸油墨速度快，能促进印刷油墨的干燥，且成纸较柔软、紧密而有光泽，是较理想的造纸填料。但碳酸钙是一种碱性填料，化学稳定性较差，在酸性条件下会分解生成二氧化碳气体，产生泡沫，给造纸带来困难并使浆料 pH 上升，破坏施胶效果。因此碳酸钙作为造纸填料，目前多只用于中性施胶或不施胶的纸页以及薄页印刷纸中。

碳酸钙的另一个最大优点是能控制纸张的燃烧，加上能有效地改善纸页的透气度和不透明度，燃烧后的烟灰又发白好看，因此是卷烟纸不可缺少的填料。

由于沉淀轻质碳酸钙粒度更细，白度更高，用于造纸填料的碳酸钙多使用沉淀轻质碳酸钙。

④ 二氧化钛　二氧化钛又称钛钦白或钛白粉，分子式 TiO_2，密度 $3.9\sim4.2g/cm^3$，折射率 $2.55\sim2.71$，白度 86%～98%，粒度 $0.15\sim0.3\mu m$。二氧化钛颗粒小，白度高，折射率高，光泽度好，覆盖能力强，化学稳定性好，能显著提高纸的白度和不透明度，降低透印性，用量少，造成纸张强度损失小，是一种高效的造纸填料。但是二氧化钛的价格昂贵，故只用于不透明度要求高的低定量薄型印刷纸和某些特殊要求的高级纸张，或与较廉价的白土配合使用。

⑤ 其他造纸填料　用作造纸填料的物质还有硫酸钡、硅藻土、石膏等，但较少使用。

(7) 合成填料　合成填料是一种新型的人造填料，它是用水玻璃（硅酸钠）与硫酸铝或氯化钙形成的一种硅化物。合成填料对提高纸张的不透明度和白度有较好的效果，对纸张强度也有所帮助，生产过程泡沫少，但成本较高。

① 合成硅铝填料　合成硅铝填料是在激烈搅拌条件下，把水玻璃加入硫酸铝溶液中，生成无定形葡萄状沉淀而制得。

② 合成硅酸钙填料　合成硅酸钙填料是用水玻璃、盐酸和氯化钙制成，即用盐酸部分地中和水玻璃形成一种硅化物，在硅化物沉淀即将出现或尚未出现之前，立即加入过量的氯化钙溶液生成硅酸钙沉淀。

硅钙填料也可在打浆过程合成，方法是先将氯化钙溶于水，过筛后加入叩前浆料中，在打浆中途加入水玻璃溶液并用硫酸铝调节 pH 至 $5\sim5.5$ 左右再继续打浆。纤维经氯化钙处理后有润胀作用，氯化钙与水玻璃作用生成的硅酸钙小粒子能牢固地吸附在纤维上，用这种方法制得的硅酸钙填料也称纤维填料。

2.4.3.3　染色

(1) 染色和调色的定义和目的　纸的染色是指在纸浆或纸张中加入某些色料使纸能有选择性地吸收可见光中的大部分光谱，不吸收并反射出所需要色泽的光谱。染色是对色纸而言，染色的目的是生产色纸。

纸的调色是指在漂白纸浆中加入少量的蓝色、紫蓝色或紫红色，使与漂白纸浆中相应呈现的淡橙、浅黄或橙黄色起互补的作用而显出白色。这里的调色是对白纸而言是起显白的作用，它与生产色纸时的色料调配虽道理相同，但意义不同。调色是为了提高纸张白度和色相。

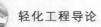

在漂白纸浆中加入荧光增白剂也是一种显白作用，荧光增白剂能吸收紫外光并将其转化为可见的蓝光或红光以抵消浆料中的橙黄或浅绿色，使纸张显出白色。

(2) 色料的种类和性质　色料可分为颜料与染料两大类。

颜料大多是无机化合物，与纤维没有直接结合作用，多用于纸张涂布方面。

染料为有机化合物，能溶于水，可分天然染料和合成染料两种。天然染料着色力不强，在阳光下容易变色，目前合成染料已完全取代了天然染料，并广泛应用于造纸染色。合成染料可分成三大类，如表 2-8 所示。

表 2-8　三种合成染料性质的比较

性质	染料种类		
	碱性染料	酸性染料	直接染料
组成	有盐基	有羧基	有盐基或羧基
色相	鲜艳	较差	美观
耐光性	弱	强且耐久	极强
染色能力	强	低	低
亲和力	对各种植物纤维亲和力相同	对各种植物纤维亲和力相同	对各种植物纤维均有强大亲和力
媒染剂		硫酸铝	有时加氯化钠
在水中溶解度	可溶	易溶	可溶
pH	4.5~6.5	4.5~5.0	4.5~8.0
温度	70℃以下	约 40℃	50℃
适应范围	染混合染料	染混合染料	染轻施胶染料

2.4.3.4　其他化学助剂

助剂又称造纸化学助剂，是指在生产中除使用施胶、加填、染色等添加剂之外的其他非纤维性的化学添加剂的统称。

助剂被人们誉为"工业味精"，即使用量少（只需耗用浆量的百万分之几至万分之几）就能很好地满足生产的种种需要，使用效果好，有些功效是其他方法所难以达到的。助剂的使用，从制浆原料的处理直到成纸的整饰，几乎遍及整个制浆造纸工业的各个工序。近年来助剂已成为增加纸种、提高产量与质量、降低成本、改善生产操作、增加经济效益的重要措施，是造纸工业中不可缺少的一环。

(1) 增强剂

① 湿强剂　一般的纸张在完全被水湿透之后，就几乎完全失去了强度，其中未经施胶的纸只能保留原有干纸强度的 2%~7%，经高度施胶的纸也只能保留 10%~12% 的干强度。而湿强纸保持着不少于 15% 的干强度。要求具有湿强度的纸有照相原纸、军用地图纸、海图纸、钞票纸、医用膏药纸、滤纸等。

用于造纸工业的湿强剂有：三聚氰胺甲醛树脂、脲醛树脂、聚酰胺环氧树脂、酚醛树脂、聚乙烯胺、氯丁橡胶等，其中前两种使用最为普遍。

② 干强剂　这种用添加助剂来增加干纸页强度的方法就称之为增干强作用，所使用的化学添加剂称为增干强剂或干强剂。其实际价值主要是使用低档的纤维原料而获得强度较高的纸浆。增干强剂的种类很多，例如聚丙烯酰胺、聚乙烯醇、脲醛树脂、醋酸乙烯酯、羧甲基纤维素、氧化淀粉等。从使用效果及经济观点看，以聚丙烯酰胺采用最为普遍。国内某厂的生产数据说明了聚丙烯酰胺作为纸张干强剂的效果，如表 2-9 所示。

表 2-9　聚丙烯酰胺提高纸页干强度的效应

纸张强度		纸　种					
		$60g/m^2$ 条纹牛皮纸	$126g/m^2$ 牛皮卡纸	$120g/m^2$ 铜板原纸	$120g/m^2$ 书皮纸	$28g/m^2$ 打字纸	$80g/m^2$ 晒图原纸
强　度 提高/%	耐破度	20	30	35.5	22.5	24	12
	耐折度	68	140	224	78.5	—	61
	裂断长	27.2	10	21.2	15	21.5	6.4

（2）助留、助滤剂

① 助留和助滤作用　助留是提高填料和细小纤维的留着；助滤是改善滤水性能，提高脱水速率。多数情况下助滤助留是同时进行的，称为助留助滤作用。助留助滤的目的和作用在于：a. 提高填料和细小纤维的留着、减少流失，改善白水循环，减少污染；b. 改善纸页两面性，提高纸张的印刷性能；c. 提高网部脱水能力，从而增加纸机车速。

② 助留助滤作用与纸页成形状态的关系　事实上助留剂及助滤剂均为聚合电解质，能使细小纤维、填料等颗粒集结在纤维表面周围，提高添加剂的留着率，并使纤维间仍保持较多孔隙，以利于滤水，因此对纸页匀度有着较大的影响。

早期使用铝酸钠、硅酸钠等无机助留剂，效果不明显。后采用阳离子淀粉、羧甲基纤维素等，虽有一定助留效果，但用量较大。现在常见的助留剂为阳离子型高分子聚合物，例如聚丙烯酰胺、聚乙烯亚胺、聚酰胺等，使用量少，效率高，经济效益显著。如某厂使用聚丙烯酰胺作助留剂，用量 0.01%～0.03%，每吨纸增加成本 2～3 元，但改善了纸张的匀度、紧度、白度、不透明度、适印性等性能，改善了施胶，每吨纸耗浆量降低 2%～3%，填料留着率提高 20%，白水浓度下降约 40%，减轻了白水回收负荷和废水污染负荷。

2.4.4　造纸机前纸料的处理

为什么经过打浆调料后的纸浆不能直接上网成形呢？这是因为它们浓度并不稳定，同时还可能含有各种杂质，此外纸料中还难免混入空气。以上因素不仅影响成纸质量，而且会损坏设备，妨碍纸机操作。因此，要抄出组织均匀，质量符合要求的纸或纸板，就必须在上网前对纸料进行一系列处理。一般包括以下一些处理过程：贮浆、配浆、调节浆量、稀释、净化、筛选和脱气等。

纸机前的供浆系统及设备，对纸张的质量和纸机运转的稳定性影响很大。在实际生产过程中，为保证稳定供浆，应使系统中各种设备的生产能力超过纸机最大生产能力的 15%～35%。

2.4.4.1　贮浆

在纸机前贮存一定的浆量，可以使打浆部分送来的浆料，在经过配浆调料之后进行充分的搅拌和混合，使其质量稳定；同时可使打浆部分的间歇供料变成纸机部分的连续供料，从而保证在一定时间内连续、稳定地向纸机供料。

目前使用的成浆池有立式和卧式两种形式。但多数采用卧式浆池。老式的立式浆池如图 2-79 所示。采用固定转速的搅拌轴，在轴上装有片式搅拌叶片，容积通常为 15～20m³，一般被采用于中小型低速造纸机。

卧式贮浆池，如图 2-80 所示，用涡轮循环器或螺旋桨循环器进行纸料的循环。卧式贮浆池的循环能力大，浆料混合均匀，使用于较粗而易缠绕在搅拌器上的浆种或浓度较高（5%以上）的浆料循环。

2.4.4.2　配浆

将两种或两种以上的浆料按一定的比例混合起来的过程成为配浆。各种浆料的配比应根据纸的质量要求、设备的条件以及纸浆的性质、来源来确定。

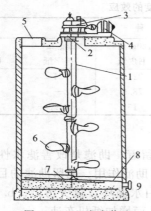

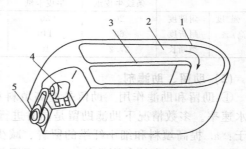

图 2-79　立式成浆池

1—搅拌器；2—联轴器；3—减速器；4—电机；
5—人孔；6—可调搅拌叶片；7—轴承；
8—沉渣坑；9—出口

图 2-80　卧式贮浆池

1—池壁；2—浆沟；3—隔墙；
4—电动机；5—推进器

(1) 配浆的目的

① 改善纸张的性质　如以化学草浆为主，加入 10%～20% 的机械浆，可以提高纸的不透明度和适印性能。

② 满足纸机抄造性能的需要　以机械浆为主生产新闻纸，加入 10%～20% 化木浆，可提高纸的强度，有利纸机的抄造。

③ 节约优质的长纤维，降低成本　在生产使用长纤维的品种中，如纸袋纸、卷烟纸等，加入部分草类短纤维浆，不仅可以改善产品性能，还可节约长纤维的用量。

(2) 配浆的方法　配浆的方法有间歇和连续两种方法。间歇配浆是计量浆池内纸浆的体积和浓度，按要求的比例分批送往混合池。这是在一般品种经常改变的中小型纸厂内使用的方法。

连续配浆是各种纸浆首先经浓度调节器稳定浓度后，再连续通过一种流量控制设备而进行的配浆。此法管理方便，便于实现自动控制，适于品种稳定的大型纸厂。连续控浆的设备，大型现代化的纸厂使用仪表自动控制，如电磁流量计，但中小型纸厂使用最普遍的是配浆箱。

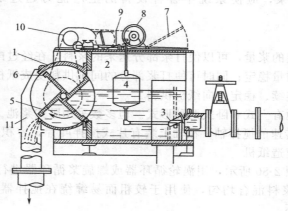

图 2-81　斗轮式配浆箱结构

1—斗轮外轮；2—纸料箱；3—液面控制阀；4—浮子；5—斗轮；6—橡胶摩擦头；
7—检查孔盖；8—电动机；9—总变速装置；10—齿轮减速器；11—出口管

（3）配浆箱 现在通用的有两种形式的配浆箱，即斗轮式和压力式。图 2-81 为斗轮式配浆箱的构造。多至 5 种纸浆都可以使用。纸料进入箱内与斗轮接触，箱内的液面用斗子和控制阀的直接液面调节器保持恒定，通过斗轮的浆量决定于斗轮的转速和箱内的液面。配浆箱的斗轮由电动机带动旋转，通过一个总的无级变速器可以改变总输出浆量。斗轮式配浆箱的误差为最大流量的 ±1%，在各种纸机上都可以使用。

图 2-82 是压力配浆箱的示意图。箱体用不锈钢板或塑料板制成。纸料进入间隔 2，由可以上下移动的溢流板 A 保持浆位的稳定。通过控制开孔 D 的面积而达到控制配比的目的。

图 2-83 为自动控制的配料系统示意图。每种物料都设有电磁流量计、调节器、比值器和调节阀等仪表组成的比值调节系统。它们的配比可以分别给定。

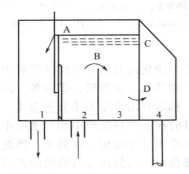

图 2-82 压力式配浆箱图
A—溢流板；B—隔板；C—挡板；D—控制开孔；
1—第 1 格；2—第 2 格；3—第 3 格；4—第 4 格

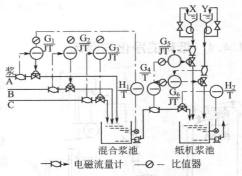

图 2-83 自动控制的配浆系统

2.4.4.3 纸料的调节和稀释

成浆池来的纸料浓度为 2.5%～3%，为了下一步的净化筛选和有利于纸料上网成形，应稀释到 0.1%～1.3%。所以稀释是净化筛选和抄纸的基本要求。

（1）纸料浓度的调节 纸张的定量取决于供给纸料的数量。纸料的调节包括浓度的调节和绝干浆量的调节。

目前，多数纸厂采用浓度调节器来稳定纸浆的浓度，防止纸张定量波动，保证纸机连续稳定的工作。

（2）浆量调节 供浆量的调节一般采用调浆箱进行，如图 2-84。

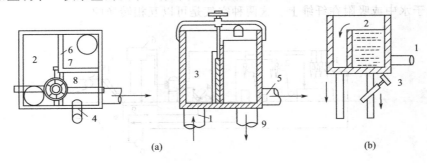

(a)   (b)

图 2-84 调浆箱
1—进浆管；2—恒液面浆室；3—闸门；4—白水管；5—出浆管；
6—溢流板；7—溢流室；8—冲浆室；9—溢流浆管

（3）纸料稀释 纸料稀释主要有高位箱、地下冲浆池和冲浆泵，见图 2-85～图 2-87。纸料的稀释一般使用纸机网部的白水，这样既可以节约用水，又可回收白水中的物料，减少污染。

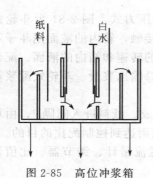

图 2-85　高位冲浆箱

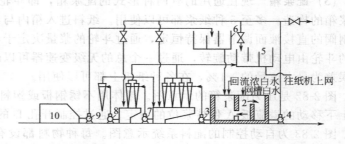

图 2-86　地下冲浆池稀释流程

1—冲浆池；2—白水池；3—冲浆泵；4—白水泵；5—稳浆箱；6—调浆箱；
7—二段除渣器；8—三段除渣器；9—成浆泵；10—成浆池

2.4.4.4　纸料的净化与筛选

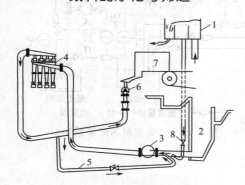

图 2-87　冲浆泵稀释流程

1—高位箱；2—白水池；3—冲浆泵；
4—除渣器；5—循环管；6—布浆器；
7—流浆箱；8—浆量控制阀

在造纸上，净化的目的在于除掉纸料中相对密度大的杂质，如砂粒、金属屑、煤渣等。因此净化设备的原理，都是利用重度差来分选杂质。

筛选的目的在于除掉纸料中相对密度小而体积大的杂质，如浆团、纤维束、草屑等。因此筛选设备的原理，都是利用几何尺寸及形状的差异来分选杂质的。

根据这两种操作的特点，一般都将净化与筛选组合成同一个系统，以发挥更好的效果。

图 2-88 为使用二段筛的精选流程。该流程的特点是纸料先通过锥形除渣器组净化后，再经过旋翼筛筛选，不但除渣效率好，而且可以减轻压力筛的负荷，保护筛板不受杂质的损坏，同时有稳定浆流和分散纤维的作用。

2.4.4.5　纸料的除气

(1) 纸料中空气存在的形态　纸料中空气以两种状态存在，一种是游离状态的空气，它以气态的形式聚集悬浮于纸料中，也有的存在于纤维的细胞腔中；另一种是结合状态的空气，它溶解于水中或吸附在纤维上。这两种空气是可以互相转换的。

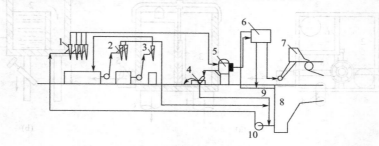

图 2-88　二段筛的精选流程

1—一段除渣器；2—二段除渣器；3—三段除渣器；4—高频振框平筛；5—压力筛；
6—稳浆箱；7—流浆箱；8—白水池；9—高位来浆；10—混合泵

(2) 纸料中的空气对抄纸生产过程的影响　抄纸生产过程中，纸料的空气会形成大量泡沫，在纸上出现圆形小点；会使纤维漂浮在流浆箱中的表层，使成纸有云彩花和定量不匀的毛病；会堵塞毛细管孔眼，阻碍纸料脱水；会妨碍纤维间的结合（表 2-10）。

表 2-10　纸料中空气的性质及其影响

状　　态	影响纸料性质	出　　现	后　　果
游离状态的气泡 0～8%	改变纸料密度和可压缩性等	自由状态存在于细胞胞腔中，0～0.5%	产生泡沫超过 0.25% 时纤维产生漂浮
结合状态的气泡	对纸料性质无大影响	溶解的空气 0.5%～2.5%，吸附在纤维上的空气 0.5%～2.5%	约有 12%CO_2

（3）除气的方法　除气的方法包括：①在设计和生产过程中应尽量防止空气的混入和空气泡的生成，并应及时脱除系统中的空气。如注意泵、管道、设备的密封，对管道和设备所聚集的空气及时排除。②采用化学或机械的方法脱除纸料中的空气。常用纸料脱气设备，生产能力不大的小型工厂可以用涡旋除渣脱气管，如图 2-89 所示，作用原理与涡旋除渣器相同，不同之处是在脱气管底部有一根直通管子中央气柱的抽气管，将气柱中的空气抽出。生产能力大的纸厂，特别是大型新闻纸机厂，则使用脱气罐，如图 2-90 所示。

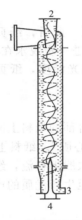

图 2-89　旋涡除渣脱气管
1—纸料进口；2—纸料出口；
3—粗渣出口；4—真空泵

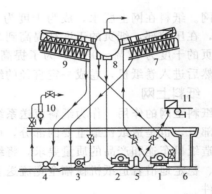

图 2-90　比翼真空脱气罐
1、2、3、4、5—泵；6—白水池；7——段锥形除渣器组；8—空气脱气罐；9—二段锥形除渣器组；10—三段锥形除渣器组；11—流浆箱

2.4.5　纸的抄造

2.4.5.1　概述

（1）纸的抄造方法和设备　纸的生产按照抄造方式可分为手工抄纸和机械抄纸。手工抄纸仅用于有传统风格的少数纸种，其他大部分纸种均采用机械抄纸。

纸的抄造方法通常分为干法和湿法两种。湿法抄纸是将纤维分散在水中制成悬浮液，通过网上脱水，生产出组织均匀的纸页。而干法抄纸则是以空气为介质使纤维成为悬浮液进行抄纸，实际上就是常说的无纺布纸。目前绝大部分的纸和纸板都是采用湿法抄造的，至于干法抄纸，只适合生产少数纸种。

湿法抄纸设备按网部的不同结构，可分为长网造纸机、圆网造纸机和双网造纸机 3 类。当前长网造纸机是造纸工业中占主导地位的一种造纸机。

（2）造纸机的生产过程　造纸机按所起的工艺作用，相应地由网部、压榨部、干燥部、压光机和卷取部组成。图 2-91 为纸和纸板抄造的主要过程。

纸料经供浆系统处理后，以 0.1%～1% 的浓度送入纸机的流浆箱，以接近造纸网运动

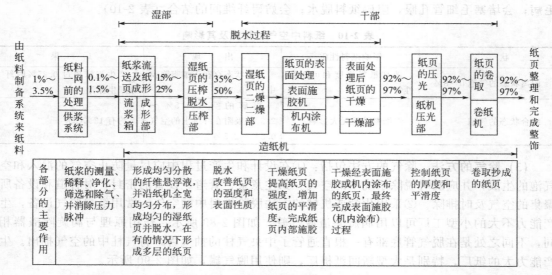

图 2-91　纸和纸板抄造的主要过程

的速率上网。纸料在网上脱水，成为干度为 14%～18% 的湿纸页。此后，纸页离开网部进入压榨部，在压榨部，纸页的干度被提高到 27%～40%。纸页的进一步脱水在干燥部进行，干燥后纸页的干度为 92%～95%。为了提高纸的紧度、平滑度和光泽度，纸页还要经过压光处理，然后进入卷纸机，卷成一定直径的纸卷。

2.4.5.2　纸料上网

(1) 纸料上网的作用　作为纸料流送系统和纸页成形系统结合部的纸料上网系统是造纸机的第一部分，也是造纸机最重要的部分，可视之为"造纸机的心脏"。纸料上网系统的作用是按照造纸机车速和产品的质量要求，将纸料流送系统送来的大股纸料流，经上网系统处理，均匀、稳定地沿着造纸机横幅全宽流送上网，为纸页成形以至生产优质的产品创造良好的前期条件。

(2) 纸料上网设备——流浆箱

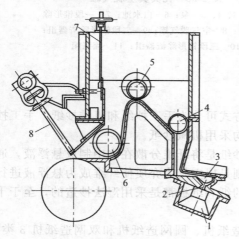

图 2-92　敞开式流浆箱
1—矩形进浆分布器；2—孔板；3—扩散室；
4、5、6—匀浆辊；7—溢流调节杆；
8—上堰板调节装置

① 流浆箱的结构　流浆箱由布浆装置、整流装置和上网装置等 3 部分组成，各部分的功能为：a. 布浆装置，作用是沿着造纸机横幅全宽提供压力、速度、流量和上网固体物质绝干量均匀一致的上网纸料流；b. 整流装置，作用是产生适当规模和强度的湍流，有效地分散纤维，防止絮聚，使上网的纸料均匀分散，并尽可能保持纸料纤维的无定向排列程度；c. 上网装置，又称堰板，其作用是使纸料流以最适当的角度喷射到成形部最合适的位置，并控制纸料流上网的速度，使之适应造纸机车速的变化和工艺的要求。

② 流浆箱发展情况及发展趋势
a. 敞开式流浆箱。最早出现的流浆箱是敞开式流浆箱，其特点是用箱内的浆位来控制上网纸料流的速度，结构简单，目前配备有新型布浆整流元件等新技术的敞开式流浆箱还适用于低速造

纸机，如图 2-92 所示。

　　b. 封闭式流浆箱。20 世纪 40 年代后期研究开发了封闭（气垫）式流浆箱，如图 2-93 所示。

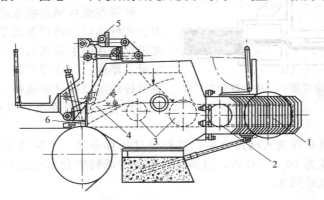

图 2-93　封闭式流浆箱

1—矩形进浆分布管；2—孔板；3—匀浆辊；4—溢流槽；5—杠杆系统；6—堰板

　　c. 水力式流浆箱。20 世纪 60 年代末以来发展了水力式流浆箱，这类流浆箱配用高效的水力式布浆整流元件，布浆整流效果好，流浆箱结构紧凑、刚度和强度高，没有转动部分，体积小，效率高，因而广泛地用于夹网造纸机和车速较高的长网造纸机和混合夹网造纸机，如图 2-94 所示的集流式流浆箱。

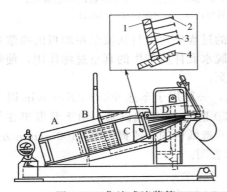

图 2-94　集流式流浆箱

A—长方形浆流分配头；B—排管；

C—扩散区；D—层流区

1—带孔固定板；2—塑料软板；

3—插头；4—流浆箱底板

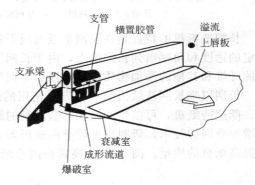

图 2-95　Formflow 流浆箱——主要元件

　　d. 高浓流浆箱。目前高浓成形技术还处于进一步开发和完善的阶段。但已有几台高浓流浆箱在生产中应用。由于高浓成形具有节能、节水、改进纸和纸板的质量和减少对环境的污染等效果，因而在今后有较好的发展前景。

　　以上所讨论的流浆箱，浓度范围均为 0.05%～1.2%。瑞典斯德哥尔摩的瑞典制浆造纸研究院（STFI）在 20 世纪 70 年代初期着手研究将流浆箱浓度提高到 2.5%～3.5%。图 2-95 和图 2-96 显示典型高浓流浆箱的主要元件及其横截面。

2.4.5.3　造纸机的网部

　　(1) 纸机网部的任务和要求　　纸页的成形是通过纸料在网上滤水而形成湿纸幅的，因此造纸机的网部又称为成形部。

　　成形部（网部）是造纸机的重要组成部分，也是湿纸幅在造纸机上成形的关键部位。网

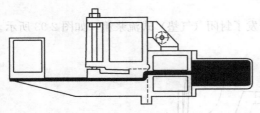

图 2-96　Formflow 流浆箱——横置联管在后部

部的主要任务是使纸料尽量地保留在网上，较多地脱除水分而形成全幅均匀一致的湿纸幅。

纸料在纸机网部脱水的同时，纸料中的纤维和非纤维添加物质等逐步沉积在网上，因此要求纸料在网上应该均匀分散，使全幅纸页的定量、厚度、匀度等均匀一致，为形成一张质量良好的湿纸幅打好基础。湿纸幅经网部脱水后应具有一定的强度，以便将湿纸幅引入压榨部。

（2）长网部　通常在进入网部之前，纸料经过稀释分散，上网浓度约 $0.3\%\sim1\%$，而出了网部纸页的干度为 $16\%\sim22\%$，网部脱去水量占纸料中含水量的 $96\%\sim98\%$。图 2-97 为典型的长网造纸机的网部。

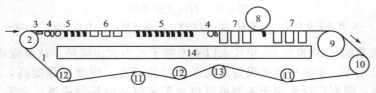

图 2-97　典型的长网造纸机网部

1—成形部；2—胸辊；3—成形板；4—案辊；5—脱水板；6—湿真空箱；7—干真空箱；8—整饰辊；
9—伏辊；10—驱网辊；11—导网辊；12—舒展辊；13—紧网辊；14—白水盘

长网造纸机的特点是在长网部纸页成形和脱水的过程中，纸料从流浆箱堰板的喷浆口以一定的速度和角度喷到长网面上，由于长网下面的脱水元件所产生的真空过滤作用，使纸料中的纤维和其他的添加物质沉积在网面上而形成纸页。

长期以来长网造纸机是一种广泛使用的造纸机，一般用于车速 $600\sim800\mathrm{m/min}$ 以下的中、低速造纸机，可以生产绝大多数品种的纸张。20 世纪 70 年代以来，由于开发出在长网上增加叠网的技术，研制出多种叠网成形器，使长网造纸机的车速提高到 $1100\mathrm{m/min}$ 左右，并提高纸页的质量。图 2-98 为高速长网造纸机的示意图。

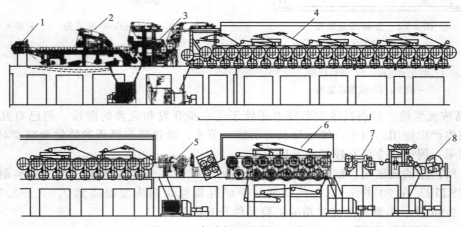

图 2-98　高速长网造纸机示意图

1—流浆箱；2—长网带叠网的混合成形器；3—复合压榨；4—单排烘缸干燥部；
5—薄膜施胶机；6—双排烘缸干燥部；7—4 辊软压光机；8—卷纸机

（3）圆网部　圆网造纸机与长网造纸机相比，具有结构简单、产品机动灵活、占地面积小和节省投资等优点，多用于抄造纸板和要求不高的薄纸。但由于受网部的结构限制，脱水面积小，且受离心力的影响，车速较长网纸机慢，成型质量较差。自 20 世纪 50 年代开始，圆网造纸机的设计有了重大的改进，发展车速也很快。目前一些新型的圆网造纸机的车速已达 1000m/min，生产效率和产品质量都有了很大提高。在我国，传统圆网纸机的车速一般仅 40～80m/min，只有少数超过 100m/min，普遍低于长网纸机的水平。图 2-99 为圆网纸页形成示意图。

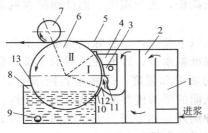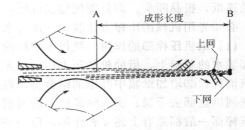

图 2-99　纸页形成示意图
Ⅰ—上网区；Ⅱ—过滤区
1—进浆管；2—流浆箱；3—活动弧形板；4—溢流槽；5—毛
毯；6—网笼；7—伏辊；8—抽风管；9—密封装置；
10—唇板；11—堰板；12—匀浆沟；13—清洗喷管

图 2-100　夹网成形原理示意图

（4）夹网成型部　自从 D. Websfor 在 1953 年发明了第一台新型夹网成型器后，已有许多夹网成形的结构引入并应用于各种用途。图 2-100 为夹网成形原理示意图。

夹网成形器是一种强制形成纸页的设备，其特点是由两网构成，纸料悬浮液由流浆箱堰板口喷射到两网之间的夹区，同时进行两面强制脱水，并很快形成纸页。夹网成形器是 20 世纪 60 年代末以来大力研制开发的一类新型成形设备，已开发出多种夹网成形器。由于夹网成形器具有适应造纸机高车速运行的性能，运行效率高，产品质量好，成形器结构紧凑，占地面积小等优点，因此是当前国际上大力发展的一类成形器，尤其适用于大型高速造纸机。目前已开发出车速 2000m/min 以上的夹网造纸机。

（5）多层造纸机　多层造纸机（纸板机）的特点是生产具有多层结构的产品，传统的多层造纸机（纸板机）的特点是装备有多个的成形器，各层纸页分别由各个成形器成形之后再叠合成多层结构的纸页，然后送到压榨部作进一步的处理。这种方法称为分离成形技术，一般用于制造高定量的纸和纸板。近年来由于多层流浆箱技术的研发，出现了同时成形（simultaneous forming）技术，即各层不同的纸料通过多层流浆箱送到成形器同时成形多层结构的纸页。这个方法不但简化了设备结构而且使制造多层结构的薄页纸和印刷纸成为现实，但这个方法当前也存在纸页的层数不能太多（一般不超过三层），每层的定量不能太大等

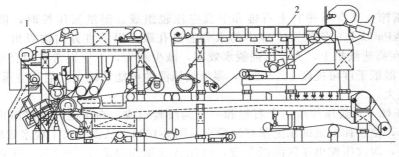

图 2-101　同时成形与分离成形相结合多层试验纸机成形部示意图
1—同时成形器；2—分离成形器

问题。最近出现同时成形与分离成形结合起来的成形器研发工作。图 2-101 为同时成形（多层流浆箱＋缝隙夹网成形器）与分离成形（长网成形器）相结合的多层试验纸机成形部示意图。

2.4.5.4 压榨部

压榨部在整个造纸机中，起着承前启后的作用。湿纸在网部成形后，所含的水分较大，一般为 16%～22%，若直接送去干燥部烘干，不但由于水分大，湿强度低，在纸机上很难传送递纸，极易断头。而且即使勉强成纸，也是纸质疏松，表面粗糙。因此湿纸在网部成形后，必须先用机械的压榨方法脱去一部分水分。

(1) 纸机压榨部的作用 纸机压榨部的作用包括以下几点：①脱除纸页中的水分，即在网部脱水的基础上，借助机械压力尽可能多地脱除湿纸幅水分，以便在随后的干燥工段减少蒸汽消耗；②增加纸幅中纤维的结合力，提高纸页的紧度和强度；③将来自网部的湿纸幅，传送到烘缸部去干燥；④消除纸幅上的网痕，提高纸面的平滑度并减少纸页的两面性。纸机的压榨部一般都兼有上述 4 种作用，但一些特殊纸种例外。如生产高吸收性的纸种（如过滤烟嘴纸、滤纸、皱纹纸等）的纸机，其压榨部主要起引纸作用。

机械压榨脱水经济上比较合理。湿纸在压榨部的脱水费用，比在干燥部的脱水，成本约降低 10 倍左右。为此，压榨部应当尽可能提高压榨效率脱除纸幅的水分。但压榨后，但纸页的干度范围在 30%～40% 之间，即使经过高强压榨装置，那些残留在纸内的水分也很难再用机械的方法除去，还有可能将纸页压溃。

(2) 压榨的原理 压榨部脱水的原理是利用机械挤压的方式，使纸页在经过两旋转的辊筒之间时，受到挤压，湿纸页的水分被压出。

(3) 压榨的类型

① 普通压榨 普通压榨的由一个石辊和一个平面胶辊组成（图 2-102）。石辊在上，胶辊在下，由下辊传动。脱水是沿着下辊的进口处流出的。石辊有天然石辊和人造石辊之分。天然石辊多采用天然花岗石，但因为价格较贵，也不易找到大块的，在使用中易受热而胀裂，且不能修补，已少采用。现用人造石辊来代替。人造石辊是用橡胶中掺入石英砂等矿物细粒或其他化学品混合制成。

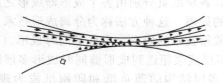

图 2-102 普通压榨

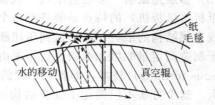

图 2-103 真空压榨压区上水的流动

② 真空压榨 真空压榨有上石辊和下真空压辊组成。湿纸页压榨时，借助真空作用（真空度为 50kPa 以上）使纸页空隙中的水分通过孔眼，以垂直方向被吸出，进入真空室（图 2-103）。在高速纸机上，为了加强脱水效率，减少断头，下压辊常采用真空压辊。与普通压榨相比，湿纸干度可提高 1%～2%，湿纸被压溃的可能性减少。但真空压榨结构复杂，投资高，电耗大。

③ 沟纹压榨 沟纹压榨由一个石辊和一个沟纹辊组成。在压区内被挤压出的水分，进入下辊沟纹中，使压榨出来的水能很好地排出（图 2-104），从而提高了脱水效率。

实践证明，沟纹压榨出压区湿纸干度，可比普通压榨提高 2%～4%，比真空压榨提高 1%～2%，减少了纸页压花等纸病，减少了纸页断头次数，有利提高车速和减少干燥部的蒸汽消耗。

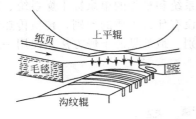

图 2-104　沟纹压榨挤出水的排出口

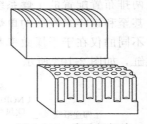

图 2-105　盲孔辊切块

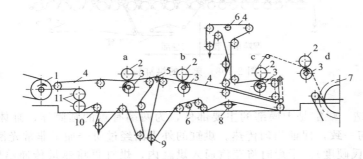

图 2-106　低速纸机的压榨部

1—伏辊；2—上压榨辊；3—下压榨辊；4—毛毯；5—引纸辊；6—毛毯吸水箱；
7—烘缸；8—毛毯校正辊；9—毛毯张紧辊；10—毛毯导辊；11—毛毯挤水辊
a、b—正压榨；c—反压榨；d—光泽压榨

④ 盲孔压榨　盲孔压榨与沟纹压榨使用情况相似，是在胶辊胶层上钻有很多盲孔，孔径约为 2.5mm，钻孔深度为 7～15mm，开孔率为 25～35％（图 2-105）。在压榨湿纸页的过程中，纸页中的水分通过毛毯进入盲孔中，这样便减少了脱水阻力，提高脱水效率。使用盲孔的一个重要因素是在辊子每转一圈时，孔内的水分都应该排空。在高速纸机上，盲孔内的水大部分被离心力甩出。

(4) 压榨部的形式　压榨部的结构，根据纸机车速不同，生产的品种不同，有较大的差异。窄幅低速纸机多采用普通压榨，如图 2-106 所示，从伏辊至各道压榨间均是采用开式引纸，一般只能适应 120m/min 以下的纸机。

高速纸机通常采用复合压榨，其分类多根据组成压榨的辊子个数和压区个数，常见的有：三辊二压区复合压榨、四辊三压区复合压榨、四辊二压区复合压榨等。图 2-107 是三辊二压区压榨的一个例子，这种压榨部的结构是中高速纸机的主要压榨形式，从起的作用来看，它相当两道普通反压，提高了纸页的反面平滑度和开放引纸时纸页的干度。

2.4.5.5　干燥部

压榨后，纸页的干度范围在 30％～40％ 之间，即使经过高强压榨装置，那些残留在纸内的水分也很难再用机械的方法除去，必须借助烘缸表面进行湿纸幅水分扩散蒸发，以达到成纸所需的 92％～95％ 的干度。

为了提高干燥效率，增加车速和产量，长网纸机大多配备多烘缸系统。所谓多烘缸系统指的是有数十个烘

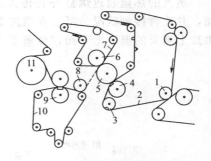

图 2-107　复合压榨的组成

1—真空引纸辊；2—引纸毛毯；3—真空吸水辊；4—包胶真空压榨辊；5—石辊；6—包胶真空压榨辊；7—第二压榨毛毯；8—导纸辊；9—包胶真空压榨辊；10—第三压榨毛毯；11—烘缸

缸按照上下两排布置配置的干燥系统。实际上多烘缸系统和早先的单烘缸干燥系统、双烘缸干燥系统，甚至和近年来发展的单烘缸系统相比，都没有什么本质的差别，传质传热形式都完全相同，不同的仅在于干燥效率和设备布置上的差别。最常见的干燥方法是使用一系列蒸汽加热的烘缸，如图 2-108 所示。

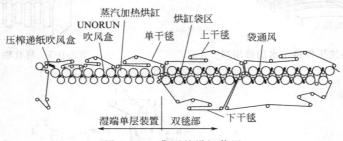

图 2-108　典型的烘缸装置

(1) 烘缸

① 烘缸的构造　烘缸是干燥部的主要部件，为两端有盖的圆筒体，缸体采用优质铸铁或钢质，厚度均匀一致，保证均匀传热。烘缸的外表面经过研磨加工非常光滑，表面硬度为 HB170～220（布氏硬度）。干燥时将蒸汽通入烘缸内，烘缸再将热量传递给纸页。图 2-109 为普通烘缸的主要结构。

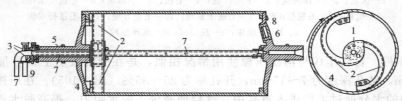

图 2-109　普通烘缸

1—集水室；2—汲管；3—接头；4—烘缸头；5—轴颈；6—人孔；7—进蒸汽管及口；8—排气口；9—冷凝水排出管

② 烘缸干燥的基本原理　干燥过程可以分为两大部分，一是蒸汽传热给烘缸的同时，传热给纸幅；二是从纸幅蒸发出来的水分，在上下烘缸之间带纸时进入大气中。这个过程中变数很多。

蒸汽的热量通过烘缸外壳传入纸张中，随着纸幅接触烘缸表面，干毯将纸页压向烘缸面，并改善接触状况。纸页在烘缸上时，干毯还阻止其水分蒸发，因此当热量传给纸页时，烘缸上纸页的温度上升而很少蒸发。图 2-110 为烘缸外壳干燥传热的剖视图。

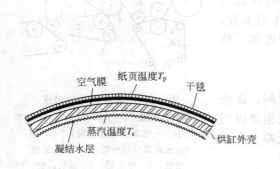

图 2-110　烘缸上纸页的传热图

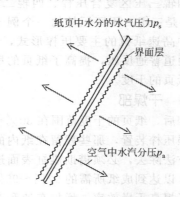

图 2-111　在开放引纸中的蒸发作用

烘缸中的纸页受热后，水分由液相变为气相。这种蒸发作用大多数是在烘缸间的开放引纸区进行的。图 2-111 显示在烘缸间引纸蒸发作用的剖视图。

③ 烘缸的温度曲线 在多烘缸纸机干燥中，各烘缸的表面温度是不同的。以烘缸号为横坐标，以烘缸表面温度为纵坐标，描点连接起来的曲线称为烘缸温度曲线。不同的纸张品种，要求不同的温度曲线。图 2-112 给出了一些常见品种的烘缸温度曲线。

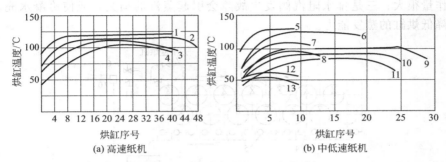

(a) 高速纸机　(b) 中低速纸机

图 2-112　各种纸张烘缸温度曲线

1—瓦楞纸；2—新闻纸；3—1 号书写纸；4—2 号书写纸；5—纸袋纸；6—烟嘴纸；7—涂布原纸；8—仿羊皮纸；
9—胶版印刷纸；10—电缆纸；11—电话纸；12—12g/m² 电容器纸；13—10g/m² 电容器纸

一般采用干燥曲线的形状为开始逐渐上升，然后平直，最后稍有下降。干燥初期如生温过高、过快，纸中产生大量蒸汽，使纸质疏松，皱缩加大，降低纸的强度和施胶度。烘缸表面温度最高为 110～115℃，对于高级纸和技术用纸，温度应稍低一些，为 80～100℃。

④ 冷缸 烘缸部干燥以后的纸含水量为 4%～6%，温度为 70～90℃，首先要经过冷缸，然后才能进压光机压光。冷缸的作用一是为了冷却纸页，使出干燥部的纸页温度从 85～90℃下降到 50～55℃，目的是为了减少纸页在热状态下卷纸造成返黄、施胶度下降等问题；二是使纸页获得润湿作用，可增加纸页 1.5%～2.5% 的水分，主要是为了调整进压光前纸页的水分，稳定压光效果。

冷缸的结构与烘缸相似，如图 2-113 所示。

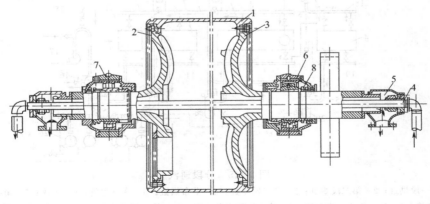

图 2-113　冷缸

1—缸体；2、3—缸盖；4—冷却水进水管；5—进水头；6—双列球面滚珠轴承；7—轴承；8—固定轴承螺母

(2) 干燥部的通汽方式 烘缸干燥部是通过蒸汽方式供热干燥纸页脱除水分的，因此通汽是烘缸干燥部的重要工艺。根据纸机生产能力、生产纸的种类和烘缸的干燥曲线，纸机干燥部有两种不同的通汽方式，即无蒸汽循环的单独通汽和有蒸汽循环的分段通汽。

① 单独通汽方式 一般产量在 30～40t/d 以下的低速窄幅纸机大多采用单独通汽或两

段通汽，而生产能力大的纸机多采用多段通汽。

单独通汽方式如图 2-114 所示。蒸汽由总汽管分别引进各个烘缸，冷凝水通过排水阻汽阀沿总排水管排出，收集在槽内再用泵送回锅炉房。单独通汽方式可以回收利用冷凝水中大量的热能，同时不需做净水处理。但单独通汽法有很多缺点：一是没有蒸汽循环，空气会逐渐在烘缸内积蓄，必须定期打开烘缸的排气阀排放空气；二是需要很多排水阻汽阀，管理和维修的工作量很大；三是排水阻汽阀发生故障会引起蒸汽的损失，或使冷凝水充满整个烘缸，大大降低烘缸的蒸发能力。

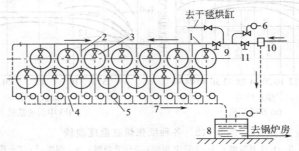

图 2-114　单独通汽

1—总汽管；2—进汽管；3—调节阀；4—排水管；5—排水阻汽阀；6—安全阀；7—总排水管；
8—收集槽；9—总汽管调节阀；10—汽水分离管；11—调节阀

② 分段通气　为了解决单独通气所造成的问题，目前造纸厂一般都采用分段通汽的干燥方式。分段通汽依靠各段烘缸之间的压力差，或者借助于最后一组烘缸连接的真空泵产生的负压通蒸汽。

在蒸汽循环的通汽方式中，干燥部按通汽顺序可分为 3～5 段。各段蒸汽压力由 0.3～0.79MPa 递减到 0.02～0.079MPa。烘缸数目为 46 个的纸机的分段通气如图 2-115 所示。

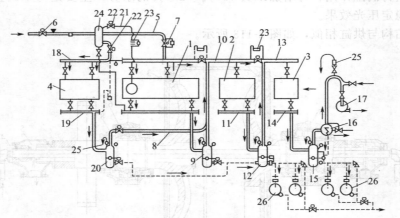

图 2-115　分段通汽

1—第一段烘缸；2—第二段烘缸；3—第三段烘缸；4—干布烘缸；5—蒸汽主管；6—主阀；7—第一段蒸汽总管；8—第一段冷凝水总管；9—第一段汽水分离器；10—第二段蒸汽总管；11—第二段冷凝水总管；12—第二段汽水分离器；13—第三段蒸汽总量；14—第三段冷凝水总管；15—第三段汽水分离器；16—冷凝水冷却器；17—排除空气和不凝气体的真空泵；18—干布烘缸蒸汽总管；19—干布烘缸冷凝水总管；20—干布烘缸汽水分离器；21—指示烘缸的进汽管；22—压力调节器；23—压差测量器；24—蒸汽主管上的汽水分离器；25—恒温汽水分离器；26—冷凝水泵

(3) 烘缸系统简介

① 双排多烘缸系统　双排多烘缸系统是最常见的传统干燥部。纸机的主要要求是提高

纸机的速度、蒸发效率、降低能耗。双排烘缸的排放可以有效地减少干燥部的长度，降低生产成本。双排烘缸系统中的烘缸一般交错上下排放，上下排烘缸分别使用不同的干毯。近年来也有开始使用单网作为干毯以提高干燥效率的。双排烘缸系统的优点是操作方便、引纸简单、干燥效率较高。

② 单排多烘缸系统　单烘缸系统的优点是纸幅在整个干燥部被支撑、断头时落到传送带上直接送到水力碎浆机中去，由于干燥部的开始和末尾部分的烘缸数较少，纸页在纸机方向上的伸长和皱褶能够得到充分地补偿和消除。目前，单层烘缸多用于高速纸机。

图 2-116 展示使用全部单层布置的干燥部，这种形式的干燥部将在新的高速纸机张使用。

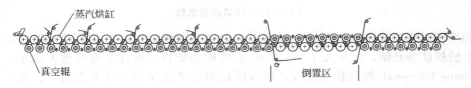

图 2-116　全部单层烘缸的干燥部

无绳尾部传送系统可以确保纸页安全可靠地传过干燥部。单排烘缸系统的清洁器可保证干毯干净以确保纸页的高速蒸发和纸页洁净。单排烘缸可以 V 形安装，从而减少 25% 的长度。

2.4.5.6　纸的压光与卷取

(1) 纸的压光　长网纸机在干燥部之后卷取之前，常安装压光机，将来自干燥部的表面粗糙的纸张压光与压实，用以提高纸的平滑度、光泽度、厚度和纸幅的均匀性。薄页纸（如电容器纸、卷烟纸）和吸收性纸（如滤纸、吸墨纸、钢纸原纸等）大多不用压光机。

压光机一般设置在造纸机的尾部，干燥之后、卷纸之前。压光机通常配备 3～10 个压光棍，垂直重叠安装在机架上，图 2-117 为普通压光机。

(2) 纸的卷取　卷纸机是造纸系统的最后一个设备，作用主要是将压光后纸张卷成卷筒，以便吊送到下一工序进行复卷或加工改切，以保证纸机连续性正常运转。

卷纸机按照卷取原理可分为两种，即轴式卷纸机（芯轴卷取）及圆筒式（表面卷取）卷纸机。轴式卷纸机是比较旧的设备，仅限于 150m/min 以下的低速纸机使用，目前除用于卷烟纸和电容器纸之外，一般已不再使用。

圆筒式卷纸机为目前普遍采用的卷取设备，如图 2-118 所示。工作时，卷纸缸表面与纸页之间的摩擦力使得纸卷旋转。这种卷纸机适合各种车速的造纸机，卷成的卷筒比较紧实，纸幅受到的张力也较小，在生产中不容易产生断头。

2.4.6　纸板的制造

造纸工业的产品主要分为纸和纸板两大

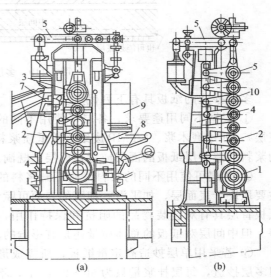

(a)　　　　(b)

图 2-117　压光机

1—下辊；2—中辊；3—上辊；4—机架；5—加压升降机构；6—空气引纸；7—压光机前展纸辊；8—卷纸机前展纸辊；9—平台；10—中间辊轴承臂

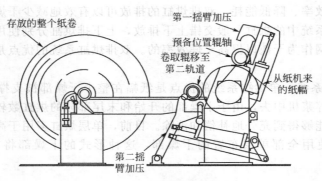

图 2-118 圆筒式卷纸机

类。纸和纸板之间没有明确的界线，纸板也可以说是厚纸。ISO 标准表明，纸的定量小于 $250g/m^2$ 的被认为是纸，定量大于 $250g/m^2$ 的可称为纸板。世界上有些地方规定，凡厚度超过 $0.3mm$ ($300\mu m$) 的就称为纸板，所以纸板的定义就变得不是那么清晰。也有的根据其特性和用途来区分。例如，某些定量大于 $250g/m^2$ 的吸墨纸和图画纸通常被称为是纸，而一些定量小于 $250g/m^2$ 的制纸盒的白纸板，却被列入纸板类。

纸板种类很多，大量用于商品包装，也用于工业上各个领域的特殊需要。所以，纸板的生产不但关系到商品包装和运输，也影响电器工业、建筑工业、汽车制造业等行业的发展。近几年我国纸板需求的增加和生产的发展都较快，纸板占纸张总量的比重在不断增加。而且其需用量将会随着国民经济的发展相应地增长[19]。

2.4.6.1　纸板的结构特点

现代纸板具有多层结构，它是由三种以上不同浆层经湿压合成的多层纸板，其剖面结构见图 2-119。也有一小部分纸板是用纸张层压制成的。

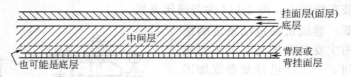

图 2-119　多层纸板结构图

多层抄造的纸板具有下列优点：

① 根据不同用途要求，各层可使用不同的浆料。可采用低质浆料抄造内层（中间层和底层），如用磨木浆、CTMP 废纸浆等低质浆料来抄造纸板的中间层和底层和背层，用优质的浆料抄造多层纸板的面层或背挂面层，既满足了纸板的用途，又降低了纸板成本。

② 各层可使用不同的浆料，使不同浆料的优点得到充分利用和发挥。纸板的有些性能主要取决于表面层，如平滑、细腻的表面可赋予纸板相应的外观、印刷性能以及耐磨性能。纸板背层具有对包装物品的阻抗和保持作用，如抗冲击、防水、防油、热稳定性和密封性等。但中间层对纸板的总体质量还是有影响的，因此也应给予必要的关注。

③ 若采用单层抄造高定量纸板，所需成形和脱水时间均随定量增加而迅速增大。若采用多层抄造，每层挂浆量只为 $60\sim90g/m^2$，不但可以保证迅速成形脱水，而且可采用低浓上网，提高整个纸板的匀度。另外，由于多层抄造各层间的不均匀性可以互相补偿，因此可减少定量分布的非均匀性。

④ 多层抄造纸板可提高纸板的机械强度。一般来说，多层抄造的纸板强度要比单层抄造的高。多层成形部如图 2-120 所示。当纸板定量一定时，多层抄造可获得较高的耐破强

度；而当耐破强度一定时，采用多层抄造可降低定量、故采用低定量、多层抄造是纸板成形的发展方向。

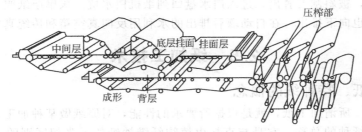

图 2-120　现代多层成形部（Valmet/Ahlstrom 公司）

2.4.6.2　纸板的生产方法

纸板的生产方法跟一般纸张的抄造基本相同，也是通过制浆、打浆、抄造、压光、卷取、裁切或复卷等步骤。

现在世界上绝大多数纸板都是用连续式生产方法生产的。纸板的生产普遍采用多层抄造的方法。直到不久前，大多数多层成形方法都是使用圆网纸机。近些年不断地出现了许多使纸幅尚在湿态时即层合起来的多层纸幅成形方法。

(1) 圆网成形器和多圆网纸板机　生产纸板的圆网成形器与生产普通纸的圆网成形器的结构和成形原理一样，只不过是将多个圆网成形器装置串联在一起，以形成多层纸板，如图 2-121 所示。一般抄纸毛毯横穿整个成形部，个别纸板机各个网笼都配有独立的驱动装置。

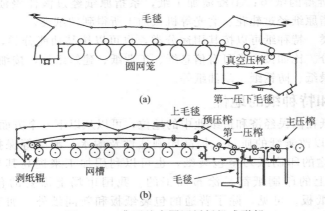

图 2-121　典型的多圆网纸板机成形部

(2) 长网叠网成形器　20 世纪 50 年代，英国 St. Annes 纸板制造有限公司开发了顶网成形器，这是一个速度超过其他方法，而又不影响质量的高质量多层纸板制造方法。顶网成形器的发明主要目的是克服圆网成形器在生产多层纸板时的质量和速度的限制。

图 2-122 所示出的是顶网成形器的基本结构。其操作如下，纤维悬浮液在压区前面直接

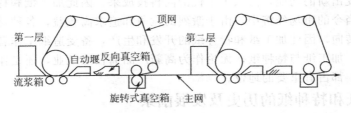

图 2-122　顶网成形器的基本结构（Beloit-Walmsely 公司）

流到底网上，压区是由绕过成形辊的顶网与底网（由案辊或案板支撑）所组成。然后两张网夹着纤维悬浮液通过一个轻压的顶网，顶网上有一个硬刮刀（自动堰）。白水从纤维悬浮液中通过顶网挤出，被斜刮刀脱出，进入白水盘回到纸机白水坑。该单层纸幅（或多层纸幅的第一层）的白水也向下排出。在自动堰后排出的水利用反向真空箱和传统真空吸水箱脱水。

2.5 纸加工技术

2.5.1 加工纸、特种纸的概念

(1) 加工纸 所谓加工纸，就是根据所要求的性能，对原纸做某种加工，或者与其他材料复合所得到的纸种的总称。它是与直接由植物纤维抄纸的纸张相区别的。由于加工的方法、复合的材料及用途的不同，加工纸的种类繁多。

(2) 特种纸 特种纸是与普通纸相区别的。这里的普通纸，是指用于印刷、书写、包装及卫生等一般用途的纸。除此之外，用于其他特殊用途的纸，都可以称为特种纸。但也有人认为，一些经过特殊加工的高级文化用纸和包装用纸，比如铜版纸、涂布印刷纸、高光泽玻璃卡等，也应属于特种纸。

2.5.2 加工纸和特种纸的分类[20]

(1) 加工纸分类 一般加工纸可按加工方式的不同，分为以下几类：①涂布加工纸，系指原纸表面采用各种涂料进行涂布加工所得的纸类；②变性加工纸，系指原纸受化学药剂的作用而显著改变了特性的纸类；③复合加工纸，系指经过层合和裱糊作业而使原纸与其他薄膜材料贴合起来其所得的纸类；④浸渍加工纸，系指原纸经过液体浸渍所得到的加工纸；⑤机械加工纸，系指原纸经过轧花、磨光等机械加工所得到的纸类。

(2) 特种纸分类 特种纸可以按其用途分类，也可以按其功能分类，或像普通纸一样，直接以其用途来划分。比如按大类可有信息纸、工业纸、建筑纸等，按细目可有打印纸、无碳复写纸、热敏记录纸、防锈纸、耐油纸等。

2.5.3 加工纸和特种纸的地位

加工纸和特种纸在国民经济和造纸业中的地位，可以从以下三个方面来说明。

① 纸的加工可以改善纸的质量，提高印刷适性及耐水、耐磨等保护性能，改善纸的外观。所以一般用途的印刷纸乃至包装纸，也可以利用加工来提高其品级。比如当今的世界市场，70%以上的印刷纸都是涂布加工的。我国市场上需要的包装用白板纸，有60%以上是涂布白纸板。可见，除了普通的包装纸板和新闻纸外，加工纸和特种纸早量上就占有优势。

② 正如前面所说的，在当今的约 5000 种纸中，大多数纸种是加工纸和特种纸，它们各自具有独特的功能，使纸作为优良的片状材料而应用于各个领域，发挥着极为重要的作用。

③ 因加工和独特的制造工艺，使加工纸和特种纸提高了质量，增加了新的功能，提高了产品的使用价值。由于高科技市场的需求，加上新的原料及新加工技术的保证，使加工纸和特种纸不断开发出新的功能，溶入了现代的高科技成果。因此加工纸和特种纸是具有高附加值的产品。在当今的市场经济中，由于激烈的竞争和追求高效益，各种材料生产厂家都向高附加值的产品转向。因此加工纸和特种纸的开发和生产，备受造纸工作者的重视。

由上述可见，加工纸与特种纸，无论作为高新产品而在造纸业，还是作为功能材料在整个国民经济当中，都占有重要的地位。

2.5.4 加工纸和特种纸的历史及发展前景

蔡伦发明纸的最初目的是用于书写，印刷术出现后，纸张就成了主要的印刷材料。人类的生活实践证明，纸作为包装材料有着极优良的特性，因此文化和包装成为纸的两大主要应用领域。随着社会的发展，人类对纸的质量要求越来越高，纸作为片状材料的开发和应用也随之展开。加工纸和特种纸的发展，成为人类文明发展的缩影。

在我国，公元 4 世纪就发明用黄水浸渍纸张，制成防虫纸。这是世界上最早的浸渍加工纸，也是最早的具有防虫功能的特种纸。公元 9 世纪，对纸可以进行印花和压光加工，并出现了最早的窗户纸。公元 10 世纪，可在纸面涂蜡进行光泽加工，10 世纪末在我国出现了最早的钞票纸。

在世界上，16 世纪，出现了桐油涂在纸上制成的油纸；用手工将涂料刷在纸上进行光泽加工。18 世纪中期已有少量手工刷涂的颜料涂布纸上市，还出现了表面涂蜡的蜡纸。19 世纪 90 年代，出现了最早的壁纸。

1875 年，第一份机制的涂布印刷纸问世，采用的是毛刷式涂布机。一直到 20 世纪 20 年代，涂布印刷纸不断地得以发展。

使涂布加工纸得以迅速发展并步入现代化的转机，是 20 世纪 30 年代辊式涂布、造纸机内涂布及气刀式涂布方式的出现，到了 50 年代就奠定了现代颜料涂布加工纸的基础。以颜料涂布纸为龙头，相继出现了各种现代加工技术。尤其是第二次世界大战之后的经济高速增长时期，由于包装革命的需求，科学和生产发展对片状材料的广泛需要，以及石油化工产品的发展和丰富，使各种涂布加工、复合加工、浸渍加工等加工技术和加工产品层出不穷。另一方面，作为造纸的纤维原料，从 20 世纪 40 年代后期就不局限于植物纤维原料，而可以采取各种合成纤维和无机纤维，而且这些纤维自身不断地向着功能化的方向发展。因此可以从本质上提供给纸张以某种功能性，这又为特种纸的发展提供了新的途径。

纵观全球的产业发展情况，现代的造纸业当属技术密集、规模效益显著、连续高效生产的制造业，位居世界电信制造业和汽车工业之后，而居于钢铁工业和航空航天制造业之前，在发达国家是经济中十大支柱制造业之一。造纸行业又是拉动性行业，能带动林（农）业、信息、包装、机械、化工等行业发展，其影响力系数为 1.215，高居首位（运输设备制造业为 1.0724，金属制品业为 1.0839，电子及通讯设备制造业为 1.0968，化工为 1.1519）。我国改革开放以来纸和纸板的总产量由 1978 年的 466.2 万吨，增长到 2002 的 3780 万吨，翻了三番，比国民经济总产值的增长速度还要快。目前我国和世界上各发达国家，都有加工纸和特种纸的研究会和专业委员会等专门组织，并致力于加工纸和特种纸的开发与发展。

参 考 文 献

［1］潘吉星. 中国造纸技术史稿. 北京：文物出版社，1979.

［2］钱存训. 中国纸和印刷文化史. 桂林：广西师范大学出版社，2004.

［3］刘仁庆. 造纸趣话妙读. 北京：中国轻工业出版社，2008.

［4］孙建华. 造纸术的传播. 北京：中国工人出版社，2008.

［5］杨淑蕙. 植物纤维化学. 北京：中国轻工业出版社，2001.

［6］谢来苏，詹怀宇. 制浆原理与工程. 2 版. 北京：中国轻工业出版社，2001.

［7］斯穆克 G A. 制浆造纸工程大全. 曹邦威，译. 2 版. 北京：中国轻工业出版社，2008.

［8］王忠厚，邢军. 制浆造纸工艺. 北京：中国轻工业出版社，1995.

［9］王中厚，高清河. 制浆造纸设备与操作. 北京：中国轻工业出版社，2008.

［10］廖俊和，罗学刚. 制浆新技术研究进展. 四川化工，2004，7（5）：21-24.

［11］王修智. 造纸术的演变. 济南：山东科学技术出版社，2007.

［12］刘忠. 制浆造纸概论. 北京：中国轻工业出版社，2007.

［13］周学飞. 制浆漂白清洁新技术. 北京：中国轻工业出版社，2004.

［14］万金泉，马邕文. 废纸造纸及其污染控制. 北京：中国轻工业出版社，2004.

[15] 刘秉钺. 再生纤维与废纸脱墨技术. 北京：化学工业出版社，2005.
[16] 邝守敏. 制浆工艺及设备. 北京：中国轻工业出版社，2008.
[17] 隆言泉. 造纸原理与工程. 北京：中国轻工业出版社，2002.
[18] 沈一丁. 轻化工助剂. 北京：中国轻工业出版社，2004.
[19] 李锡香. 工业纸板制造与应用. 北京：中国轻工业出版社，1999.
[20] 张运展. 加工纸与特种纸. 2版. 北京：中国轻工业出版社. 2008.

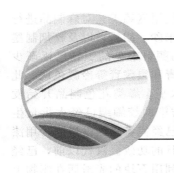

第 3 章
染整工程

3.1 绪 论

3.1.1 染整的意义和在国民经济中的重要地位[1]

在纺织品染整加工中，通常需用各种方法去除纺织纤维上的各种杂质，改善纺织品的服用性能，并为染色、印花和整理等后续加工提供合格的半成品。通过染色使染料或颜料与纺织材料发生物理的或化学的结合，从而获得鲜艳、均匀和坚牢的颜色，改善外观，提高纺织品的附加值。采用特殊手段经过印花使染料或颜料在纺织品上按事先设定的布局部分上色，获得各种颜色的花纹图案，以美化织物外观。根据纺织品材料的特性，通过化学或物理化学的整理作用改进纺织品的外观和形态稳定性，提高纺织品的服用性能或赋予纺织品阻燃、拒水拒油、抗静电、防辐射、防霉抗菌等特殊功能。

人们为了生活，第一要吃饭，第二要穿衣。自古以来，裘、革、纺织品都是衣料的主要来源，几乎在有了裘、革、纺织品的同时就有了染整工程。因此，染整工程一直是皮革工业、纺织工业中的一个重要组成部分。纺织工业是国民经济的支柱产业，它们丰富了市场，美化了人民的生活，在解决人口就业和出口创汇中占有重要地位。纺织品除了满足了人们的穿着需要外，还大量用于装饰材料、工农业生产和国防建设等各个领域。

染整作为纺织品生产的重要环节，通过染整加工可以改善纺织品的外观和服用性能，或赋予纺织品特殊功能，提高纺织品的附加价值，满足各个领域对纺织品的要求。同时，纺织品的染整加工需要，极大地带动和促进了相关产业，如染料工业、化学化工工业、机械制造业、服装加工工业及商业贸易等的发展。

综上所述，染整工程在纺织品生产中占有非常重要的地位，对提高纺织品的附加值和企业的经济效益起着举足轻重的作用，在美化人们生活，满足人们生活和工农业、国防需要，促进国民经济发展方面有着重要意义。

3.1.2 染整工业发展历史[2]

中国对纺织品进行染色和整理加工已有悠久的历史。我国的染整工业可追溯到周代，那时就设置了掌管染革、染人、画、绘、钟、筐等专业机构，分工主管各个纺织品染整加工工序。在周代，人们就发明了利用草木灰或贝壳灰液内所含碳酸盐类的碱性，对丝绸交替沤、晒，以达到脱胶、精练目的的巾荒氏沤练法。商周时期已开始使用赭石、朱砂、空青等彩色矿物颜料和蓝草、茜草、紫草和皂斗等植物染料。根据颜料和染料的特性分别采用胶黏剂和媒染剂将其固着在纺织品上，建立了套染、媒染及草石并用等染色工艺，并通过绘画方式得到花色服饰。

到了春秋战国时期，纺织品的色谱已基本齐全。这时，古人已用漆液在编织物上进行涂层。这期间，工艺体系已较完整，染色加工各道工序分工明确，这表明染色工艺体系已经形成。秦汉时期设有平准令，主管宦官染色手工业的练染生产。

秦汉以来，丝绸精练已发展到利用砧杵的机械作用和草木灰的化学作用相结合的捣练法，以提高生丝的脱胶效率，缩短工艺时间。与此同时，也开始使用沤练工艺对麻制品进行精练。秦汉以后染色技术有了进一步发展，这时用化学方法制取朱砂、胡粉，以及松烟制墨等手工业先后成熟，染料植物的种植面积扩大，应用普遍，矿物颜料染色的织物已逐渐少见。当时靛蓝还原染色技术已成熟，还运用复色套染，获得棕藏青和黑藏青等冷暖色调。此时，型版印花技术获得发展，用颜料的直接印花制品已有相当水平，缬类花色制品开始发展，出现了利用蜡绘防染的蜡染花布绞缬绸。到了东晋，扎结防染的绞缬绸已经大批量生产，南北朝时蓝白花布已应用镂空版防印，使用植物染料的练制已经完备。西汉以来，用漆液和荏油加工而成的漆布、漆纱和油缇帐等用品，均具有御雨蔽日的功效。汉代以前，已经对织物进行整理加工，用熨斗熨烫使织物表面平挺而富有光泽，利用石块的光滑面在织物上进行碾研光，使织物表面富有光泽。东晋时，开始利用块茎含红色的儿茶酚类鞣质的薯莨汁液，遇铁媒能生成黑色沉淀，在织物上作一浴法染色。

隋唐时期，在州府监下设有织染署，宋代宦官练染机构进一步扩充。宋代在技术上发展了漂白法，将湿态的葛布用硫黄熏白。这种利用初生态氢的还原作用，是我国较早的化学漂白法。在印花方面发展了印金、描金、贴金等工艺。

明清除在南北两京设立染织局外，在江南还设有靛蓝所供应染料。明清时期，发明了初练用草木灰汤，复练用猪胰或瓜蒌汤的丝绸两步精练法。这种利用动物或植物的生物酶脱胶，是当时丝绸精练中的一项创造。清代也利用黄酱水（制面筋脚水）发酵液中的生物酶等作用，使棉织物得到白度自然、手感柔软等精练效果。在染色方面，已应用同浴拼色工艺，依次以不同的染料或媒染剂浸染，以染出明暗色调。在靛蓝还原染色方面，已会利用碱的浓淡和温差，使还原染色后的色光各具特色。有关染色的色谱、色名已发展至数百种之多。清代的染坊一部分已采用染灶、染釜，以适应升温和加速工艺流程。这一时期的涂层制品更为精致，彩色的油绸、油绢以及用它们制成的油衣、油伞等用品，均为当时上等防雨用品。薯莨的汁液在清代应用最为广泛，除染整葛布作汗衫外，更发展到用于丝绸类织物，制品名为莨纱。经其整理后的纱罗织物，仍能保持孔隙，正面黑色，反面红棕色，具有凉爽、耐汗、易洗、快干等优点，很适合于夏季或炎热地区和水上作业人员使用。

3.1.3　我国现代染整工业[2]

世界上纺织化学工业直到18世纪开始才有很大的进展。欧洲的化学家们在染料性能和染色原理的研究方面首先取得了突破。到19世纪以后，人工合成染料取得了一系列的成果，如苯胺紫染料（1856年）、偶氮染料（1862年）、茜素染料（1868年）、靛蓝染料（1880年）、不溶性偶氮染料（1911年）、醋酸纤维染料（1922～1923年）、活性染料（1965年）等。人工合成染料的出现使得染整工业摆脱了对天然染料的依赖；随着化学纤维的问世，新型纺织加工助剂、加工技术和理论及连续化生产设备发展，这些都极大地促进了染整工业的快速发展[2]。

19世纪中叶以后，中国的染坊仍然处于手工业状态。20世纪初，随着国外印染机械和化学染料的发展，国内的练染业也逐渐使用进口的染整机械设备，并广泛使用了化学染料和助剂。20世纪以来，由于外国化学原材料和棉纱、棉布丝光技术的发展，棉织品练漂逐渐由手工操作演进为用蒸汽的机械化精练，陆续建立了烧毛、退浆、高温高压煮练、丝光和漂白等工序，并采用纯碱、烧碱和漂白粉等助剂。上海、无锡、天津等地的染整厂陆续诞生，并开始使用机械设备染色、印花和整理，大批量生产漂白、色布和印花布。20世纪30年代后，我国开始自造部分染整设备和染料。抗日战争时期，由于内地染整工业不发达，导致上海地区的染整工业畸形发展。抗日战争结束后，当时的政府接管了日本在华的印染厂，作为中国纺织建设公司的组成部分。中华人民共和国成立后，逐渐把原中国纺织建设公司所属各印染厂和许多私营印染厂改造成国有企业，先后在全国各地新建和扩建了大批印染厂，并以科研、革新为基础，与引进国外技术相结合，不断提高练漂、印染、整理工艺的技术水平[2]。自 20 世纪 90 年代以来，我国的染整工业有了长足进步，表现在染整加工的规模和产量不断扩大，产品质量和品种不断提高和增加，引进了许多国外新型的染整加工设备，并在此基础上已能仿制和研制一些染整加工设备，自己生产的染料和助剂的品种与产量大幅度增加，各种新的染整加工技术应运而生，并被应用于生产实践。到目前为止，我国已成为全世界的纺织品染整加工中心之一，染料生产和消耗均属世界第一。自己生产的染整加工设备及零配件在性能和品种上均已能基本满足我国染整工业的需要，染整助剂在品种、产量和性能方面均逐渐取代了昂贵的国外产品，染整加工技术更加成熟，产品质量已有较大提高。

新中国成立前由于我国的生产水平低下，染整技术长期处于落后状态，产品陈旧，工艺落后，品种有限。新中国成立后，我国的染整加工技术不断提高，尤其是改革开放以来，经染整加工的色布、印花布、装饰布及其他产品发展迅速，在世界各国有着极其广泛的市场，出口迅速增长。现在我国用于染整加工的新染料、新助剂、新技术层出不穷，生产出的产品色光鲜艳、图案清晰、手感外观各项性能指标均能达到不同客户的要求，产品品种日益增多。在染整技术和染整科学研究方面，开展了圆网印花、转移印花、涂料染色与印花、电脑制版、喷墨印花、防蜡染印花、一浴一步法前处理、生物酶前处理、泡沫染色、低浴比染色、无盐或低盐染色、生物酶整理、混纺与复合材料的染色与整理、电脑测色配色、新型印花制版方法、涂层整理、液氨整理、树脂整理、各种功能整理及环保型染料和助剂以及各种清洁化生产技术的研究与应用，不仅使产品的品种不断扩大，而且减轻了环境污染，降低了能耗，缩短了工艺流程，提高了产品质量，推动了染整加工的清洁化生产。各具特色的抗静电、导电、阻燃、防水透气、自亲水排汗、防红外、防电磁波、红外保温、抗菌、形态记忆等功能整理剂及整理工艺的开发与应用，提高产品的档次和附加值，满足了各方面的需求。逐步形成了具有我国特色的、丰富多彩的染整加工技术和理论，满足了生产的需要，极大地提高了我国染整技术的加工水平和能力。在国外专业和相关期刊上发表的染整及其相关的科研论文逐年增加，申请的国家发明专利数量越来越多。

3.1.4 染整科学的发展概况

人们在长期的生产实践中总结出的解决染整生产实践问题的方法和技艺就是染整技术，在现代构成了染整工程，而人们在此基础上所掌握的基本规律体系则构成染整科学。

染整作为一门技术科学，研究的对象是材料基质在加工中所使用的机械（物理、力学）、化学及物理化学方法和加工过程。染整加工中，由于材料基质的不同，而这些材料基质又往往与加工介质、染料、加工助剂或其他整理剂一起形成了复杂的多相体系，并且加工环境，如温度、pH、外力作用等，和染整加工有密切关系。因此，染整工程作为一门应用科学，并不能简单地搬用基础学科的成就。例如应用热力学和动力学理论分析染色过程就远比各种纯物质化学反应中的热力学和动力学分析复杂得多。染整的科学规律带有统计学性质，使描述带有某种不确定性。

许多世纪以来，人们都是凭经验进行染整加工。近一个多世纪以来，染整工作者都试图揭示染整加工过程原理，目的是能确定染整过程的各种因素和参数，预报染整加工技术的结果。直到无机化学、有机化学、分析化学、物理和物理化学等基础科学基本形成以后，染整工作者才开始零星总结了染整加工过程理论方面的观点。随着胶体和界面化学、染料化学、颜色光学、高分子化学和高分子物理等分支学科的形成和现代测试技术的发展，染整工作者结合物理化学、染整工艺原理、纺织化学和现代纺织分析化学等，从理论上阐述了染整加工过程原理，在此基础上形成了染整学科体系。因此，染整学科是一门应用型的交叉学科，它是以无机化学、有机化学、分析化学、物理学、化学工程、电子电工学、材料力学、物理化学、高分子化学与物理为基础，以纺织材料学、胶体与界面化学、染料化学、颜色光学、染整机械、环境科学、现代测试技术为专业基础，以染色物理化学、染整工艺原理、纺织化学、染整助剂与表面化学等为专业核心形成的学科体系。随着科学技术的进步和人类日益增长的生产和生活需要，染整加工的对象、方法与技术及使用的加工材料都在不断地变化，染整加工的过程与原理也随之改变。利用不断发展和完善的现代测试技术与手段深入探索和研究染整科学，学习和借鉴其他相关学科领域最新研究成果，都将进一步丰富和完善染整科学的研究内容，推动染整科学的深入发展。

3.1.5　我国染整教学、科研单位和工业的分布

新中国成立前，全国只有为数不多的大学设有染整加工课程，而培养染整专门人才的各种技术学校也不多。这些学校的毕业生加上从国外留学回来的工程技术人员，人数仍然很少。1950年以后，轻工和纺织技术研究工作开始由国家统一组织规划，组建了轻工、纺织研究院，新建了一批规模较大、专业齐备的综合性大学和专业学院。20世纪80年代初，全国各重点省市都建立了纺织专业研究机构，如中国纺织科学研究院、东华大学国家染整工程技术中心、上海纺织科学研究院、天津纺织工程研究院等，这些科研院所大多分布在北京、上海、天津及各省会城市。在这些研究机构中均有专职科研人员从事染整科学与技术的研究，而在染整企业中的工程技术人员也一直在从事染整技术的研究工作。20世纪90年代起逐步推行以企业为基地，实现了产、学、研相结合的科学研究体制，研究机构逐步实现企业化。目前为止，在全国几十所设有轻化工程专业的大学中，设置有染整课程或从事染整专门人才培养和染整科学技术研究的主要有四川大学、东华大学、天津工业大学、陕西科技大学、西安工程大学、江南大学、苏州大学、浙江理工大学、北京服装学院、武汉科技学院、新疆大学等十多所大学，还有一批高中等轻工、纺织技术学校，培养中级染整人才，在校学生人数达万人，每年为染整行业输送包括硕士、博士研究生在内的各类人才近千人。在学科建设方面，已形成了我国自己的染整学科教学体系，建立起了培养染整高级人才的硕士、博士点以及一批国家级重点实验室和工程中心。20世纪90年代以后，随着形势的发展，染整工程学科正朝着培养复合型高级人才方向发展。现在我国已经形成了一个完备的以高校、科研院所、企业为核心，产、学、研相结合，适应不同层次、水平的染整技术与科学的研究开发体系。在国外，也有许多从事染整教学、科研的院校，如美国的北卡罗来纳大学、加州大学洛杉矶分校、佐治亚大学、美国南方农业研究中心，英国的曼彻斯特大学、利兹大学、赫瑞斯特大学苏格兰纺织学院，德国的法兰克福大学、斯图加特大学，澳大利亚的昆士兰大学等。

目前，我国几乎每个省份和自治区均有数量不等、规模不同的染整加工企业。从分布上来看，主要分布在浙江、广东、福建、山东、江苏等沿海地区，其产品主要为出口贸易加工。其次是安徽、河北、河南、湖北、四川等内陆省份，其产品主要以国内市场为主。基本上形成了内外有别，互相贯通，梯次分布的格局。与此相应，我国染料生产企业主要在浙江、吉林、天津、山东、上海等地区，而染整机械及测试仪器的生产企业也主要分布在江苏、上海、山东、宁波、河南等地区。

3.1.6　染整工业发展面临的问题

我国的染整工业仍然面临着许多急待解决的重大问题。首先，随着环保意识的加强，面对欧美的绿色纺织品贸易壁垒，能否解决好染整加工的清洁化生产问题，关系到我国的染整工业的生存和发展。其次，如何进一步提高染整加工技术、染料与染整助剂的质量和性能水平以及染整设备先进程度，从而提高染整加工产品的质量和附加值，将是影响染整工业发展的重要因素。另外，节能降耗，降低生产成本，搞好科学管理，科学合理的搭配使用各企业现有资源，形成强大的企业群和产业链，增强企业的竞争能力，一直是传统的染整工业所面

临的一个要解决的重要问题。最后，如何利用现代技术，如纳米技术、生物工程技术、超临界二氧化碳、微波技术、等离子体技术、电化学技术等来改造和提升传统的染整加工行业的技术含量，从而形成一大批具有自主知识产权和核心竞争力的加工技术和产品，也是染整工作者所面临的重要任务。

3.2　纺织纤维、纱线与织物

3.2.1　概述[3]

　　市场上出售的各种纺织品中，有棉、麻等植物纤维制品，有丝、毛等动物纤维制品，有各种人造纤维（如黏胶纤维），各种合成纤维及各种不同纤维的混纺、交织织物和非织造布等。这些纤维经过纺织厂纺纱、织造，成为了染整加工的坯布，经染整加工后，才能得到为广大消费者所喜欢而且显示出不同纤维织物特性的雪白的白布，各种颜色鲜艳的色布与美丽大方的花布或具有一些特殊性能、用于工农业生产和国防建设等方面的纺织品。所以，染整加工的基本对象是纺织纤维及由其形成的纱线、织物和成衣。

　　纺织纤维，指的是长度远大于直径（一般长度与直径比大于1000），并有一定柔韧性的物质。用于纺织工业加工的纤维，一般采用1cm以上长度，过短的纤维只能作造纸或再生纤维原料。作为纺织纤维必须具备一定的强度、延伸性、弹性等物理机械性能、热稳定性、化学稳定性以及一定的光泽、吸湿保暖性和柔软性，以保证纺织品染整加工的顺利进行及产品的服用性、舒适性。

表 3-1　纺织纤维的分类

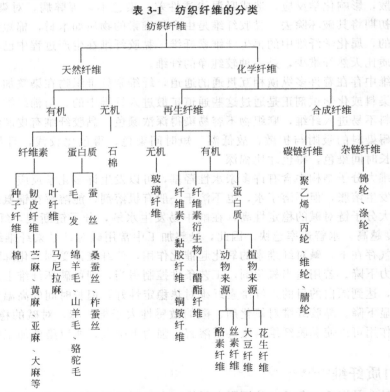

　　如表 3-1 所示，纺织纤维的种类很多，按其来源可分为天然纤维和化学纤维两大类。棉、麻等植物纤维和蚕丝、羊毛等动物纤维均为天然纤维。化学纤维又分为再生纤维和合成纤维。再生纤维是利用自然界的天然高分子物质，如纤维素、蛋白质等，经一定的化学加工制成的。再生纤维包括黏胶纤维、Lyocell 纤维、竹纤维、大豆及牛奶蛋白纤维、海藻及甲

壳素纤维、胶原蛋白纤维等。合成纤维是以来源于煤、石油、天然气的简单化合物，用有机合成方法制得高分子物质，经纺丝得到的纤维。常见的有涤纶、锦纶、腈纶、维纶、丙纶、聚乳酸纤维等。此外，还有一些特殊性能的合成纤维，如芳纶、聚苯硫醚、聚酚醛、碳纤维等。

纺织纤维是由许多结构相同或相似的小分子结构单元通过共价键互相结合而成的线性高分子化合物以一定方式聚集在一起形成的。高分子化合物的化学组成不同，聚集的情况不同，形成的纤维在化学结构、聚集态结构、形态结构及物理机械性质等方面也不同。纤维的这些结构将决定它们的染整加工性能、加工方法和所用染化助剂。因此，染整加工前必须熟悉和掌握纺织纤维的一些基本性质。

3.2.2 纤维素纤维[1,3,4,5]

棉和麻都属于单细胞纤维素纤维，一个细胞就生长成一根纤维。棉纤维是种子纤维，它是由棉子表皮细胞突起生长而形成的。麻的种类很多，其中苎麻、亚麻、大麻、黄麻等纤维是生长在韧皮植物上的纤维，属韧皮纤维，是从麻皮中提取出来的，而剑麻、凤梨麻则属于叶脉纤维。适合做衣着材料的主要是苎麻和亚麻。

棉纤维、麻纤维的主体部分是纤维素，此外还含有一定量的共生物。棉纤维中纤维素含量约为94%，其余为果胶物质、蜡状物质、含氮物质、多糖类、有机酸、灰分等共生物。麻纤维中所含纤维素比棉纤维低，如苎麻为61%，亚麻为74%，而果胶含量比棉纤维高得多，还含有木质素。纤维素共生物，绝大多数存在于纤维表面，在染整加工中会阻碍药品向纤维内部的扩散，影响化学反应，造成吸湿渗透性差，染色不匀等弊病，对染整加工不利，应在染整加工初期将其破坏除去。黏胶纤维是由含纤维素的物质如木材，棉短绒等经化学处理后纺丝得到的，属化学纤维中的再生纤维素纤维。黏胶纤维在生产过程中已经过洗涤、去杂、漂白，杂质比天然纤维少，是一种较纯净的纤维。

纤维素纤维中存在着许多纵横相互贯通的通道，纤维素纤维织物在染整加工时，溶解或分散于水中的染料或化学试剂正是通过这些通道扩散进入纤维中的。与棉纤维相比，麻纤维结构紧密，染料不易进入纤维，麻织物不容易染得深浓颜色。黏胶纤维有皮芯结构，其皮层结构紧密，妨碍染料的吸附与扩散，故低温、短时间染色，得色比较浅，且易产生染色不匀，而高温，长时间染色，得色才比棉深。

纤维素纤维大分子结构中含有许多亲水性羟基，可以发生许多化学反应，具有良好的吸湿性，吸湿后发生溶胀，但不溶于水，也不溶于一般有机溶剂，能溶解在铜氨或铜乙二胺溶液中。纤维素大分子链对碱的稳定性高，在酸中易发生水解，分子链断裂，纤维强力下降，pH越低，温度越高，水解速率越快。因此，染整加工中常用碱对纤维素纤维织物进行加工处理。但在空气存在下，碱对纤维素的氧化起催化作用，使纤维素受到氧化降解，从而使分子量和纤维强力下降。若用适当氧化剂，工艺条件控制得当，则可破坏纤维上的色素，而对纤维很少损伤，达到漂白的目的。纤维素纤维对热稳定性好，但长时间的高温处理，纤维会泛黄、强力明显下降。黏胶纤维对氧化剂、酸的敏感性大于棉、麻，对碱的稳定性也比棉、麻差，浓烧碱作用可以使黏胶纤维溶胀甚至溶解，强力下降大，所以染整加工中应尽量少用浓碱液。

3.2.3 蛋白质纤维[1,3,4,5,8,9]

羊毛、蚕丝、马海毛、兔毛、胶原蛋白纤维、大豆蛋白纤维、牛奶蛋白纤维等均属于蛋白纤维，但纺织工业中主要使用羊毛和蚕丝纤维。羊毛属毛发纤维，蚕丝则是蚕儿在吐丝作茧时，由两个腮腺体的分泌物遇空气凝固黏结形成的，它们都属线型蛋白质。蛋白质大分子是α-氨基酸以酰胺键联结而成的多缩氨基酸大分子。蛋白质分子结构中的酰胺键称为肽键，多缩氨基酸称为多肽链。蛋白质大分子中除末端的氨基与羧基外，侧链上还含有许多酸性、碱性基团，所以蛋白质兼具酸、碱性质，是典型的两性高分子电解质。羊毛蛋白称为角质，蚕丝蛋白则包括丝胶、丝素。

羊毛是突出在羊皮外的部分，称为毛干，它们富有弹性、良好的吸湿性和保暖性。羊毛由鳞片层、皮质层和髓质层组成。鳞片层是羊毛的外壳，鳞片如鱼鳞相互重叠覆盖，其根部附着于毛干，而稍部则伸出毛干表面指向毛尖。皮质层是组成羊毛的主体，是决定羊毛纤维物理和化学性质的主要部分。髓质层是由毛干中心的毛髓组成的，细羊毛没有髓质层。

鳞片表层下面的鳞外表层主要由角质化的蛋白质组成，结构紧密且坚硬，类似于人的指甲，起到保护羊毛的作用，难以被溶胀，经得起一般氧化剂、还原剂以及酸、碱的作用，是羊毛漂白、染色过程中阻挡各种化学试剂进入纤维内部的障碍。

羊毛具有可塑性，在湿热条件下可按外力作用改变其形态，再经冷却或烘干使形态保持下来。染整加工中和使用过程中，可以利用羊毛的可塑性，在湿、热和张力作用下，产生定形作用，使毛织物变得平整无皱或形成褶间。羊毛回潮率高，在水中发生溶胀，在水中长时间地沸煮会引起羊毛的部分水解，在加工和使用羊毛制品过程中，如果温度太高，易造成羊毛损伤，泛黄。羊毛对酸的作用较稳定，但较浓的无机酸也会使羊毛损伤。羊毛对碱的稳定性差，在一定条件下会发生水解，甚至溶解。羊毛经碱作用后，强力下降，色泽泛黄，在碱性条件下，还原剂也能使羊毛发生显著损伤。含氯氧化剂可以部分破坏鳞片，使羊毛受到损伤，手感变粗糙、泛黄和染色不匀。

蚕丝包括桑蚕丝、柞蚕丝。蚕丝除含主成分丝素外，还有含一定量的丝胶和色素、油蜡和无机物等。丝胶包覆在丝素外，影响蚕丝的手感，使其色泽泛黄、妨碍染料的上染，丝胶易溶于热水、易被酸碱和蛋白酶降解而去除。丝素的回潮率较高，吸湿后发生溶胀，但不溶于水。丝素耐碱性差，但比羊毛好，丝素对弱酸比对弱碱稳定，可在弱酸性染浴染色，有机弱酸如醋酸、单宁酸，还可以增加丝的重量，增进丝的光泽、手感，并赋予其丝鸣，强酸溶液会使丝素发生不同程度的水解。不同的盐溶液对丝素的溶胀和溶解情况各不相同。在氯化钠、硝酸钠的稀溶液中，丝素只发生溶胀，而在如氯化钙、氯化锌、硝酸镁等浓溶液中，丝素发生溶解成为黏稠的溶液。丝素对还原剂的作用较稳定，易受氧化剂的作用而破坏，漂白加工时必须注意控制工艺条件。丝素对日光稳定性较纤维素纤维差，蛋白酶能使丝素发生缓慢水解。

3.2.4　合成纤维[1,3,4,5]

合成纤维是石化产品聚合得到的高分子化合物通过纺丝得到的。涤纶纤维大分子的化学组成是聚对苯二甲酸乙二酯，锦纶纤维大分子的化学组成是聚酰胺。涤纶、锦纶是热塑性纤维，当温度到达其熔点以下的某一温度时（即玻璃化温度 T_g），热塑性纤维中的大分子链段开始运动，纤维、纱线和织物的一些性能，如弹性、热收缩性、可伸长性及染色性能等会发生很大变化，是染整加工必须注意的。涤纶、锦纶纤维在沸水中或在其他加热的条件下，将会发生不同程度的收缩，合成纤维的热稳定性差会给染整加工和使用过程中带来尺寸热稳定性问题。涤纶在高温下受热所引起强度损失不大，锦纶在高温下受热所引起强度损失大而且变黄，它们的安全使用温度分别为 130℃ 和 93℃。

涤纶大分子中存在酯键，锦纶大分子中存在酰胺键，都可被水解，酸、碱对酯键和酰胺键的水解起催化作用，锦纶更容易水解，当温度超过 100℃ 以后，水解反应逐渐显著。涤纶对无机酸或有机酸都有良好的稳定性，对碱的稳定性比对酸的差。涤纶在碱的作用下发生水解，由于涤纶结构紧密，热稀碱液仅能使涤纶纤维表面的大分子发生水解，水解由表及里，当表面分子水解到一定程度后，便溶解在碱液中，使纤维表面一层层地剥落下来，纤维逐渐变细，这种现象称为"剥皮现象"，其结果是使纤维变得细而软，增加了纤维在纱线中的活动性，因此涤纶织物用碱处理后可获得仿真丝整理的效果。锦纶对碱的稳定性较高，但锦纶对酸是不稳定的，在常温下，浓硝酸、盐酸、硫酸都能使锦纶迅速水解而溶于这些酸中。涤纶纤维对氧化剂和还原剂的稳定性很高，故可以用氧化剂、还原剂漂白。锦纶对氧化剂的稳定性较差，如次氯酸钠、双氧水等使锦纶大分子降解，使纤维强力降低。所以锦纶的漂白需用亚氯酸钠或还原型漂白剂。

涤纶分子链中不含亲水基团，分子排列很紧密，因此吸湿性差，在水中膨化程度低，加之涤纶分子链上无特定染色基团，极性较小，一般水溶性染料分子不易进入纤维，染色较为困难，需要在高温条件下用分子量小的分散染料染色。锦纶大分子上含有极性的酰氨基及非极性的亚甲基，具有中等的吸湿性，纤维吸湿时发生溶胀，大分子的两端含有氨基和羧基，染色性能相对较好。

腈纶纤维的主要成分为丙烯腈，以及一些为了改善纤维染色性能和物理机械性能所加入的丙烯酸甲酯、甲基丙烯酸甲酯或醋酸乙烯酯，丙烯磺酸钠、苯乙烯磺酸钠、对甲基丙烯酰胺苯磺酸钠、亚甲基丁二酸单钠盐（衣康酸）等。

腈纶具有较高的热稳定性，但在200℃时，即使接触时间很短，也会引起纤维泛黄。腈纶纤维的尺寸热稳定性与涤纶、锦纶相似，受热后纤维会发生收缩。在玻璃化温度以上，很小的负荷便会引起腈纶很大的形变，加之回弹性差，因此在湿热（温度超过 T_g）条件下，腈纶将发生很大的形变，易造成染整加工和服用过程中形态尺寸不稳定。

腈纶纤维耐矿物酸和弱碱能力比较强，但能溶于浓硝酸或硫酸中，在强碱条件下，特别是温度比较高时，纤维的损伤显著，并且泛黄甚至溶解。腈纶对常用的氧化漂白剂和常用还原剂的作用稳定性良好，在适当条件下，可使用氯酸钠、过氧化氢进行漂白。腈纶除溶于硫氰酸盐、二甲基甲酰胺、二甲基亚砜等溶液外，不溶于一般盐溶液，也不溶于一般溶剂。腈纶纤维的吸湿性比较低，在合成纤维中属中等。在丙烯腈纤维的组成中引入改善纤维染色性能的组分后，使纤维带上了酸性或碱性基团，故可以用阳离子染料或酸性染料染色，但极容易染花。

氨纶纤维又称为聚氨酯弹性纤维，聚氨酯弹性纤维有聚酯型和聚醚型之分。在外力作用下，氨纶纤维容易被拉伸，当外力去除后有立即回弹的能力，但氨纶纤维的强度比较低。氨纶纤维的染色性能尚可，染锦纶的染料大多都能用于染氨纶，通常用分散染料、酸性染料或络合染料染色。氨纶的耐热性，耐候性较差，较高温度下或曝晒于日光下氨纶发黄，强度下降。氨纶耐溶剂性能一般良好，聚醚型氨纶耐酸、碱性较聚酯型好，聚酯型氨纶易水解，使强度降低。氨纶在含氯漂白剂的水中处理易泛黄，强度下降。氨纶的耐磨性良好。

3.2.5　纱线和织物的基本知识[3,7]

纱是由许多纤维捻合而成的，线是由两根或两根以上的单纱捻合而成的，线比纱强度高，粗细更均匀，表面更光洁。纱线用于织布、针织、刺绣、绳带或特种工业。

从棉布上取一段棉纱，仔细观察，可以发现纱上有许多螺旋状纹路，如果用手握住纱的一端，并将另一端按反螺旋方向缓缓转动，直至纹路消失，纱便散开，轻轻一拉纱便断裂。如果不将纱拉断，而重新朝某一方向旋转下去，螺纹再度出现，随之，纱又不容易拉断。纺纱时加捻的过程与上述松散的纱逐渐出现螺纹的过程相似，其目的在于使纱线中的纤维相互扭压，抱合在一起，增加纤维之间的摩擦力，使纱线受到拉伸等机械作用时，纤维不易产生滑脱，而具有一定强度。加捻的程度称为捻度，它是指单位长度纱线上的平均加捻数。纱线的强度随捻度的增加而提高，达到一定值时纱的强力达到最大值，继续增加捻度，强力反而下降。

纱线有粗细之分，通常表示的方法有定长制和定重制两种。定长制是以一定长度的纱为基数，重量越轻纱越细的关系而定的指标。如特数（tex），指1000m长，重1g的纱线为

1tex；而重 2g 的纱，则为 2tex。特数越小，表示纱线细。定重制是以一定重量的纱为基数，长度越长纱越细的关系而定的指标，如支数。支数越高，表示纱线细。在公制中，以 1kg 重、长 1000m 的纱（1000m/kg）为 1 公支，若 1kg 重，长 2000m 为 2 公支。线的表示方法为，两根 40 支纱合股捻合而成的线用 40/2 表示。

染整加工用的坯布是用各种纤维经纺纱加工制成纱线而织成的。织物的种类很多，按其制造方法不同，可分为纯纺、混纺和交织物。按用途不同，可分为服装用织物、家纺用、装饰用和工业用织物。按织物组织不同，纺织品的种类更多。按织物组织结构，纬编机织物可分为平纹织物，如常见的粗布、细布、府绸等；斜纹织物，如卡其、毕达呢和哔叽等；缎纹织物，如横贡缎和直贡缎等。纬编针织物又分为平针织物，如汗衫，袜子，手套；用于领口、袖口的罗纹织物；双反面织物及棉毛织物等，它们弹性和保形性好、穿着舒适，适合做针织内衣。针织物在染整加工过程中应特别注意的是织物易变形、卷边和脱散问题。而经编针织物一般不易脱散和卷边，染整加工后经编合成纤维针织物坚牢耐磨，定形后尺寸稳定，挺括滑爽，适合做针织外衣。

织物按整理加工的不同进行分类，未经染整加工的称为坯布，经过漂白的成品布叫漂白布，染成单一颜色的叫素色织物，印有花纹图案的叫印花织物，用染色后的纱线织成的织物称为色织布。

3.3　纺织品的前处理

3.3.1　概述

从染整加工和一般服用性能方面的要求来说，纺织品应具有良好的润湿性，柔软的手感和洁白的色泽。坯布上含有一定的杂质，有碍于染整加工的顺利进行，也影响织物的服用性能。

纺织物含的杂质一般有两大类，一类为天然杂质，如棉、麻纤维上的果胶、含氮及蜡状物质和色素、矿物质等；蚕丝里的丝胶；羊毛里的羊脂、羊汗等。另一类为纺织加工过程中所上的浆料、油剂和沾染的污染物等。这些杂质和沾污物的存在，不但使织物色泽欠白，手感粗糙，而且吸水性差。前处理的目的是去除上述各种杂质，提高它们的服用性能，并为后续加工提供合格的半成品。此外，还包括了一些以改善织物品质为目的，又需在染色、印花、整理以前完成的过程，如丝光、热定形。纺织品前处理过程包括化学及物理化学处理，涉及了化学、化工原理、胶体与表面化学、生物化学、物理学等学科的基础知识。

3.3.2　纤维素纤维及其混纺织物的前处理[1,3,4,6,7]

纤维素纤维及其混纺织物的前处理包括原布的准备、烧毛、退浆、煮练、漂白、开幅、轧水、烘干和丝光等工序，以去除织物中纤维素纤维上的果胶、蜡质、棉子壳、色素和浆料等杂质，并改善织物的品质。

3.3.2.1　原布准备、烧毛与退浆

原布在前处理前都要经过检验。检验内容主要是原布的品种规格、质量，以及纺织过程中所形成的各种疵病，发现问题后，需及时处理。检查以后，必须将原布进行分批、分箱，并在布头上打印，标明品种、加工工艺、批号、箱号、发布日期和翻布人代号等，以便管理。为了确保连续成批加工，必须将原布以适当方式加以缝接。

除绒织物外，一般棉织物在前处理前都先要烧毛，其目的是烧除布面上的绒毛，使布面光洁，防止因绒毛的存在产生染色不匀及印花疵病。烧毛原理在于，将平幅织物迅速通过火焰或擦过炽热的金属表面，这时布面上存在的绒毛很快升温而燃烧，而布身比较紧密，升温较慢，在未升到着火点时，已离开火焰或金属表面，从而达到既烧去绒毛，又不损伤织物的

目的。

烧毛必须均匀，否则染色、印花会呈现色泽不匀。因此，在烧毛时应该严格控制火焰温度，以及织物经过火焰的次数和烧毛机车速，这三个因素，不论哪一个控制不当，都会影响织物质量，甚至将布烧毁。

织物烧毛前，先通过装有数对刷毛辊的刷毛箱，刷去附着在织物上的绒毛、尘埃和纱头，并使织物上的绒毛竖立而利于烧毛。织物烧毛后，往往沾有火星，必须经过装有热水或退浆液（酶液或稀碱液）的灭火槽灭火，灭火箱是利用蒸汽喷雾灭火。

图 3-1　烧毛机

烧毛机有多种，目前使用最广泛的是气体烧毛机（如图 3-1 所示），它以煤气、液化石油气、汽油气等为燃烧气体，棉布在 800～850℃ 火焰上通过时，布上绒毛即被烧除。该烧毛机车速一般为 80～150m/min。

退浆是织物煮练前的化学或物理处理过程，它不仅能去除原布的浆料，而且还能去除原布上部分天然杂质，以利于以后的煮练和漂白加工。

棉织物一般用淀粉、变性淀粉、聚乙烯醇、丙烯酸酯上浆，在浆液中还加有润滑剂、柔软剂、防腐剂等。织物的退浆根据所用浆料种类和退浆要求不同，可以采用酶、碱、酸、氧化剂退浆等。

酶对某些物质的分解有特定的催化作用，是一种高效、高度专一的生物催化剂。人体和动物体中就含有各种酶，它们可以起到帮助消化各种食物等作用。对淀粉的水解具有高效催化作用的酶称淀粉酶，淀粉酶的品种不同，退浆的条件也不一样。工厂常用的 BF-7658 酶是一种细菌淀粉酶，是由枯草杆菌产生的，所以又称枯草杆菌淀粉酶。

在使用酶退浆时应注意控制适当的温度，温度过低转化淀粉能力低，过高酶失去活性，一般控制在 45～50℃。退浆液的 pH 控制在 6～7 之间最适宜。重金属离子及离子型表面活性剂对酶的活性有抑制作用，应该注意。淀粉酶的退浆率高，酶退浆所需时间较短，淀粉浆料的去除较为完全，可以高达 90%，不会损伤纤维素纤维，而且环保。但淀粉酶只对淀粉类浆料有退浆效果，对浆料中的油剂和原布上的天然杂质不能除去，对化学浆料和其他天然浆料也无退浆作用。

在热碱的作用下，淀粉或化学浆都会发生剧烈溶胀，溶解度提高，然后用热水洗去。棉纤维中的含氮物质和果胶等天然杂质经碱作用也发生部分分解和去除，减轻了精练负担。可利用丝棉布退浆时，在烧毛的灭火槽中浸轧 2～4g/L 的 60～80℃ 的碱溶液，然后通过自动堆布器堆入保温保湿的积布池中，堆置 6～12h，最后水洗去除浆料。

碱退浆在我国应用较广，对各种浆料都有一定的退浆作用，对各种天然杂质去除多，对棉子壳所起的作用较大，特别适用于含棉子壳等天然杂质较多的原布，由于可以利用丝光或煮练后的废碱液，故其退浆成本低。其缺点是堆置时间较长，生产效率低，环境污染大。由于碱退浆时浆料不起化学降解作用，水洗槽中水溶液黏度较大，浆料易重新沾污织物，因此退浆后水洗一定要充分。

氧化退浆是在氧化剂的作用下，淀粉、聚乙烯醇、聚丙烯酸酯等浆料发生氧化、降解，直至分子链断裂，成为水溶性小分子物质，溶解度增大，经水洗后容易被去除。用于退浆的氧化剂有双氧水、亚溴酸钠、过硫酸盐等。氧化退浆速率快，效率高，织物白度好。它的缺点是去除浆料的同时，也会使纤维素氧化降解，损伤织物。因此，退浆工艺一定要严格控制。

3.3.2.2　煮练

纤维素纤维及其混纺织物经退浆后，已经去除了大部分浆料和部分天然杂质，但蜡质、棉子壳、果胶及含氮物等大部分天然杂质和少量油剂及浆料仍残留在织物上。棉纤维上的这些天然杂质，使布面较黄，水不易润湿、渗透进入纤维，棉布吸水性差，溶解于水中的染料和整理剂分子不能吸附与扩散进入纤维素纤维，从而不能满足染色和印花的要求。经煮练，去除这些杂质后，可以使棉纤维获得良好的润湿性能和吸水性，以利于后续印染加工中染料和整理剂的吸附与扩散，并提高服用舒适性。

纤维素纤维及其混纺织物的煮练，是在一定温度、一定压力和碱及其他助剂的作用下，去除棉织物上的蜡质、果胶、含氮物质、棉子壳等杂质的过程。煮练时以烧碱为主。烧碱使蜡状物质中的脂肪酸皂化，转化为肥皂，而烧碱还能使果胶物质和含氮物质水解成可溶性的物质而去除。棉子壳在碱煮过程中发生溶胀，变得松软，再经水洗，搓擦，棉子壳解体而脱落。

棉纤维中含有的棉蜡、棉醇和液体碳氢化合物等不易用碱去除，所以煮练时还需加入表面活性剂。表面活性剂能起到润湿、净洗和乳化作用，在表面活性剂作用下，煮练液润湿织物，并渗透到织物内部，有助于杂质的去除，提高煮练效果。表面活性剂的选择与复配，对于提高煮练质量，缩短煮练时间，起着非常重要的作用。因此在符合环保要求的前提下，如何选择、搭配使用表面活性剂意义重大。

在煮练液中加入亚硫酸钠有助于棉子壳的去除，因为它能使木质素变成可溶性的木质素磺酸钠，这对于含杂质较多的低级棉煮练尤为显著。另外亚硫酸钠还有防止高温煮练时氧化纤维素的产生，有助于提高织物白度。硅酸钠能吸附煮练液中的铁质及其他杂质，因而可避免在织物上产生锈渍和防止杂质重新沉淀于纤维，从而提高织物的吸水性和白度。磷酸钠具有软水作用，可以去除煮练液中的钙镁离子、提高煮练效果、节省助剂。但硅酸钠易产生硅斑，影响手感，造成织物擦伤。磷酸钠的螯合作用不高，故现在煮练时大多加入聚丙烯酸及其衍生物和聚磷酸等高分子螯合分散剂作煮练助剂。

纤维素纤维及其混纺织物的煮练方法有间歇式的煮布锅煮练、卷染机煮练、冷轧堆煮练、连续绳状汽蒸煮练及连续平幅汽蒸精练（如图3-2所示）等。

如平幅汽蒸连续煮练机工艺为，轧碱→（湿蒸）→堆置履带上汽蒸→水洗。轧碱时煮练液中烧碱含量为 $40\sim70g/L$，表面活性剂、亚硫酸氢钠等适量，轧余率 $80\%\sim90\%$，温度 $100\sim102℃$，汽蒸 $1\sim1.5h$，车速一般在 $40\sim100m/min$。汽蒸箱内应充满饱和蒸汽，以免表

图 3-2　高效平幅退煮漂联合机

层织物被局部蒸干，造成织物脆损。可在蒸箱底部盛满煮练液，使蒸汽管在液面下部喷出蒸汽，以保证供给饱和湿蒸汽。

影响煮练效果的因素很多，主要为煮练液的成分，煮练温度和时间，煮练液的循环等。从前面的概述可以看出，煮练主要涉及了化学、胶体与表面化学、纤维材料学等方面的知识。

3.3.2.3　漂白

纤维素纤维及其混纺织物经煮练后，杂质明显减少，吸水性得到了很大改善，但纤维上还有天然色素存在，其外观尚不够洁白，用于染色或印花，会影响色泽的鲜艳。漂白的目的就在于除去色素，赋予织物必要的和稳定的白度，而纤维本身则不遭受显著的损害。

棉纤维中天然色素的结构和性质尚不十分明确，但它们在漂白过程中能被氧化剂破坏而达到消色的目的。用于棉织物的漂白主要为一些氧化性漂白剂，如次氯酸钠、过氧化氢、亚氯酸钠、过硼酸钠、过醋酸等。过氧化氢作为环保型氧化剂，漂白效果较好，漂白是在碱性介质中进行的，兼有一定的煮练作用，能去除棉子壳等天然杂质，对煮练的要求较低，为目前使用最广泛的氧化性漂白剂。

由于氧化性漂白剂在破坏色素同时，也会使纤维素氧化降解，导致织物强力下降，因此漂白时，必须严格控制工艺条件。影响漂白质量的主要工艺因素为温度、时间、pH 及重金属离子螯合稳定剂的用量等，应根据织物品种不同，设备不同，所用漂白剂的性质等制定合理的工艺。

漂白可以选用间歇式，如卷染机漂白，冷堆法漂白，绳状染色机或溢流染色机漂白，或连续汽蒸漂白。如过氧化氢漂白工艺流程为：浸轧过氧化氢漂液→汽蒸→水洗。漂白液含过氧化氢（100%）2~5g/L，用烧碱调节 pH 至 10.5~10.8，加入稳定剂及湿润剂适量，于室温时浸轧漂液，95~100℃汽蒸 45~60min，然后水洗出布。

3.3.2.4 丝光

丝光是指棉、麻纺织品在一定张力下，用浓烧碱处理，并保持所需要的尺寸，以获得稳定的尺寸、耐久的光泽及提高对染料的吸附能力的加工过程。棉麻纺织品经丝光后，其强力、延伸性、弹性和尺寸稳定性等物理机械性质有不同程度的改变，纤维的化学反应性能和对染料的吸附能力也有所提高。丝光为棉染整加工的重要工序之一，绝大多数的棉布在染色前都要经过丝光。织物的丝光一般在布铗丝光机（如图 3-3 所示）上进行，但床单布等宽幅织物的丝光大多采用张力较小的弯辊或直辊丝光机丝光。

图 3-3 布铗丝光机

利用浓烧碱处理棉织物来获得丝光效果的原理在于浓碱液能使棉纤维发生剧烈溶胀，纤维的截面由腰子形转变为圆形，胞腔发生收缩，纵向的天然扭转消失。如果再施加适当的张力，纤维表面折皱消失，变成光滑的圆柱体，对光线呈有规则的反射，光泽显著增强。由于棉纤维经浓碱作用后，发生了不可逆的剧烈溶胀，使部分晶区转变为无定形区，经水洗去碱和干燥之后，已不能回复到原来状态，即把溶胀时的形态保存下来，以致获得耐久性光泽，同时由于无定形区的含量增大，纤维的吸附染料和化学药品能力增加。丝光中，棉纤维中纤维素大分子在施加的张力作用下，排列趋于整齐，取向度提高，同时纤维原来存在的内应力减少，从而产生了定形作用，同时提高了尺寸稳定性、断裂强度，降低缩水率。丝光过程涉及了膜平衡原理，渗透压等理论。

决定丝光效果的主要因素是碱液的浓度、温度、作用时间以及对纺织品所施加的张力。而这些工艺条件，应根据产品要求而调整。如对于棉针织品一般是在松弛条件下进行浓碱处理，其目的是提高染料吸附性，增加棉针织物的厚度、弹性，从而提高其保形性，这个过程叫碱缩。对于以提高染料吸附能力和化学反应性为主的棉织物，丝光碱浓度可以降低（如 150~180g/L），称为半丝光。

布铗链丝光机的丝光工艺为：

平幅进布装置→头道浸轧机→绷布辊筒→二道浸轧机→布铗扩幅装置→

冲洗吸碱装置→去碱蒸箱→平洗机→烘筒烘燥机→出布

浸轧槽中碱液浓度控制在 180~280g/L（补充碱 300~350g/L），轧余率小于 65%，织物从头道浸轧机进到二道浸轧机出，约历时 $30 \sim 40s$，织物整个带浓碱时间约 $50 \sim 60s$，然后冲洗去碱箱去碱，中和水洗至布面 pH7。

液氨分子量小，纯度高，是纤维素纤维的优良膨化剂，用其丝光后的产品，手感柔软、丰满、尺寸稳定性和抗皱性较高，与机械预缩、树脂整理结合应用，生产具有形态记忆的高档纯棉衬衫。但液氨的冷冻和回收能耗大，故液氨整理的成本较高。丝光工序需要大量的浓碱，丝光后冲洗布上的碱需要用大量的水，从而产生了大量的低浓度的淡碱，丝光废液一部分可用于退浆，更多的是需要回收经过浓缩后再使用，这个过程不仅能耗大而且设备运行费用高，如何解决好丝光淡碱的回收利用问题，一直是染整加工面对的难题。

3.3.2.5 苎麻织物的前处理[1,3,4,6,7]

苎麻收割后，从麻茎上剥取麻皮，并从麻皮上刮去表皮，而得到苎麻的韧皮，经晒干后得到原麻。原麻中含有大量杂质，其中以糖胶状物质为主，这些胶状物质包裹在纤维表面，将纤维胶合在一起形成坚固的生条状物质。纺纱前必须把韧皮中的胶质去除，并使苎麻的单纤维分离开来，这一过程称为脱胶，脱胶过程是在脱胶厂完成的，得到的产品称为精干麻。纺织成织物后，视原料的含杂情况和产品要求，再进行不同程度的前处理。

苎麻织物的前处理与棉纤维的前处理过程相似。但与棉纤维相比，麻纤维中共生物含量高、纤维粗硬、回弹性差、易起皱、易断裂、拒水性强、存在较厚的皮层、染化料不易渗透到纤维内部、耐酸碱和氧化剂等化学性能比棉差、易降解而失去麻的风格。在前处理时必须按麻纤维的特点制定其前处理工艺，如苎麻织物毛羽数量多，服用中苎麻织物有刺痒感，烧毛比棉织物更为重要。苎麻对酸、碱、氧化剂抵抗力较差，煮练一般在常压下进行，加工存放时多以平幅状态进行，而在丝光时，由于苎麻的强度高、延伸度低，在较大张力下以浓碱处理，会降低织物强度并使手感粗硬，故一般用 $150 \sim 180g/L$ 烧碱溶液半丝光。

3.3.3 丝织物的脱胶[1,3,4,8]

蚕丝织物含有大量杂质，这些杂质主要为丝胶、生丝在捻丝和织造中加入的浆料、为识别捻向而着色的染料以及沾的油污。丝胶中含有少量脂蜡、无机物和色素等，这些杂质的存在影响丝织物的柔软性和表面光泽，还使坯绸很难被水及染化料溶液润湿，妨碍染整加工。坯绸前处理的目的是除去丝胶，与此同时附着在丝胶上的其他杂质也一并被除去，所以习惯上把丝织物的前处理称为脱胶。桑蚕丝所含天然色素很少，大部分包含在丝胶中，故其脱胶后，已很洁白，一般无需漂白。

丝胶和丝素虽然都是蛋白质，但它们的氨基酸组成、排列以及聚集态结构都存在很大差异。丝胶蛋白中的极性氨基酸含量比丝素蛋白高得多，而且分子排列远不如丝素整齐，结晶度低，几乎为无取向。由于丝胶与丝素的这些差异，致使两者性质上不同，如丝素不溶于水，而丝胶在水中，特别是近沸的水中发生剧烈溶胀，以至溶解，丝胶对酸、碱等化学试剂及蛋白水解酶的稳定性很低。因此，采用适当的方法和工艺条件，将丝胶从织物上去除，而少损伤或不损伤丝素，以达到脱胶的目的。

桑蚕丝的脱胶大都采用皂碱法，以肥皂作为主要用剂，添加适量的纯碱、磷酸三钠、硫酸钠等作为脱胶助剂。皂碱法脱胶的工艺流程主要包括预处理、初练、复练和后处理等工序。皂碱法脱胶的作用在于，在碱性练液中，有利于丝胶的溶胀、溶解并能使丝胶蛋白质水解、增加丝胶的溶解度。此外，肥皂具有润湿、乳化和净洗作用，能使脱胶作用均匀，将丝胶及其他杂质均匀地分散在练液中，不再沾污织物。除了皂碱法脱胶外，还可以用合成洗涤剂部分或全部代替肥皂进行脱胶，但脱胶后的织物手感稍差。丝织物还可以用蛋白酶进行脱胶，虽然蛋白酶对丝胶的去除率高，但蛋白酶不能去除蜡质和色素，故需要与皂碱法或合成洗涤剂碱法结合使用。

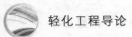

为了提高桑蚕丝织物的白度，常在脱胶液中加入适量的漂白剂，如还原性漂白剂保险粉或氧化性漂白剂双氧水等，以破坏色素及织造时施加的着色剂，所以实际生产中桑蚕丝的脱胶和漂白是同时进行的。丝织物的染整加工与棉织物不同，大多采用间歇式的松弛加工方式，以免影响产品的手感及外观质量。

3.3.4　化学纤维织物前处理[1,3,4,6,7]

化学纤维在织造过程中，已经过洗涤、去杂、甚至漂白，因此化学纤维杂质少，比较洁白。但化学纤维织物在织造过程中可能要上浆或沾上油污，合成纤维在制造过程中要施加纺丝油剂，因此仍需要进行一定程度的前处理。

黏胶纤维织物的前处理加工工序与棉织物的基本相同，一般需要烧毛、退浆、煮练、漂白等。黏胶纤维物理结构较天然纤维素纤维松弛，化学敏感性较大，湿强度低，易产生形变，加工时不能使用过分剧烈的工艺条件，同时要采用松式加工设备，以免使织物受到损伤和发生形变。黏胶纤维织物烧毛条件应缓和，退浆、煮练后已有很好白度，一般除了白度要求高的产品，不再漂白。黏胶纤维织物本身有光泽，耐碱性差，一般不丝光。

合成纤维织物前处理的目的在于去除油剂、织造时黏附的油污和施加的丙烯酸酯、聚乙烯醇等化学浆料，使织物更加洁白。合成纤维织物前处理只需加入合成洗涤剂或肥皂、纯碱、退浆剂等在一定温度下将油剂、浆料洗除即可。如需漂白，可用双氧水、亚氯酸钠等漂白剂进行漂白。

化学纤维与其他天然纤维混纺或交织织物的前处理，则应根据织物中不同纤维的性质与结构，不同纤维所占的比例，织物的结构与种类，以织物中比例高的纤维为主，兼顾考虑其他纤维合理制定前处理加工工序和工艺条件。

3.3.5　前处理工艺的发展[1,6]

由于纺织品染整加工前处理的能耗约为染整过程总能耗的 70％，耗水量占染整过程用水的 60％，污染程度也要占到 70％以上。因此，长期以来印染工作者围绕着节能减排、减少污染等方面进行了大量的研究，这些工作包括缩短工艺流程、加强工艺条件的优化、降低前处理温度、使用环保型助剂和尝试在前处理加工中应用一些新的物理加工手段等。但是，这些新工艺和新方法仍然存在着这样和那样的问题，需要进一步研究解决。

传统的退浆、煮练、漂白三步法前处理工艺稳妥和重现性好，但工艺流程长，机台多，能耗大，时间长，废水多，效率低，不适应于当前朝节约型环保型社会发展趋势。退、煮、漂三道工序并不是截然无关的，而是相互补充的。如碱退浆的同时也有去除天然杂质的作用，可以减轻煮练的负担，而煮练有进一步的退浆作用，并对白度提高有好处，漂白也有进一步的去杂作用。而这三道工序都是在碱性条件下进行的，因此可以把退浆和煮练合并，然后漂白，形成二步法工艺，或把退浆、煮练、漂白三个工序并为一步成为一步法工艺，从而达到节能节水提高生产效率的目的。但一步法工艺存在着耗碱量大、工艺条件控制不好，会造成纤维素纤维织物的损伤，而且主要适合于含浆不重的涤棉织物，对于含浆重的纯棉织物则效果不好。

为了节约能耗，棉织物可以采用冷轧堆一步法工艺，棉织物在室温下浸轧碱氧液后，室温打卷堆置一定时间，再经高效水洗完成前处理。该工艺前处理由于温度低，反应速度慢，故碱氧耗量大，需时长达十几小时以上，而且是间歇式生产，生产效率低。双氧水的分解温度较高，为了降低能耗，在纤维素纤维织物碱氧前处理加工中，也可以添加一些双氧水分解促进剂，催化双氧水分解，降低反应活化能，以达到低温前处理的目的，但该工艺主要用于针织物的前处理，还不够完善。

为了达到环保清洁化生产的目的，减少前处理废水中的 COD 和 BOD 值以及 APEO（聚氧乙烯醚烷基酚）的含量，也正在积极研究开发生物酶前处理工艺及煮练用的生物可降解的环保型表面活性剂。用于前处理的生物酶品种有淀粉酶、纤维素酶、果胶酶、脂肪酶、蛋白酶、过氧化氢酶等；生物可降解的环保型表面活性剂如单宁衍生物、烷基糖苷衍生物、松香衍生物等。生物酶前处理可以降低废水中的 COD 值，去杂效果好，对环境无害，但生物酶有高度的专一性，要想很好地去除各种杂质，对选择和复配生物酶的要求较高。目前所使用的生物酶对聚乙烯醇、聚丙烯酸酯等化学浆料和纺织品上的脂蜡没有催化降解作用，而这些物质需要在碱性高温条件下去除。因此，急需要开发对聚乙烯醇、聚丙烯酸酯等化学浆料和纺织品上的脂蜡有催化降解作用，或耐碱耐高温的生物酶。而生物酶和生物可降解的环保型表面活性剂还存在着品种较少、性能有待提高、价格较高等问题。

　　使用等离子体、超临界二氧化碳、超声波等物理技术来代替传统的前处理技术，可以达到无水或少水前处理的目的，一方面可以高效去除浆料等杂质、改善织物性能；另一方面可以极大地减少污水的排放。但这些节能节水的新技术，目前存在着设备费用高、加工容量小等问题。利用电化学原理，对纺织品进行电解煮漂也可以取得好的效果。

3.4　纺织品的染色

3.4.1　概述[1,2,10]

　　染色是使纺织品获得一定牢度的颜色的加工过程。染色是利用有色的染料与纤维发生物理或化学的结合，或者用化学方法在纤维上生成有色的颜料，赋予纺织品赤、橙、黄、绿、青、蓝、紫等各种颜色，给人们以视觉感官享受。一些染色织物样品见附图。织物染色是在一定温度、时间、pH 和所需染色助剂等条件下进行的。各类纤维制品的染色，如纤维素纤维、蛋白质纤维、人造纤维和合成纤维制品的染色，都有各自适宜的工艺条件。如何合理地选择染料，制定适宜的染色工艺，获得质量满意的染色产品是染色研究的内容。

　　按纺织品形态的不同，染色主要有织物染色、纱线染色、散纤维染色、成衣染色等。应用最多的是织物染色，纱线染色多用于纱线制品和色织物或针织物所用的纱线，散纤维染色则多用于混纺织物、交织物和厚密织物所用的纤维。成衣染色是将织物制成衣服后再进行染色。

　　染色方法主要分浸染和轧染两种。浸染是将染品反复浸渍在染液中，使织物和染液不断相互接触，经过一段时间把织物染上颜色的染色方法。它适用于散纤维、纱线、针织物、成衣和小批量织物的染色。轧染是先把织物浸渍染液，然后使织物通过轧辊的压力，把染液均匀轧入织物内部，再经过汽蒸或热熔等处理的染色方法，它适用于大批量织物的染色。

　　染色产品应该色泽均匀，还需具有良好的染色牢度。染色牢度是指染色产品在使用或在染色以后的加工过程中，染料或颜料在各种外界因素影响下，能保持染色产品原来色泽的能力。染色牢度主要有日晒牢度、气候牢度、皂洗牢度、汗渍牢度和干、湿摩擦牢度等。有的染品在染色后，还要经过其他加工过程，如色织布的练漂、毛织物的炭化、缩绒等，根据加工的需要，还有耐漂、耐酸、耐碱等牢度。

　　染色所用到的染料一般都是有色的有机化合物，它们大都能溶于水，或通过一定的化学处理能转变为可溶于水的衍生物，或能通过分散剂的分散作用制成稳定的悬浮液。染料能与纤维发生物理或物理化学的结合而染着在纤维上，使纤维材料染成具有一定染色牢度的颜色。在 19 世纪中叶以前，纺织品染色所用的染料来源于从植物、动物和矿物中提取的天然染料，如从红花草的花中提取的红色染料、从草根中提取的茜素、从胭脂虫体中提取的红色染料，其他的还有靛蓝、姜黄、海石蕊等，主要为一些黄色、红色和棕色品种，蓝色、绿色和黑色品种较少。目前纺织品染色所用的染料大多数为人工合成染料，但在使用时应该注意有些染料及染料的分解产物含有对人体致癌性、过敏性、致畸形作用的物质，属于禁用染料。

有些有色物质不溶于水，也不能进入纤维内部，但能靠黏合剂的作用，机械地附着在纤维材料表面，这些有色物质称为颜料，颜料和分散剂、吸湿剂等一起研磨得到涂料，涂料可用于染色，但更多是用于印花。

染料可以根据其性能和应用方法分为直接、活性、还原、可溶性还原、硫化、不溶性偶氮、酸性、酸性媒染、酸性含媒、阳离子分散等染料。各类纤维的性质不同，染色时所用的染料也不同。纤维素纤维可用直接、活性、还原、可溶性还原、硫化、不溶性偶氮等染料染色，羊毛和蚕丝等蛋白质纤维及锦纶可用酸性、酸性媒染、酸性含媒等染料染色，腈纶可用阳离子染料染色，涤纶主要用分散染料染色。一种染料除了主要用于一类纤维染色，有时也可用于其他纤维的染色，如直接染料也可用于蚕丝染色，活性染料也可用于羊毛、蚕丝、锦纶染色。染料根据其化学结构或特性基团可以分为偶氮、蒽醌、靛类、三芳甲烷等染料。

各类纤维的染色需用各自适用的染料，各类染料又有不同的染色方法，但它们都是一个上染过程。染料对纤维的上染过程就是染料离开染液向纤维转移，并使纤维染透，最后固着在纤维上的过程。首先，染料溶解或分散于水中，形成染料粒子、分子或聚集体，由于染料与纤维之间存在着范德华力、氢键和静电引力等分子间作用力，染液中染料分子或离子随染液流动靠近纤维表面，迅速被纤维表面分子吸附，使得纤维表面和纤维内部之间形成了染料浓度差，这就促使吸附在纤维表面的染料分子不断向已经溶胀的纤维内部扩散，随着染色时间的延长，染料上染到纤维上的量会逐渐增加，直到从溶液中上染到纤维上的染料与从纤维上解吸下来的染料量达到平衡，同时染料在纤维内通过范德华力、氢键、离子键、配位键和共价键与纤维结合，固着在纤维上，染色过程结束。

染料上染纤维的过程是一个复杂的物理、物理化学和化学过程。它涉及流体力学、物理学、胶体化学、扩散动力学、热力学、化学反应等多方面的知识。由于染色的复杂性，因此影响染料上染的因素很多，如染料在溶液中的状态、染色温度、助剂、染液 pH、染液流速等工艺条件都会影响染料在纤维上的吸附、扩散、染色平衡与固着。

3.4.2　常见染色设备[1,3,6,7]

染色设备是染色的必要工具。它们对于染色时染料的上染速率、匀染性、染料的利用率、染色操作、牢度强度、生产效率、能耗和染色成本等都有很大的影响。染色设备应具有良好的性能，应将被染物染匀、染透，同时尽量不损伤纤维或不影响纺织品的风格。一般再生纤维的湿强力很低，加工时应将张力减小至最低限度，合成纤维是热塑性纤维，而蛋白质纤维为了减少损伤，加工时也不应使其承受过大的张力，因此都应采用松式加工的染色设备。对于涤纶，一般需在 130℃左右的温度染色，应采用密封的染色设备，即高温高压染色设备。

染色设备的类型很多，按被染物的状态不同，可分为散纤维、纱线、织物染色设备三类。织物常用的染色设备主要有绳状染色机、卷染机、常温溢流绳状染色机、热溶轧染机、高温绳状染色机、连续轧染机（如图 3-4～图 3-7 所示）等。

3.4.3　纤维素纤维织物的染色[1,3,7,11]

适合于纤维素纤维织物染色的染料种类较多，如直接染料、活性染料、还原染料、可溶性还原染料、不溶性和可溶性偶氮染料、硫化染料及涂料等，但目前主要使用的染料为活性染料、还原染料和硫化染料。而所采用的染色方法，随产品品种、加工要求、染色设备等不同而不同。

3.4.3.1　直接染料染色

直接染料是一类应用历史较长、应用方法简便的染料，最早手工业作坊和走街串巷的货郎就常用这种染料为顾客支锅染布。这类染料品种多、颜色齐全、用途广、价格便宜，能溶解于水，染色方法简单，可用于纤维素纤维和蛋白质纤维的染色。但其耐水洗牢度不好，日晒牢度欠佳，除染浅色外，一般都要进行固色处理，以提高其牢度。在其他新型染料如活性、还原等染料发展后，这类染料的应用量已逐渐减少。但由于其价格便宜，工艺简单，至今仍用于纱线、成衣、针织品和装饰织物（如窗帘布、汽车座套）以及工业用布等的染色。

图 3-4　常温常压自动卷染机

图 3-5　高温高压溢流染色机

图 3-6　连续轧染机

图 3-7　绳状染色机

直接染料的分子量较大，染料和纤维分子间的范德华力较大，同时，直接染料分子中的极性基团等，可与纤维素纤维和蛋白质纤维中的羟基、氨基等形成氢键，这些使得直接染料的上染能力较强。如直接湖蓝 5B 的结构如图 3-8 所示。

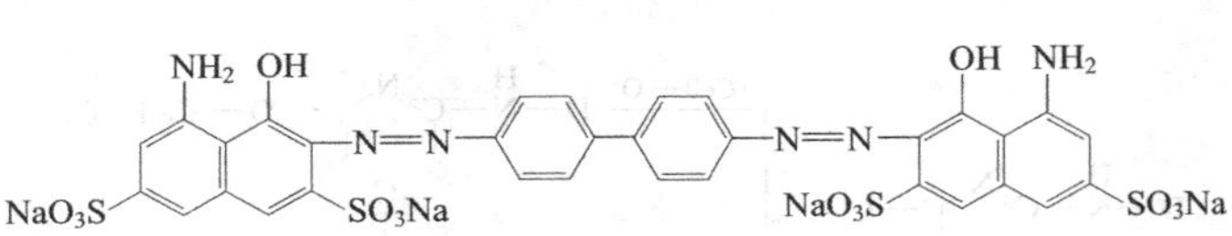

图 3-8　直接湖蓝 5B 的结构

直接染料在溶液中电离成染料阴离子，纤维素纤维在水中也带负电荷，因此染料和纤维之间存在电荷斥力，在染液中加中性无机盐，可降低染料与纤维素纤维之间的电荷斥力，加快染料的上染速度和染色深度。温度对不同的直接染料的染色性能影响是不同的。对于染色快的直接染料，在 $60 \sim 70℃$ 得色最深，$90℃$ 以上时染色深度反而下降，这类染料染色时，为缩短染色时间，染色温度采用 $80 \sim 90℃$，染一段时间后，染液温度逐渐降低，染液中的染料继续上染，以提高染色深度。对于染色慢的直接染料，提高温度可加快染料的上染，提高染色深度，减少染液中残留染料的量。在染色液中，加入纯碱或六偏磷酸钠，既有利于染料溶解，又有利于减少钙、镁离子含量的作用。所以，染液中一般含有染料、纯碱、食盐或硫酸钠。

棉织物的直接染料染色一般多用卷染方式进行。染料的用量根据颜色深浅而定，布和染液的质量比为（1∶2）～（1∶3），染色温度根据染料性能而定。染色时间 60min 左右。为避免前后颜色出现差异，染料分两次加入，染色前加 60%，第一道末加 40%，盐在第三、第四道末分批加入。

直接染料可溶于水，上染纤维后，仅依靠物理作用固着在纤维上，湿处理牢度较差，水洗时容易掉色和沾污其他织物，应进行固色处理，以降低直接染料的水溶性，提高染料湿处理牢度。直接染料的固色处理时，常用一些阳离子的无甲醛固色剂。直接染料浸染时，主要用于成衣、纱线和针织物染色，其染色方法基本上与卷染相同。

3.4.3.2 活性染料染色

活性染料是水溶性染料，分子中含有一个或一个以上的反应性基团（习称活性基团）在适当条件下，能与纤维素纤维中的羟基、蛋白质纤维及聚酰胺纤维中的氨基等发生反应而形成共价键结合。所以，活性染料也称为反应性染料。

活性染料色泽鲜艳，颜色品种齐全，染色牢度好，尤其是湿牢度。但活性染料也存在一定的缺点，染料的利用率较低，难以染得深色，有些活性染料的日晒、气候牢度较差。大多数活性染料的耐氯漂牢度较差。一般的活性染料上染能力较低，浸染时必须使用大量的盐才能取得满意的染色效果，但是使用大量的盐不仅增加生产成本，而且造成环境污染。为降低染色的用盐量，应选用低盐染色的活性染料（如汽巴公司的 Cibacron LS 活性染料），或用双活性基团的活性染料提高活性染料的固色率。

活性染料的化学结构通式可用下式表示：

S—D—B—Re

式中，S 是水溶性基团，一般为磺酸基；D 是染料发色体；B 是桥基或称连接基，将染料的活性基和发色体连接在一起；Re 是活性基，具有一定的反应性。例如活性橙 X-G 的结构如图 3-9 所示。

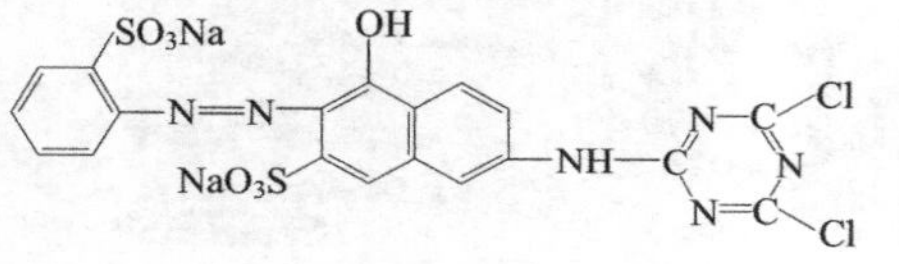

图 3-9 活性橙 X-G 的结构

活性染料在染色过程中除了和纤维上的基团反应外，也能与水发生水解反应，使染料失去反应活性。由于染料与纤维之间的相互吸引力大，吸附在纤维上的染料浓度较高，而且纤维素上的基团与活性染料的反应性较与水分子的大，所以染料和纤维间的反应占主导地位。

如二氯均三嗪活性染料与纤维素纤维的键合反应以及与水的水解反应式如图 3-10 所示。

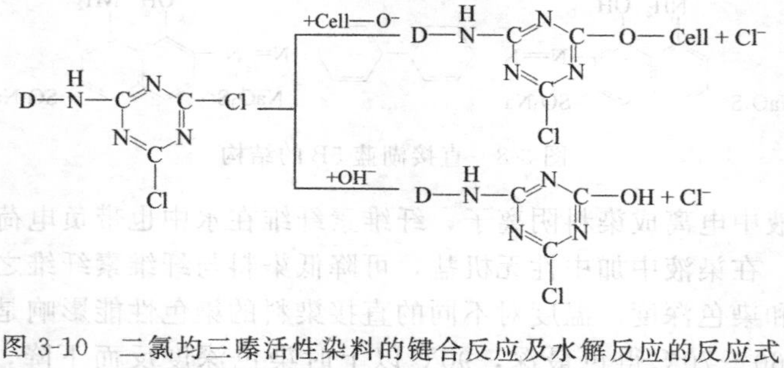

图 3-10 二氯均三嗪活性染料的键合反应及水解反应的反应式

又如，乙烯砜型活性染料和纤维素纤维在碱性介质中的反应如图 3-11 所示。

$$D—SO_2CH_2CH_2OSO_3Na \xrightarrow{OH^-} D—SO_2CH{=}CH_2 \begin{cases} \xrightarrow{+\,Cell—O^- + H^+} D—SO_2CH_2CH_2OCell \\ \xrightarrow{+\,OH^- + H^+} D—SO_2CH_2CH_2OH \end{cases}$$

图 3-11 乙烯砜型活性染料的反应式

以上两类反应，都需要在碱性条件下进行，所以染料上染纤维素纤维后，染液中需要加入碱剂，使纤维素纤维成负离子而与染料反应。

活性染料的分子结构比较简单，水溶性基团多，在水中的溶解度较高，染料和纤维素纤维在染液中以阴离子状态存在，染料与纤维之间的相互排斥力较大，上色率低。随染液中盐用量增加，染色速率加快，染色深度也加深。活性染料与纤维发生化学反应而固着纤维上称为固色。固色反应一般是在碱性条件下进行的，常用的碱剂有烧碱、磷酸三钠、纯碱、小苏打等。固色时，应根据染料的反应性高低选择适当的染液 pH。染液 pH 太低，染料与纤维的反应速率慢，对生产不利，碱性增强，染料与纤维的反应速率提高，但染料的水解反应速率提高更多，染料利用率降低，染色深度降低。反应性高的染料，可在碱性较弱的条件下进行固色，反应性低的染料，应采用较强的碱性进行固色。

活性染料固色时，提高固色温度，固色反应速率加快。但温度提高，染料水解反应速率提高更快，水解染料的比例将上升，染料利用率降低，颜色浅。因此，固色时必须选择适当的温度，在规定的时间内，使染料与纤维充分反应，获得较高的染色深度。对于反应性高的染料，固色温度应低一些；对反应性低的染料，固色温度应高些，否则应延长固色时间。对固色时间短的工艺，必须采用较高的固色温度。此外，固色温度的高低还与固色所用碱的强弱和用量有关，在较强的碱性条件下，可采用较低的固色温度。

固色后在纤维上还有未与纤维结合的染料及水解染料，这些未固着在纤维上的染料需要通过皂煮、水洗等处理洗除，以提高染色牢度。

活性染料染纤维素纤维，有浸染、卷染、轧染、冷轧堆染色等方法，一般用于中、浅色泽的染色。

活性染料采用浸染方法染色时，根据染色时染料和碱剂是否同时加入，以及染色和固色是否同时进行，浸染可分为三种方法。①一浴一步法也称全浴法，是将染料、促染剂、碱剂等全部加入染液中，染料的染色和固色同时进行，此法在用反应性高的活性染料染浅中色绞纱、毛巾等疏松产品时，使用较为普遍。②一浴二步法是先在没有加碱的染液中染色，染色一定时间，染料充分吸附和进入纤维后，再加入碱剂固色。该法主要适用于小批量、多品种的染色，染料利用率较高，被染物牢度较好。③二浴法是先在没有加碱的染液中染色，染色一定时间后，再在碱性溶液中固色，染料水解较少，染料利用率高。

例如活性染料一浴二步法染色工艺流程为：

染色 → 固色 → 水洗 → 皂煮 → 水洗 → 烘干

染色时盐的用量一般为 $20\sim60g/L$，深色产品的用量比浅色大，为了是染色均匀，盐在染色前加一半，染色一段时间后再加一半。织物与染液的质量比为 $(1:20)\sim(1:30)$，该比例大，水多而染液浓度低，染色浅；该比例小，水少而不容易染匀。染色时间一般为 $10\sim30min$，染色温度根据染料的反应性高低来定，反应性高的为 $30\sim35℃$、中等的为 $40\sim70℃$、低的为 $60\sim90℃$。固色用碱常为，$Na_2CO_3\ 10\sim20g/L$ 或 $Na_3PO_4\ 5\sim10g/L$，反应性高的染料或染料用量低时，可用较少量的碱。固色时间一般为 $30\sim60min$，固色温度根据染料的反应性高低来定，反应性高的为 $40℃$ 左右、中等的为 $60\sim70℃$、低的为 $60\sim95℃$。固色后还应进行水洗、皂煮去除没有反应和被水解的染料，以保证染色产品的染色牢度。皂煮条件为合成洗涤剂 $1g/L$、温度 $95\sim100℃$、时间 $10\sim15min$。

织物在轧染时，染液是通过浸轧转移到纤维上的，再经过汽蒸或焙烘使染料固着在织物上染色，为连续化染色加工方式，产量高。采用与纤维吸附能力较低的染料，容易染色均匀，前后颜色差别小，而且水解染料容易洗净。冷轧堆染色法是在室温下浸轧染液后，再打卷堆置的染色方法，具有设备简单、匀染性好、能耗低、染料利用率较高的特点。

3.4.3.3　还原染料染色

还原染料色泽鲜艳，染色牢度好，尤其是耐晒、耐洗牢度为其他染料所不及。但其价格较高，红色品种较少，缺乏鲜艳的大红色，染浓色时摩擦牢度较低，某些黄、橙色染料对棉纤维有光敏脆损作用，即在日光作用下染料会促进纤维氧化降解。还原染料常用于耐晒、耐洗牢度要求高的棉及维纶织物的染色，由于还原染料要在强碱性介质中染色，因此一般不用于蛋白质纤维的染色。

还原染料的染色过程包括染料的还原溶解、隐色体的上染、隐色体的氧化、皂洗处理等四个阶段。

在还原染料的分子结构中含有两个或两个以上的羰基，没有水溶性基团，不溶于水，对棉纤维没有上染能力。染色时，还原染料需在强还原剂和碱性的条件下，被还原成可溶性的染料形式才能上染纤维。还原染料的还原通常采用还原剂（如保险粉 $Na_2S_2O_4$、二氧化硫脲等）和烧碱。保险粉的化学性质活泼，在烧碱溶液中即使在室温或浓度较低时，也有强烈的还原作用，使染料被还原成溶于碱液的可溶性染料，即染料隐色体，而保险粉分解为 $NaHSO_3$ 等酸性物质，如图 3-12 所示。

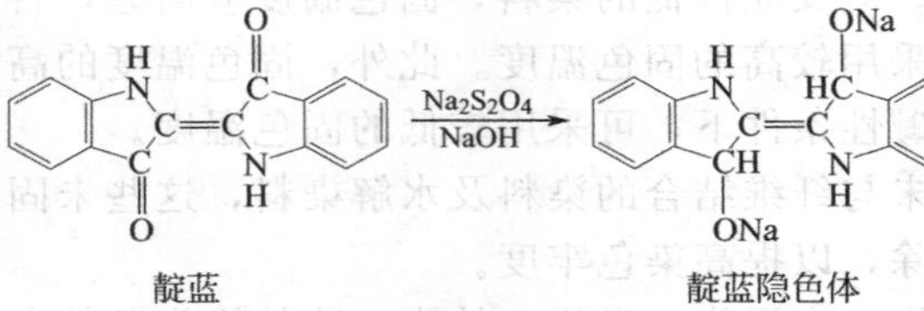

靛蓝　　　　　　　　　　　　　　　　　靛蓝隐色体

$$Na_2S_2O_4 + 2H_2O \longrightarrow 2NaHSO_3 + 2[H]$$

图 3-12　还原剂将染料还原为隐色体

还原染料的隐色体首先吸附于纤维表面，然后再向纤维内部扩散，染色时可用食盐等电解质促染。还原染料隐色体的染色速度快和上染量较高，匀染性较差。

还原染料的隐色体上染纤维后，必须经过氧化，使其在纤维内恢复为原来的不溶性还原染料而固着在纤维上。大多数还原染料隐色体的氧化速率较快，只要进行水洗和在空气中放置一定时间就能达到氧化的目的。对于氧化速率较慢的染料隐色体，可用双氧水、过硼酸钠等氧化剂氧化。

还原染料隐色体被氧化后，应进行水洗和碱性皂液皂煮处理。皂煮不但可以去除纤维表面的浮色，提高染色牢度，而且还能改变纤维内染料微粒物理状态，从而可获得鲜艳的颜色。

隐色体染色法是将还原染料先还原为隐色体，染料以隐色体的形式上染纤维，然后进行氧化、皂洗的染色方法。这种染色方法，操作麻烦、匀染性和透染性较差、染色产品有白芯现象，宜选用容易染色均匀的染料。而悬浮体轧染对染料的适应性较强，不受染料还原性能差别的限制，可用具有不同还原性能的染料一起拼色染色。这种方法具有较好的匀染性和透染性，可改善白芯现象。

悬浮体轧染法的工艺流程为：

浸轧染料悬浮体→（烘干）→浸轧还原液→汽蒸→水洗→氧化→皂煮→水洗→烘干

还原染料不溶于水，可以将其配制成悬浮液后用于浸轧染色。配制悬浮体轧染液时，为保证染液的稳定性，要求染料颗粒的直径小于 $2\mu m$。染料颗粒越小，对织物的透染性越好，还原速率越快。在浸轧染液时，轧槽中的染液温度不宜超过 $40℃$，温度太高，染料易发生凝聚，从而使染色产品产生颜色差异、色点等疵病。织物浸轧染液后，可直接浸轧还原液还原，也可经烘干后再还原。还原液中烧碱和保险粉的用量应根据染色浓度深浅而定，用量比例一般为 $1:1$，还原汽蒸温度保持在 $102\sim105℃$，汽蒸 $40\sim60s$。

由于轧染为连续化加工，设备车速较快，氧化时间较短，除很浅的颜色外，一般采用氧化剂（如双氧水 $0.5\sim1.5g/L$ 或过硼酸钠 $3\sim5g/L$，$40\sim50℃$）氧化，织物浸轧氧化液后接触空气一定时间，延长氧化时间，使隐色体充分氧化。染料氧化后，织物应进行皂煮、水洗等后处理，去除浮色，提高染色牢度。

若将还原染料经过一定化学转化，可以得到的有一定水溶性的可溶性还原染料。这类染料可溶于水，与相应的还原染料相比，容易匀染，染色牢度高。可溶性还原染料上染纤维后，在酸及氧化剂的作用下显色，转变为不溶性的还原染料而固着在纤维上，其染色工艺比还原染料简单，染液较稳定。可溶性还原染料价格较高，染深色能力低，主要用于中、浅色的染色。

3.4.3.4 硫化染料染色

硫化染料是一种含硫的染料，分子中含有两个或多个硫原子组成的硫键，其分子结构式可用通式 R—S—S—R 表示。硫化染料是由某些有机化合物如芳胺、酚等与硫、硫化钠一起熔融，或者在多硫化钠的水或丁醇溶液中蒸煮而制得的。硫化染料的精制较困难，无法制成晶体或提纯，其化学结构难以确定，商品染料一般是混合物，基本组成随制造条件的不同而异。如硫化蓝的结构式如图 3-13 所示。

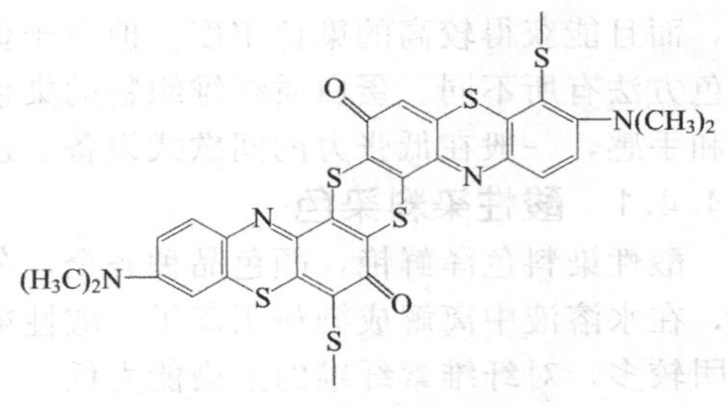

硫化染料制造简单，价格低，水洗牢度高，耐晒牢度随染料品种不同而有较大差异，如硫化黑可达 6～7 级，硫化蓝达 5～6 级，棕、橙、黄等一般为 3～4 级。大多数硫化染料色泽不够

图 3-13 硫化蓝的结构式

鲜艳，颜色中缺少浓艳的红色，耐氯漂牢度差。硫化染料在纤维素纤维的深色染色中应用较多，也可用于维纶的染色。随着染色废水处理和环保要求的加强，硫化染料的应用有所减少。硫化染料的一般商品为粉状固体，此外，还有液体硫化染料，液体硫化染料是一种新型的硫化染料，是加工精制的染料隐色体，染色时可直接加水稀释来配制染液，一般不需再加还原剂，染色过程较一般的硫化染料简便而且环保。

与还原染料一样，硫化染料也不溶于水，其染色过程可分为硫化染料的还原、染料隐色体上染、氧化处理和后处理四个阶段。

硫化染料比较容易还原，可采用还原能力较弱、价格较低的硫化钠（Na_2S）进行还原，硫化钠既是强碱又是还原剂。硫化钠的用量对硫化染料染色的影响较大。用量不足，染料不能充分还原、溶解，而且会使染色产品的摩擦牢度降低。用量过多，染料隐色体不易氧化固着，并使染色产品颜色变浅。硫化钠的用量一般为染料的 50%～200%。

硫化染料隐色体染色时，一般采用较高的染色温度，以增强硫化钠的还原能力，并降低染料隐色体的聚集，提高其吸附和扩散进入纤维的能力，提高染色深度和染色均匀性。一般硫化黑染料染色温度为 90～95℃；硫化蓝、绿、棕等色染料，在温度 65～80℃时可获得较高的染色深度。为提高染料的染色深度，染色时应加盐促染，硫酸钠的用量为 5～15g/L。上染纤维后，硫化染料隐色体经氧化而固着在纤维上。硫化染料隐色体的氧化比较容易，对于易氧化的硫化染料隐色体可用空气氧化，对于难氧化的硫化染料隐色体可用氧化剂氧化。硫化染料隐色体上染纤维并氧化后，应进行水洗、皂洗等后处理，以去除染物上的浮色，提高染色牢度和增进染物的色泽鲜艳度。

为提高硫化染料的日晒和皂洗牢度，可在染色后进行固色处理。常用硫酸铜、醋酸铜等金属盐和阳离子固色剂进行固色处理。某些硫化染料的染色产品在贮存过程中，在一定的温度、湿度条件下，易被空气中的氧所氧化，生成磺酸、硫酸等酸性物质，使纤维素纤维发生酸性水解，导致强力降低而脆损，其中以硫化黑染料较为突出。为避免脆损现象的发生，可用碱性物质如醋酸钠、磷酸三钠以及尿素等对染色产品进行防脆处理。

硫化染料成本低廉，一般适用于中、低档产品如成衣、篷布的染色，染色方法有浸染、卷染、轧染。如硫化染料卷染的工艺流程为：

制备染液→染色→水洗→氧化→水洗→皂洗→水洗(→固色或防脆处理)

3.4.4　蛋白质纤维织物的染色[1,3,7,8,9]

蛋白质纤维织物主要用酸性染料染色，羊毛织物还可以用酸性含媒染料染色。直接染料用于蚕丝织物染色，染色牢度较好，但光泽、颜色鲜艳度、手感不及酸性染料染色的产品。因此，在蚕丝的染色中，除黑、翠蓝、绿色等少数品种用直接染料来弥补酸性染料的颜色品种的不足外，其余很少应用。毛用活性染料染羊毛织物，可染得鲜艳度高、耐晒牢度高、具有超级耐洗牢度的毛纺织品。但这类染料匀染性较差，而且染料价格贵，因此主要用在高档毛纺产品上。活性染料染蚕丝织物一般选用反应性较高的活性染料，不仅能获得鲜艳的色泽，而且能获得较高的染色牢度。但由于蛋白质纤维的结构与性能和纤维素纤维不同，故其染色方法有所不同。蛋白质纤维织物的染色，为了减少蛋白质纤维的损伤，不影响织物的外观和手感，一般在低张力的间歇式设备中进行。

3.4.4.1　酸性染料染色

酸性染料色泽鲜艳，颜色品种齐全，分子中含有酸性基团，如磺酸基、羧基等，易溶于水，在水溶液中离解成染料阴离子。酸性染料和直接染料相比，分子结构比较简单，水溶性基团较多，对纤维素纤维的上染能力低，一般不能用于纤维素纤维的染色。酸性染料可在酸性、弱酸性或中性染液中上染蛋白质纤维和聚酰胺纤维。

根据染料的化学结构、染色性能、染色工艺条件的不同，酸性染料可分为，强酸性染料、弱酸性染料和中性条件染色的酸性染料。强酸性染料因为匀染性好而又称为匀染性酸性染料，弱酸性染料和中性浴染色的酸性染料能耐羊毛缩绒处理而称为耐缩绒性酸性染料。酸性染料在蚕丝上的水洗牢度，一般不如在羊毛上好，蚕丝的染色主要采用耐缩绒性酸性染料。

蛋白质纤维中含有氨基和羧基，在水中氨基和羧基发生离解而形成两性离子：

$$^+H_3N{-}W{-}COO^-$$

当溶液在某一 pH 时，纤维中电离的氨基和羧基数目相等，纤维不带电荷，这一 pH 称为该纤维的等电点。羊毛的等电点为 pH4.2～4.8，当溶液 pH 在等电点以下时，纤维中 $-NH_3^+$ 的含量高于 $-COO^-$，纤维带正电荷，当溶液 pH 在等电点以上时，纤维中 $-COO^-$ 的含量高于 $-NH_3^+$，纤维带负电荷。

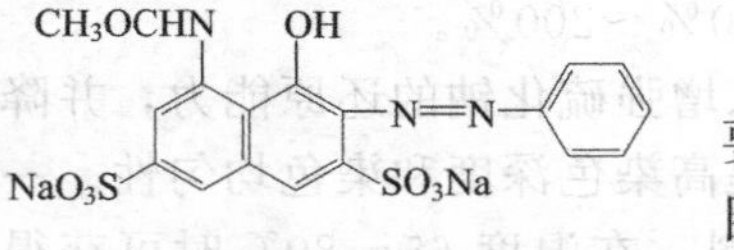

结构简单、分子量较小的强酸性染料与纤维的结合主要是离子键结合。如酸性红 G 为强酸性染料，其结构式如图 3-14 所示。

图 3-14　酸性红 G 的结构式

在酸性较弱时，纤维上 $-NH_3^+$ 的数量较少，纤维带正电荷少，染料与纤维分子间的静电吸引力较小，染料的上染慢和得色深度浅。随着酸用量的增加，染料的上染速度显著提高。强酸性染料染色时 pH 在 2～4 之间。染色时，染液中加入中性无机盐，中性无机盐电离后产生的酸根先吸附到纤维的 $-NH_3^+$ 上，会降低染料与纤维分子间的静电引力，起到降低染色速度的作用。

弱酸性染料的分子结构较复杂，染料与纤维之间相互作用力较大，若在强酸性条件下染色，纤维带正电荷过多，染色速度过快，容易造成染色不匀。因此，弱酸性染料染色一般在 pH4～6

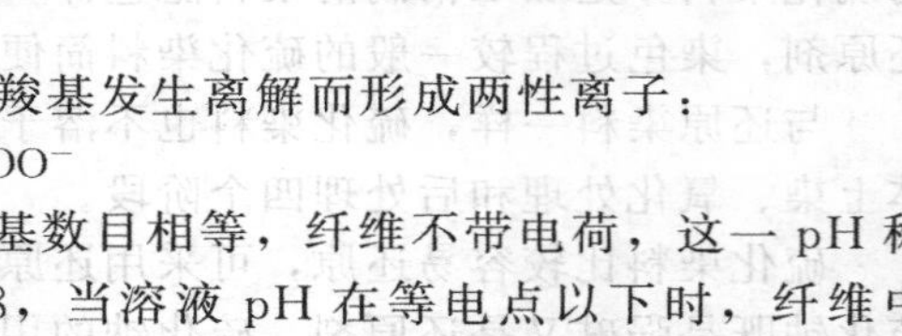

图 3-15　弱酸性大红 FG 的结构式

的弱酸性条件下进行，此时纤维不带电荷，染料主要靠范德华力和氢键作用力上染纤维。染料上染纤维后，结合较牢固，湿处理牢度较好。如弱酸性大红 FG 的结构式如图 3-15 所示。

中性条件染色的酸性染料分子量更大，染料与纤维间相互作用力大，染料对纤维的染色是在中性条件下进行，纤维带有较多的负电荷，染料与纤维间存在较大的电荷排斥力，染料阴离子通过范德华力和氢键作用力上染纤维。染液中加入的中性无机盐电离后产生的 Na^+ 先吸附到纤维的—COO^- 上，减少染料阴离子与纤维之间的静电排斥力，可提高染料的上染速度和染色深度，起促使染色作用。染料与纤维的结合较牢固，湿处理牢度好。如弱酸艳绿 G，其结构式见图 3-16。

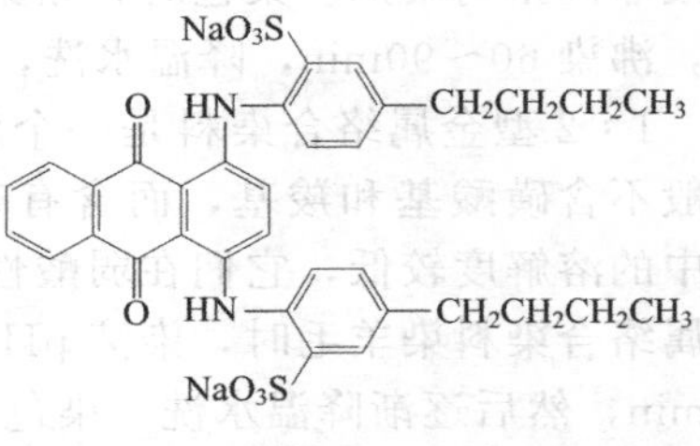

图 3-16　弱酸艳绿 G 的结构式

羊毛纤维由鳞片层、皮质层和髓质层组成。鳞片层处于纤维的最外层，对染料的扩散进入纤维有很大的阻力，因此羊毛纤维纺织品一般在沸染的条件下染色，而且染色时间较长。

强酸性染料染羊毛时，染液中含有染料、硫酸钠、硫酸。染料的用量根据颜色的深浅而定，调节染浴 pH2～4，染深色时硫酸用量应高些，以获得较高的染色深度。染色时，被染物于 30～50℃ 入染，用 30min 升温至沸，再沸染45～60min，然后水洗。

弱酸性染料染羊毛时，染液中一般含有染料、渗透剂、醋酸。渗透剂有利于纤维的润湿、膨化及染料的扩散，并有降低染色速度和匀染作用。用醋酸调节 pH 至 4～6，匀染性差的染料或染浅色时，pH 可适当高些。一般为 50℃ 入染，用 30min 升温至沸，再沸染45～60min，然后水洗。

中性条件染色的酸性染料染羊毛时，染液中含有染料、硫酸钠、硫酸铵。硫酸铵调节 pH5～7，始染温度为 40℃，用 30～60min 升温至 95℃，保温染色 60～90min，然后水洗。

丝素中氨基的含量为每千克纤维 0.12～0.20mol，比羊毛氨基含量低，丝素的等电点为 pH3.5～5.2。蚕丝大都采用弱酸性和中性条件染色的酸性染料染色。染液 pH 一般为 4～4.5，用醋酸调节，始染温度 30～40℃。蚕丝织物一般比较轻薄，对光泽要求高，织物经长时间沸染，容易引起擦伤，光泽变暗，因此一般采用 95℃ 左右的温度染色。酸性染料在蚕丝上颜色鲜艳，但湿处理牢度比在羊毛上低，染色后一般要用阳离子固色剂或真丝织物专用固色剂 AF、3A 等进行固色处理。

3.4.4.2　金属络合染料染色

在染料生产时，可以把某些金属离子以配位键的形式引入酸性染料结构中，制成金属络合染料。金属络合染料对蛋白质纤维有上染能力，染色后不需用铬等重金属离子进行络合处理，废水中不含铬，染色工艺过程简便，染色牢度优良。根据染料分子和金属离子的比例关系，酸性含媒染料可分为 1∶1 型和 1∶2 型两种。

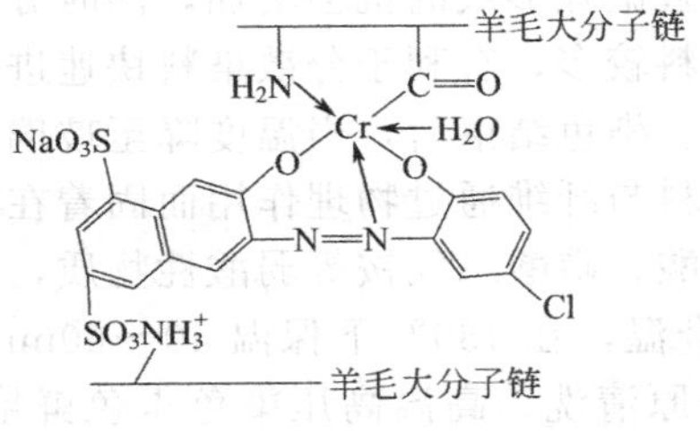

图 3-17　1∶1 型金属络合染料
在羊毛上的结合形态

1∶1 型金属络合染料是一个铬离子和一个染料分子的络合物。这类染料易溶于水，需在用酸量较大的硫酸溶液中染色，故称为酸性络合染料。1∶1 型金属络合染料仅用于羊毛的染色，染色时，吸附在纤维上的染料结构上的磺酸基可与纤维上的—NH_3^+ 形成离子键结合，铬离子与纤维上的—COO^- 形成共价键结合，与—NH_2 形成配位键结合。1∶1 型金属络合染料在羊毛上的结合形态如图 3-17 所示。

1∶1 型金属络合染料对羊毛染色时，染浴中含有染料、硫酸、硫酸钠或匀染剂等。硫酸的用量以调节染浴 pH 为 1.5～2 为准。在染浴 pH 为 1.5～2 时，羊毛纤维中氨基转变为—NH_3^+，而—NH_2 的含量少，纤维与染料中铬离子络合的概率小，染料扩散性能较好，容易染色均匀，为保证匀染，染液中可加入适量的硫酸钠或非离型匀染剂。染色时，始染温度 50℃ 左右，以 1℃/min 的升温速率逐渐加热升温至沸，沸染 60～90min，降温水洗，再加碱中和处理 20～30min，最后水洗。

1:2 型金属络合染料是一个铬离子和两个染料分子的络合物。这类染料的分子较大，一般不含磺酸基和羧基，而含有亲水性较弱的—SO_2NH_2、—$NHCOCH_3$ 等基团，因此在水中的溶解度较低，它们在弱酸性或中性条件下染色，因此又称为中性络合染料。1:2 型金属络合染料染羊毛时，染液 pH 为 6～7，始染温度 40～50℃，逐渐升温至沸，沸染 30～60min，然后逐渐降温水洗，染色时应控制升温速率不要太快，以获得较高的染色深度和较好的染色均匀性。这类染料的各项染色牢度较高，中、浅色耐晒牢度也较好，染物经煮呢、蒸呢后色光变化较小，但颜色鲜艳度和匀染性不够好。这类染料应用较广，可用于羊毛、蚕丝、锦纶、维纶的染色。

3.4.5　涤纶的分散染料染色[1,3,4,7]

分散染料是一类分子较小，结构中不含水溶性基团的染料。这类染料难溶于水，染色时借助分散剂的作用，染料以细小的颗粒状态均匀地分散在染液中，因此这种染料称为分散染料分散染料颜色品种齐全、品种繁多、用途广泛。

分散染料按化学结构分，主要有偶氮型、蒽醌型两大类，偶氮型分散染料如分散红玉 SE-GFL，蒽醌型分散染料如分散红 3B，它们的结构如图 3-18 所示。

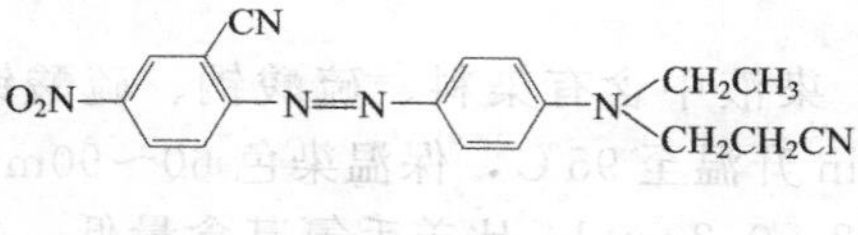

(a) 分散红玉 SE-GFL 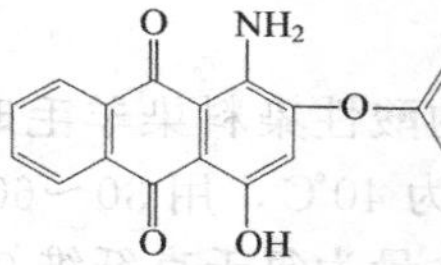　　　　　(b) 分散红 3B

图 3-18　分散红玉 SE-GFL(a) 和分散红 3B(b) 的结构

分散染料对涤纶有上染能力，染液中的染料分子可被涤纶纤维吸附，但由于涤纶大分子间排列紧密，在常温下染料分子难以进入纤维内部。涤纶是热塑性纤维，当纤维加热到其玻璃化温度 T_g 以上时，纤维大分子链段运动加剧，分子之间的空隙加大，染料分子才可进入纤维内部，染色速度显著提高，因此涤纶的染色温度应高于其玻璃化温度。涤纶的染色方法有在干热情况下的热溶染色法，染色温度约 200℃ 左右；也有以水为溶剂的高温高压染色法，染色温度约 130℃。若在染液中加入能降低涤纶玻璃化温度的助剂（载体），则涤纶可在常压、较低的温度下进行染色，这种方法为载体染色法。

高温高压法的染色温度一般在 130℃ 左右，高于涤纶的玻璃化温度，加之水对涤纶的增塑作用，纤维分子链段运动较剧烈，分子间微隙增大，而且微隙形成的机会增加，同时分散染料在染液中的溶解度提高，染液中以分子状态存在的染料较多，有利于分散染料快速进入纤维内部，使分散染料上染涤纶的速度和上染量大大提高。染色结束后，当温度降至玻璃化温度以下，纤维分子链段运动停止，分子间微隙减小，染料与纤维通过物理作用而固着在纤维内。分散染料高温高压染色时，染浴中应加入少量的醋酸、磷酸二氢铵等弱酸性物质，调节染浴的 pH 在 5～6。染色时，在 50～60℃ 始染，逐步升温，在 130℃ 下保温 40～60min，然后降温，水洗，必要时在染色后还需加还原剂，进行还原清洗。高温高压染色得色鲜艳、匀透，染色织物手感柔软，适用的染料品种较广，染料的利用率较高，但间歇性生产，生产效率较低。

　　分散染料在 100℃ 以下对涤纶染色时，染色缓慢，即使染很长的时间，也难以染深，而当采用某些化学药剂时，能显著地加快染料上染，使分散染料对涤纶的染色可采用常压设备进行，这些化学试剂称为载体。载体一般是一些简单的芳香族化合物，如邻苯基苯甲酸、联苯、水杨酸甲酯等。以前所用的载体大多有毒，不利于环保和清洁化生产，近年已开发出了苯甲酸苄酯、N-烷基吡咯烷酮、丁二酸二丁酯、芳基聚氧乙烯酯等新型环保载体，这些载体无毒无味，易生物降解，染色物日晒牢度不降低，使用方便。

　　载体对涤纶有膨化、增塑作用，使纤维的玻璃化温度降低，从而使涤纶能在 100℃ 以下染色。此外，载体对涤纶有较大的吸附能力，吸附在纤维表面形成的载体层对染料有增溶作用，可溶解较多的染料，使纤维表面的染料分子浓度增加，提高了纤维表面和内部的染料浓度差，加快了染料的向纤维内转移。但载体用量过多时，染色深度反而下降。载体染色法可降低染色温度，对涤毛、涤腈、涤黏等混纺产品的染色有实用价值。因为羊毛不耐高温，高于 110℃ 时容易损伤，造成强力下降，而染液中加入载体后，可按羊毛染色的常压工艺进行。

　　热溶染色法是通过浸轧的方式使染料附着在纤维表面，烘干后在干热条件下对织物进行热溶处理，由于热溶时间较短，因此热溶染色的温度较高，约在 170～220℃ 之间。热溶染色时，在近 200℃ 的高温条件下，涤纶分子链段运动加剧，分子间的瞬间空隙增大，有利于染料分子进入纤维内部。此外，在高温热溶情况下，织物上的染料颗粒升华为气态的染料分子，从而被纤维吸附并快速扩散进入纤维内部。当温度降低至玻璃化温度以下时，纤维分子间空隙减少，染料通过范德华力、氢键等物理作用固着在纤维内部。由于在热溶时，有部分升华的染料没有被涤纶吸附，而是散失在热溶焙烘箱中，因此染料的利用率没有高温高压法高，与高温高压染色相比，热溶染色的织物色泽鲜艳，但手感稍差。

　　对于升华牢度较高的高温型染料，热溶染色温度一般在 200～220℃，对于升华牢度中等的中温型染料，热溶染色温度一般在 190～205℃；对于升华牢度低的低温型染料，热溶染色温度一般在 180～195℃。在用几种染料进行拼混染色时，应选用升华牢度性能相近的染料。热溶染色的时间与热溶温度有关。一般采用较高的温度和较短的时间比采用较低的温度和较长的时间更为有利，热溶染色的时间一般为 1～2min。

　　热溶染色时，染液中含有染料、抗泳移剂、润湿剂。染液用醋酸或磷酸二氢铵调节 pH 在 5～6。抗泳移剂用于防止浸轧染液后的织物在烘干时，由于受热不匀而导致染料在织物上的迁移分布不匀，抗泳移剂一般为具有一定黏度的高分子物质，如海藻酸钠、合成龙胶钠、聚丙烯酸衍生物等。热溶染色的工艺流程为：浸轧→预烘→热溶→后处理。烘干时为减少染料的泳移，一般先用红外线预烘，然后再热风烘干。在热溶焙烘时，焙烘箱内温度应均匀，否则布面会产生颜色深浅不均匀。

3.4.6　腈纶的阳离子染料染色[1,3,4,7]

　　阳离子染料是一类色泽十分鲜艳的水溶性染料，染料在水溶液中电离为带正电荷的阳离子，通过电荷引力，可以上染到带阴离子基团的纤维上去。阳离子染料主要用于腈纶的染色。如阳离子黄 2RL，其结构见图 3-19。

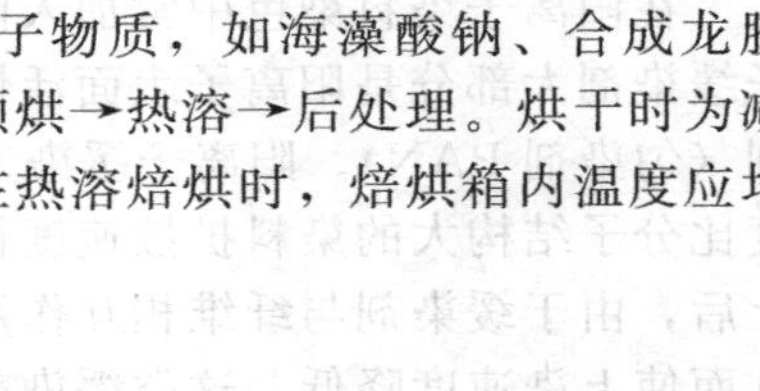

　　腈纶用阳离子染料染色，色泽鲜艳，颜色深浓，湿处理牢度和耐晒牢度较高，但匀染性较差，特别是染浅色时。

图 3-19　阳离子黄 2RL 的结构

　　腈纶用阳离子染料染色时，染料以静电吸附为主要形式上染纤维，在纤维上染料阳离子与纤维中的阴离子基生成离子键。阳离子染料的染色过程可表示如下：

$$纤维—COOH + D^+ \longrightarrow 纤维—COOD + H^+$$
$$纤维—SO_3H + D^+ \longrightarrow 纤维—SO_3D + H^+$$

阳离子染料染腈纶时，染料阳离子与纤维上的酸性基团结合是一对一的，染料的上染属于定位吸附。纤维上酸性基团含量的多少，在很大程度上决定了与纤维结合的最大染料量，也就决定了腈纶染色深度。纤维的染色深度还与染液的 pH 有关，随染浴 pH 的降低纤维中酸性基团的电离程度减小，纤维所带负电荷数量减少，而染色深度下降。不同的阳离子染料对腈纶的上染能力不同，每一染料在同一种腈纶上都有各自不同的最大上染量，它们在腈纶上的染色深度也不同。由于纤维中酸性基团的数目有限，因此当用几只阳离子染料拼混染色时，各染料的用量的总和不能超过纤维中酸性基团的数目，否则会造成染料的浪费。拼色染色时，要采用染色速率接近的染料进行拼色，才有利于得到染色均匀的染色产品，并有利于减少各批次染色产品之间的颜色差别，染色的重现性好。

染料的腈纶的玻璃化温度对染色有很大影响。在玻璃化温度以下，阳离子染料难以进入纤维内部。在染液中，由于水的增塑作用，腈纶的玻璃化温度降低至 70～85℃，当染色温度高于其玻璃化温度时，染料的上染速度会突然增大。腈纶玻璃化温度对染色速度的影响，一般比酸性基团含量的影响还要大。腈纶在高温情况下，对张力很敏感，特别是在湿热条件下容易变形，所以染色应在低张力下进行。

阳离子染料染色时，为得到均匀的染色结果，应适当降低上染速度。温度是控制匀染的重要因素，腈纶用阳离子染料染色时，在 75℃ 以下上染很少，当染色温度达到纤维的玻璃化温度（75～85℃）时，染料的上染速率迅速增加。因此，当染色温度达到纤维的玻璃化温度时，应缓慢升温，一般每 2～4min 升温 1℃。也可在 85～90℃ 时保温染色一段时间后，再继续升温至沸。

染液中加酸，可抑制腈纶中酸性基团的离解，降低纤维上的阴离子基团的数量，使染料与纤维间的静电引力减少，染色速率降低。阳离子染料一般不耐碱，染色的最佳 pH 一般为 4～4.5。染液的 pH 一般用醋酸调节，醋酸既可降低染浴 pH，又能提高染料的溶解度。在染液中同时加入醋酸钠，可稳定染液的 pH 在要求范围内。

在染液中加入电解质，如硫酸钠、食盐等，可降低阳离子染料的上染速率，具有降低染色速率的作用。染浅色时，中性电解质的用量可高些，约 5%～10%（对织物重），染深色时可不加。

在阳离子染料染色中常加入阳离子缓染剂以降低上染速率，起到均匀的染色效果。阳离子缓染剂大部分是阳离子表面活性剂，如 1227 表面活性剂（匀染剂 TAN）、1631 表面活性剂（匀染剂 PAN）。阳离子缓染剂与腈纶之间也存在着相互作用力，由于分子较小、扩散速度比分子结构大的染料扩散速度快，染色时首先占据纤维上的酸性基团，等染料扩散到纤维上后，由于缓染剂与纤维相互作用力小于染料与纤维的相互作用力，会逐步被染料所取代，从而使上染速度降低。这类缓染剂用量不能过大，否则会使染料的上染集中在染色后期，反而造成染色不匀，并且这类阳离子缓染剂用量越高，染产品得色越浅。

阳离子染料浸染时，染液中一般含有染料、阳离子缓染剂、硫酸钠、醋酸、醋酸钠等。阳离子染料用稀醋酸调成均匀浆状，加热水溶解，再加入一定量的醋酸和醋酸钠组成的缓冲溶液，以保持染液的 pH 在 4.5 左右。阳离子缓染剂的用量为 0～2%（对染物重），硫酸钠的用量为 0～10%（对染物重）。染色时，从 50～60℃ 始染，加热升温至 70℃ 以后，缓慢升温至沸，沸染 45～60min，然后缓慢冷却（1～2℃/min）至 50℃，进行水洗等后处理。

3.4.7　锦纶和氨纶的染色[1,3,4,7]

锦纶大分子上含有极性酰氨基及非极性的亚甲基，具有中等的吸湿性，纤维吸湿时发生溶胀，大分子的两端含有氨基和羧基，在酸性介质中带正电荷，可用酸性染料染色，可获得中等浓度的色泽及良好的牢度及鲜艳度。在碱性介质中锦纶带负电荷，可用阳离子染料染色，但水洗和耐晒牢度很差。在中性介质中锦纶可用 1∶2 型金属络合染料染深蓝、咖啡色及黑色等深色产品。锦纶分子结构中含有末端氨基等反应性基团，可用活性染料染色，染色后湿牢度好、颜色鲜艳，但锦纶末端氨基含量少，不容易染深、染匀。锦纶还可用分散染料染色，但湿处理牢度较低。

锦纶的等电点 pH 为 5～6，弱酸性染料是锦纶染色的常用染料，得色鲜艳，染色深度和染色牢度均较高，但匀染性、遮盖性较差，常用于染深色。染色时，染液的 pH 一般为5～6，锦纶的玻璃化温度较低，始染温度应低于 50℃，然后逐渐升温至沸，沸染一定时间。弱酸性染料染锦纶时，上染速率较快，容易染色不均匀。因此，染色时除采用较低的始染温度外，升温速度要慢，染液中可加阴离子表面活性剂等作为匀染剂，降低染色速率。染色后，为了提高染色产品的湿处理牢度，对于中、深色产品还需要用单宁、酒石酸锑钾等固色剂进行固色处理。

锦纶中氨基含量较少，锦纶 66 为每千克纤维 0.03～0.05mol、锦纶 6 为每千克纤维0.098mol，所能容纳的染料量有限，当用两个或两个以上染料拼色染色时，会发生酸性染料对氨基的争夺，如果拼色所用的染料上染速率不一致，造成颜色差异、每批次染色织物之间有差别等现象，因此不同染料拼混染色时应选用染色速率相近的染料。

1∶2 型金属络合染料染锦纶时，染色速率快、染料在纤维上迁移性能差，导致染色均匀性差，特别在染浅色时更容易出现染色不匀。染色时，初期染液 pH 为 7～8，染液中还需加入平平加 O、匀染剂 102 等非离子匀染剂，避免染料上染过快导致染色不匀，对于深色产品，为了提高染色深度，可在染色后期加入适量的有机酸，以使染料进一步上染。一般起始染色温度为 40℃，在 45～60min 内将染液缓慢升温至沸，沸染 30～60min，然后降温、水洗。对于深色产品，还应进行固色、柔软处理，以提高湿处理牢度和手感。

用普通活性染料染锦纶时，可采用酸性条件下染色、中性条件下染色或酸性染色碱性固色等方法。为了提高染色牢度和上染量，可采用酸性条件下染色，碱性条件下固色的方法。酸性条件锦纶分子末端的氨基带正电荷，与染料阴离子静电吸引力大，染料容易上染纤维，然后将染液 pH 调节为碱性时，在碱剂的催化作用下，染料的反应性基团与纤维的氨基发生反应生成共价键固着在纤维上。染色时，先在 pH4 左右的染液中，于 60℃开始染色，然后升温到沸，沸染 10min，再加入碳酸钠，调节染液 pH10～10.5 进行固色，固色时间为60min，固色时染料还会进一步上染纤维。

染锦纶的染料大多都能用于染氨纶，因此氨纶通常也可用分散染料，酸性染料或金属络合染料染色，其染色方法与锦纶的相近，但氨纶耐热性差、高温染色易水解，造成织物强力、弹性下降和泛黄。

3.4.8 混纺和交织织物染色[1,3,4,7]

纺织品按其纤维组成不同，可分为纯纺、混纺和交织三大类。混纺产品是用不同纤维混纺的纱线织成的产品，由于混纺用的不同纤维在性能上可以互相取长补短，因此，混纺织物的服用性能优于纯纺产品，而且不同混纺比的产品的性能及用途也有区别。交织物是用两种不同纤维的纯纺纱或长丝交织而成。

混纺或交织物染色时，若两种纤维的染色性能和化学性质相近（如羊毛与锦纶、棉与黏胶纤维等），可用同一种类型的染料染两种纤维，此时要求染料在两种纤维上的颜色基本相同。若两种纤维的染色性能和化学性质相差较大（如涤纶与羊毛、涤纶与黏胶纤维等），可用两种类型的染料分别上染两种纤维，此时一般要求一种纤维所用的染料在另一种纤维上的沾色要轻，否则会影响染色产品的牢度和颜色鲜艳度。混纺或交织织物染色所用的染料，在相应纤维上染色牢度应基本相同，以免在使用过程中产品颜色发生变化。混纺或交织织物的

染色方法一般有以下几种:

① 一浴一步法,将一种或两种性质的染料在同一染液中对不同的纤维同时染色。一浴一步法的染色时间短,生产效率高,操作方便,能耗低,是比较理想的一种染色方法。但采用一浴一步法染色时,两种纤维染色所用的染料、助剂、染色工艺条件等不应相互抵触,相互之间没有明显的不利影响。由于适合这种方法的染料类别有限,其应用还不普遍。

② 一浴二步法,该法是先以一种染料上染一种纤维,然后再在染液中加入另一种染料,以另一种染料的染色工艺染另一种纤维。采用这种方法时,要求第一步染色后的残液对第二步染色没有影响。

③ 二浴二步法,该法是将两种类型的染料分别配制染液,分两次分别对两种纤维进行染色。这种方法的生产周期长,生产效率较低,但因分步操作,染色条件容易控制。

采用何种方法进行染色加工,应根据混纺或交织织物的纤维组成、性质以及可选用的染料、助剂种类和性能、染色的深浅及产品品质要求而定。下面以涤棉混纺织物为例,对混纺织物或交织物的染色方法加以说明。

例如,涤棉混纺织物主要是棉型风格,涤棉的混纺比例不同,产品性能也不同,常见的涤/棉混纺比例是 65/35。涤纶和棉纤维的染色性能相差很大,涤纶一般用分散染料染色,而棉纤维通常采用牢度较好的棉用染料染色。

对于涤棉混纺织物的浅色产品,可只用分散染料对涤纶染色,而不染棉,其染色方法采用热溶法或高温高压法。染色所用的分散染料应对棉的沾色少,一般在染色后要进行还原清洗,即用稀的烧碱、保险粉溶液处理,以去除沾色和浮色。

对于涤棉混纺织物分散、活性染料一浴法染色,根据染液中是否含碱剂,可有两种染色工艺,即一浴一步法和一浴二步法。一浴一步法是染液中含有分散染料、活性染料、碱剂、尿素等,碱剂、尿素等,其染色工艺流程为:

浸轧染液→ 烘干→ 热溶→ 汽蒸→ 后处理

活性染料通过汽蒸固着在棉纤维上,分散染料则在高温焙烘时固着涤纶上。在采用这种方法时,分散染料的耐碱性要好,对棉的沾染较少,此外要求所用活性染料的反应性适中,染液中碱剂一般为碳酸氢钠。一浴二步法是染液中含有分散染料和活性染料,但不加碱剂,其染色工艺流程为:

浸轧染液→ 烘干→ 热溶→ 浸轧碱液→ 汽蒸→ 后处理

分散染料先在热溶时通过高温焙烘固着涤纶上,经浸轧碱液后,活性染料在汽蒸时固着在棉纤维上。分散染料/还原染料对涤棉混纺织物的染色也有一浴法和二浴法之分。

涂料染色是染料染色的一种补充方法。涂料染色可同时对涤纶和棉着色,在两种纤维上没有色相不一致的问题,染色牢度好,染色重现性好,工艺流程短,水、电、汽消耗少,废水少。涂料染色一般只限于染中、浅色,染深色刷洗牢度和摩擦牢度较差,手感较硬。涂料轧染的工艺流程为:

浸轧染液→ 红外线→ 预烘→ 热风烘干→ 焙烘

染液中主要含有涂料、黏合剂、交联剂和柔软剂等其他助剂。涂料种类对染色产品的色泽鲜艳度、日晒牢度和气候牢度有较大影响。黏合剂和交联剂对染色产品的耐晒牢度、摩擦牢度、手感等有较大影响。

3.4.9 纺织品染色技术的发展

纺织品染色加工过程中,主要存在着某些染料的利用率低;为了提高染色牢度,染色织物需要用大量水洗去除没有固着的染料,使得染色废水的色度和 COD 值高;为了提高某些染料的利用率,染色时往往需要加入大量的中性无机盐;有些染料染色时需要高温染色;混纺织物的染色工艺流程长而复杂等问题,这些都不利于节能减排和环境保护。为此,染整工作者长期以来做了大量的研究工作，解决了一些工艺技术方面的问题，但依然存在着大量问题有待解决。

为了提高活性染料、直接染料、涂料的利用率，减少中性无机盐的用量，除了改进染料结构，通过纤维素纤维的阳离子化改性，增大其与染料和涂料之间的静电引力，促使更多的染料从溶液中向纤维上转移，提高纤维上的染料量，染色时基本不用盐。但这种方法需要多增加一道改性工序，而且会影响染色均匀性。在染液中加入某些金属盐及分散剂，使酸性染料、活性染料等与它们形成悬浮体，以屏蔽染料上的负电荷，可以降低染料与纤维之间的静电排斥力，促使更多的染料上染纤维，但需要小心选择悬浮体系，否则会影响体系的稳定性，造成染色不均匀或色浅。在活性染料染色后，采用新型的酸性皂洗和氧化皂洗等方法，在皂洗的同时中和了布上带的碱剂，可以将洗下来的染料在皂洗过程中分解为无色的小分子化合物，可以减少水洗次数，节约用水，还去除了废水的色度，减少废水排放，减轻了废水处理的压力。

涤纶载体染色主要用在不宜用高温高压或热熔染色的涤毛、涤棉、涤黏、涤腈等混纺织物。用不同染料同浴一步法染色，可以缩短工艺流程，节约能源，减少纤维损伤，也容易达到两种纤维同色性。过去使用的染色载体多为有毒、气味难闻、并会影响日晒牢度和颜色鲜艳度的有机化合物，已被禁止使用。现在使用的无毒、无味、易生物降解的环保型染色载体如 N-烷基邻苯二酰亚胺、N-环己基或正辛基吡咯烷酮、丁二酸烷基酯等，不仅可以满足这些混纺织物的染色，还可以用于纯涤纶织物分散染料常压染色，可以极大地节省能源。

羊毛表面的鳞片阻止染料向纤维内部扩散，染色时间长、需要沸染，从而导致羊毛损伤、耗费能源，通过选择使用各种纤维溶胀剂使纤维溶胀、内部空隙增大，使染料容易向纤维内部扩散，既可以使染色温度降低到 70℃ 以下、节约能源，又可以减少羊毛损伤。

利用微胶囊技术，以明胶、果胶、阿拉伯树胶、甲基纤维素、丙烯酸、三聚氰胺甲醛树脂等亲水性高分子化合物为囊壁材料，以染料为囊芯，做成微胶囊染料。纺织品在用这种微胶囊染料染色时，染液中微胶囊不会破裂，染料不会释放出来，微胶囊染料上染或印制到织物上后，在汽蒸或高温时微胶囊吸湿溶胀才发生破裂，将染料释放出来，染色废水中染料很少，可以减轻废水处理的压力，微胶囊可以回收利用。若在囊壁材料中加入强磁性粉末，而囊芯为易升华的分散染料，可以得到磁性微胶囊染料。该磁性微胶囊染料可以在磁场下吸附在纺织品上，再经加热到 200℃，微胶囊破裂，分散染料升华转移到织物上，将其染色。这种方法属于非水染色，可以减少耗水量、减轻排水处理的负担。但是微胶囊染色，存在着微胶囊制备技术要求高、拼色困难等问题，还没能推广使用。

超声波指的是频率为 $2×10^4 \sim 2×10^9$ Hz 的声波，是高于正常人类听觉范围的弹性机械振动。在染色液中它使极细的空化泡形成和破裂，在极小的范围增加压力和温度，瞬间使分子动能增加，有利于染料分子克服能阻进入纤维，同时产生类似的搅拌作用，增加染料与纤维表面的接触，有利于纤维内外染液的循环，从而加快了上染速度，提高染色深度，缩短染色时间和降低温度。微波是一种频率为 $3×10^8 \sim 3×10^{11}$ Hz 的超短波电磁波，在微波的染整加工过程中，存在于织物及溶液中的水分子吸收了微波的能量，使水分子运动加剧，可以大大地促进染料分子在纤维内部的扩散，以及和纤维分子的结合，起到提高染色深度、缩短加热时间、节约能源的目的。

除了分散染料等少数染料外，大多数染料在水中均能电离成正离子或负离子。若染液中加以电极通电，正负离子必将发生定向移动。外加电场的存在能有利地促使染料离子向电荷相反的电极移动，以电能代替或部分代替热能，在低于常规染色温度下进行电化学染色，以其达到降低能耗和提高上染量，加快染色速度，节省染色时间，减少环境污染，改善工人劳动环境的目的。

当温度在31℃以上,并且压力在7.2MPa以上,则二氧化碳以超临界流体的状态存在。超临界二氧化碳,不燃、无臭无味、是化学惰性和廉价的流体。分散染料分子极性较弱、相对分子量很小,不溶于水,但能很好地溶解在超临界二氧化碳中。而涤纶等合成纤维在超临界二氧化碳中,无定形区的分子链段的活动能力加强,无定形区含量和空隙增加。这些使得分散染料能在比常规更低的温度下、更短的时间内上染纤维,并且具有较高的染色深度。超临界二氧化碳染色属于非水染色,不仅可以减少废水排放,而且节约能源,但目前只适用于分散染料染色。

上述新型的染色技术,依然存在着染色设备复杂、加工能力有限、生产成本较高、染色理论还需进一步深入研究等问题。

3.5 纺织品印花

3.5.1 概述[1,7]

印花是把各种不同的染料或颜料调制成印花色浆,按照图案设计的要求,局部施加到纺织品上,从而获得彩色花纹图案的加工过程。一些印花织物样品见附图。印花主要是织物印花,其中多数是纤维素纤维织物、蚕丝织物和化学纤维及其混纺织物的印花,毛织物印花为数不多。纱线、毛条也有印花,纱线印花后可以织出特殊风格的花纹,毛条印花后可织成混色织物。

印花和染色一样,都是使纺织品着色。但染色是使纺织品整个全面地着色,而印花是染料仅对纺织品的某些部分着色。为了克服染液的渗化而获得各种清晰的花纹图案,印花时,需要将染料和必需的化学药剂加入糊料中一起调成印花色浆,再印到纺织物上去。所谓糊料是用诸如淀粉糊料调制而成的稠厚流体。

由于糊料的存在,色浆中染料对纤维的上染过程比染色时染液中的染料对纤维的上染过程复杂。印花色浆印到织物上经过烘干后,为了使染料从色浆中转移到纤维上并完成一定的化学变化,一般还要经过汽蒸。汽蒸有时也叫蒸化。取印后烘干的织物一小块,用水洗涤,织物上的染料即随着色浆从织物上洗落下来,这说明织物上的染料尚未上染纤维。在汽蒸过程中,蒸汽先在织物上冷凝,使织物温度迅速上升,纤维溶胀,色浆吸收水分,染料和化学药剂发生溶解,有的还发生化学反应,染料便从色浆向纤维转移,扩散进入纤维,从而完成上染纤维的过程。

最后,印花织物还要经过充分的水洗和皂洗,洗除织物上的糊料、化学药剂及浮色。糊料残留在织物上,使织物手感粗糙;浮色残留在织物上,会影响色泽鲜艳度和染色牢度。生产上把印花后的蒸化和水洗、皂洗等过程称作后处理。

印花所用染料品种较多,工艺流程也较长,一般包括图案设计、筛网制作、色浆调制、印制花纹、后处理四个工序。印花是一门化学、物理、机械和艺术结合为一体的科学技术。

织物印花的方法,根据印花工艺的不同,有直接印花、防染印花和拔染印花等,根据不同的印花设备,又分为筛网印花、转移印花、喷墨印花等。

3.5.2 印花设备[1,7]

筛网印花的主要印花装置是筛网,它源于型版印花。型版印花是将纸版、金属版或化学版雕刻出镂空花纹的印花方法。筛网又分为平网和圆网两种,平网是将筛网绷在金属或木质矩形框架上,圆网则采用镍质圆形金属网。制网时先将图案或样稿经扫描仪分色后,计算机将产生的图案文件(分色稿)由CAD系统转换成数据文件输入喷射制版机,制版机的喷印头上装蜡或墨水,在喷射前将喷印头加热,通过电脑控制的数字信息,把液体蜡或墨滴喷到光敏性涂层的网上,蜡或墨形成一层对光不受影响的薄膜,然后在整体光源下曝光、显影和固化，有蜡或墨处光透不过去，感光胶不能固化，可以被洗去，形成了镂空的花纹网版。印花时，在平网或圆网印花机上色浆通过镂空的花纹网版转移到纺织品上得到花纹图案。平网印花有手工和机械之别，而圆网印花是连续化的机械运行。圆网和平网印花是目前广泛采用的印花方法，这种印花方法印花套数多，单元花样花型排列比较活泼，纺织品所受张力小，不易变形，花色鲜艳度优良，得色丰满，而且网印疵布较少，特别适于小批量、多品种的生产。常用的圆网印花设备如图 3-20 所示。

先将花纹图案印制在纸上得到转印纸，再在一定条件下使转印纸上的染料转移到纺织品上去的印花方法叫转移印花法。转移印花设备有平板压烫机、连续转移印花机和真空连续转移印花机。连续式转移印花机能进行连续生产，机上有旋转加热滚筒，织物与转印纸正面相贴一起进入印花机，织物外面用一无缝的毯子紧压，以增加弹性，（如图3-21 所示）。这种设备可以抽真空使转移印花在低于大气压下进行。

图 3-20　圆网印花机

除上述常用的印花方法外，还有一些用于生产特殊印花产品及现在正迅猛发展的新型印花方法，主要有静电植绒印花、多色淋染印花、喷墨印花（如图 3-22 所示）等。

图 3-21　热转移印花机

图 3-22　数码喷墨印花机

3.5.3　印花原糊[1,7]

印花原糊是具有一定黏度的亲水性分散体系，是染料、助剂溶解或分散的介质，并且作为载递剂把染料、化学品等传递到织物上，防止花纹渗化，当染料固色以后，原糊从织物上洗除。印花色浆的印花性能很大程度上取决于原糊的性质，所以原糊直接影响印花产品的质量。制备原糊的原料为糊料，用作印花的糊料在物理性能、化学性能和印制性能方面都有一定的要求。

从物理性能方面看，糊料所制得的色浆必须在外力作用下有一定的流动变性的能力，以适应各种印花方法、不同织物的特性和不同花纹的需要。例如印制大块面花型时色浆流变性大，才能印制均匀，而印制花茎、叶脉时色浆流变性小，色浆不易渗化，印制的花纹轮廓才清晰。印花时，筛网上刮刀压点及承压辊和花筒的轧点处压力较大，这时，色浆的黏度下降，有利于色浆的渗透，织物离开压点后，色浆黏度上升，从而防止花纹渗化。糊料要有适当的润湿吸湿和良好的抱水性能，这对染料的上染和花纹轮廓清晰关系密切。糊料应与染料和助剂有较好的相容性，即对染料、助剂有较好的溶解和分散性能。糊料对织物还应具有一定的黏着力，特别是印制合成纤维织物，黏着力低的糊料形成的色膜易脱落。

化学性能方面，糊料应较稳定，不易与染料、助剂起化学反应，贮存时不易腐败变质。印制性能方面，糊料成糊率要高，所配的色浆应有良好的印花均匀性、适当的印透性和较高的给色量。糊料的易洗涤性要好，否则将影响成品的手感。

　　糊料按其来源可分为：淀粉及其衍生物、海藻酸钠、羟乙基皂荚胶、纤维素衍生物、天然龙胶、乳化糊、合成糊料等。印花糊料应根据印花方法、织物品种、花型特征及染料的发色条件而加以选择，在生产中常将不同的糊料拼混使用，以取长补短。

　　淀粉糊成糊率高，糊料耐碱性好、给色量高，印制花纹轮廓清晰，蒸化时无渗化，但渗透性差，印制大面积花纹均匀性不好，洗涤性差。它主要用作不溶性偶氮染料、可溶性还原染料的印花原糊，对活性染料印花不适用。

　　印染胶和糊精均是淀粉加热焙炒或经酸降解后的裂解产物。这些淀粉裂解产物，分子量低，具有还原性，成糊黏度小，成糊率低，给色量下降，印透性和印花均匀性比淀粉好，吸湿性强，易于洗涤，但蒸化时易渗化，特别是印染胶，因此，常与淀粉糊拼混，一般用于还原染料印花的糊料。

　　海藻胶是海藻的主要胶质，由于海藻酸钠盐的成分最多，所以简称海藻酸钠。海藻酸钠糊印制的花纹均匀，轮廓清晰，印透性和吸湿性良好，易于洗涤，但给色量较低。由于海藻酸钠分子中的羧基负离子与活性染料阴离子存在斥力，有利于活性染料上染纤维，是活性染料印花最好的糊料。

　　乳化糊一般是航空煤油和水在乳化剂作用下，经高速搅拌而成的油/水型乳化液。乳化糊含固量低，刮浆容易，润湿和渗透性好，得色鲜艳，手感柔软，但黏着力低，单独作一般染料印花的糊料渗化严重，主要用于涂料印花，也可与其他亲水性糊料拼混制成半乳化糊。但乳化糊煤油用量大，成本高，烘干时煤油挥发对环境造成污染。

　　近年来，合成增稠剂代替乳化糊用于涂料印花，并可用于分散染料和活性染料的印花。合成增稠剂是用几种丙烯酸类单体共聚而成。使用时，在快速搅拌下将合成增稠剂加入水中，经高速搅拌一定时间后即可增稠。合成增稠剂调浆方便，增稠性极强，一般在色浆中只要用1%～2%（固体含量0.3%～0.6%）即可，由于其用量极少，含固量很低，印后可不经洗涤，手感柔软。合成增稠剂具有高度的触变性，印制轮廓清晰，线条精细，表观给色量高，是筛网印花的理想原糊，但其吸湿性强，汽蒸固色时易渗化。用合成增稠剂印制疏水性的轻薄、平滑的合纤织物。

3.5.4　直接印花[1,3,4,7]

　　直接印花是在白色或浅色织物上先直接印以色浆，再经过蒸化等后处理而印得花纹的印花工艺过程。印花色浆由染料（或颜料）、化学药剂及原糊调制而成，染料的选择根据纤维性质、图案特征、染色牢度要求和设备条件而定。

3.5.4.1　纤维素纤维织物直接印花

　　活性染料直接印花一般采用活性染料印花，工艺简单，色泽鲜艳，湿牢度好，印中、浅色，颜色齐全，拼色方便，并能和多种染料共同印花或防染印花，成本低廉，是印花中最常用的染料。但活性染料不耐氯漂，固色率不高，水洗不当易造成白地不白。活性染料印花工艺按色浆中是否含碱剂而分为一相法和两相法。

　　一相法印花是将染料、原糊、碱剂及必要的化学药剂一起调成色浆。其印花工艺流程为：

白布→印花→烘干→蒸化→水洗→皂煮→水洗→烘干

色浆配方（%）：

活性染料	1.5～10	海藻酸钠糊	30～40
尿素	3～15	小苏打（或纯碱）	1～3（1～2.5）
防染盐 S	1	加水合成	100

　　一相法印花工艺适用于反应性低的活性染料，主要采用二氯均三嗪型活性染料，乙烯砜

型和双活性基型活性染料也有应用。

活性染料与纤维素纤维的反应是在碱性介质中进行的，反应性低的活性染料应选用纯碱为碱剂。反应性较高的宜选用小苏打为碱剂，它的碱性较弱，有利于色浆稳定，在汽蒸或焙烘时，小苏打分解，织物上色浆的碱性增加，促使染料与纤维反应：

$$2NaHCO_3 \longrightarrow Na_2CO_3 + H_2O + CO_2\uparrow$$

尿素是助溶剂和吸湿剂，可帮助染料溶解，促使纤维溶胀，有利于染料在汽蒸时扩散进入纤维。防染盐 S 即间硝基苯磺酸钠，是一种弱氧化剂，可防止高温汽蒸时染料受还原性物质作用而变色。海藻酸钠糊是活性染料印花最合适的原糊，因为其分子结构中无伯羟基，不会与活性染料反应，而且海藻酸钠中的羧基负离子与活性染料阴离子有相斥作用，有利于染料上染。

印花后经烘干、固色，染料由色浆转移到纤维上，扩散至纤维内部与纤维反应呈共价键结合。固着工艺有汽蒸（100～102℃，3～10min 或 130～160℃，1min）和焙烘（150℃，3～5min）固着两种。

固色后，印花织物要充分洗涤，去除织物上的糊料、水解染料和未与纤维反应的染料等。活性染料的固色率不高，未与纤维反应的染料在洗涤时溶落到洗液中，随着洗液中染料浓度的增加，会重新被纤维吸附，造成沾色。保证白地洁白的关键是首先用大量冷流水冲洗，洗液快速排放，再热水洗、皂洗，否则，在碱性的皂洗液中还会造成永久性沾污。目前，新开发的高效防白地沾污无泡皂洗剂的应用提高了皂洗效率，降低了用水量，减少了废水排放。

两相法印花的色浆中不加碱剂，印花后再进行浸轧碱液固色，适用于反应性较高的活性染料，提高了色浆的稳定性，避免了堆放过程中染料在布面上水解造成色浅或色花。最常用的轧碱短蒸法工艺流程为：

白布 → 印花 → 面轧碱液 → 蒸化(103～105℃,30s) → 水洗 → 皂洗 → 水洗 → 烘干

纤维素纤维织物还可以用还原染料进行直接印花，与还原染料染色相似，还原染料直接印花有隐色体印花和染料悬浮体印花两种方法。前一种方法较为麻烦、复杂，后一种方法较为方便、简单，适用染料品种多，印花色浆稳定，花纹不易互相搭色。后一种方法是把还原染料磨细后调成色浆，印花烘干后浸轧碱性还原液，快速汽蒸，在湿、热条件下使还原染料迅速还原上染，随后经氧化皂洗等印花后处理，使还原染料固着在织物上，此种方法称为悬浮体印花法。

3.5.4.2　蛋白质纤维织物的直接印花

丝织物在实际生产中主要采用弱酸性染料、1∶2 型金属络合染料、直接染料以及少量的阳离子染料印花。涂料印花由于手感问题，影响织物的风格，仅适用于白涂料印花，用以产生立体效果。印花一般在平网印花机上进行。

其印花工艺流程为：

印花 → 烘干 → 蒸化 → 水洗 → 固色 → 退浆 → 脱水 → 烘干 → 整理

印花配方（%）：

染料	20	氯酸钠（1∶2）	0～1.5
尿素	5	水	少量
硫代双乙醇	5	硫酸铵（1∶2）	6
原糊	50～60	加水合成	100

丝织物印花一般选用的弱酸性染料和与之拼色的直接染料都是高温和中温上染的，染料用量不宜过高，否则没有固着的染料太多，水洗易造成白地沾污、色泽萎暗。尿素和硫代双乙醇作为助溶剂帮助染料溶解。硫酸铵是释酸剂，有利于提高印花颜色深度。氯酸钠是氧化

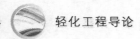

剂，可以抵抗汽蒸时还原性物质对染料的破坏。原糊对印花的影响很大，不同的设备、不同的丝绸品种对原糊的要求不同。

烘干时不能烘干过度，以免影响色泽鲜艳度。蒸化采用圆筒蒸箱、星形架挂绸卷蒸或悬挂式汽蒸箱，蒸化时蒸汽表压 88.4kPa(0.9kgf/cm²)，时间 30~40min。后处理中可用固色剂固色后，再用 BF-7658 淀粉酶退浆，去除糊料，最后可用蚁酸或醋酸整理，提高色泽鲜艳度和牢度。水洗时宜采用机械张力小的设备以免织物擦伤。

金属络合染料牢度较好，但色光较暗。蚕丝织物用 1:2 型金属络合染料印花时，其应用方法除色浆中不用酸或释酸剂，以及染料的溶解和印花原糊的选择不同外，其余与酸性染料相同。

弱酸性染料及 1:2 型金属络合染料及毛用活性染料是毛织物印花常用的染料，前者可获得艳亮的色泽，后者有较高的得色率，牢度好，适宜印制深色花纹。但由于印花毛织物价格贵，印花工艺复杂，所以印花产品较少。毛织物的印花一般在平网印花机上进行。

3.5.4.3　合成纤维织物直接印花

涤纶印花织物应用最多的是涤纶长丝织物、涤纶短纤维织物及以两者为原料所生产的仿毛织物。涤纶织物印花主要用分散染料，对所用分散染料在升华温度及固色率方面有较高的要求。升华温度过低的染料会在焙烘固色时沾污白地，固色率不高的染料在后处理水洗时又会沾污白地。分散染料直接印花时，一般选用中温（175℃以上焙烘）或高温型（190℃以上焙烘）的染料。其印花工艺流程为：

印花 → 烘干 → 固色 → 后处理

印花色浆（%）：

分散染料	x	六偏磷酸钠	0.3
原糊	40~60	表面活性剂	适量
防染盐 S	1	加水合成	100

小麦淀粉糊可用于印制点、茎花纹；海藻酸钠糊的印透、均匀性好，可与乳化糊拼混，用于平网或圆网印花机，以利于刮印。

印花色浆中还需加入适当的助剂，尿素具有吸湿、助溶和溶胀纤维的作用，可加速染料在纤维上的吸附、扩散，还可防止含氨基的分散染料的变色。但考虑尿素的高温分解及对环保的不利，可采用适当的阴离子或非离子表面活性剂代替。分散染料在 pH5~6 的弱酸性下稳定，可用酸或释酸剂如硫酸铵调节色浆 pH。防染盐 S 作为氧化剂，可以防止含硝基、偶氮基的分散染料高温固色时的还原变色。

分散染料的固色方法有三种，高温高压蒸化法、热溶法和高温连续蒸化法。高温高压蒸化法固色是在 125~130℃ 的高压汽蒸箱内，蒸化约 30min，此法不会产生染料升华沾色，染料品种的选择不受限制。由于采用饱和蒸汽，纤维和色浆吸湿多，有利于染料向纤维中扩散及浆料的洗除，所以花纹颜色深，织物手感柔软，适用于易变形织物，如仿真丝绸织物及针织物印花的固色，此固色工艺属间歇式生产，适合于小批量加工。热溶法是在 165~200℃ 干热固色 1~1.5min，采用此法固色要防止升华的染料沾污白地，一般选用升华牢度高的染料。由于是干热固色，对织物手感有影响，不适合于针织物及弹力纤维织物。此固色工艺属连续式生产，适合于大批量加工。常压高温连续蒸化法是在 175~180℃ 的常压过热蒸汽中蒸化 6~10min，此固色工艺适用的染料比热溶法多，而且在湿热的条件下易使纤维溶胀，有利于染料向纤维的转移。

腈纶织物印花可选用阳离子染料、分散染料、还原染料或中性金属络合染料等。按印花对象可分为腈纶丝束印花、腈纶纱线印花、腈纶织物印花及腈纶毛毯印花。设备上可使用毛条印花机、圆网和平网印花机或手工印花。

由于锦纶末端氨基含量少，再加上锦纶耐酸能力不强，所以，不宜采用强酸性染料印花。实际生产中，常使用弱酸性染料和中性染料，少量直接染料用于弥补酸性染料的颜色不全。由于锦纶织物易于变形，印花方法一般采用筛网印花和转移印花，前者主要用于锦纶长丝织物印花，后者适用于锦纶针织物印花。

印花色浆（%）

原糊	50～60	热水	y
染料	x	硫酸铵（1∶2）	5～6
硫脲	5～7	氯酸钠（1∶2）	2
甘油	3	加水合成	100
硫代双乙醇	3～5		

原糊应耐酸并具有较高的黏着力和成膜性，如变性刺槐胶、瓜耳胶，也可用变性淀粉或糊精。印花烘干后可在长环连续蒸化机内 102～105℃蒸化 20～30min，或在星形架圆筒内加压挂蒸 30min，后者可得到较高的给色量。水洗时，先以冷流水冲洗 20～30min，再以不超过 60℃的温水洗涤，防止未上染的染料沾染白地，用 1g/L 的纯碱溶液可以更好地洗去浮色。最后采用单宁酸、酒石酸锑钾等进行固色处理，以提高其湿处理牢度和日晒牢度。

3.5.5 纺织品防染和拔染印花[1,3,4,7]

防染印花是在织物上先印以防止地色染料上染或显色的印花色浆，然后进行染色而制得色地花布的印花工艺过程。印花色浆中防止染料上染作用的物质称为防染剂。用仅含有防染剂的印花色浆印得白色花纹的，称为防白印花；在印花色浆中加入不受防染剂影响的染料或颜料印得彩色花纹的，称为色防印花。防染剂可以是物理防染剂如涂料、黏合剂、糊料等，也可以是化学防染剂。化学防染剂起破坏或抑制染色体系中的化学物质，使之不能发挥有利于染色进行的作用，它需要根据地色染料的染色条件来选择。

拔染印花是在已经染色的织物上，用印花方法局部消去原有色泽获得白色或彩色花纹的印花工艺过程。染在织物上的色泽称为地色。消去地色的化学品称为拔染剂。拔染印花时，先在地色上印以含有拔染剂的印花色浆，烘干后经过汽蒸，地色染料即被破坏，随即加以洗涤除去。用仅含有拔染剂的印花色浆在地色上获得白色花纹的工艺，称为拔白印花；在拔染印花浆中加入不受拔染剂影响，并能在汽蒸时分解地色的过程中同时上染于纤维的染料，从而在地色上印得彩色花纹的工艺，称为色拔印花。拔染印花用的拔染剂一般是还原剂如雕白粉（次硫酸氢钠甲醛）、氯化亚锡、二氧化硫脲等。用防染印花法印得的花纹一般不及拔染印花精细，但适用于防染印花的地色染料种类较多，印花工艺流程较拔染印花为短。

3.5.5.1 纺织品防染印花

纤维素纤维织物染地色时所用染料不同，染料上染条件也不同，因此破坏或抑制地色染料上染条件所用的防染剂也不同。

例如活性染料染色时，染料需要在碱性条件下与纤维素纤维反应，因此活性染料中浅地色的防染印花是在印花色浆中加入酸性物质如有机酸、酸式盐或释酸剂作防染剂，以中和地色轧染液中的碱剂，抑制染料和纤维的结合，并结合加入涂料及黏合剂作为物理防染剂，从而达到防染的目的。常用的防染剂为硫酸铵，色防染料可选择涂料、不溶性偶氮染料等，它们的发色不受酸性物质的影响。

另外，利用亚硫酸钠可与乙烯砜型活性染料反应，使其失去与纤维的反应能力，而一氯均三嗪型活性染料对亚硫酸钠较稳定，因此可用亚硫酸钠为防染剂，而以一氯均三嗪型活性染料色防染料进行乙烯砜型活性染料的防染印花。

用还原染料染地色时，还原染料的上染是在碱性和还原剂存在下进行的，防染印花浆中常加入氯化锌、氯化钙等弱酸性盐和间硝基苯磺酸作防染剂。弱酸性盐与还原染液中的碱反应生成的碱金属氢氧化物在纤维表面形成一层胶状薄膜，起到物理防染作用，而间硝基苯磺酸作为氧化剂可以氧化染液中的还原剂起到化学防染作用，从而破坏了还原染料上染纤维素纤维的染色条件。可溶性还原染料上染纤维素纤维需要在酸性和有氧化剂存在下完成，故其防染印花浆中可以加入还原剂、碱剂作防染剂。例如二氯和一氯均三嗪型活性染料的防白和色防印花工艺如下。

印花工艺流程：

白布→ 印花→ 烘干→ 轧活性染料地色→ 烘干→ 汽蒸→ 水洗→ 皂洗→ 水洗→ 烘干

防白印花浆（g）：

硫酸铵	40～50	水	X
淀粉印染胶糊	200～300	总量	1000
涂料白	200～400		

涂料色防印花色浆（g）：

涂料	10～100	硫酸铵	30～70
尿素	50	龙胶糊	Y
黏合剂	400～500	50%DMEU	50
乳化糊	X	配成	1000

轧染地色配方（g）：

活性染料	X	碳酸氢钠	15～20
尿素	10～15	防染盐 S	7～10
水	Y	配成	1000
海藻酸钠糊	50～100		

地色染液浸轧温度 25～30℃，一浸一轧。地色染料在汽蒸时固着在纤维上，汽蒸条件为 102～104℃，5～7min。

涤纶织物的防染印花一般不能采用先印防染色浆、烘干、再浸轧地色染液的方法。因为涤纶是疏水性纤维、不吸水，黏附色浆的能力差，若先印花再浸轧染液，会使色浆在织物上渗化、导致花纹轮廓不清晰，同时防染剂会进入地色染液而难以染得良好的地色。涤纶织物的防染印花主要采用先浸轧分散染料溶液，低温不超过 100℃烘干，确保不使染料染入纤维，然后再印能破坏地色染料的防染印花色浆，汽蒸时印有防印浆处的染料被破坏，起到防染印花的作用。根据分散染料的结构不同，有的分散染料可以被还原剂破坏，有的能和重金属离子结合成分子量大的络合物，从而阻止染料扩散进入纤维。可在防染色浆中加入羟甲基亚磺酸盐、氯化亚锡、二氧化硫脲等还原性防染剂，以及能和分散染料充分络合的铜盐等重金属防染剂达到防染印花的目的。

3.5.5.2 纺织品拔染印花

拔染印花是利用拔染剂破坏织物地色染料的发色体系，再将被破坏分解的染料从织物上洗除。雕白粉常用于纤维素纤维织物的拔染印花。

拔染印花的地色染料主要是偶氮结构的染料，如不溶性偶氮染料、偶氮类结构的活性染料、直接铜盐染料、酸性染料等。雕白粉常用于纤维素纤维织物的拔染印花，偶氮染料的偶氮基—N＝N—（发色基团）被雕白粉等还原剂分解成两个氨基，分解产物无色或易于从织物上洗去。

影响拔染效果的因素很多，如染料的结构，一般单偶氮基结构的染料容易破坏拔染效果；染料与纤维结合力弱的拔染较容易；同种染料，染浅色的比中、深色易拔染。例如活性染料的拔染印花工艺如下：

轧染或卷染地色→ 固色→ 轧烘防染盐 S→ 印花→ 汽蒸→ 水洗→ 皂洗→ 水洗→ 烘干

拔染印花色浆（%）：

印染胶糊	30~40	甘油	0~3
雕白粉	15~24	增白剂 VBL	0~5
30% NaOH（36°Bé）	0~20	咬白剂 W	10
氧化锌（1：1）	0~15	合成	100
白涂料	0~10		

配方中碱、氧化锌、甘油、白涂料的用量，视活性染料品种和染地色的深浅不同而不同。对于难拔的染料，有时在拔染印花色浆中加入助拔剂（咬白剂 W），它在汽蒸时分解生成的磺酸钙氯化苄可与偶氮基分解产物反应，生成水溶性较大的产物，在皂洗时被去除，提高拔染后的花纹白度或色拔的颜色鲜艳度。

色拔印花时，印花色浆中的着色染料应选择还原染料和涂料，因为它们的上染不受还原剂雕白粉的影响，而还原染料上染更是需碱剂和还原剂，所以还原染料为最合适的色拔印花染料。还原染料色拔印花浆处方与还原染料直接印花浆处方基本相同。而涂料着色印花浆处方也与涂料直接印花浆处方基本相同，但需要加入 6%~8% 的雕白粉。

蛋白质纤维织物一般在深地或大块深色花型上有浅细茎的图案时，常选用拔染印花，而地色面积不大时以防印印花为好。蛋白质纤维织物大都采用含—N＝N—结构的弱酸性或直接染料为地色染料，含偶氮基结构的染料容易被还原剂破坏，有较好的拔染效果。应用最多的拔染剂是氯化亚锡，其在酸性介质中高温汽蒸时具有强还原性，使 Sn^{2+} 被氧化成 Sn^{4+}，将染料发色体（—N＝N—）破坏。雕白粉在碱性条件下才有还原作用，这有可能造成蛋白质纤维的损伤，故不能用作蛋白质纤维织物的拔染剂。着色拔染印花时，着色用染料采用耐氯化亚锡的还原染料、三芳甲烷、蒽醌或个别三偶氮基的酸性、直接和中性染料。

涤纶织物分散染料染完地色后，染料进入纤维内部以后，很难用拔染印花的方法将其彻底破坏去除，涤纶织物的拔染印花可以用还原性拔染剂如氯化亚锡，高温汽蒸时破坏偶氮染料的发色基团体（—N＝N—）使之消色，地色分散染料含偶氮结构，色拔用的染料一般选用能耐还原剂的蒽醌类染料。有些分散染料不耐碱，在碱性条件下易水解，达到局部破坏的色分散染料的目的，故可用碱性拔染的方法。着色拔染印花时，着色用染料采用耐氯化亚锡的还原染料、蒽醌型分散染料、耐碱的分散染料或涂料。

3.5.6　涂料印花[1,3,4,7]

涂料印花是借助于黏合剂在织物上形成的树脂薄膜，将不溶性颜料机械地黏着在纤维上的印花方法。涂料印花不存在对纤维的选择性问题，适用于各种纤维织物和混纺织物的印花。另外，涂料印花操作方便，工艺简单，色谱齐全，拼色容易，花纹轮廓清晰，但产品的某些牢度（如摩擦和刷洗牢度）还不够好，印花处特别是大面积花纹的手感欠佳。目前涂料印花主要用于纤维素纤维、合成纤维及其混纺织物的直接印花，也可以利用黏合剂成膜而具有的机械防染能力，用于色防印花。

涂料印花色浆一般由涂料、黏合剂、乳化糊或合成增稠剂、交联剂及其他助剂组成。涂料是涂料印花的着色组分，系由有机颜料或无机颜料与适当的分散剂、吸湿剂等助剂以及水经研磨制成的浆状物。选用的颜料要耐晒和耐高温，色泽鲜艳，并对酸、碱稳定。颜料颗粒应细而均匀，颗粒大小一般控制在 $0.1~2\mu m$，还应有适当的密度，在色浆中既不沉淀又不上浮，具有良好的分散稳定性。

黏合剂是一些可以成膜的高分子物质，它们能够在织物上通过自身交联反应、或与外加交联剂，以及与纤维上的活性基团的反应形成网状结构树脂薄膜，是涂料印花色浆的主要组分之一。涂料印花的牢度和手感由黏合剂决定。作为涂料印花的黏合剂，应具有高黏着力、安全性及耐晒、耐老化、耐溶剂、耐酸碱，成膜清晰透明，印花后不变色也不损伤纤维，有弹性，耐挠曲，手感柔软，易从印花设备上洗除等特点。黏合剂可分为非交联型、交联型和

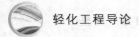

自交联型三大类。

涂料印花一般用乳化糊作原糊，其用量少，含固量低，不会影响黏合剂成膜，手感柔软，花纹清晰。用合成增稠剂代替乳化糊可避免煤油挥发造成的环境污染，而且成本低。

涂料印花色浆工艺配方（％）：

	白涂料	彩色涂料	荧光涂料
黏合剂	40	30～50	30～40
乳化糊或2％合成增稠剂	x	x	x
涂料	30～40	0.5～15	10～30
尿素	—	5	
交联剂	3	2.3～3.5	1.5～3.0
加水合成	100	100	100

工艺流程：印花 → 烘干 → 固着。

固着主要是使交联剂自身之间、交联剂和纤维上的活性基团或自交联型黏合剂之间及和纤维上的活性基团发生交联反应。固着有两种方式：汽蒸固着（102～104℃，4～6min）和焙烘固着（110～140℃，3～5min）。一般涂料印制小面积花纹可不进行水洗，但若乳化糊中煤油气味大，需皂洗。

涂料印花已广泛用于纺织品，具有工艺简单、无污水或少污水的优点。目前的问题是印花织物的手感、颜色鲜艳度和摩擦牢度比较差，另一个重要问题是黏合剂的危害，一些黏合剂含有害的游离单体和甲醛，而涂料印花采用的合成增稠剂，还存在火油污染空气、水源的问题。目前无火油或少火油的涂料印花糊料、新型环保涂料、环保型黏合剂、可生物降解的低温自交联黏合剂已经问世，并逐步推广应用，有利于解决涂料印花中环境污染的问题。

3.5.7　转移印花[1]

转移印花是先将染料色料印在转移印花纸上，然后在转移印花时通过热处理使图案中的染料转移到纺织品上，并固着形成图案的印花方法。目前使用较多的转移印花方法是分散染料在合成纤维织物上的干法转移印花。这种方法是先选择适用的分散染料与糊料、醇、苯等溶剂与树脂研磨调成油墨，印在坚韧的纸上制成转印纸。印花时，将转印纸上有花纹的一面与织物重叠，经过高温热压约1min，涤纶纤维分子链段热运动加剧、纤维微隙增大，而分散染料升华变成气态染料分子，由纸上转移到织物上。印花后不需要水洗处理，因而不产生污水，可获得色彩鲜艳、层次分明、花型精致的效果。但是转移印花存在的生态问题除了色浆中的染料和助剂外，主要是还需大量的转移纸，这些转移纸印后很难再回收利用。

转移印花以在纯涤纶织物上的效果最好，涤棉混纺织物上因棉纤维不被分散染料着色，得色要比纯涤纶织物浅，块面大的花形还有"雪花"（留白）现象。纯锦纶织物也能转移印花，但得色量较低，湿处理牢度较差，且印深色有困难，故多应用于部分织物如变形丝织物和针织物进行局部印花，以及一些装饰性的印花。

近年来，分散染料转移印花也用于天然纤维，为了使分散染料升华后可吸附、扩散及固着在天然纤维纺织品上，印花前必须对纺织品进行预处理，包括化学改性和预溶胀处理。一般来说，经这种预处理后，分散染料可以转印到天然纤维上，但牢度和颜色鲜艳度不如涤纶纤维织物，另一不足之处是印花前需要增加一道预处理工序。

活性染料等一些离子型染料湿态转移印花也被研究并获得应用，不足之处也是要耗费大量的转移纸，印花后还经过水洗，在耗水同时又产生污水。涂料转移印花后不需焙烘和水洗，无污水排放，但是对颜料和黏合剂有较高要求，也需要大量的转移纸。

3.5.8　喷墨印花[1]

喷墨印花是通过各种数字输入手段把花样图案输入计算机，经计算机分色处理后，将各种信息存入计算机控制中心，再由计算机控制各种颜色墨水喷嘴的动作，将需要印制的图案喷射在织物表面上完成印花。其电子、机械等的作用原理与计算机喷墨打印机的原理基本相同，其印花形式完全不同于传统的印花方式，对使用的染料也有特殊要求，不但要求纯度高，而且还要加入特殊的助剂。

喷墨印花机按照喷墨印花原理可分为连续喷墨印花（CIJ）和按需滴液喷墨（DOD）两种。连续式喷墨印花机的墨滴是连续喷出的，形成墨滴流。墨水由泵或压缩空气输送到一个压电装置，对墨水施加高频震荡电压，使其带上电荷，从喷嘴中喷出连续均匀的墨滴流，喷孔处有一个与图形光电转换信号同步变化的电场，喷出的墨滴便会有选择性地带电，当墨流经过一个高压电场时，带电的墨滴的喷射轨迹会在电场的作用下发生偏转，打到织物表面，形成图案，未带电的墨滴被捕集器收集重复利用。连续式喷墨印花机目前主要应用于地毯和装饰布的生产，这种印花机印花精度相对比较低，但印花速度比较快。

按需滴液喷墨印花机仅按照印花要求喷射墨滴，目前分热脉冲式、压电式、电磁阀式和静电式四大类型。应用最多的是热脉冲式喷墨印花机和压电脉冲式印花机两种类型。热脉冲式喷射印花机能够根据计算机发出的信号瞬间将喷嘴处的加热元件加热到高温，使墨水迅速达到高温（约 400℃）状态，导致墨水中的挥发性组分汽化形成气泡，使墨滴从喷嘴孔喷出，气泡冷却收缩或破灭，形成墨滴，同时墨室重新被储墨器充满。因此，这种印花方式也叫微气泡式喷射印花。压电式喷墨印花机是利用压电传感器对墨水施加冲击。当计算机控制的变化电压施加在压电传感器上时，它会随电压的变化而发生体积的收缩和膨胀，体积变化的方向取决于压电材料的结构和形状。当传感器收缩时会对喷嘴内的墨水施加一个直接的高压，使其从喷嘴高速喷出。电压消失后，压电材料恢复到原来的正常尺寸，墨室依靠毛细作用被储墨器充满。目前压电式喷些印花机是重点发展的喷墨印花机之一。

迄今为止，尚无普遍适用于纺织品数码喷射印花的标准油墨配方，但所有油墨配方必须满足一定的总体要求，其中黏度、表面张力、稳定性、颜色鲜艳度和各项牢度是最重要的指标。喷墨印花的油墨配方包括色素（染料或涂料）、载体（黏合剂/树脂）和添加剂（包括黏度调节剂、引发剂、助溶剂、分散剂、消泡剂、渗透剂、保湿剂等），其中添加剂应根据需要分别使用。

喷墨印花与传统印花不同，喷墨印花在织物上施加的墨水量非常小，最高时只能喷印 $20g/m^2$ 的墨水，这就要求喷射印花的墨水给色量要高，即使用量很低也能显示出浓艳的颜色，因此在选用染料时要特别注意它的上染和发色性能。目前用于喷墨印花的染料主要是活性染料、分散染料和酸性染料。在地毯和羊毛及丝绸的印花中，采用了酸性染料，涤纶织物喷墨印花采用分散染料。喷墨印花应用较多是纤维素纤维和蚕丝织物印花，所用的染料是活性染料。

喷墨印花工艺（以活性染料为例）为：

织物前处理 → 烘干 → 喷墨印花 → 烘干 → 汽蒸(120℃,8min,使活性染料固色) → 水洗 → 烘干

喷墨印花染料是按需喷墨的，减少了化学制品的浪费和废水的排放；喷墨时噪声低，既安静又干净，没有环境污染，是真正的生态型高技术印花工艺。喷墨印花工序简单，取消了传统印花复杂的制网和配色调浆工序，只需要备齐基本颜色的墨水，电脑的颜色图案直接表现在织物上，小样和批量生产一致，交货速度快，工艺自动化程度高，全程计算机控制，可以与因特网结合，实现纺织品生产销售的电子商务化。喷墨印花生产灵活性强，喷印素材灵活，喷印数量灵活，特别适合小批量、多品种、个性化的生产；印花极易组织，可以在办公室等任何地方进行生产，并且无需任何人照看，劳动强度低。喷墨印花无颜色、套色的限制，颜色自然丰富多彩，印花精细度高。喷墨印花能表现高达 1670 万种颜色，而传统的印花方式只有十几种；目前数字喷墨印花的分辨率高达 1440dpi，而传统印花工艺只能达到

255dpi。虽然目前数字喷墨印花技术还存在设备投资大、墨水成本高，织物需进行前处理和汽蒸等后处理，印花速度慢的问题。但喷墨印花这一高新技术，随着它的发展，在纺织品印花中的应用会越来越广阔。

3.5.9 混纺织物印花[1,3,4,7]

涤/棉混纺织物直接印花有"单一染料"和"混合染料"两种印花工艺。单一染料工艺应用较多的是涂料印花，混合染料工艺使用普遍的是分散/活性染料同浆印花。

涂料印花不存在对纤维的选择性，可免去染料印花时两种染料同浆的麻烦，目前已广泛应用于涤/棉混纺织物的印花。涂料印花适用于印制精致的小面积花纹，如选用成膜手感柔软的黏合剂，也可印制大面积花型。

分散/活性染料同浆印花特别适合于涤/棉混纺织物的中、深色印花，具有色谱齐全、色泽鲜艳、工艺简单等特点。存在的主要问题是，虽然两种染料各自上染一种纤维，但会相互沾色，染料用量越高固色越不充分，则沾色越多，因此印花前要对染料进行筛选。

固色工艺一般采用先焙烘（180~190℃，2~3min）使分散染料在涤纶上固着，然后再汽蒸，使活性染料在棉纤维上固着。若先汽蒸后焙烘，则增加活性染料对涤纶的沾污。水洗对织物花色鲜艳度及地色白度关系密切，水洗时应加强冲水，布的行进速度要快，减少织物与被洗下的染料接触，最后，可用稀碱和非离子表面活性剂洗涤，并逐渐升温水洗。

分散/活性染料同浆印花也可采用二相法工艺，即色浆中不加碱剂，在分散染料固色后再进行活性染料的固色。碱固色的方法有面轧碱液、快速浸热碱法和轧碱冷堆法等。此工艺避免了分散染料的碱性水解，减少了分散染料对棉的沾污，但碱固色时花纹易渗化，染料在轧碱液中溶落，影响白地洁白。

毛/涤混纺织物印花时，由于羊毛不耐高温，毛涤混纺织物印花中涤纶应选用低温型、而且对毛沾污少的分散染料，羊毛则以弱酸性染料、中性染料及毛用活性染料为主。普施兰PC是英国卜内门公司开发的分散/活性染料相拼混的液体染料，适合毛/涤混纺织物的直接印花。其印花工艺流程为：

印花前处理→ 印花→ 烘干→ 高温汽蒸→ 洗涤

3.6 纺织品整理

3.6.1 概述[1,3,4,7,12]

纺织品整理是指通过物理、化学或物理和化学结合的方法，改善纺织品外观和内在质量，提高服用性能或其他性能，或赋予纺织品某种特殊功能的加工过程。在实际生产中，常将纺织品练漂、染色和印花以外的加工过程称整理。由于整理工序多安排在整个染整加工的后期，故常称为后整理。

近年来纺织品的后整理加工技术得到了迅速发展，它已经从单纯地发挥纤维固有特性和效果的不耐久的整理朝着运用新型整理剂和设备，赋予织物优良性能和持久性效果的方向发展，如天然纤维与化学纤维在性能与外观上的互相仿制，通过后整理使织物获得纤维本身并不具备的特种功能等。

织物后整理按其整理目的大致可以分为下列几个方面：

① 使织物门幅整齐，尺寸形态稳定。属于此类整理的有定幅、防缩防皱和热定形等，称为定形整理。

② 改善织物手感，如硬挺整理、柔软整理、增重整理等，这类整理可采用机械方法、化学方法或二者共同作用处理织物，以达到整理目的。

③ 改善织物外观，如光泽、白度、悬垂性、增加或减少织物表面绒毛等，如有轧光整

理、增白整理、起绒、剪毛、磨毛及其他改善织物表面性能的整理。

④ 其他服用性能的改善，如棉织物的阻燃、拒水、拒油、防紫外线、抗菌整理；化纤织物的亲水性、防静电、防起毛起球整理等。这一类整理又称为纺织品的功能整理。

织物后整理根据上述要求，其加工方法可分为两大类，即机械后整理和化学后整理。通常将利用湿、热、力（张力、压力）和机械作用来完成整理目的的加工方法称为一般机械整理，而利用化学药剂与纤维发生化学反应，改变织物物理化学性能的加工方法称为化学整理。但二者并无截然界线，例如柔软整理既可借一般机械整理方法进行，也可用化学柔软剂的方法获得整理效果。但大多数是两种方法同时进行，如耐久性电光整理，使织物先浸轧树脂整理用化学药剂，烘干后再经电光机压光、焙烘而成。

3.6.2　纺织品一般整理[1,3,4,7,12,13]

3.6.2.1　手感整理

纺织品的手感是一项综合性指标，与纤维原料，纱线品种、织物厚度、重量、组织结构和染整工艺以及个人感觉都有关系。就纤维材料而言，丝织物手感柔软，麻织物硬挺，毛呢织物膨松、粗糙有弹性。每个人对柔软和硬挺的感觉及要求也不同。

硬挺整理是利用可以成膜的高分子物质制成整理浆液浸轧在织物上，使之附着于织物表面，干燥后形成的皮膜将织物表面包覆，从而赋予织物平滑、厚实、丰满、硬挺的手感。

硬挺整理也称为上浆整理，所用的浆料有淀粉及淀粉转化制品的糊精、可溶性淀粉，以及海藻酸钠、牛皮胶、羧甲基纤维素（CMC）、纤维素锌酸钠、聚乙烯醇（PVA）、聚丙烯酸等，这些浆料也可以根据要求混合使用。配制浆液时，还同时加入滑石粉、高岭土和膨润土等填充剂，用以增加织物重量，填塞布孔，使织物具滑爽、厚实感。为防止浆料腐败，还加入苯酚、乙萘酚之类的防腐剂。用淀粉整理剂上浆后不耐洗涤，只能获得暂时性效果，采用化学合成浆料上浆，可以获得较耐洗的硬挺效果。例如，用聚乙烯醇作为棉织物上浆剂，整理后在80℃以下水温洗涤时，有较好的耐洗性，手感也较滑爽、硬挺。用纤维素锌酸钠浆液处理织物，再通过稀硫酸处理，纤维素锌酸钠便分解析出纤维素，沉积在织物表面，可获得耐洗性好、硬挺的仿麻整理效果。此外，一些热塑性树脂乳液，如聚乙烯、聚丙烯酸的乳液，织物浸乳这类乳液，烘干后在织物表面形成不溶于水的连续性薄膜而牢固附着，随树脂品种不同可赋予织物以硬挺或柔软的手感，合成浆料也可与天然浆料混合应用。

柔软整理方法中的一种是借机械作用对织物进行搓揉、甩打、摩擦，使织物手感变得较柔软，通常可用气流式柔软整理机、橡胶毯预缩机、轧光机上进行柔软整理，但这种柔软整理方法不耐水洗，目前多数采用柔软剂对织物表面改性进行柔软整理。

柔软剂中以油脂使用最早，织物均匀地吸收少量油脂后，可以减少织物内纱线之间、纤维之间的摩擦阻力和织物与人手之间的摩擦阻力，而赋予织物以柔软感，同时给予丰满感及悬垂性，对剪裁与缝纫性也有改善。油脂及石蜡等制成乳液或皂化后使用，这类柔软剂来源广，成本低，使用方便，但不耐洗涤，而且容易产生油腻感及吸附油污，现在仍在使用的品种有乳化液蜡（液蜡10%，硬脂酸、硬脂酸甘油酯、平平加O、三乙醇胺各1%，加水组成）、丝光膏（硬脂酸10%，用硼砂、氨水、纯碱等皂化而成）。表面活性剂中许多产品也可作为柔软剂使用，阴荷性表面活性剂中的红油、阳荷性表面活性剂中的1631表面活性剂等，都易溶于水，使用方便，但仍不耐水洗。目前能与纤维起化学反应牢固结合的耐洗性柔软剂已广泛使用，如耐洗性柔软剂PF、VS、ES、有机硅柔软剂等。这类柔软剂结构的一端具有可与纤维素羟基反应的基团，反应后柔软剂分子固着在纤维表面，起着与油蜡、表面活性剂等同的柔软作用，耐洗性良好。

作为柔软剂的材料必须没有不良气味，而且对织物的白度、色光及染色坚牢度等没有不良影响。使用阳荷性柔软剂时，织物必须充分洗净，不含有阴荷性表面活性剂，以免互相反应失效。无论哪一类的柔软剂，用量都应适度，用量过多将产生拒水性及油腻发黏的手感。

3.6.2.2　定形整理

织物在染整加工过程中，常受到外力作用，尤以经向受力更多，迫使织物经向伸长、纬向收缩，幅宽达不到规定尺寸，布边不齐，纬纱歪斜。经定幅整理后，上述缺点基本可以纠正，使织物具有整齐均匀而形态稳定的门幅。定幅整理是利用纤维在潮湿状态下具一定的可塑性能，在加热的同时，将织物的门幅缓缓拉宽至规定尺寸，逐渐烘干，并调整经纬纱在织物中的状态，从而使织物达到幅宽规定尺寸、均匀一致、形态尺寸稳定的目的。拉幅只能在一定尺寸范围内进行，过分拉幅将导致织物破损，而且勉强过分拉幅后，织物的缩水率也不能达到标准。配备有正纬器的拉幅机还可以纠正前工序造成的纬斜。含合成纤维的织物需在高温条件下进行拉幅整理。

对于纤维素纤维织物来说，由于染整加工中经向常受张力而伸长，形态尺寸往往处于不稳定状态，如果在松弛状态下水洗，则织物的经纬向均将发生明显的收缩，这种现象称为缩水，羊毛和蚕丝织物也有类似的缩水现象。用这种织物制成的服装，一经下水洗涤，将会产生一定程度收缩，使服装不合身或发生形变走样，给消费者带来损失。因此，需要对织物进行必要的防缩整理，在出厂前将织物的缩水率控制 $1\%\sim2\%$，不超过国家标准。

图 3-23　预缩机

除了在前工序中尽量降低织物所受张力外，在整理车间常采用机械预缩法或化学防缩法，使织物缩水率符合要求。机械预缩整理主要是解决经向缩水问题，其基本原理是通过机械作用使织物经向长度缩短，也就是减少或消除织物存在着的潜在收缩，达到防缩的目的。织物的机械预缩整理常在压缩式预缩机（如图 3-23 所示）上完成的。化学防缩法是采用化学方法，如使用树脂整理剂或交联剂处理织物，通过封闭纤维素纤维上的羟基，以降低纤维亲水性，使纤维在水中湿润时不能产生较大的溶胀，从而使织物不会产生严重的缩水现象。但棉织物经过机械预缩后，基本可以满足使用要求，因此很少专门采用化学防缩法，而是经过树脂防皱整理的同时获得防缩效果。

3.6.2.3　外观整理

织物外观整理主要内容有轧光整理、电光整理、轧纹整理和漂白织物的增白整理等。整理后可使织物外观美化，如光泽增加，平整度提高，表面轧成凹凸花纹等。

轧光整理一般可分为普通轧光、摩擦轧光及电光等。它们都是通过机械压力、温度、湿度的作用，借助于纤维的可塑性，使织物表面压平，纱线压扁，以提高织物表面光泽及光滑平整度。

普通轧光整理在轧光机上进行。轧光机主要由重叠的软硬辊筒组成，硬辊筒为铸铁或钢制的，表面光滑、中空，可通入蒸汽或通电等加热，软辊筒用棉花或纸粕经高压压紧后车平磨光制成。织物穿绕经过各辊筒间轧点，即可烫压平整而获得光泽。轧光时硬辊筒加热温度为 $80\sim110$℃，温度愈高光泽愈强。冷轧时织物仅表面平滑，不产生光泽。叠层轧光是利用织物多层通过同一轧点相互压轧，使纱线圆匀，纹路清晰，有似麻布光泽，并随穿绕布层增多而手感变得更加柔软，故叠层轧光也可用于织物机械柔软整理。

摩擦轧光是利用织物行进时的线速度与摩擦轧光机上的摩擦辊筒的转动速度之差，利用摩擦作用使织物表面磨光，同时将织物上交织孔压并成一片（如纸状），可以给予织物强烈的光泽，布面极光滑，手感硬挺，类似蜡光纸，也称作油光整理。

轧纹整理时，轧纹硬辊表面刻有阳纹花纹，软辊则刻有与硬辊相对应的阴纹花纹，两者互相吻合。织物通过刻有对应花纹的软硬辊，在湿、热、压力作用下，产生凹凸花纹，可用于生产泡泡纱等织物面料。轻式轧纹机亦称为拷花机，硬辊为印花用紫铜辊，软辊为丁腈橡胶辊筒（主动辊筒），拷花时硬辊刻纹较浅，软辊没有明显对应的阴纹，拷花时压力也较小，织物上产生的花纹凹凸程度也较浅，有隐花之感。

无论轧光或轧纹整理，如果只是单纯地利用机械加工，效果均不能持久，一经下水洗涤，光泽花纹等都将消失，如果与树脂整理联合加工，即可获得耐久性轧光、轧纹整理。新型多功能轧光机，使用时根据整理要求，只要调换主要硬辊，就可以一机多用，具有轧光、摩擦轧光、电光、轧纹等功能，机台相应占地面积较小，使用方便。

3.6.2.4　增白整理

织物经过漂白后，往往还带有微量黄褐色色光，不易做到纯白程度，常使用织物增白的方法以增加白色感觉。织物荧光增白用的荧光增白剂，化学结构与染料相似，能上染纤维，荧光增白剂本身属无色，但染着纤维后能在紫外光的激发下，发出肉眼看得见的蓝紫色荧光，与织物本身反射出来的微量黄褐色光混合互补合成白光，织物便显得更加洁白，亮度有所增加，但在缺少紫外光的光源条件下效果略差。常用荧光增白剂品种有：荧光增白剂VBL，可用于纤维素纤维、蚕丝纤维及维纶织物的增白；荧光增白剂 VBU，耐酸，常加入树脂整理浴中使用；荧光增白剂 DT，化学结构类似分散染料，用于涤纶等合成纤维制品的增白，应用与分散染料染色类似，可在 $120\sim140℃$ 时焙烘上染纤维。棉织物增白常与双氧水复漂同时进行，涤纶增白也可在高温热拉机上烘干完成，涤棉混纺织物则采用棉、涤分别增白。

荧光增白剂使用量有一定限量，例如 VBL 最高白度用量为 0.6%（对织物重量计），荧光增白剂 DT 浸渍法用量为 0.6%～1%。在限定用量以内，白度随用量增加而提高，但超过限定用量时，不但增白效果不增加，甚至使织物变成浅黄色。荧光增白是物理效应，不能代替化学漂白，而是在织物漂白基础上再增白，基础白度有差异时，荧光增白后差异就更加明显。

3.6.2.5　绒面整理

绒面整理通常是指织物经一定的物理机械作用，使织物表面产生绒毛的加工过程。绒面整理可分为起毛和磨毛两种。起毛整理后的织物表面绒毛稀疏而修长，手感柔软丰满，有蓬松感，保暖性增强。磨毛整理后的织物表面绒毛细密而短匀，手感柔软、平滑，有舒适感。

起毛整理是利用机械作用，起毛针将纤维末端从纱线中均匀地拉出来，使织物表面产生一层绒毛的加工过程，因此起毛整理也称作拉毛或起绒整理。棉织物的起毛整理在钢丝起毛机上（如图 3-24 所示）进行，它是利用安装在大滚筒上的起毛针辊起毛的，针辊有 20～40只，上面包有钢丝针布。起毛作用是由针辊、大滚筒和织物运行的速度差而产生的，调节针辊、大滚筒和织物运行速度及张力，可使织物获得不同的起毛效果。钢丝起毛机的生产效率高，不但用于棉织物起毛，还广泛用于羊毛及其混纺织物等的起毛整理，但由于起毛作用强烈，纤维易被拉断，织物强力降低，故应合理控制起毛条件。起毛后的织物表面绒毛长短不一，还需进行剪毛加工，以使织物表面平整均匀，手感柔软，并改善织物外观。

磨毛整理也是一种借机械作用使织物表面产生绒毛的整理工艺。磨毛是由磨毛辊砂纸上砂粒锋利的尖角和刀刃磨削织物的经纬纱后产生短而直立的细小绒毛，整理后织物绒面外观和起毛织物有不同的风格，经磨毛整理后的织物绒面外观类似桃皮。织物磨毛整理在磨毛机进行。磨毛机（如图 3-25 所示）的种类有砂辊式和砂带式两种，砂辊式磨毛机又有单辊和多辊之分。

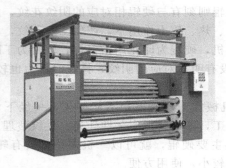

图 3-24　起毛机

图 3-25　立式磨毛机

3.6.3　树脂整理[1,3,4,7,12]

织物树脂整理是随着高分子化学的发展而发展起来的。最早以甲醛为整理剂，其后用尿素-甲醛的加成产物处理黏胶纤维织物，得到良好的防皱防缩效果，为今天的树脂整理打下了基础。随着科学技术的发展，棉织物树脂整理技术也有很大的进步，其大致经历了防皱防缩、洗可穿及耐久压烫（D.P）整理等几个发展阶段，尤其是近年推出的形态记忆整理，是纯棉织物树脂整理发展的典型代表。这种产品首先需要采用液氨对棉织物进行前处理，使纤维充分膨化，然后将具有可以自身缩聚或能与纤维大分子反应基团的小分子化合物均匀浸轧并渗透到纤维内部，经高温焙烘后在纤维内部形成耐久性的网状交联，从而获得具有耐久性效果的免烫整理产品。树脂整理技术除用于棉织物、黏胶纤维织物外，还用于涤棉、涤黏等混纺织物的整理，以提高织物防皱防缩性能。目前，树脂整理产品用于制作衬衫、裤料、运动衫、工作服、床单、窗帘和台布等。

用于织物整理的树脂有几大类，但仍以 N-羟甲基酰胺类化合物使用最多。二羟甲基二羟基乙烯脲树脂（DMDHEU 或 2D 树脂）是我国目前使用较多的一类树脂，性能比较优良，整理后织物耐洗性好、不易水解、气味小，放置时不易生成高分子化合物，只在使用条件下才与纤维反应，可较长时间贮存，对直接染料和活性染料的日晒牢度影响较小，适用性广，应用于耐久压烫（D.P）整理甚为合适。但耐氯漂性能较差，存在游离甲醛问题，通过用醇类醚化后制成的醚化 2D 树脂，可以减少游离甲醛。

一般树脂整理液组成为：

树脂初缩体	一般为三羟甲基三聚氰胺（MF）40～80g/L 或 2D 树脂 35～45g/L
催化剂	一般为氯化镁（对初缩体固体物质%）10～12g/L
柔软剂	Xg/L
润湿剂	1～2g/L

工作液中树脂初缩体用量应根据纤维类别、织物结构、初缩体品种、整理要求、加工方法以及织物的吸液率等而定。一般用于黏胶纤维织物的树脂含量大约是棉织物的两倍。树脂整理后织物抗皱性能随固着树脂量而上升，织物强力、耐磨性则随之下降。

催化剂可使树脂初缩体与纤维素起反应的时间缩短，可减少高温处理时纤维素纤维所受损伤。一般采用金属盐类为催化剂，如常用金属盐催化剂为氯化镁、氯化锌、氯化铝等。氯化镁催化作用较温和，多用于棉织物。铵盐、有机酸等催化作用强，宜用于涤棉混纺织物。有时将几种催化剂混合应用，以增强催化效果，这类混合催化剂称为协同催化剂，可以进一步缩短焙烘时间。

柔软剂可以改善整理后手感，并能提高树脂整理织物的撕破强力和耐磨性。常用的柔软剂有脂肪长链化合物（防水剂 PF）、有机硅柔软剂和热塑性树脂乳液（聚乙烯乳液，聚丙烯酸类树脂乳液）。润湿剂除了应具有优良的润湿性能外，还应与工作液内其他组分有相容性。润湿剂以非离子表面活性剂为宜，如渗透剂 JFC 等。

树脂整理工艺可分为干态交联、含潮交联、湿态交联几种工艺。目前树脂整理工艺多采用干态交联工艺，此工艺虽然断裂强力、撕破强力、耐磨度下降较多，但工艺连续、快速、工艺易控制，重现性好，是后两种工艺达不到的。干态交联工艺为，织物浸轧树脂工作液，烘干后在纤维不膨化状态下焙烘交联。其主要工艺条件为：pH4.5～8，140～160℃，焙烘 2～5min。整理后的织物干湿抗皱性均很高，也很接近，断裂强力及耐磨度损失均较大，形态稳定性及免烫性均很好。其工艺流程为：

浸轧树脂液 → 预烘 → 热风拉幅烘干 → 焙烘 → 皂洗 → 后处理（如柔软、轧光或拉幅烘干）

空气中游离甲醛能刺激人的黏膜，织物上甲醛对皮肤有刺激作用，常引起过敏症状。目前，随着对环境保护的要求越来越高，对含醛树脂的应用也更为谨慎，尤其是对经过树脂整理后的织物中游离甲醛含量的限制，更是非常严格。为此，开发和应用性能优良、价格低廉的无甲醛树脂整理剂和整理工艺也已成为印染产品后整理加工的重要内容之一。

3.6.4 热定形[1,3,4,7,12]

合成纤维及其混纺织物的形态尺寸不稳定的原因在于热塑性的合成纤维受热发生收缩，因此需要通过热定形来提高合成纤维及其混纺织物的形态尺寸热稳定性。

织物的热定形就是在热定形机（如图 3-26 所示）上施加张力将织物保持一定的尺寸，经高温加热一定时间，然后迅速冷却的加工过程，这是一个物理变化的过程。

通过热定形可以提高织物尺寸热稳定性，消除织物上已存在的皱痕，并使之在以后的加工和使用过程中不易产生难以消除的皱痕。热定形还可以改善织物的强度、抗起毛起球性，对织物的

图 3-26 热定形机

手感和染色性能也有影响。因此，在染整加工中，热定形对含合成纤维的织物来说是一个不可缺少的加工过程。

热定型的原理是利用合成纤维的热塑性，在高温条件下，纤维中高分子链段间的作用力减弱，活动能力加强，顺外力方向发生重新排列，纤维中部分熔点低、尺寸小、结晶完整性差的晶体在定形温度下熔化，进而转变为尺寸大、完整性好、熔点高的晶体，急速冷却后，形成了新的较稳定的纤维结构。在这个过程中，消除了织物上的皱痕，同时由于定形后的纤维中分子排列整齐、紧密、晶体熔点更高，因而在以后的加工和服用过程中，只要温度低于定形时的温度，纤维和织物均不会发生热收缩，从而提高了尺寸热稳定性。

热定形方法分为干热定形和湿热定形。干热定形是在高温热空气中进行的，而湿热定形是在沸水、饱和蒸汽或过热蒸汽中进行的。不同的定形方法，其定形效果有差异。影响热定形效果的主要因素为温度、时间、张力及增塑剂，热定形时一般根据不同纤维的性质、混纺与交织物中合成纤维所占比例、产品的要求来选择定形方法和调整热定形工艺条件。

3.6.5 毛织物整理

3.6.5.1 毛织物整理概述[1,9]

毛织物一般系指由羊毛纤维加工而成的纯毛织物以及由羊毛和其他纤维混纺或交织而成的毛型织物。毛织物整理的目的主要是充分发挥毛纤维固有的优良特性，增进织物的身骨、手感、弹性和光泽，提高织物的品质和服用性能。毛织物的染整加工与纤维素纤维及其混纺

织物不同,是在毛纺厂完成的,根据加工条件不同,又分为湿整理和干整理。

毛织物品种很多,各种织物在组织结构、呢面状态、风格特征、用途以及原料等方面存在差异,因此,整理加工的工艺和要求也不一样。毛织物按加工工艺不同可分为精纺毛织物和粗纺毛织物。精纺毛织物的结构紧密,细致,整理后要求呢面光洁平整,织纹清晰,光泽自然,手感丰满且有滑、挺、爽的风格和弹性,有些织物还要求呢面略具短齐的绒毛。为了达到上述整理要求,精纺毛织物的整理内容主要有烧毛、煮呢、洗呢、剪毛、蒸呢及电压等。粗纺毛织物的细度较粗,整理前织物组织稀松,整理后要求织物紧密厚实,富有弹性,手感柔顺滑糯,织物表面有整齐均匀的绒毛,光泽好,保暖性强。根据上述风格特点,粗纺毛织物的整理内容主要有缩呢、洗呢、剪毛及蒸呢等。织物品种不同,整理的侧重点也不相同。如呢面织物以缩呢为主,起毛为辅,立绒及拷花织物以起毛和剪毛为重点。

3.6.5.2 毛织物湿整理[1,9]

毛织物在湿、热条件下,借助于机械作用而进行的整理称为湿整理。毛织物湿整理包括坯布准备、烧毛、煮呢、洗呢、缩呢和烘呢。

(1) 坯布准备、烧毛与洗呢 坯布准备的目的在于尽早发现毛织物坯布上的纺织疵点并及时纠正。坯布准备包括编号、生坯检验和修补、擦油污渍等工序。每匹织物应编号并用棉纱线将编号缝在呢端角上,以分清织物品种,便于按工艺计划进行加工。生坯在染整加工前应逐匹检验其长度、幅宽、经纬密度和匹重等物理指标,以及纱疵、织疵及油污斑渍等外观疵点。坯布上的疵点要予以修补,油污斑渍和锈渍等应擦洗干净,否则会影响成品的外观和质量。为了防止织物在染整加工过程中产生条痕折及卷边,一般将织物缝制成袋形。

毛织物烧毛主要用于加工精纺织物,特别是轻薄品种,而呢面要求有短细绒毛的中厚织物则不需要烧毛。毛织物烧毛与棉织物的烧毛相似,一般采用气体烧毛机。由于羊毛离开火焰后燃烧会自行熄灭,故不需要灭火装置。烧毛工艺应根据产品风格、呢面情况和烧毛机性能等合理选择。薄织物如派力司、凡立丁等要求呢面光洁、织纹清晰、手感滑爽,应正反面烧毛,且用强火快速为宜。光面中厚织物如华达呢等一般要求织纹清晰、丰厚柔软,可进行正面烧毛,以弱火慢速为宜。

毛织物在洗涤液中洗除杂质的加工过程称为洗呢。原毛在纺纱之前已经过洗毛加工,毛纤维上的杂质已被洗除,但在染整加工之前,毛织物上含有纺纱、织造过程中加入的和毛油、抗静电剂、浆料等物质,还有沾污的油污、灰尘等,这些杂质的存在,将会对毛织物的染色和手感等造成不良影响,故必须在洗呢过程中将其除去。精纺毛织物对洗呢要求较高,除了要洗去杂质,还要求洗出手感风格,洗呢后毛织物手感柔软丰满、软而不烂、有身骨和富有弹性。

洗呢是利用洗涤剂对毛织物的润湿和渗透,再经过一定的机械挤压、揉搓作用,使织物上的污垢脱离织物并分散到洗涤液中加以去除。洗呢过程中除了要洗除污垢和杂质外,还要防止羊毛损伤,更好地发挥其固有的手感、光泽和弹性等特性,减小织物摩擦,防止呢面发毛或产生毡化现象,适当保留羊毛上的油脂,使织物手感滋润。最后,还要用清水洗净织物上残余的洗涤剂等,以免对织物的染色等加工造成不利影响。洗呢效果和洗后织物的风格与洗涤剂种类、洗呢工艺条件有密切的关系,因此,应根据织物的含杂情况、品种和加工要求等合理选择。

(2) 煮呢与缩呢 毛织物以平幅状态在一定的张力和压力下于热水中处理的加工过程称为煮呢。煮呢的目的是使织物产生定形作用,从而获得良好的尺寸稳定性,避免织物在后续加工或服用过程中产生变形和折皱等现象。煮呢还可使织物呢面平整、外观挺括、手感柔软且富有弹性。

羊毛纤维分子之间存在着氢键、二硫键和盐式键等交联键，煮呢是利用在湿热及张力作用下，这些交联键会削弱或被拆散。如果在张力下使羊毛经受较高温度和较长时间处理，纤维分子间就会在新的位置上重新建立比较稳定的交联键，从而获得定形的效果。

常用的煮呢设备有单槽煮呢机和双槽煮呢机。单槽煮呢的特点是，煮后织物平整、光泽好、手感滑挺并富有弹性，因此多用于薄型织物及部分中厚型织物加工。双槽煮呢的特点是，煮后产品手感丰满、厚实、织纹清晰，但定形效果不如单槽煮呢。双槽煮呢机主要用于哔叽、华达呢等纹路清晰的织物和中厚花呢类织物的煮呢。

煮呢的工艺条件，如煮呢温度、时间、pH 和煮呢后的冷却方式，对整理效果和产品质量有很大影响，应根据不同的毛织物采用不同的煮呢工艺。一般煮呢温度为 70~95℃，煮呢 pH 为 5.5~7.5，煮呢时间约需 1h 左右。织物所受张力和压力大，煮后呢面平整挺括，手感滑爽，有光泽，适用于薄型平纹织物；织物所受张力和压力小，煮后织物手感柔软丰满，织纹清晰，适宜于中厚型织物。煮呢后的织物，若快速冷却，织物手感挺爽，适用于薄型织物；而逐步冷却的织物手感柔软丰满，自然冷却的织物手感则柔软、丰满、弹性足、光泽柔和持久，它们适用于中厚织物。

在一定的湿、热和机械力作用下，使毛织物产生缩绒毡合的加工过程叫做缩呢。缩呢的目的是使毛织物收缩，质地紧密厚实，强力提高，弹性、保暖性增加。缩呢还可使毛织物表面产生一层绒毛，从而遮盖织物组织，改进织物外观，增加保暖性，并获得丰满、柔软的手感。缩呢是粗纺毛织物整理的基本工序，粗纺毛织物的风格主要靠缩呢来实现，需要呢面有轻微绒毛的少数精纺织物品种可进行轻缩呢。

毛纤维集合体在水中经无定向的外力作用会缠结起来，这种现象称为缩绒或毡缩。毡缩的结果是纤维互相缠结，集合体变得密实，绒毛突出，织物尺寸减小，织纹模糊不清，强力增大。如同麦芒上有倒刺一样，羊毛表面有鳞片，并从纤维根部向尖部依次叠盖，因而使得从纤维根部到尖部（顺鳞片）方向的滑动和从尖部到根部（逆鳞片）方向的滑动存在着摩擦力大小差异。当纤维集合体受到搅动时，造成向纤维摩擦力小的根部单方向累积运动。外力去除后，由于纤维鳞片相互交错"咬合"，因而产生毡缩，毛织物的缩呢整理正是基于上述原理进行的。羊毛纤维的弹性、卷曲、吸湿溶胀以及鳞片的胶化等性能，对其毡缩性都有重要的影响。

毛织物缩呢的设备有滚筒式缩呢机、复式缩呢机及洗缩联合机等，其中最常用的是滚筒式缩呢机（如图 3-27 所示）。滚筒式缩呢机主要由两个大滚筒、缩箱、两个缩幅辊和储液箱等组成。缩呢时，呢匹首尾相连，呈绳状由滚筒带动进入缩呢机，并把织物推向缩箱，通过缩箱上盖板的挤压作用使织物经向收缩。织物出缩箱后滑入缩呢机底部，然后再由滚筒牵动轻分呢框和缩幅辊后重复循环。缩幅辊由一对木质或不锈钢小辊组成，通过调节缩幅辊之间的距离，对织物纬向产生挤压作用，使纬向也产生不同程度的收缩。

图 3-27　缩呢机

按照所用缩呢剂和 pH 不同，毛织物缩呢可分为酸性缩呢、中性缩呢和碱性缩呢三种方法。采用肥皂或合成洗涤剂在碱性条件下的缩呢是目前使用较多的一种方法，缩呢后织物手感柔软、丰满，光泽好，常用于色泽鲜艳的高、中档产品。酸性缩呢以硫酸或醋酸为缩剂，缩呢速度快，纤维抱合紧，织物强度及弹性好，落毛少，但缩后织物手感粗糙，光泽较差。中性缩呢选择合适的合成洗涤剂为缩剂，在中性到近中性条件下缩呢，纤维损伤小、不易沾色，但缩后织物手感较硬，一般适用于要求轻度缩呢的织物。一般碱性缩呢温度为 35~40℃，酸性缩呢为 50℃缩呢时压力大，缩呢速度快，所需时间短，缩后织物紧密。

湿整理后毛织物还需经脱水及烘呢定幅。烘呢前脱水可以降低织物含湿量，以节省烘干时间和能源，提高效率。毛织物在进入干整理加工前都要进行烘呢定幅，其目的是烘干织物并保持适当的回潮率，同时将织物幅度拉伸到规定的要求。烘呢定幅时，湿度、呢速及张力等对烘呢效率及织物手感风格都有一定的影响，应根据织物品种和产品要求制定合理的工艺条件。

3.6.5.3　毛织物干整理[1,9]

毛织物在干燥状态下进行的整理称为干整理。毛织物干整理主要包括起毛、刷毛、剪毛、电压和蒸呢等工序。

(1) 起毛与剪毛　利用钢针或刺果从织物表面拉出一层绒毛的加工过程称为起毛。起毛后，毛织物松厚柔软、织纹隐蔽、花型柔和、保暖性增强。根据织物品种不同，可以拉出直立短毛、卧伏的顺毛和波浪形毛。大多数粗纺织物都要经过起毛整理，精纺织物要求呢面光洁，故不需起毛。

毛织物的起毛设备有钢丝起毛机、刺果起毛机和起毛、剪毛联合机等。钢丝起毛机的起毛作用剧烈，生产效率高，但易拉断纤维，降低织物强力。

刺果是一种野生植物果实，表面长满锋利的钩刺，将刺果串安装在一大滚筒上即制成起毛滚筒。起毛时，织物与起毛滚筒上的刺果接触，刺果的钩刺刺入织物纬纱并把纤维末端拉出，达到起毛的作用。刺果起毛机起毛作用柔和，起出的绒毛细密，织物手感丰满，光泽也好。

按起毛时织物干、湿状态不同，起毛方法有干起毛、湿起毛和水起毛三种。织物在干燥状态下起毛，纤维易被拉出梳断，起出的绒毛多而短，呢面较粗糙。干起毛在钢丝起毛机上进行，适合于制服呢、绒面花呢、毛毯等起毛整理。织物在润湿状态下起毛，纤维柔软，易起出较长的绒毛。钢丝湿起毛较少单独使用，而常用于顺毛、立绒类织物直刺果起毛前的预起毛。直刺果湿起毛起出的绒毛向一边倒伏，绒面平顺、柔滑，适用于拷花大衣呢、兔毛及羊绒大衣呢等的起毛整理。水起毛在直刺果起毛机上进行，织物带水起毛，羊毛易于膨润，易拉出长毛，起毛时纤维反复被拉伸和松弛，绒毛形成自然卷曲，呈波浪形。这种方法常用于有水波纹形的大衣呢和提花毛毯等的起毛整理。

图 3-28　三刀剪毛机

毛织物在剪毛前后一般均需经过刷毛。剪毛前刷毛的目的是除去织物上的杂物，并使呢面绒毛竖起，便于剪毛。如同修剪草坪一样，剪毛后刷毛是为了去除剪下来的短绒毛，使呢面光洁，绒毛顺齐，增进织物外观。无论是精纺织物还是粗纺织物都需要进行剪毛加工。精纺织物剪毛后可使呢面洁净、织纹清晰、光泽改善。粗纺织物缩呢、起毛后，表面绒毛长短不齐，剪毛后使绒毛平齐、呢面平整、外观改善。织物剪毛在剪毛机（如图 3-28 所示）上进行。织物剪毛次数应根据产品风格及呢面与绒面要求等而定，一般精纺织物呢面要求光洁，需正面剪毛 2～4 次，反面 1～2 次。粗纺呢面织物如麦尔登、海军呢等，呢面要求平整，一般正面剪毛 4～5 次，反面 1～2 次。绒面织物应反复进行起毛、剪毛，直到绒毛均匀整齐。

(2) 蒸呢与电压　毛织物在张力、压力条件下用蒸汽处理一段时间的加工过程称为蒸呢。蒸呢和煮呢原理基本相同，都是使织物获得永久定形。蒸呢的目的是使织物尺寸稳定，呢面平整，光泽自然，手感柔软，富有弹性。

　　蒸呢机有单滚筒蒸呢机、双滚筒蒸呢机和罐蒸机。单滚筒蒸呢机的蒸呢作用均匀,定形效果较好,蒸后织物身骨挺爽,光泽较强,适用于薄型织物。双滚筒蒸呢机的定形作用缓和,冷却速度较慢,蒸后织物手感柔软。罐蒸机的蒸呢作用强烈,定形效果好,里外层织物蒸呢均匀,蒸后织物光泽强而持久,薄织物可获得挺爽手感,中厚织物可获得丰满的外观,但织物强力稍有下降。毛织物的蒸呢效果与蒸汽压力、蒸呢时间、织物卷绕张力、抽冷时间及包布规格、质量等有关。

　　电压整理是指含有一定水分的毛织物,通过电热板受压一定时间,使织物呢面平整,身骨挺实,手感润滑和光泽悦目。除要求贡粒饱满的织物如华达呢、贡呢等外,大多数精纺织物都需经电压整理。

　　常用的电压机主要由加压机、夹呢车、三组升降台及硬纸板、电热板等组成。电压时,织物平幅往返折叠,每层之间夹入一块硬纸板,每隔数层夹入一块电热板,然后放入加压机中加压,并使电热板通电加热,保温一定时间后缓缓冷却。经第一次电压后,需将第一次受压时的织物折叠处移入纸板中央进行第二次电压,使织物压呢效果均匀一致。电压时压力、温度和冷却时间等应根据产品要求确定。薄织物要求手感滑挺,压力宜大些。中厚织物要求手感柔软丰满,压力宜小些。要求光泽足的产品,电压温度宜稍高些,约 60~70℃;需要光泽柔和的产品,温度可低些,约 40~60℃。为使温度均匀一致,通电后应保温 20min 左右。电压后织物应保持压力,充分冷却,一般冷却时间约 6~8h。

3.6.6　丝织物整理

　　丝织物具有光泽悦目、手感柔软滑爽等独特风格,但悬垂性差、湿弹性低、易缩水和起皱。为了改善以上缺点,充分发挥丝织物的优良风格,一般应进行整理加工。丝织物品种不同,产品风格要求各异,因此整理方法也不尽相同。一般可分为机械整理和化学整理。

3.6.6.1　丝织物机械整理[1,8]

　　丝织物的共同特点是轻薄、柔软、易变形、易起皱和挂丝擦伤,在加工过程中应减小张力,避免摩擦,合理选择相应的设备和工艺。丝织物的机械整理主要包括烘干、定幅、机械预缩、蒸绸、机械柔软及轧光等。

　　丝织物经练漂和印染加工、脱水机脱水后,进行烘干、烫平。辊筒烘燥机烘干时,织物直接接触表面光滑并由蒸汽加热的金属辊筒,同时受上压辊的压力作用使织物烘干、烫平。整理后的织物较平挺,但由于织物经向张力较大,易产生伸长,缩水率较大,烘筒和织物间还会因摩擦产生极光,手感也偏硬。采用悬挂式热风烘燥机烘干,织物处于松式状态,烘干后织物缩水率小,但织物不平挺,需进一步烫平。

　　与棉织物一样,为使丝织物幅宽整齐而稳定,丝织物需要在针板热风拉幅机上进行定幅整理,定幅烘干后织物手感柔软、绸面无极光。为了降低丝织物的缩水率,通常要对丝织物进行机械预缩整理。丝织物经预缩整理后,不仅可以获得一定的防缩效果,而且手感和光泽也可得到一定程度的改善。

　　丝织物蒸绸和毛织物蒸呢的原理和过程相同,即利用蚕丝在湿热条件下的定形作用,使织物表面平整,形状尺寸稳定,缩水率降低,手感柔软丰满,光泽自然。蒸绸设备多采用单滚筒蒸呢机,蒸绸时间应视丝织物品种而定,一般多为 30min。丝织物经烘干或化学整理后,手感粗糙、板硬,通过机械柔软整理,可恢复其柔软而富有弹性的风格。

3.6.6.2　丝织物化学整理[1,8]

　　丝织物化学整理的内容很丰富。经过各种不同化学品对丝织物整理,可以改善成品手感、弹性和身骨等,使织物具有防皱防缩、柔软以及抗静电、拒水、拒油、阻燃等功能,提

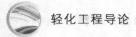

高丝织物的服用性能。

丝织物的手感整理主要指柔软整理和硬挺整理。丝织物柔软整理和硬挺整理的原理、方法和整理用剂与棉织物相应的整理基本相同。由于丝织物单纯的硬挺整理会使织物有板硬和粗糙感，故有时也可掺入一定量的柔软剂。而单纯的柔软整理会使某些品种的丝织物不够挺括，所以也可加入少量的硬挺剂，以增强其身骨，总之要根据织物的风格要求灵活应用。

绞丝或丝织物经脱胶后失重很多，约为25%，为了弥补重量损失，可对丝织物进行增重处理。增重的方法有锡盐增重、单宁增重和树脂整理增重等。锡盐增重方法是将织物先经四氯化锡溶液处理，水洗后再用磷酸氢二钠溶液处理，然后再水洗。如增重不够，可重复进行。三次处理后，增重率可达25%～30%左右。最后再在硅酸钠溶液中处理。在此整理过程中，通过化学反应生成的锡硅氧化物沉积于丝纤维中引起增重，其他中间产物大多经水洗除去。经锡盐增重整理后，丝织物不但重量增加，而且较为挺括，悬垂性提高，手感也丰满些，但对光氧化较为敏感，且强伸度和耐磨性受到一定的影响。

为了提高丝织物的防皱性能，可对丝织物进行树脂整理。丝织物树脂整理的原理、方法、工艺流程和设备等与棉织物的树脂整理基本相似，但由于丝纤维的分子结构及物理化学性质等与纤维素纤维存在很大的差异，因此，整理工艺及整理后纤维性能的变化等也有区别。丝织物树脂整理常用的树脂为二羟甲基乙烯脲（DMEU）、二羟甲基二羟基乙烯脲（2D）、硫脲甲醛树脂、四聚甲醛交联剂及蜜胺树脂等。各种树脂对丝绸的整理效果，随其加工工艺不同而异。一般使用常规的干态交联工艺，其工艺流程与棉织物整理基本相同：

制备树脂初缩体 → 浸轧树脂整理液 → 预烘 → 焙烘 → 皂洗、水洗 → 烘干

由于丝织物不宜采用剧烈的焙烘条件，因此最好选用协同催化剂，进行低温快速焙烘，焙烘温度可选择120℃左右。为使丝织物的干、湿防皱性能都提高，还可采用汽蒸湿态交联整理工艺，整理后的丝织物除保持原有的光泽外，还可获得松软、滑爽的手感。

3.6.7 特种整理概述[1,3,4,7,12,14]

纺织物品除用于一般日常生活外，经过一些特殊的整理加工后，还可以扩大其应用范围，如拒水拒油、阻燃、防静电、易去污等性能，并赋予纺织品以附加值。这些性能一般纺织品并不具备，而是经过特殊整理方法获得的，这类整理称为纺织物品的特种整理或功能整理，其整理内容和方法较多，发展速度很快。

在织物上施加一种具有特殊分子结构的整理剂，改变纤维表面层的组成，并牢固地附着于纤维或与纤维化学结合，使织物不再被水和常用的食用油类所润湿，这样的工艺称为拒水和拒油整理，所用的整理剂分别称为拒水剂和拒油剂。拒水剂和拒油剂是一些具有低表面能物质，如一些长链脂肪族衍生物如维兰PF、石蜡类乳液、有机硅类聚合物和全氟烷基（$-C_nF_{2n+1}$）化合物，用它们整理纺织品，可在织物的纤维表面均匀覆盖一层拒水剂或拒油剂分子，使水或油不能润湿纺织品，以达到拒水和拒油的目的。

利用涂层的方法在织物表面施加一层不溶于水的连续性薄膜，这种产品既不透水，但也不透气，不宜用作一般衣着用品，而适用于制作防雨篷布、雨伞等，如使用橡胶和聚氯乙烯树脂等涂层得到的纺织品。透气性防水涂层整理可将聚氨酯溶于二甲基甲酰胺（DMF）中，涂布在织物上，然后浸在水中，此时聚氨酯凝聚成膜，而DMF溶于水中，在聚氨酯膜上形成许多微孔，成为多微孔膜，既可以透湿透气，又有拒水性能，是风雨衣类理想的织物。

常见的纺织纤维都是有机高分子化合物，在300℃左右就会裂解，生成的部分气体与空气混合形成可燃性气体，这种混合可燃性气体遇到明火会燃烧。经过阻燃整理的纺织品，在

火焰中也不能完全不燃烧，但能使其燃烧速度变缓慢，离开火焰后能立即停止燃烧，可以达到阻燃的目的。阻燃整理织物可用于军事部门、工业交通部门、民用产品，如地毯、窗帘、幕布、工作服、床上用品及儿童服装等。

卫生整理又称为抗菌整理，将抗菌整理剂如季铵盐或有机胺类化合物、有机硅季铵盐化合物、金属化合物、纳米二氧化钛等整理到纺织品上，可以起到抑制和消灭附着在纺织品上的微生物，使织物具有抗菌、防臭、防霉、防虫的功能。卫生整理产品可用于日常生活用织物，如衣服、床上用品、医疗卫生用品、袜子、鞋垫以及军工用篷布等。

衣服因摩擦带静电时，常使裙子黏附在腿上，外衣紧吸在内衣上，外观不雅，在一些易爆场所还会因静电火花导致爆炸事故。将抗静电剂整理到纺织品上，可以降低表面电阻，使电荷逸散速率加快，减少电荷积累，赋予织物明显的抗静电性能。

酶用于纺织品的整理还是 20 世纪 90 年代以来的事情。用纤维素酶在一定条件下处理棉织物，可使棉织物膨松，手感柔软厚实，可以去除棉织物表面的毛羽，使外观光洁，可改善其起球性，由此还可以减少麻类织物穿着时的刺痒感。用纤维素酶对纤维素纤维织物进行减量整理，可增加织物的悬垂性，使其具有滑爽的身骨，改善纺织品的穿着舒适性。纤维素酶还可代替牛仔服的石磨水洗处理。牛仔服装生物酶磨洗时，酶首先吸附到纤维表面，使牛仔织物表面的靛蓝染色层变松，同时削弱了纤维表面突出的小纤维，使小纤维极易从纤维上折断。变松的染色层再经石磨机转鼓壁摩擦和织物间的相互摩擦而被磨损，未摩擦到的地方，经水溶液的冲击力，也能去除一部分纤维表面的靛蓝染料。经纤维素酶洗旧的牛仔服装比浮石磨要柔软，表观深度浅，泛白明亮，服装各部分强力下降较为均匀，无绒毛，表面光滑，无局部损伤。纤维素酶还可去除毛呢织物中的植物性草籽。蛋白酶应用在毛纺织品的前、后处理也有很好的效果，可提高毛织物的防缩效果、羊毛衫的机可洗性能，可改善杂毛如驼毛、牦牛毛、山羊毛等的品质，改善毛纤维的染色性能。毛纤维制品经蛋白酶减量处理后，除质量减轻、强度下降外，染色性能和缩绒性能都会发生改变。

毛织物在湿热状态下受到外力作用时会产生毡缩，使织物面积收缩变形，形状改变，绒毛突出，织纹模糊不清，弹性降低，手感粗糙，起毛起球，织物外观和服用性能受到影响。因此，需要对毛织物进行防毡缩整理。利用氧化剂等处理，使羊毛鳞片层中的部分蛋白质分子降解，形成大量亲水性基因，从而使鳞片软化，纤维定向摩擦效应减小，毡缩性降低。常用的防缩剂有二氯异氰尿酸（DCCA）或其盐、高锰酸钾、过硫酸及其盐等，其中以氯及其衍生物对羊毛处理的氯化法应用较普遍，但氯化过程中产生的有机氯化物（AOX）会造成严重的环境污染。因此，采用无氯防毡缩整理愈来愈受到人们的关注，其中用过硫酸盐、蛋白酶及等离子体处理被认为是有可能替代氯化法防毡缩的有效途径。利用高分子树脂在纤维表面形成一层树脂薄膜把鳞片遮蔽起来，或者是大量树脂沉积在纤维表面，从而防止相邻纤维鳞片之间的相互啮合，使纤维的定向摩擦效应减小，也可以获得防毡缩效果。为了提高防毡缩效果，使毛织物达到可机洗或超级耐洗的水平，通常可以采用化学和树脂两步法进行防毡缩整理。

毛织物易受蛀虫蛀蚀，造成不必要的损失，因此，羊毛防蛀整理具有重要意义。侵蚀羊毛的蛀虫可分为两类，即鳞翅目蛾蝶类的衣蛾和鞘翅目甲虫类的皮蠹虫等，它们在温暖气候下活动和繁殖。灭丁 FF 对人体无害，防蛀效果好，耐晒，耐水洗，干洗牢度好。除虫菊酯类防蛀剂对人体无害，幼虫食后不消化而死亡。目前常用的防蛀剂灭丁（mitin）、尤兰（eulan）和除虫菊酯等类物质进行羊毛防蛀整理。

此外纺织品的防紫外线、阳光蓄热保温、吸湿排汗、易去污、红外保健功能及芳香整理等功能整理的开发与应用研究也得到了迅速发展，其产品已逐渐面市。

附图　印花织物和后整理织物样品

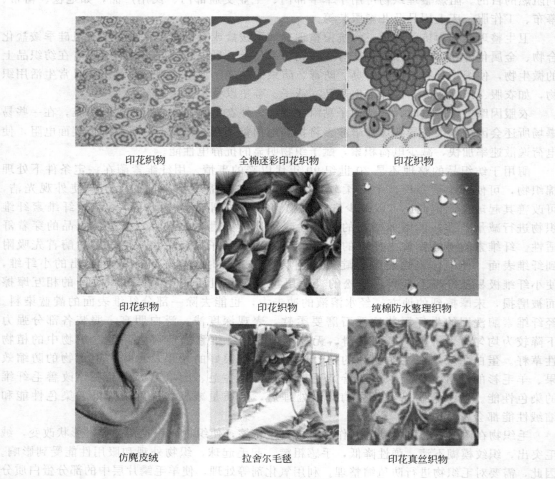

印花织物　　　　　　全棉迷彩印花织物　　　　　　印花织物

印花织物　　　　　　印花织物　　　　　　纯棉防水整理织物

仿麂皮绒　　　　　　拉舍尔毛毯　　　　　　印花真丝织物

参 考 文 献

［1］　范雪荣等. 纺织品染整工艺学. 2版. 北京：中国纺织出版社，2006.

［2］　周启澄等. 纺织科技史导论. 北京：中国纺织出版社，2003.

［3］　陶乃杰等. 染整工程：第一册～第四册. 北京：中国纺织出版社，1994.

［4］　王菊生，孙铠. 染整工艺原理：第一册～第四册. 北京：中国纺织出版社，1987.

［5］　蔡再生. 纤维化学与物理. 北京：中国纺织出版社，2005.

［6］　阎克路. 染整工艺学教程：第一分册. 北京：中国纺织出版社，2005.

［7］　张洵栓等. 染整概论. 北京：中国纺织出版社，1989.

［8］　杨丹. 真丝绸染整. 北京：中国纺织出版社，1983.

［9］　吕淑霖. 毛织物染整. 北京：中国纺织出版社，1987.

［10］　何瑾馨. 染料化学. 北京：中国纺织出版社，2005.

［11］　赵涛. 染整工艺学教程：第二分册. 北京：中国纺织出版社，2005.

［12］　王宏. 染整工艺学：第四册. 2版. 北京：中国纺织出版社，2004.

［13］　杨栋梁. 磨毛整理. 印染，1986，(3)：51.

［14］　De Boos A G. Finishing wool fabrics to improve their end-use performance. Textile Progress，1989，20 (1)：1-53.

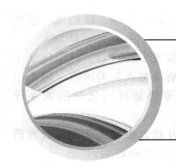

第4章
添加剂(香料香精、日用化学品)化学与工程

4.1 绪　论

4.1.1　添加剂的历史

4.1.1.1　香料香精[1]

香料香精是一类能使嗅觉器官感受到气味的物质。一般来说，常将一些能刺激味觉或嗅觉器官的物质统称为"风味物质"。而把能够散发出令人愉快舒适香气的物质统称为香料。香精是一种由人工调配出来的含有数种乃至数十种香料的混合物，具有某种香气或香韵及一定的用途。

香料的历史悠久，可以追溯到5000年前。黄帝神农氏时代，就有采集树皮、草根作为医药用品来驱疫避秽。当时人类对植物挥发出来的香气已经非常重视，又加以自然界花卉的芳香，使人们对它产生了美感。因此在上古时代就把这些有香物质作为敬神拜福、清净身心之用，同时也用于祭祀和丧葬方面。后逐渐用于饮食、装饰和美容上。

我国在夏、商、周三代前就开始了对香料的使用。在1897年，开掘公元前3500年埃及法老曼乃斯等墓时，发现美丽的油膏缸内的膏质仍有香气，似是树脂或香膏，该物品现可在美国和开罗博物馆内看到。当时的僧侣可能是采集、制造和使用香料、香油或香膏者。公元前1729年就有香料贸易，公元前370年希腊著作中记载了至今仍在使用的香料植物，还提出了"吸附"、"浸提"等方法。至14世纪，阿拉伯人经营香料业，开始采用蒸馏法从花中提油，提取玫瑰油和玫瑰水。中世纪后，亚欧有贸易往来，香料是药品之一，我国香料随丝绸之路远销西方。自1420年，在蒸馏中采用蛇形冷凝器后，精油发展迅速，然后在法国格拉斯（Grasse）生产花油和香水，从此成为世界著名的天然香料（特别是香花）的生产基地，此后各地也逐步采用蒸馏提取精油。同时从柑橘树的花、果实及叶子中提取精油，这样就从香料植物固体转变成液体，提取了植物中的精油，这是划时代的进展。那时的调香比以前采用纯粹的天然香料植物来调香前进了一大步，已有辛香、花香、果香、木香等精油和其他香料植物的精油、香膏等，可供调香者使用，香气或香韵也渐趋复杂。

1670年，马里谢尔都蒙（Maechaled Aumont）制造了含香粉，这种产品闻名了两个世纪之久。1710年，著名的古龙香水（Eaudecologne）问世，这是一种极为成功的调香作品。18世纪起，由于有机化学的发展，开始对天然香料的成分分析与产品结构的探索，逐渐用化学合成法来仿制天然香料。19世纪，合成香料在单离香料之后陆续问世。这样就在动植物香料外，增加了以煤焦油等为起始香料的合成香料品种，进入了一个由合成制造香料的新时期，这大大增加了调香用香料的来源，且大大降低了香料价格，促进了香料发展。随着天然香料和合成香料品种的日趋增多及调香技艺的提高，香精工业得到了快速发展。

4.1.1.2　日用化学品[2]

日用化学品，顾名思义是指那些人们在日常生活中所需要的化学产品。列入我国化学工业年鉴、单独统计产量（产值）的日用化学品主要有合成洗涤剂、肥皂、香精、香料、化妆品、牙膏、油墨、火柴、干电池、烷基苯、五钠、骨胶、明胶、皮胶、甘油、硬脂酸、感光胶片、感光纸等。

日用化学工业是一个历史悠久的行业，同时又是一个新兴的发展中的行业。日用化学工业的范围随着时代的变迁和科学技术的发展也在不断地变化，不断地融入新的内容。但不论怎样变化，家用洗涤用品、化妆品、香料、香精及日用卫生品等仍是日用化学品的主导产品。

肥皂是最早的日用化学品。肥皂生产有人认为在公元 600 年开始，也有人认为在公元前 2500 年就已出现。但肥皂真正迅速普及则是在 19 世纪路布兰制碱法出现以后。

合成洗涤剂的活性物烷基苯磺酸盐、烷基硫酸盐等，虽然早在 19 世纪 20 年代就已问世，但世界上第一个合成洗涤剂产品直到第一次世界大战才进入市场，其产量在第二次世界大战前一直都很低。真正的合成洗涤剂工业的兴起是在第二次世界大战以后。1945 年美国合成洗涤剂的销售量为 9 万吨，1949 年达到 36 万吨，1953 年美国合成洗涤剂的产量率先超过肥皂。1967 年全世界合成洗涤剂的总产量超过肥皂。此时合成洗涤剂才真正成为洗涤用品的主体。洗涤用品包括衣用洗涤剂、个人清洁保护用品、工业清洁剂和公共设施清洁剂四大部分。

香料香精及日用卫生用品等日用化学品随着人们生活水平的提高，也得到了飞速的发展，并逐渐成为日用化学品的重要组成部分。

4.1.2　添加剂工业的概况

4.1.2.1　香料香精工业[3]

中国的香精调配始于 20 世纪 20 年代初期，当时完全依靠进口香料和香精进行再调配。香精的生产始于 30 年代，当时主要是把分离出的单体再稍加合成，制成单离香料和半合成香料。到 50 年代已能合成出一些基本香料，既适应了国内调香的需要，也开始销往国外。

目前，我国香料香精产量整体上呈现不断上涨的趋势，产量年平均增长率可达到 6%，而国内大约有香料香精生产企业 1000 多家，但年销售额亿元以上的企业只有 20 多家。据香化协会 2006 年的统计，全国香料香精获证企业 837 家，其中三资企业 100 多家。年产量 20 万多吨，销售额 3.5 亿元左右（目前可达 140～150 亿人民币左右）。出口量 10.9 万吨，出口额 8.99 亿美元；进量 4 万吨，进口额 4 亿美元。目前，中国可生产各类香料约 700 种，其中天然香料 140 余种，所产香料香精用于国内加香产品产值约达 1 万亿元。由此可看出，单就香料香精行业统计，产量不大，销售额不算高，但对下游行业和加香产品影响是巨大的。

国内市场国际化，全球香料香精 10 强企业已基本在中国领土上建厂落户，累计投资金额约达 8 亿美元。因此，我国的香料香精工业已形成国内市场国际化局面，国内的香精香料企业直接面对激烈的国际竞争。企业兼并加剧，如上海香料厂、上海联合香料厂等几家上海主要的香料企业合并而成的上海香料总厂，于 1999 年兼并了上海新华香料厂，成为当时中国最大的香料企业；2004 年，华宝集团通过收购中国最早的香料香精企业之一的上海孔雀香精香料有限公司，成立了上海华宝孔雀香精香料有限公司，一跃成为食用香精领域的重要生产企业。另外，环保限制会让更多不规范的企业退出市场。由于国有企业几乎全部退出本行业，合资企业、民营企业已成为我国香料香精民族工业的主力军。

4.1.2.2　日用化学品工业[4]

随着社会的发展，人民生活水平的提高，日用化学工业在化学工业中的比重也逐步上升。按日用化学品的消耗来看，洗涤用品和化妆品是其主流。对世界化妆品市场调查表明，我国化妆品年增长率雄居世界首位。虽然我国的日用化学工业呈持续增长之势，但日用化学品的人均消费量与世界水平仍有很大的差距。目前，虽然我国发达的大中城市化妆品人均消费已达 160 元，接近世界人均消费水平，但全国人均消费水平仅有 70 元，而发达国家人均消费已达 60～100 美元，我国洗涤用品的人均消费水平也远低于世界平均消费水平。由此可见，日用化学产品在我国的市场潜力不可低估。

全球经济一体化使日用化学品的竞争格局由国内演变至国际，广阔的市场发展潜力吸引国际诸多厂商迫不及待地抢占中国市场。世界顶级的跨国公司，如美国的宝洁、德国的汉高、英国的联合利华、日本的资生堂等相继在华投资办厂。一时间，仅化妆品行业就引进外资 10 亿，近 80% 的国内市场被国外品牌占领，注册的合资企业达 1000 多家；洗涤用品行业，到 2008 年全国著名大商场和超市中洗衣粉的市场占有率，合资产品已超过 80%。

外资品牌的介入极大地丰富和繁荣了我国日用化学品市场，同时也带来了世界领先的科技和设备，促进了我国日化工业的发展。

4.1.3　添加剂专业在高校的分布与发展

4.1.3.1　香料香精专业在高校的分布与发展历程

全国开设有关香料香精方向专业的高校并不多，主要有上海应用技术学院香料香精技术与工程学院、江南大学、北京工商大学等。

上海应用技术学院香料香精技术与工程学院设有轻化工程（香料香精工艺）专业。目前是国内唯一专业系统培养香料香精专业技术人才的教育点，在国内外都具有较高的知名度。该学院建有国家香料香精化妆品职业技能培训中心、国家香料香精化妆品职业技能鉴定站、德国 WILD 有限公司食用香精联合实验室、法国 Technico Flor 有限公司日用香精联合实验室、法国 Alphmos 香气指纹分析联合实验室等有影响的研究机构，并在国内知名的企业如华宝-孔雀食用香精香料（上海）有限公司建立了稳定的校外实习基地[5]。

2003 年，江南大学食品学院与华宝食用香精香料（上海）有限公司签订协议，在华宝公司设立硕士、博士研究生培养基地，建立食品科学与工程博士后工作站分站。这样就加大了高校与企业的合作力度，同时也为香料香精行业的发展奠定了坚实的基础。

北京工商大学在食品添加剂、食品风味化学领域的研究成果卓著，在国内名列前茅，多年来，在食用香料香精（主要是咸味香精）领域获得了多项拥有自主知识产权的原创性研究成果，为香料香精的发展做出贡献。

4.1.3.2　日用化学品专业在高校的分布与发展历程

精细化学品，是指以通用化学品为原料，经深加工，得到的技术密集度高，附加值和利润大，具有某种特殊性能的小批量、多品种、高纯度的化工产品。如农药、染料、涂料、颜料、试剂和高纯物、信息化学品、黏合剂、催化剂和各种助剂、日用化学品、功能高分子材料等。日用化学品属于精细化学品。

全国开设精细化工方向或其相关专业的高校有很多，在高校中的分布很广泛。其中比较著名的有华东理工大学、江南大学、北京工商大学、北京理工大学、大连理工大学、天津大学、清华大学等。在日用化学品方向的相关高校和研究机构主要包括江南大学、北京工商大学、上海应用技术学院、中国日用化工研究院等。

日用化学品工业在我国高校中的发展已经经历了 50 多年的时间，自从 1958 年的合成洗涤剂以后，就慢慢形成一个独立的工业体系，尤其是在进入 20 世纪 80 年代以后，日用化学品工业的生产得到了快速发展。

4.1.4　国内外香料香精研究与学术机构

4.1.4.1　国内香料香精研究与学术机构

上海香料研究所创建于 1956 年，原直属中国国家轻工业局（以前轻工业部、中国轻工总会），是国内唯一的香料香精专业研究所。其研究范围包括日化和食品香料合成、芳香植物研究、天然产品加工、精油分析、设备研制、日化、食用和烟用香精的创制和应用，以及技术情报咨询服务等。

此外，上海香料研究所设有国家香料香精化妆品质量监督检验中心、上海市洗涤剂化妆品产品质量监督检验站、全国香料标准化中心、全国香料香精化妆品标准化技术委员会秘书处、全国香料工业信息中心和轻工业香精香料行业生产力促进中心。

随着转制和改制的不断深入，经上海市政府批准，上海香料研究所于 2006 年 3 月 31 日成功完成产权转让，正式并入上海应用技术学院。

随着香料香精的快速发展，我国也出现了一些在香料香精行业的知名学者：

孙汉董博士，植物资源和植物化学家。1962 年毕业于云南大学，1988 年获日本京都大学药学博士学位。曾任中国科学院昆明植物研究所所长，现任该所研究员、植物化学国家重点实验室学术委员会副主任。2003 年当选为中国科学院院士。

肖作兵教授，1995 年 7 月毕业于华东理工大学获工学博士学位，1999 年 10 月以高级访问学者的身份前往德国纽伦堡大学、法国国际香料香精化妆品高等技术学院进修学习。现任上海应用技术学院香料香精技术与工程学院院长，长期从事香精技术领域的教学与科学研究工作，主持过国家 973、国家自然基金等多项科研项目、申请专利近 20 项和获奖成果 6 项。

孙宝国教授，博士生导师，中国工程院院士，我国著名香料专家。现任北京工商大学副校长、北京市重点学科应用化学和食品科学学科带头人。孙宝国教授潜心于精细化工方面的研究，学风严谨，在肉味香料和肉味香精方面，攻克了许多技术难题。孙宝国教授先后主持过许多国家重点科技攻关项目和国家自然科学基金项目。

吴关良教授，高级调香师，上海应用技术学院兼职教授。主要从事日化香精调香的开发研究，主持了原监臣香料厂香精产品研制，开发香精产品上百种和参与国内最早的香水香精及洗涤剂专用香精开发。

高希青，高级工程师，上海日用化工研究所原所长、副总工程师。1962 年毕业于轻工业部上海食品工业学校油脂化工专修班。专长洗涤剂工业，现从事日用化工行业。1978 年因双膜式三氧化硫磺化获全国科学大会奖，1985 年因双膜式三氧化硫磺化工程获国家科学技术进步二等奖。

贾卫民，1985 年在浙江大学化学系获得学士学位，1991 年在中科院大连化学物理研究所获得博士学位，享受国务院特殊津贴。中国香料香精化妆品工业协会合成香料专业委员会副主任委员，中国化工学会精细化工专业委员会委员，《精细化工》编委会委员。主要研究方向：催化精细有机合成。主持过近 50 项科研项目、申请多项专利和获得多项奖项。

4.1.4.2　国外香料香精研究与学术机构[6]

国际日用香料研究所（Research Institute for Fragrance Materials，简称 RIFM）是一个独立的、非营利性的国际机构，成员来自世界各大香料香精企业。该机构于 1966 年成立，目的是增强日用香料的安全性。其工作职责包括：收集和分析有关日用香料安全性的信息，从事毒性毒理研究，参与科学方法学的开拓，与感兴趣的有关国际团体共享科研成果。其成果已经以结集出版的形式发表于《Food and Chemical Toxicology》杂志上。1996 之前共发表了八集，涉及约 800 余种日用香料，这些资料的发表对于日用香料的安全使用起到了重要作用。

国际日用香料香精协会（The International Fragrance Association）1973 年建立于日内瓦，代表全世界香精香料业的利益，其成员主要来自美国、欧洲和澳大利亚等国家的协会，个体企业经各地方协会加入该组织。国际日用香精香料协会的主要宗旨是促进全世界香精香料行业的发展。它的职能主要是以一整套公认的科学原则为基础，以保护消费者利益为目的，统一香精香料安全生产和使用的标准，制定有关保护成员的知识产权的条例，促进与国际或国内政府机关和有关医药科学团体及其他股东的合作与联系。

此外，还有美国食品香料与萃取物制造者协会（Flavor and Extract Manufacturers Association of the US）、英国香料协会（British Fragrance Association）、印度香精香料协会（Fragrances & Flavours Association of India）、法国香精香料学会（Societe Francaise des Perfumeurs）、日本香精香料制造者协会（Japan Flavor & Fragrance Manufacturers Association）等。

4.1.5　国内外日用化学品研究与学术机构

4.1.5.1　国内日用化学品研究与学术机构

中国日用化学工业研究院是我国最早从事表面活性剂和洗涤剂研究开发的规模最大、科研技术力量最为雄厚的专业科学研究机构，也是洗涤用品行业中唯一的中央部属研究院。它从 1930 年成立的中央工业实验所，到新中国成立后 20 世纪 50 年代的上海工业试验所，几经变迁，1959 年迁往北京，1963 年定名重组，1969 年迁至太原市文源巷。

中国日用化学工业研究院下设表面活性剂国家工程研究中心、山西省表面活性剂重点实验室与工程研究中心、国家洗涤用品质量监督检验中心、全国表面活性剂/洗涤剂标准化中心、全国日用化学工业信息中心、中国洗涤用品工业协会科学技术委员会和表面活性剂专业委员会。

北京日用化学研究所成立于 1972 年，主要从事表面活性剂、化妆品添加剂、乳化剂、香精、化妆品等日化新技术、新材料、新产品、新设备的研究开发、中试及技术服务。

此外，还有广州市日用化学工业研究所、南京市日用化学工业研究所、杭州市日用化学工业研究所、重庆市日用化学工业研究所、中国日用化工协会、上海日用化学品行业协会、北京日化协会等一些研究与学术机构。

4.1.5.2　国外日用化学品研究与学术机构

德国施拉得（Dr. Schrader）研究所是一家有 30 年历史的化妆品研究、评价权威机构，该研究所具有国际领先水平并已被欧盟消费者协会认可。

2004 年 8 月 8 日由国家质检总局中国检验检疫科学研究院与德国施拉得研究所合作建立"北京中德联合化妆品研究所"的签约仪式在京举行。这就意味着我国也拥有与国际接轨的化妆品检测机构，从而彻底解决我国部分化妆品检测技术无法满足国外有关限制要求的问题，以适应我国化妆品工业发展对化妆品检测评价方面的要求，同时能够有效限制国外不合格功效化妆品的进入。

英国维美思化妆品研究机构是英国权威的生物美容研究机构，建立于 1982 年，机构位于伦敦西北牛津城，风景秀丽的泰晤士河畔。20 多年来，该机构一直专注研究生物细胞培育和植物精华萃取，将其应用于化妆品中，并与全球 20 多个权威的生化研究中心以及众多国际知名化妆品研究机构广泛合作，在护肤品高新技术领域取得了举世瞩目的成就。

美国肥皂洗涤剂协会，是美国清洁产品和油脂非营利性行业协会，成员生产的清洁产品 90% 以上在美销售。

此外，相关机构还包括美国化学学会（American Chemical Society，ACS）、美国油化学协会、日本花王株式会社化学品研究所等。

4.1.6　国内外著名香料香精企业

4.1.6.1　国内著名香料香精企业

香料香精行业在我国的起步比较晚，但发展迅速。随着一些全球香料香精著名企业在中国领土上建厂落户，我国也形成一些比较有实力的香料香精企业。

我国国内一些比较著名的香料香精企业主要有上海华宝-孔雀香精香料有限公司、上海爱普香料有限公司、上海香料总厂、天津春发香精香料有限公司、深圳冠利达波顿香料有限公司和广州百花香料股份有限公司等。

2004年，华宝集团通过收购中国最早的香料香精企业之一的上海孔雀香精香料有限公司，成立了上海华宝孔雀香精香料有限公司。它是国内规模最大、品种最全的食用香精香料企业之一，主要生产产品包括有水质香精、油质香精、水油两用香精、乳化香精、调味香精、粉末香精，适用于食品和日化领域，品种达1000多种。著名的孔雀牌产品饮誉海内外市场已有半个多世纪的历史，孔雀产品多次被评为上海市名牌产品，孔雀商标被上海市工商行政管理局认定为上海市著名商标。

上海香料总厂是由上海香料厂、上海联合香料厂等几家上海主要的香料企业合并而成的，并且在1999年兼并了上海新华香料厂，成为当时中国最大的香料企业。

上海爱普香料有限公司是中国香料香精工业最大企业之一，中国香料香精化妆品工业协会副理事长单位，上海市高新技术企业，上海市企业技术中心，上海市守合同重信用AAA级企业，中国守合同重信用企业，国家烟草专卖局烟用香精定点供应单位，国际精油及香料贸易协会（IFEAT）会员单位。

4.1.6.2 国外著名香料香精企业[7]

世界十大香料香精公司都来自欧洲、北美和日本，近几年除2007年被奇华顿兼并的奎斯特和被芬美意兼并的丹尼斯克外，10强企业每年的排名先后只略有变化。如表4-1所示：全球10强2007年的排名依次为奇华顿、芬美意、国际香料、德之馨、高砂、森馨、长谷川、曼氏、花臣和罗伯特。

表 4-1   2007 年全球香料香精企业排名

排名	公司名	销售额/亿美元	市场占有份额/%	排名	公司名	销售额/亿美元	市场占有份额/%
1	奇华顿（瑞士）	35.397	19.7	6	森馨（美国）	5.65	3.1
2	芬美意（瑞士）	26.4	12.7	7	长谷川（日本）	3.944	2.2
3	IFF（美国）	21	11.7	8	曼氏（法国）	3.668	2.0
4	德之馨（德国）	16.23	9.0	9	花臣（以色列）	3.023	1.7
5	高砂（日本）	9.557	5.4	10	罗伯特（法国）	2.918	1.6

奇华顿总部设在瑞士日内瓦，它是全球日用及食用香精领域的先导，公司已有180年悠久历史，为香精、香料的研究、开发、生产及销售商。2007年奇华顿斥资28亿瑞士法郎从英国化学工业公司（ICI）手中收购了奎斯特公司，巩固了其行业龙头的地位。

瑞士芬美意集团公司是一家国际性香精香料集团公司，创建于1895年，至今已有100多年的历史，总部设在日内瓦，公司主要生产经营天然芳香精油、芳香化学产品、食用香精、烟用香精。2006年芬美意花费了33.6亿丹麦克朗收购了丹尼斯克的食品香精部门，从而使得芬美意公司的销售额一举超过美国国际香料公司（IFF）排名上升到第二。

美国国际香料公司（IFF）总部设在美国纽约，它是香料香精行业产品创造的先行者和最主要的制造商之一。产品涉及香料香精、化妆品到香皂、清洁剂和其他家用产品，以及饮料、食品等，在全球34个国家和地区设立销售、制造及调香等分支机构。

德之馨集团是世界第四大日化香精、食用香精、香原料和化妆品原料的生产商，全球总部位于德国。

高砂国际香料公司创建于1920年，公司本部在东京，分支机构和销售网点遍布五大洲，在上海有高砂鉴臣香料有限公司。

长谷川香料株式会社成立于1903年，在大阪、名古屋、札幌、美国、新加坡及香港、北京等地设有办事处，研究所设在川崎。

法国曼氏香精香料有限公司建立于 1871 年，总部设立在法国著名的香精香料发源地格拉斯，是一家具有良好声誉的跨国性企业。其业务划分为：食品香精占 44%，日化香精占 36%，原料占 20%。公司每年投资于研发事业的支出占销售收入 6.8%。作为在行业中具有世界影响力的企业，曼氏已在全球设立了 25 个办事处及相应的代理商网络，分布全球的 10 个生产基地更是保证产品能够到达世界上的 70 多个国家和地区。

花臣香精有限公司是一家大型跨国上市企业，总部设在以色列，主要经营香精香料、预制食品、天然提取物、功能性添加剂等。花臣公司在全球设有多家工厂和办事处，在昆山设有工厂，主要生产食用香精，在上海和北京设有分公司及办事处。

4.1.7　国内外著名日用化学品企业

4.1.7.1　国内著名日用化学品企业[8]

日用化学品行业在我国的发展十分迅速，同时我国也出现了一些比较著名的日用化学品企业。下面就简单地介绍一下我国比较著名的日用化学品企业。

纳爱斯集团总部设在华东地区的浙江丽水，它是专业从事洗涤和个人护理用品的生产企业，也是中国肥皂和洗衣粉两个行业的"龙头"企业。前身是成立于 1968 年的地方国营"丽水五七化工厂"，1993 年改制为股份公司，2001 年组建集团。此外，在华南的湖南益阳、西南的四川新津、华北的河北正定、东北的吉林四平和西北的新疆乌鲁木齐分别建有五大生产基地，在全国形成"六壁合围"之势，是目前世界上最具规模的洗涤用品生产基地。在全国设有 40 多个销售分公司，市场网络遍及全国各地。

纳爱斯集团有多种产品已进入欧洲、非洲、东南亚、美国、新西兰等地区和国家。集团技术力量雄厚，装备精良，拥有多项自主知识产权与专利，自主开发了"纳爱斯"、"雕"、"超能"、"西丽"等品牌。其中，"纳爱斯"、"雕"牌为中国驰名商标，并分别成为中国香皂、洗衣粉行业标志性品牌。肥皂、洗衣粉销量多年稳居全国之首。液体洗涤剂后来居上，2006 年销量名列全国第一。牙膏销势喜人，快速发展。此外，2006 年 11 月，纳爱斯集团一举全资收购英属中狮公司麾下香港奥妮等三家公司及所属的"奥妮"、"百年润发"、"西亚斯"品牌的独占使用权或所有权，为收购知识产权的实践和自主创新及更大发展拓展了新的途径。集团诚信经营，荣获"全国轻工业优秀企业"、"全国轻工业系统先进集体"、"全国轻工业质量效益型先进企业"，以及"全国文明单位"、"诚信示范企业"、"国家生态工业示范点"等多项殊荣和称号。

上海家化联合股份有限公司为国内化妆品行业首家上市企业，是国内日化行业中少有的能与跨国公司开展全方位竞争的本土企业，拥有国际水准的研发和品牌管理能力。2007 年，公司营业收入达到 22.61 亿元人民币，净资产达到 8.53 亿元人民币。

上海家化拥有国内同行业中最大的生产能力，是行业中通过 ISO9000 国际质量认证最早的企业，亦是中国化妆品行业国家标准的参与制定企业。上海家化以广阔的营销网络渠道覆盖了全国多座 100 万人口以上的城市。上海家化凭借坚持差异化的经营战略，在激烈竞争的市场上创造了"六神"、"佰草集"、"美加净"、"清妃"、"高夫"等诸多中国著名品牌，占据了众多关键细分市场的领导地位。

上海家化与复旦大学、华山医院皮肤科、中科院、上海医药工业研究院、二医大等院校机构联合设立了产学研相结合的联合实验室，还与法国的同行业研究所联合开展了一系列科研实体的相互交流和学习。上海家化的研发成果和专利申请数量居于国内企业的领先水平，在中草药个人护理领域居于全球领先地位。

江苏隆力奇生物科技股份有限公司是目前国内规模最大、技术力量最先进的日化产品、保健品的研究、开发和产销基地。发展 20 年来平均每年以 40％以上的增长速度高速、健康地向前发展，并逐渐成为本土日化行业的领军品牌。

贝依生化（苏州工业园区）有限公司创建于 1995 年，公司系集科研、生产、销售为一体的日化企业，依托民族生物技术力量开创生物美白的征途。公司成立后，以中国药科大学丁家宜教授的"人参活性细胞"为基础，首先推出"面容一洗白"产品，其"人参活性细胞"是丁家宜教授历经 20 年的专业研究，利用室内生化培养技术，从天然人参植株中成功培养出美白消斑因子，具有天然的美白作用。

除此之外，还有丝宝日化股份有限公司、广州市采诗化妆品有限公司、广州蓝月亮实业有限公司、南风化工集团股份有限公司、西安开米股份有限公司、中山市凯达精细化工股份有限公司等等。

4.1.7.2　国外著名日用化学品企业

宝洁公司（Procter&Gamble）总部设在美国俄亥俄州辛辛那提市，创立于 1837 年，是世界上规模最大、历史最悠久的日用消费品公司。宝洁公司 2001 年全年销售额达 400 亿美元，在世界 500 强企业中名列前茅。公司全球雇员超过 11 万人，在北美、拉美、欧洲、亚洲的 80 多个国家设有工厂及分公司，所经营的包括美容美发、妇幼保健、食品与饮料、纸品、家居护理、洗涤、医药等 300 多个品牌的产品，畅销 160 多个国家和地区，是世界最大的日用消费品公司之一。

1988 年宝洁公司在广州成立了在中国的第一家合资企业——广州宝洁有限公司，从此开始了宝洁投资于中国市场的历程。为了积极参与中国市场经济的建设与发展，宝洁公司已陆续在广州、北京、成都、天津等地设有十余家合资、独资企业。宝洁公司大中华区总部及主要生产基地均设在广州。

联合利华公司是由荷兰 Margrine Unie 人造奶油公司和英国 Lever Brothers 香皂公司于 1929 年合并而成。总部设于荷兰鹿特丹和英国伦敦，分别负责食品及洗剂用品事业的经营。在全球 75 个国家设有庞大事业网络，拥有 500 家子公司，员工总数近 30 万人，是全球第二大消费用品制造商，年营业额超过 400 亿元美元，是全世界获利最佳的公司之一。

早在 20 世纪 30 年代，联合利华的前身利华兄弟公司在上海投资开设的中国肥皂有限公司生产的"力士"香皂、"伞"牌肥皂等产品因品质优良成为中国市场的畅销货。1986 年联合利华重返上海，第一家合资企业上海利华有限公司继续生产"力士"香皂。

德国汉高公司是应用化学领域中的一家国际性的专业集团，集团总部设于德国杜塞尔多夫布，世界 500 强之一，有 330 多家分支机构分布在全球 60 多个国家和地区。1997 年，该集团的销售额达到 201 亿马克，首次突破了 200 亿马克大关。

汉高公司由弗里茨·汉高于 1876 年在德国创立。1907 年该公司以硼酸盐为主要原料，在世界上首次发明了自作用洗衣粉，大大减轻了家庭主妇的劳动强度，"宝莹"品牌由此诞生。目前汉高集团在全球生产的产品多达 1 万余种，它们与人们的生活息息相关。按产品类别，汉高分为六大业务部：即化学产品、表面处理技术、工业及民用黏合剂、化妆及美容用品、家用洗涤剂及清洁剂、工业及机构卫生用品。

除此之外，还有日本的资生堂、美国的杜邦等公司。

4.2　香料香精基本知识

4.2.1　香料香精的定义与分类

4.2.1.1　香料的定义与分类

香包括香气和香味，香气是由嗅觉器官感觉到的，香味是由嗅觉和味觉器官同时感觉到的。通常我们把有气味的物质总称为有香物质或香物质，而把能够散发出令人愉快舒适香气的物质统称为香料。目前，在世界上已发现的有香物质有 40 万种以上。

人类所合成的第一种香料是香兰素，它是由德国的 M. 哈尔曼博士与 G. 泰曼博士于 1874 年成功合成的。香兰素是天然香料香兰豆的主要成分。1876 年，另一位化学家 K. 赖默尔也参与了香兰素的研究。他所合成的人造香兰素与天然香兰素几乎毫无差别，足可乱真。德国的巧克力制造商首先应用人造香兰素，此后不久，伦敦的糖果厂也开始用水果香糖制造硬水果糖。今天，大部分水果和鱼类的香味可用化学方法合成。

香与化学结构之间有着密切的关系，经典的香化学理论认为有香物质的分子必须含有某些发香原子（处在元素周期表的 $\text{IV} \sim \text{VII A}$ 族）和发香团（—OH、—CO—、—NH$_2$、—SH、—CHO、—COO—等官能团），化合物分子中的不饱和键（烯键、炔键、共轭键等）对香也有强烈的影响。发香原子和发香团对嗅觉产生不同的刺激，赋予人们不同的香感觉。发香团在分子中位置的变化和它们之间的距离，以及环化和异构化等，都会使香味产生明显的差别。如果能找出某些化合物的香气与分子结构之间的关系，就有可能通过分子结构的设计制成欲得的新香韵型化合物；或在香料合成中帮助人们鉴别各步反应是否完全，最终产品是否合格等。因此，近几年世界各国有许多学者对香与化学结构之间的关系进行了研究，提出了许多理论假说，但由于香化学的复杂性，尚未形成一个完整而有说服力的理论体系。

香料是制备香精的原料。根据有香物质的来源，香料[9]可分为天然香料和单体香料。

（1）天然香料的定义与分类　天然香料是指从天然含香动植物的某些器官（或组织）或分泌物中提取出来经加工处理而含有发香成分的物质，是成分复杂的天然混合物。天然香料又可分为动物性香料和植物性香料。动物性香料是指从某些动物的生殖腺分泌物和病态分泌物中提取出来的含香物质；植物性香料是从发香植物的花、果等组织中提取出来的香料。

天然香料是香料混合物，代表的是某种动植物的香气，一般可直接用于加香制品中。但其价格较昂贵，直接使用，成本过高；且在加工处理过程中部分芳香成分易损失或被破坏，在香气上与原来的芳香植物有一定差距，因此通常天然香料很少直接用于加香制品。

（2）单体香料的定义与分类　单体香料即具有某种化学结构的单一香料化合物，包括单离香料和合成香料两类。单离香料是指采用物理或化学的方法从天然香料中分离出来的单体香料化合物；合成香料是指采用各种化工原料（包括单离香料），通过化学合成的方法制备的化学结构明确的单体香料。合成香料按化学结构与天然成分可归纳为两大类：一类是与天然含香成分构造相同的香料，即采用化工原料经过化学合成，得到化学结构与天然含香成分的结构完全相同的香料化合物，该类香料占合成香料的绝大部分；另一类是通过化学合成制得的自然界中并不存在的化合物，它的香味可能与天然香料相似，具有令人愉快舒适的香气，但可能在构造、香味上均与自然界中的天然香料不同。香料很少单独使用，一般都是调配成香精以后，再用到各种加香制品中。合成香料在某些方面弥补了天然香料的不足，扩大了芳香物质的来源。但它香气单一，直接用于加香制品同样难以满足产品要求。为了获得具有某一天然动植物的香气或香型，必须经过调香工作者的艺术加工，即调香。

将数种乃至数十种香料（包括天然香料、合成香料和单离香料），按照一定的配比调和成具有某种香气或香韵及一定用途的调和香料，通常称这种调和香料为香精（compound perfume），这个调配过程则称为调香。

4.2.1.2　香精的定义与分类

香精是一种由人工调配出来的含有数种乃至数十种香料的混合物，具有某种香气或香韵及一定的用途。根据香气、香韵或用途的不同，分类方法也不相同。

（1）根据香精的使用用途分类　根据香精的用途和性质，香精的种类可分为：

① 日用香精　用于日用化学品。日用化学品种类繁多，由于其用途、用法、形态等的

不同，在配方和性能上也千差万别，为了满足不同产品加香的需要，日用香精又可分为膏霜类化妆品用香精、油蜡类化妆品用香精、粉类化妆品用香精、香水类化妆品用香精、液洗类用香精、牙膏用香精、皂用香精等。

②食用香精　用于食品，也因食品的种类、形态和加工过程而异。一般可分为清凉饮料用香精、冷果用香精、果糕用香精、酒用香精、调味品香精和辛香料香精。

(2) 根据香精的形态分类　产品状态不同，其体系的性能也不同，为了保持加香产品基本的性能稳定，所加香精的性能（溶解性、分散性等）应与所处制品基本性能相一致。因此根据香精的形态可分为：

①水溶性香精　可用在香水、花露水、化妆水、牙膏类等水性化妆品，果汁、汽水等饮料，烟草和酒类等产品中。此类香精所用溶剂一般为乙醇、丙二醇、甘油。

②油溶性香精　可用于油性化妆品与糕点等食品中，是将天然香料和合成香料溶解在油溶性溶剂中调配而成的香精，此类香精所用溶剂有两类：天然油脂和有机溶剂。

③乳化香精　可用于天然果汁类饮料、乳化类化妆品中，是将香料和水在表面活性剂作用下形成的乳液类香精。通过乳化可以抑制香料的挥发，大量用水代替溶剂，可以降低成本，因此乳化香精的应用发展得很快。

④膏状香精　指由于热反应香精含有动植物蛋白质水解物、脂肪及食盐而有一定的固形物含量，在常温下或稍经加热搅拌即成为流动的黏稠膏状或浆状的香精产品。

⑤粉末香精　主要用在固体汤料、固体饮料、香粉、爽身粉等粉类食品和化妆品中。一般分为碾磨混合或单体吸附的粉末香精及由赋形剂包裹的微胶囊粉末香精。

(3) 根据香型分类　香精的整体香气类型或格调称为香型，香精根据香型大概可分为以下六类：

①食品用香型香精　按照各种食品的风味、气味调制而成。如甜香类香精中葫芦巴浸膏具有令人愉快的焦糖香，微甜微苦味，用于配制可可豆、咖啡、坚果等。

②酒用香型香精　按照不同酒的口感和香气调配而成。如康酿克油含有类似葡萄酒的香，用于配制不同的甜酒、果酒等。

③烟用香型香精　按各种烟草的香气要求调配而成。如薄荷香含有似薄荷的药香，有清凉爽口的微苦味，用于配制薄荷型香烟、烤烟等。

④花香型香精　多是模仿天然花香而调合成的香精。如茉莉香脂香精含有清新温浓的茉莉花香，用于配制茉莉香的化妆品、香纸等。

⑤果香型香精　模仿果实的气味调配而成的。如苹果型香精有浓郁清甜的苹果香味，用于配制苹果味的食品、化妆品、日用品等。

⑥非花香型香精　有的模仿实物调配而成，有的则是根据幻想中的优雅香味调合而成。这类香精的名称，有的采用神话传说，有的采用地名，往往是美妙抒情的名称，如素心兰、古龙、力士、巴黎之夜、夏之梦、吉卜赛少女等。此类香精多用于制造各种香水。

(4) 香精的组成　香精是数种或数十种香料的混合物。好的香精留香时间长，且自始至终香气圆润纯正，绵软悠长，香韵丰润，给人以愉快的享受。因此，为了了解在香精配制过程中，各香料对香精性能、气味及生产条件等方面的影响，首先需要仔细分析它们的作用和特点。

不论是哪种类型的香精，按照香料在香精中的作用，大都是由以下四个部分组成。

①主香剂（base）　亦称主香香料。是决定香气特征的重要组分，是形成香精主体香韵和基本香气的基础原料，在配方中用量较大。因此主香剂香料的香型必须与所要配制的香精香型一致。在香精配方中，有时只用一种香料作主香剂，但多数情况下都是用多种香料作主香剂。

② 和香剂（blender）　亦称协调剂。是调和香精中各种成分的香气，使主香剂香气更加突出、圆润和浓郁。因此用作和香剂的香料香型应和主香剂的香型相同。

③ 修饰剂（modifier）　亦称变调剂。是使香精香气变化格调，增添某种新的风韵。用作修饰剂的香料香型与主香剂香型不同，在香精配方中用量较少，但却十分奏效。在近代调香中，趋向于强香润的品种很多，如较为流行的有花香-醛香型、花香-醛香-清香型等。广泛采用高级脂肪族醛类来突出强烈的醛香香韵，增强香气的扩散性能，加强头香。

④ 定香剂（fixative）　亦称保香剂。定香剂不仅本身不易挥发，而且能抑制其他易挥发香料的挥发速率，从而使整个香精的挥发速度减慢，留香时间长，使全体香料紧密结合在一起，使香精的香气特征或香型始终保持一致，是保持香气持久稳定性的香料。它可以是单一的化合物，也可以是混合物，还可以是天然的香料混合物，可以是有香物质，也可以是无香物质。定香剂的品种较多，以动物性香料最好；香根草之类高沸点的精油、安息香类香树脂及分子量较大或分子间作用力较强的苯甲酸苄酯类合成香料也常使用。

4.2.2　香料的制备工艺

4.2.2.1　合成香料的制备工艺

天然动植物香料往往受自然条件的限制及加工因素等条件的影响，造成产量和质量不稳定，无法满足众多加香制品的需求。利用单离香料或化工原料通过有机合成的方法制备的香料，具有化学结构明确、产量大、品种多、价格低廉等特点，可以弥补天然香料的不足，增大了有香物质的来源，因而得以长足发展。

目前文献记载的合成香料约有 4000～5000 种，常用的有 700 种左右。国内能生产的合成香料约有 400 余种，其中香兰素、香豆素、洋茉莉醛等合成香料在国际上享有盛名。在香精配方中，合成香料占 85% 左右，有时甚至超过 95%。

香料合成采用了许多有机化学反应，如氧化、还原、水解、缩合、酯化、卤化、硝化、加成、异构、环化等。根据不同的生产原材料，一般运用以下几种方法来制备合成香料。

（1）用天然植物精油生产合成香料　在合成香料中，可利用的天然精油非常多，如松节油、山苍子油、香茅油、八角茴香油等。首先通过物理或化学的方法从这些精油中分离出单体，即单离香料，然后用有机合成的方法，将它们合成为价值更高的香料化合物。如从八角茴香中经水蒸气蒸馏出的八角茴香油中含有 80% 左右的大茴香脑，将大茴香脑单离后，用高锰酸钾氧化，制出有山楂花香的大茴香醛，用于配制金合欢、山楂等日用香精。

（2）用煤炭化工产品生产合成香料　煤炭在炼焦炉炭化室中受高温作用发生热分解反应，除生成炼钢用的焦炭外，尚可得到煤焦油和煤气等副产品。这些焦化副产品经进一步分馏和纯化，可得到酚、萘、苯、甲苯等基本有机化工原料。利用这些基本有机化工原料，可以合成大量芳香族和酮麝香等有价值的合成香料化合物。如苯与氯乙酰，在催化剂作用下合成为具有水果香气的苯乙酮，用于紫丁香、百合等日用香精中。

（3）用石油化工产品生产合成香料　从炼油和天然气化工中，可以直接或间接地得到大量有机化工原料。如苯、甲苯、乙炔、乙烯、异丁烯、异戊二烯、异丙醇、环氧乙烷、丙酮等。利用这些石油化工产品为原料，既可合成脂肪族醇、醛、酮、酯等一般香料，还可合成芳香族香料、萜类香料、合成麝香以及一些其他宝贵的合成香料。

4.2.2.2　天然香料的制备工艺

（1）动物性天然香料的生产方法　动物性天然香料主要包括麝香、灵猫香、海狸香、龙涎香等，这些天然香料的生产制备方法如下。

① 麝香　麝香系生活于中国西南、西北部高原和北印度、尼泊尔、西伯利亚寒冷地带的雄性麝鹿的生殖腺分泌物。2 岁的雄麝鹿开始分泌麝香，10 岁左右为最佳分泌期，每只麝

鹿可分泌 50g 左右。位于麝鹿脐部的麝香香囊呈圆锥形或梨形。自阴囊分泌的成分储积于此，随时自中央小孔排泄于体外。传统的方法是杀麝取香，切取香囊经干燥而得。现代的科学方法是活麝刮香。中国四川、陕西饲养麝鹿刮香已取得成功，这对保护野生资源具有很大意义。

麝香香囊经干燥后，割开香囊取出的麝香呈暗褐色粒状物，品质优者有时析出白色结晶。固态时具有强烈的恶臭，用水或酒精高度稀释后有独特的动物香气。黑褐色的麝香粉末，大部分为动物树脂及动物性色素等所构成，其主要芳香成分是仅占 2% 左右的饱和大环酮——麝香酮。1906 年 Walbaum 从天然麝香中将此大环酮单离出来，1926 年 Ruzicka 确定其化学结构为 3-甲基环十五烷酮。后来，Mookherjee 等对天然麝香成分进行进一步研究，鉴定出其香成分还有 5-环十五烯酮、3-甲基环十三酮、环十四酮、5-环十四烯酮、麝香吡喃、麝香吡啶等十几种大环化合物。

麝香在东方被视为最珍贵的香料之一。它不但具有温暖的特殊动物香气，在香精中保留其他香气之能力也甚强，常作为高级香水香精的定香剂。除作为香料应用外，天然麝香也是名贵的中药材。

②灵猫香　灵猫有大灵猫和小灵猫两种。产于中国长江中下游和印度、菲律宾、缅甸、马来西亚、埃塞俄比亚等地。雄雌灵猫均有 2 个囊状分泌腺，它们位于肛门及生殖器之间。采取香囊分泌的黏稠物质，即为灵猫香。古老的采取方法与麝香取香类似。捕杀灵猫割下 2 个 30mm×20mm 的腺囊，刮出灵猫香封闭在瓶中贮存。现代方法是饲养灵猫，采取活猫定期刮香的方法，每次刮香数克，一年可刮 40 次左右。此法在中国杭州动物园已经应用多年。

新鲜的灵猫香为淡黄色流动物质，久置则凝成褐色膏状物。浓时具有不愉快的恶臭，稀释后则放出令人愉快的香气。灵猫香中大部分为动物性黏液质、动物性树脂及色素。其主要成分为仅占 3% 左右的不饱和大环酮。1915 年 Sack 单离成功，1926 年鲁齐卡确定其化学结构为 9-环十七烯酮，后来，Mookherjee、Wan Dorp 等对天然灵猫香成分进行了进一步分析，鉴定出其香成分还有二氢灵猫酮、6-环十七烯酮、环十六酮等 8 种大环酮化合物。

灵猫香香气比麝香更为优雅，常作高级香水香精的定香剂。作为名贵中药材，它具有清脑的功效。

③海狸香　海狸栖息于小河岸或湖沼中。主要产地为俄罗斯的西伯利亚和加拿大等地。不论雌雄海狸，在生殖器附近均有 2 个梨形的腺囊，内藏白色乳状黏稠液，即为海狸香。捕杀海狸后，切取香囊，经干燥后取出海狸香封存于瓶中。新鲜的海狸香为乳白色黏稠物，经干燥后为褐色树脂状。俄罗斯产的海狸香具有皮革-动物香气。加拿大产的海狸香为松节油-动物香。经稀释后则具有温和的动物香香韵。

海狸香的大部分为动物性树脂，除含有微量的水杨苷（$C_{17}H_{18}O_7$）、苯甲酸、苯甲醇、对乙基苯酚外，其主要成分为含量 4%～5% 的结构尚不明的结晶性海狸香素（castorin）。1977 年瑞士化学家在海狸香中分析鉴定出海狸香胺、喹啉衍生物、三甲基吡嗪和四甲基吡嗪等含氮香成分。

海狸香主要用于东方型香精的定香剂。

④龙涎香　龙涎香产自抹香鲸的肠内。龙涎香的成因说法不一，一般认为是抹香鲸吞食多量海中动物体而形成的一种结石，由鲸鱼体内排出，漂浮在海面上或冲上海岸。主要产地为中国南部、印度、南美和非洲等热带海岸。漂浮在海洋中的龙涎香，小者为数千克，大者可达数百千克。在海洋上收集龙涎香块，经熟化后即为龙涎香料。

龙涎香为灰色或褐色的蜡样块状物质。60℃ 左右开始软化，70～75℃ 熔融，相对密度为 0.8～0.9。由抹香鲸体内新排出的龙涎香香气较弱，经海上长期漂流自然熟化或经长期贮存自然氧化后香气逐渐增强。在龙涎香中除已查明含有少量的苯甲酸、琥珀酸、磷酸钙、碳酸钙外，尚含有有机氧化物、酮、羟醛和胆固醇等有机化合物。据称，龙涎香醇是龙涎香气的主要成分，其分子式为 $C_{30}H_{52}O$。

龙涎香具有微弱的温和乳香动物香气。香之品质最为高尚，是配制高级香水香精的佳品，是优良的定香剂。

（2）植物性天然香料的生产方法 植物性天然香料的生产方法通常有五种：水蒸气蒸馏法、压榨法、浸提法、吸收法和超临界流体萃取法。不同植物的含香成分和含香部位适合不同的生产方法，也得到不同形态的产品。具体关系见表 4-2。

表 4-2 植物性天然香料的生产方法及状态

产品名称	定 义 及 状 态	生 产 方 法
精油	用水蒸气蒸馏和压榨等方法制取的天然香料，通常呈芳香挥发性油状物	水蒸气蒸馏法、压榨法、超临界流体萃取法
浸膏、香树脂、油树脂	用挥发性有机溶剂浸提植物原料，含有植物蜡、色素、糖粉等杂质，通常呈半固态膏状 原料为鲜花，提取的芳香成分称浸膏 原料为树脂，提取的芳香成分称香树脂 原料为辛香料，提取的芳香成分称油树脂	浸取法（也称浸提法、萃取法）
香脂	用非挥发性溶剂等吸收生产的香料，呈固态膏状	非挥发性溶剂吸收法
净油	浸膏或香脂用高纯度的乙醇溶解，滤去植物蜡等杂质，将乙醇蒸除后得到的浓缩物，呈质地清纯液状	浸取法、吸收法
酊剂	用乙醇浸提芳香物质，呈液状	浸取法

① 水蒸气蒸馏法 在植物性天然香料五种生产方法中，水蒸气蒸馏法是最常用的一种。该法设备简单、易操作、成本低、产量较大。绝大多数芳香植物均可用水蒸气蒸馏法生产精油，但它不适用于在沸水中香成分易分解变质或香成分水溶性较好的植物原料，如茉莉、紫罗兰、风信子等一些鲜花。

该法生产精油有三种方式：水中蒸馏、水上蒸馏和水汽蒸馏。生产设备主要有：蒸馏锅、冷凝器和油水分离器。水中蒸馏，是将原料直接浸于水中蒸馏，但此法所得产品中高沸点芳香成分含量低。水上蒸馏是将原料放在多孔隔板上，加热的水成饱和水蒸气穿过原料。它不适宜易结块或细粉状的原料，但产品质量较前者好。水汽蒸馏，是将原料放在多层多孔隔板上，由喷气管喷出的水蒸气，透过原料，进行水蒸气蒸馏。该法对原料的要求与水上蒸馏相同，由于蒸馏温度可随意调整，产品质量是三者中最好的。蒸馏后的馏分经冷凝器冷凝，在油水分离器中，根据精油和水密度不同而分层，除水后制得精油。

② 浸提法 鲜花精油的生产普遍采用浸提法。它是利用石油醚、苯等挥发性有机溶剂将植物原料中芳香成分萃取出来。生产时将花和溶剂投入浸提釜内，在一定温度下萃取后，通过蒸发浓缩，回收溶剂制得浸膏。如果浸膏再用乙醇处理则可制得精油。

浸提法根据被提取物与溶剂在浸提时的相对运动状态分为：固定浸提、搅拌浸提、转动浸提和逆流浸提四种方法。四种方法对原料、设备的要求不同，所得产品的质量和浸提率也不同。但该法大量使用有机溶剂，成本较高。常用原料为鲜花、树脂、香豆等。

③ 压榨法 压榨法系利用机械挤压或压磨的方法提取红橘、柠檬、柚子等柑橘类精油的生产方法。这些化合物芳香物含量高，在高温下或长期放置时，会发生氧化、聚合等反应而导致精油变质。

目前常用的方法可分为三种：海绵法、锉榨法和机械化法。将果皮放入冷水中浸泡后，用手挤压，再用海绵吸收的方法称为海绵法。锉榨法是将果皮装入回转锉榨器，锉榨器内壁上有很多小尖针，刺破橘皮表面上的细胞使精油流出。这两种方法均采用手工操作，生产效

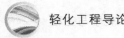

率低，但常温加工，精油气味好。现在常采用机械压榨法：螺旋压榨法和整果磨橘法。前者是利用螺旋压榨机压榨果皮生产精油；后者则是利用平板式磨橘机等设备磨破果皮细胞，细胞磨破后精油渗出，然后被水喷淋下来，经分离后得到精油。

④ 吸收法　吸收法系采用精制后的牛油、猪油等非挥发性溶剂或活性炭等固体吸附剂，将鲜花放在油脂附近或撒在吸附剂上进行吸收，所得香产品称为香脂。若加温至 $60\sim70\,^{\circ}\mathrm{C}$ 为热吸法；常温吸收则为冷吸法。此法所加工的原料，大多是芳香成分容易释放、香势强的茉莉花、兰花、晚香玉、水仙等名贵花朵。冷吸法加工过程温度低，产品香气质量最佳；但由于生产周期长，生产效率低，一般不常使用。

⑤ 超临界流体萃取法　超临界流体萃取法（supercritical fluid extraction，简称 SFE）是利用超临界流体在临界温度和压力附近具有的特殊性能，即接近液体的密度和对物质良好的溶解性，以及接近气体的高扩散性，进行萃取的一种分离方法。在超临界状态下，将超临界流体与含芳香成分的物质接触，有选择性地萃取其中的芳香成分，然后减压或升温，使超临界流体变为普通流体，被萃取的芳香成分则完全或基本与流体分离，从而得到芳香成分。常用的超临界流体有：二氧化碳、液态丙烷、丁烷等，其中使用最多的是二氧化碳。

超临界流体萃取技术与其他萃取方法相比，无有机溶剂残留，产品香味纯正，萃取率高，且二氧化碳无腐蚀性，因此有着广阔的应用天地。目前在我国的香料提取等行业已有应用。

4.2.3　食用香精的制备工艺

4.2.3.1　甜味食用香精的制备工艺

糖果通常要求香气浓郁、好闻。虽然不同糖果的原料、生产工艺不同，但是在加香中都应注意：①选择的香型必须与糖果所需的风味一致。②选择的香精要适合不同的生产工艺和条件；如硬糖的加工温度较高，需用耐高温的浓缩香精；水果糖酸里带甜，pH 偏低，应注意香精对酸碱度的适应性。③特殊的糖果香精应具备特定的效果，如止咳糖、薄荷糖等糖中的香精除了要求甜润、清凉外，还应具有一定的治疗效果。薄荷糖片的香精常用茴香脑、桉叶油素、薄荷脑、松油醇及药用蜀葵根等浸出剂。④糖果用香精的原料应选择食品级香料。

同样，饮料的加香除了与糖果的加香要求相近外，还应注意使用的香精形态应与饮料的外观一致，如澄清透明的碳酸饮料应使用溶解性好的水溶性香精；稠厚的果汁饮料则应选择具有浑浊感的乳化香精，才会给加香制品增添天然果汁的逼真感。

其他的需烘烤食品在加香中应选用浓缩香精，用量较低，易分散。但应注意选择耐高温的香精，否则易受热损失香气；同时还需注意香精适用的 pH 范围，应不与发酵粉反应，如 pH<6.5 或 pH>7，都会使香兰素、柠檬油、橙油等香料被破坏。

4.2.3.2　咸味食用香精的制备工艺

从 1960 年开始，就有人研究利用各种单体香料调和生产肉类香精，但由于各种熟肉香型成分十分复杂，这些调和香精很难达到与熟肉香味逼真的水平，所以对肉类香气前体物质的研究和利用受到人们的重视。利用前体物质制备肉味香精，主要是以糖类和含硫氨基酸如半胱氨酸为基础，通过加热时所发生的反应，包括脂肪酸的氧化、分解、糖和氨基酸热降解、羰氨反应及各种生成物的二次或三次反应等。所形成的肉味香精成分有数百种。以反应产物为基础，通过调和可制成具有不同特征的肉味香精。美拉德反应所形成的肉味香精无论从原料还是过程均可以视为天然，所得肉味香精可以视为天然香精。

美拉德反应是一种在自然界里非常普遍的非酶褐变现象，该技术在肉类香精以及烟草香精中有非常好的应用，所形成的香精具有天然肉类和其他天然物质香味的逼真效果，有着全用合成香料调配目前还无法达到的效果。该技术的应用打破了传统的香精调配和生产工艺的范畴，是一全新的香精生产技术。

下面举一例子可以说明美拉德反应制成的香料在食品用膏状香精中的应用。

牛肉膏状香精配方组成如表4-3所示。

表 4-3　牛肉膏状香精配方

序号	成　分	含量/%	序号	成　分	含量/%
1	L-半胱氨酸盐酸盐	0.8	5	牛脂	23.8
2	D/L-丙氨酸	5.7	6	盐酸硫胺素	0.86
3	水解植物蛋白	28.6	7	乳糖	0.57
4	牛肉萃取物	8.6	8	水	加至100

将上述成分混合，在加热（105℃）搅拌条件下回流4h，冷却至室温进行油水分离取，过滤得到一个具有强烈特征香味的反应香精。

一般美拉德反应温度不能超过180℃，通常反应温度为100～160℃之间，温度过低，反应缓慢；温度高，则反应迅速。所以应按照生产条件，选择合适的温度。一般说，反应温度和反应时间是成反比。在反应过程中，需要不断搅拌，使反应物间充分接触，并且受热均匀，同时还要防止接近加热面附近的物料产生过热，并由此造成的反应物受热不均，影响反应的均一稳定性。氨基酸与糖类均为水溶性，必须先溶于水中，然后加入反应锅反应，加入动植物油时最好将动植物油先加入反应锅内，然后将溶有氨基酸和糖类的溶液缓慢地加入。在加热反应过程中，水会沸腾蒸出，若加热过快会使锅内反应物冲出，同时香味化合物也随之逸出损失。因此反应锅顶部蒸出管要配置一台气液分液器和冷凝器，使冲出的液体反应物能回入锅内，而气体则被冷凝，冷却器可使用较大的冷凝面积和温度较低的冷冻水。总之，既要让其充分回流又要尽量减少香味化合物的损失。由于美拉德反应比较复杂，美拉德反应终点控制必须非常严格，到达反应终点时反应物要立即冷却至室温，否则会继续反应，引起香味化合物的变化。此外，一部分其他食品用香料，应在较低温度下加入，反应后的产品，要求在10℃以下放置。反应使用的设备容量不宜太大，根据国外经验，一般以200L以下为宜，因为容量过大，搅拌不匀时，易造成反应物接触不匀、加热不均等弊病，使反应产品每批香味不一致。制备材质要用不锈钢锅，外有夹套锅内有不锈钢蛇管，作加热和冷却之用。不锈钢搅拌器必须使反应物充分搅匀，锅盖设窥镜、加料口、抽样口、蒸出管、回流管，操作时要严格控制温度，待反应结束前停止搅拌。从锅底和锅盖抽样口处抽取反应产品，样品检验香味、色泽并且快速测定有关质量，指标确认质量符合要求就立即停止反应。其热反应香精类工艺流程示意如图4-1所示。

4.2.3.3　烟用香精的制备工艺

确定香型设计目标是整个调香设计的基础。根据不同类型卷烟的质量风格要求，在各类型卷烟中确定具体层次产品的香精设计。例如在确定烤烟型卷烟的基础上先设计是清香型、中间型还是浓香型，之后再确定是仿香还是创香。

确定需要解决的问题，是烟气丰满度不够，是杂气过重，是余味不佳，还是劲头过大或过小。这些具体问题必须明确，以便为香精香料选用奠定基础。

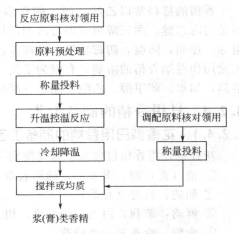

图 4-1　热反应香精类工艺流程示意

明确加香对象的档次，由于加香对象的档次不同，加香目的和香精的选择有所不同。如高档次烤烟型卷烟由于有良好的吃味，所以加香主要目的是衬托原料香气，修饰烟香，加香重点是突出产品的风格和烟香特征。中档烤烟型卷烟由于用料稍差，余味可能不佳有杂气，加香分量要稍重于高档烟。同样低档烟加香亦重，选用价格便宜的香精香料。

在明确了设计目标的前提下，进入加香设计的第二阶段即香料的选择。选料必须遵循如下几个原则：

（1）必须与卷烟产品类型等级相适应　与卷烟产品类型等级相适应、与卷烟的加香工艺相适应以及考虑烟制品的成本因素，必须搭配得科学合理，有利于改善提高烟制品品质，香原料的使用符合国家有关规定。

（2）拟定配方投入生产　通过配方设计对选用的香料种类用量、调配工艺、使用条件进行实验，对结果进行反复评价，最后形成整体配方。具体地讲，配方拟定可分为两个阶段进行。第一阶段是对选用的香料，通过配比试验，反复检验，评价是否达到了原设计目标要求，以形成初步整体配方；第二阶段是将第一阶段试验结果进行应用试验。也就是将香料配方按工艺条件的要求，加入到烟支中进行进一步验证、评价和修改，最终形成定型的整体配方，投入生产应用。

烟用香精主要可分为烤烟型卷烟香精和混合型卷烟香精。香精通常由四个基本部分组成：

① 顶香剂（头香剂）　顶香剂的香料具有很强的挥发性，在评香纸上的保留时间小于 2h。

② 主香剂　主香剂是具有中等挥发度的香料，代表着香精的主要香气。在评香纸上留香时间为 2～6h，是在顶香之后感受到的香气，如香苦木皮油等。

③ 辅助剂　使香精的香气清新幽雅，丰满而不单调。可分为两种：其一为协调剂，其与主香剂属于同种香料，能调和原味成分，使主香剂更加突出；其二为修饰剂，与主香剂属异类香料，为暗香成分，由于它的存在能使香精具有特殊的风韵。

④ 定香剂　用来减缓易挥发香料的挥发速度，使香精始终保持一定的香气。定香剂本身还可以散发一定的香气，对尾香有一定效果，但是嗅味不宜过大，否则会对香精造成损害。天然定香剂中，以树脂最好，既可定香、又能增加香气。常用的定香剂有安息香树脂。

香精的稀释常以乙醇、丙二醇作溶剂。要求乙醇含量在 95％ 左右，通常不单独使用，而是与丙二醇、丙三醇组成混合溶剂使用。1,2-丙二醇对植物精油有良好的溶解能力，兼有阻冻，保润，防腐，防霉功能，且挥发性低，保香性较好，对卷烟吸味不产生明显的影响，大量用作卷烟香精的溶剂，有时为了使一些特异香料成分能充分均匀稀释，还需要使用其他溶剂，如水、苯甲醇、乙酸乙酯、三醋酸甘油酯等。

4.2.4　日用香精的制备工艺

4.2.4.1　花香型日用香精的制备工艺

花香型日用香精包含如下香气类别[10]。

① 清（青）韵：熏衣草，穗熏衣草，杂熏衣草，洋甘菊。

② 甜韵：玫瑰（月季）。

③ 鲜韵：茉莉，白兰，苦橙桦，树兰，卡南加。

④ 幽韵：晚香玉，水仙花。

⑤ 清（青）甜韵：香石竹。

⑥ 甜鲜韵：风信子，栀子花。

⑦ 鲜幽韵：紫丁香。

⑧ 幽清韵：金合欢，含羞花，桂花。

根据不同的终端产品的要求，按以上香韵的分类来调配满足需要的花香型日用香精，没有一定的公式，调香师的经验起着很大的作用，其调配程序大体如下。

① 根据加香产品要求，确定香精的形态、香型和档次，以便选择适当的香料和稀释剂。

② 根据加香产品香型的要求，选择香精的主体香料，将天然和合成的主体香料按一定比例混合。构成食品香精的主体香料混合物简称为主体。

③ 香精的主体配好之后，加入相应的协调剂，使香味在幅度和深度上得到扩展，使香味更令人满意。为了得到一定的香气保留性，再适当加入一些定香剂。其中熟化是重要环节，经过熟化后的香精香气变得和谐、圆润而柔和。熟化是一个复杂的化学过程，目前尚得不到科学解释。常采取的方法是将配好的香精在罐中放置一段时间，令其自然熟化。其工艺流程示意如图 4-2 所示。

$$天然香料 \atop 合成香料 \longrightarrow 称重 \longrightarrow 混合 \longrightarrow 静置 \longrightarrow 过滤 \longrightarrow 熟化 \longrightarrow 检验 \longrightarrow 灌装 \longrightarrow 产品$$

图 4-2　日用香精工艺流程示意

4.2.4.2　非花香型日用香精的制备工艺

非花香型日用香精包括如下几个类别：

① 青滋（清）香：紫罗兰叶，芳樟，玫瑰木，玳玳叶，白兰叶，松针留兰香，亚洲薄荷和椒样薄荷。

② 草香（芳草与药草）：香茅，柠檬桉，冬青与地檀香，百里香，缬草，甘松，苍术。

③ 木香：广藿香，柏木，檀香，香附，岩兰草，愈创木，桦焦。

④ 蜜甜香：玫瑰草，香叶，姜草。

⑤ 脂腊香：楠叶油。

⑥ 膏香：安息香，秘鲁香，吐鲁香，苏合香，乳香，格蓬，没药。

⑦ 琥珀香：香紫苏，圆叶当归，防风根。

⑧ 动物香：龙涎香，海狸香，灵猫香，麝香。

⑨ 辛香：小豆蔻，芫荽，姜，八角茴香，小茴香，甜罗勒，丁香罗勒，肉桂，月桂叶，黄樟，洋葱等。

⑩ 豆香：黑香豆，香荚兰豆。

⑪ 果香（包括坚果香与浆果香）：香柠檬，柠檬，防臭木，苦杏仁。

⑫ 酒香：康酿克。

根据不同的加香产品，可以调配不同的香精香型，其制备过程与花香型香精的制备调配过程大体上是一致的，共同的要求是：①香韵要吻合选定的要求；②不同的用途采用不同的香料配方；③不同等级要选用不同香料来适应成本要求；④注意各段香料的组成，正确选用主体辅助或修饰与定香等香料；⑤头、中、尾三层香气要前后协调，稳定头香，还要有好的扩散力，体香要浓厚，有骨有肉，同时尾香要有一定的持久力；⑥配方要注意各香料间的化学反应可能性，如酯交换、氧化、聚合、缩合等；⑦日用香精必须对人体肤发安全、符合卫生标准。

4.3　表面活性剂基本知识

表面活性剂素有"工业味精"的美称，表面工业是 20 世纪 30 年代发展起来的一门新型化学工业。发达国家表面活性剂的产量逐年迅速增长，已成为国民经济的基础工业之一。美国是生产表面活性剂产量最大的国家，其品种约有 1000 种以上，日本表面活性剂的产量居世界第二位。我国表面活性剂工业的真正发展是从 20 世纪 50 年代末 60 年代初合成洗涤剂开始的，发展速度与品种较发达国家相差甚大。

随着世界经济的发展以及科学技术领域的开拓，表面活性剂的发展更为迅猛。其应用领域从日用化学工业发展到石油、纺织、食品、农业、环境以及新型材料等方面。

4.3.1 表面活性剂定义和分类

4.3.1.1 表面活性剂的定义

原则上讲，凡能使溶液表面张力降低的物质都具有表面活性。加入少量表面活性物质就能显著降低溶液表面张力，改变体系界面状态的物质称表面活性剂（surfactant），表面活性剂具有改变表面润湿作用、乳化作用、破乳作用、泡沫作用、分散作用、洗涤作用等[11]。

4.3.1.2 表面活性剂的分类

根据不同的用途，表面活性剂有不同的分类方法。一般可按表面活性剂的来源、表面活性剂亲水基或亲油基性质、表面活性剂功能等进行分类。下面分别介绍表面活性剂的两种主要分类方法[12]。

(1) 根据表面活性剂的来源分类 根据表面活性剂的来源，可把表面活性剂分为三大类，即合成表面活性剂、天然表面活性剂和生物表面活性剂。

① 合成表面活性剂 合成表面活性剂是指通过化学方法合成制备的表面活性剂。其疏水基部分主要来源于石油化学制品的烃类，可以是直链、支链、环状等不同结构的烃类。

② 天然表面活性剂 天然表面活性剂是以天然油脂为原料生产的表面活性剂。它是在人们认识到石油危机而对天然油脂进行开发的前提下出现的。在天然表面活性剂中，主要的油脂原料中最常用的是棕榈油和棕榈仁油。从天然油脂原料中可以提纯出脂肪酸三甘油酯，经过皂化反应分离出脂肪酸和甘油。再以脂肪酸和由脂肪酸合成得到的高级脂肪醇为原料，即可合成各种油脂化学品及表面活性剂。

③ 生物表面活性剂 生物表面活性剂是指那些由细菌、酵母和真菌等多种微生物产生的具有表面活性剂特征的化合物。微生物在代谢过程中常分泌出一些具有表面活性的代谢产物，在这些物质分子中存在着非极性的疏水基团和极性的亲水基团。生物表面活性剂的优点是可以通过生物的方法得到许多用化学方法无法合成的表面活性剂，而且可在表面活性剂结构中引进新的化学基团，同时，生物表面活性剂易于被生物完全降解，无毒性、无副作用、生态安全。

(2) 根据表面活性剂亲水基性质分类 按表面活性剂亲水基性质可把表面活性剂分为：阴离子表面活性剂、阳离子表面活性剂、两性表面活性剂、非离子表面活性剂四大类。

① 阴离子表面活性剂 阴离子表面活性剂是指在水中电离后起表面活性作用的部分带负电荷的表面活性剂。从结构上把阴离子表面活性剂分为羧酸盐、磺酸盐、硫酸酯盐和磷酸酯盐四大类。阴离子表面活性剂具有较好的润湿、去污功能。

② 阳离子表面活性剂 在水中亲水基为阳离子，它含有一个或两个长链烃疏水基，并与一个或两个亲水基相连，亲水基部分大多是含氮化合物，少数是含磷、砷、硫的化合物。阳离子表面活性剂有很好的杀菌、抗静电、柔软、乳化性能，但洗涤去污性能较差。阳离子表面活性剂分为伯胺盐、仲胺盐、叔胺盐和季铵盐四大类。

③ 两性离子表面活性剂 两性表面活性剂在水溶液中同一分子上可形成一阴离子及一阳离子，在分子内构成内盐。根据介质的 pH，有些两性表面活性剂可呈阴离子性质（碱性）或阳离子性质（酸性）。有些还存在等电点，在等电点时两性离子表面活性剂呈电中性，此时在水中溶解度最小，泡沫、润湿及去污力亦最低。两性离子表面活性剂的生产成本较高，所以其产品的占有率较低，但由于它与其他表面活性剂混合使用时表现出良好的相容性

及协同作用，具有很强的功能性。近年来，两性表面活性剂在合成纳米微囊中起着关键作用，因此它的地位变得越来越重要。

④ 非离子表面活性剂　非离子表面活性剂在水中不能离解成离子，所以稳定性高，也不易受酸、碱、盐的影响，并与其他表面活性剂和离子的相容性较好，因此可与其他类型表面活性剂配合使用。非离子表面活性剂在水和有机溶剂中均可溶解，在固体表面上可强烈吸附，又有较高的耐硬水性。在纳米材料合成中，由于非离子表面活性剂的临界胶团浓度（CMC）较低，在水中易于形成胶团，所以在纳米粉体中的应用较多。

4.3.2　表面活性剂的结构和性能

4.3.2.1　表面活性剂的结构特征[13]

表面活性剂一部分是由疏水亲油的碳氢链组成的非极性基团，另一部分为亲水疏油的极性基。这两部分分别处于表面活性剂分子的两端，为不对称的分子结构，这就是它的化学结构的基本特征。正是这种结构特点使活性剂具有以下两种基本性质：

① 虽然具有双亲媒性，但溶解度、特别以分子分散状态的浓度是较低的，在通常使用浓度下大部分形成胶束而溶存；

② 在溶液与它相接的界面上，基于官能团的作用而产生选择定向吸附，使界面的状态或性质发生显著变化。

4.3.2.2　表面活性剂的性能

表面活性剂的性能主要由它的特殊结构来决定的，也正是这些性能才使得表面活性剂有特殊的功能而被如此广泛的应用。如润湿作用、分散作用、洗涤作用、乳化作用、泡沫作用等。表面活性剂的基本特性主要包括降低表面张力、表面活性剂在界面上的吸附、胶团化作用和表面活性剂的 HLB 值等。

(1) 降低表面张力　表面张力（σ）又称界面张力是使液体表面尽量缩小的力，也是液体分子间的一种凝聚力。要使液相表面伸展，就必须抵抗这种使表面缩小的力。所以，表面张力愈小，液相的表面就愈易伸展。表面张力以液体的表面伸展一个单位面积所需单位长度的力来表示，其单位为 mN/m。表面活性剂可显著降低表面张力。纯水的表面张力在 28℃时为 71.5mN/m，加入脂肪醇硫酸钠后，溶液表面张力可降低到 30mN/m 左右。

液体的表面张力是液体的基本性质，主要来源于物质的分子或原子间的范德华引力。它是一种吸引力，作用范围约有几个埃（Å）。表面张力是由于表面层分子和液体内部分子所处的环境不一样形成的。

(2) 表面活性剂在界面上的吸附　物质从一相内部迁至界面，并富集于界面的过程叫吸附。如有毒气体通过防毒面具时，被防毒面具中的活性炭吸附，除去了空气中的有毒气体，这是发生在气-固界面上的吸附。吸附可以发生在固-液界面、固-气界面、液-液界面、气-液界面。吸附要考虑以下几个重要的因素。

① 吸附量　单位面积的表面层所含溶质物质的量与在溶液液体相中同量溶剂所含溶质物质的量的差值，称为溶质的吸附量或表面过剩。其单位为 mol/m^2。

物质在固体表面或固-液界面的吸附量是容易测定的。固-液界面的吸附量可以通过吸附前后溶液的浓度差来测定；固体表面的吸附量可以通过吸附前后固体的重量差来测定。而液体表面或液-液界面（油-水界面）的吸附量是不易直接测定的。

② 表面活性剂的吸附对固体表面的影响[14]　固体从水溶液中吸附表面活性剂后，表面会有不同程度的改变。会改变固体质点在液体中的分散性质。如分散炭黑时，炭黑是一种非极性物质，表面活性剂在上面吸附时，一般以亲油基靠近固体表面，极性基朝向水中，随着吸附的进行，原来的非极性表面逐渐变成亲水极性表面，炭黑质点就容易分散于水中。非离

子表面活性剂在固体表面吸附时，当表面活性剂浓度达到临界胶团浓度以后，吸附量达到最大值，固体粉末的分散性增大，分散的稳定性增大。

　　表面活性剂的吸附可以增加溶胶分散体的稳定性，起保护胶体的作用。例如在 AgI 溶胶体系中，加入少量的 Na_2SO_4 会使体系的分散度突然减少，溶胶发生聚沉而产生絮凝现象。当 AgI 溶胶体系中加入非离子表面活性剂 $C_{12}H_{25}O(C_2H_4O)_6H$ 后，即使加入较大量的 Na_2SO_4，AgI 溶胶也不发生絮凝现象。非离子表面活性剂吸附层实际上起了保护层的作用。

　　吸附可以改变团体表面的润湿性质。固体表面的润湿性质可以由于吸附了表面活性剂而大为改变。表面活性剂以离子交换或离子对的方式吸附于固体表面时，它的亲水基朝向固体表面而亲油基朝外，使固体表面的憎水性增强。如玻璃或水晶的表面与阳离子表面活性剂的水溶液接触后，表面活性阳离子吸附于表面，使固体表面由亲水性变为憎水性。如果固体表面是非极性物质，表面活性剂在其上吸附时，它的非极性基团朝向固体表面，而极性基团朝外。因而，使原来非极性的憎水表面变为亲水表面。

　　综上所述，表面活性剂在固液界面的吸附，可以改变界面状态和界面性质，所以表面活性剂在表面和界面的吸附性质是它的最基本的性质之一。表面活性剂的许多其他性质和作用都是与此相关的。

　　(3) 胶团化作用[15]　　表面活性剂的胶团化作用是表面活性剂的重要性能之一，它主要有以下几个特殊的状态。

　　① 临界胶团浓度 CMC　　表面活性剂的表面张力，去污能力，增溶能力，浊度，渗透压等物理化学性质随溶质浓度变化而发生突变的浓度称临界胶团浓度（critical micella concentration），简写 CMC。表面活性剂在溶液中超过一定浓度时会从单个离子或分子缔合成胶态聚集物即形成胶团，这一过程称胶团化作用。胶团的形成导致溶液性质发生突变。表面活性剂溶液物理化学性质随浓度的变化皆有一个转折点，而此转折点发生在一个浓度不大的范围内，如图 4-3 所示。

　　在溶液中能形成胶团是表面活性剂的一个重要特性，这是无机盐、有机物及高分子溶液所没有的。原因是表面活性剂具有"双亲结构"，在水溶液中，表面活性剂分子的极性亲水基与极性水分子强烈吸引，而非极性的烃链却与极性水分子的吸引力很弱。溶液中与烃链相邻的水比普通水具有更多的氢键，从而有利于水的有序结构形成，使体系能量升高而不稳定，故水分子趋向把表面活性剂疏水的烃链排出水环境，这就是疏水效应。当浓度达到 CMC 后，疏水的烃链互相聚集形成内核，亲水的极性基向外，这样，既满足疏水基脱离水环境的要求，又满足亲水基与水强烈作用要求，处于热力学稳定状态，于是胶团就形成。

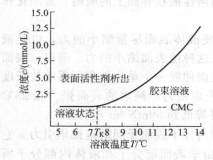

图 4-3　临界胶团浓度 CMC

　　② 表面活性剂在水中的溶解度——krafft 点与 CP 值　　离子型表面活性剂在水中的溶解度随温度的升高而慢慢增加，但达到某一温度后，溶解度迅速增大，这一点的温度称为临界溶解温度，也叫作 krafft 点。临界溶解温度是各种离子型表面活性剂的一种特性常数。一般说来，krafft 点的温度越高，CMC 值越小。这是因为温度升高，不利于胶团的形成。因此，离子型表面活性剂的临界胶团浓度会随温度的增加而略有上升。

　　非离子型的表面活性剂溶液，当加热到某一温度时，溶液会突然变浑浊，就是说温度升高会使非离子型的表面活性剂溶解度下降。当溶液出现浑浊时的温度，称为非离子型的表面活性剂"浊点"，即 CP 值。产生该现象的原因是非离子型表面活性剂的极性基团是羟基，其极性很弱，为使非离子型表面活性剂在水中有一定溶解度，需有多个羟基和醚键才行。因此在亲油基上加成的环氧乙烷分子数越多，醚键就越多，亲水性就越大，也就越容易溶于水。在水溶液中的聚氧乙烯基团呈曲折型，亲水的氧原子位于链的外侧，有利于氧原子和水分子通过氢键结合。但是这种结合并不牢固，当温度升高或溶入盐类时，水分子就有脱离表面活性剂分子的倾向。因此，随着温度升高，非离子型表面活性剂的亲水性下降，溶解度变小，甚至变为不溶于水的浑浊液。在浊点以上不溶于水，在浊点以下溶于水。在亲油基相同时，聚氧乙烯基团越多，浊点就越高。可以看出，非离子型表面活性剂的溶解度与离子型表面活性剂不同，是随温度上升而下降，所以临界胶团浓度是随温度的上升而降低。

（4）表面活性剂的 HLB 值　不同的表面活性剂带有不同的亲油基和亲水基，其亲水亲油性便不同。这里引入一个亲水-亲油性平衡值（即 HLB 值）的概念，来描述表面活性剂的亲水亲油性。

HLB 是表面活性剂亲水-亲油性平衡的定量反映。表面活性剂的 HLB 值直接影响着它的性质和应用。例如，在乳化和去污方面，按照油或污垢的极性、温度不同而有最佳的表面活性剂 HLB 值。对离子型表面活性剂，可根据亲油基碳数的增减或亲水基种类的变化来控制 HLB 值；对非离子表面活性剂，则可采取一定亲油基上连接的聚环氧乙烷链长或羟基数的增减，来任意细微的调节 HLB 值。表面活性剂的 HLB 值可计算得来，也可测定得出。

4.3.3　乳化作用和洗涤作用

4.3.3.1　乳化作用[16]

乳化是液-液界面现象。两种互不相溶的液体，如油与水，在容器中分成两层，密度小的油在上层，密度大的水在下层。若加入适当的表面活性剂在强烈搅拌下，油被分散在水中，形成乳状液，该过程叫乳化作用（emulsification）。

乳状液是指互补混合的两相中的一相以微粒状分散于另一相中，所形成的乳状物系。凡是能提高乳状液稳定性的物质都称为乳化剂（emulsifier）。乳化剂可分为两大类。能形成 W/O 型稳定乳状液的称为油包水型乳化剂。另一类能形成 O/W 型稳定乳状液称为水包油型乳化剂。乳状液的形成和许多因素有关，以下主要介绍乳状液的稳定因素以及乳状液的破坏和变型等相关知识。

（1）乳状液的稳定因素　乳状液是高度分散的不稳定体系，因为它有巨大的界面，所以整个体系的能量增大了。为了提高乳状液的稳定性，可以采取以下几种方法：

① 加入表面活性剂　降低油水界面张力最有效方法是加入表面活性剂。例如煤油与水界面张力为 40mN/m，加入适当的表面活性剂，界面张力可降低到 1mN/m，使油分散在水中就容易得多了，因而提高了体系的稳定性，而混合表面活性剂比单一表面活性剂对提高乳状液的稳定性更优越。

② 界面电荷影响　乳状液的液珠上所带电荷来自电离、吸附和液珠与介质之间的摩擦。其主要来源是液珠表面上吸附了电离的表面活性剂（乳化剂）离子。例如用皂类稳定的 O/W 型乳状液中的液珠，是液珠表面上吸附了皂类离子，它伸向水相中的那些羧基是带负电的。凡是两种物质接触，介电常数较高的物质带正电，介电常数低的带负电。在乳状液中，水的介电常数远比常见其他液体为高，故 O/W 型中的水珠是带正电，乳状液的液珠带负电，使液滴相互接近时就产生排斥力，从而防止了液滴聚结。

③ 固体粉末的稳定作用　以固体粉末为乳化剂时，界面膜强度是主要的。例如，碳酸钙、黏土、炭黑以及某些金属硫化物粉末等。这些固体粉末与表面活性剂一样，处于液体的界面上，所以能起到稳定乳状液的作用。

（2）乳状液的破坏和变型　在很多情况下希望得到稳定的乳状液，如制造膏、霜类等化妆品，制造人造奶油、炼乳等食品。但是，有些情况则希望稳定的乳状液被破坏，如原油脱水等。从热力学观点来看，最稳定的乳状液最终也是要破坏的。乳状液的不稳定性表现为分层、变型和破乳。每种形式都是乳状液破坏的一个过程，它们有时是相互关联的。有时分层往往是破乳的前导，有时变型可以和分层同时发生。

① 分层　乳状液分层并不是真正的破坏，而是分为两个乳状液，在一层中分散相比原来的多，在另一层则相反。如牛奶的分层是常见的现象，它的上层是奶油，在这层中乳脂约占35%，在下层中乳脂约为8%。有些乳状液需要加速分层，如从牛奶中分离奶油，采用高速离心机（6000r/min）。有时还可以加些试剂来加速分层，后者称为分层剂。

② 变型　变型是指在某种因素作用下，乳状液从O/W型变成W/O型，或从W/O型变成O/W型。所以变型过程是乳状液中的液珠的聚结和分散介质分散的过程，原来的分散介质变成分散相，而原来的分散相变成了分散介质。引起乳状液变型的因素有以下几种：

a. 乳化剂构型的变更　乳化剂的构型是决定乳状液类型的主要因素，如果某一种构型乳化剂变为另一种构型，就会导致乳状液的变型。

b. 相体积的影响　从相体积与乳状液的类型关系来看，已知当乳状液的内相体积占总体积的比例小于74%时，体系是稳定的；如果再不断加入内相液体，其体积超过74%，内相将转变为外相，乳状液就发生变型。

c. 温度的影响　以脂肪酸钠作为乳化剂的苯-水乳状液为例，若脂肪酸钠中有相当多脂肪酸存在，则得到的是W/O型乳状液，这可能是由于脂肪酸和脂肪酸钠的混合膜性质。当温度升高时，可加速脂肪酸向油相扩散的速度，在界面膜上的脂肪酸钠相对含量就提高，形成了用钠皂稳定的O/W型乳状液。若温度降低并静止30min，O/W型乳状液又变成W/O型乳状液。能使乳状液变型的温度称为变型温度。变型温度与乳化剂的浓度有关，通常随浓度的增加而升高。但是当浓度达到某一定值时，变型温度就不再改变。

d. 电解质的影响　乳状液中加入一定量的电解质，会使乳状液变型。用油酸钠为乳化剂的苯-水体系是O/W型乳状液，当加入0.5mol/L的NaCl后，就变成W/O型乳状液。这是因为电解质浓度很大时，离子型皂的离解度大大下降，亲水性也因之降低，甚至会以固体皂的形式析出，乳化剂亲油亲水性质的这种变化最终导致乳状液的变型。

③ 破乳　使稳定的乳状液的两相达到完全分离，成为不相溶的两相，这种过程叫破乳。一般破乳方法可分为物理机械方法和物理化学方法。

a. 物理机械方法　电沉降法主要用于W/O型乳状液，在电场的作用下，使水珠可排成一行，当电压升到某值时，聚结过程正瞬间完成，以达到脱水、脱盐的目的，一些燃料油的脱水也采用此种方法。超声分散是常用的制备乳状液的一种搅拌手段，在使用强度不大的超声波时，又可以采用超声波破乳。加热也是破乳的一种方法，升高温度，增加分子的热运动，使界面黏度下降，有利于液珠聚结，从而降低了乳状液的稳定性，易发生破乳。

b. 物理化学法　主要是改变乳状液的界面膜性质，设法降低界面膜强度，从而使稳定的乳状液变得不稳定。如用皂作乳化剂，在乳状液内加酸，皂就变成脂肪酸，脂肪酸析出后，乳状液就分层破坏。在工业生产中破乳很少采用单一的方法，总是几种方法综合使用。

4.3.3.2　洗涤作用[17]

表面活性剂的洗涤作用是表面活性剂具有最大实际用途的基本特性。它涉及千家万户的日常生活。并且在各行各业和各种工业生产中也得到越来越多地应用。洗涤作用可以这样描述：将浸在某种介质（一般为水）中的固体表面的污垢去除的过程称为洗涤。在洗涤过程中，加入洗涤剂以减弱污垢与固体表面的黏附作用并施以机械力搅动，借助于介质的冲力将污垢与固体表面分离而悬浮于介质中，最后将污垢冲洗干净。

洗涤过程可表示为：

$$物体表面·污垢＋洗涤剂·介质 \Longleftrightarrow 物体表面·洗涤剂·介质＋污垢·洗涤剂·介质$$

（1）洗涤剂的作用

① 降低污垢与物体表面的结合力，具有使污垢脱离物体表面的能力。一般通过降低水的表面张力，改善水对洗涤物表面的润湿性，从而去除固体表面的污垢。一般加入洗涤剂后，水的表面张力降至 30mN/m，洗涤剂的水溶液在上述各物品的表面都能具有很好的润湿性，促使污垢脱离织物表面，发挥其洗涤作用。

② 防止污垢再沉积作用。洗涤剂对油污的分散和悬浮作用，会使已经从固体表面脱离下来的污垢，很好地分散和悬浮在洗涤介质中，不再沉积在固体表面。

（2）影响表面活性剂洗涤作用的主要因素 影响表面活性剂洗涤作用的主要因素有表面或界面张力、表面活性剂的分子结构、乳化和起泡作用等。

① 表面或界面张力 降低表面或界面张力，有利于润湿。液体污垢去除的"卷缩"过程中，表面活性剂将表面或界面张力降得越低，油污被"卷缩"得越完全。

② 表面活性剂的分子结构 主要是非极性疏水链长度，链长越长，洗涤效果越好。

③ 乳化和起泡作用 液体油污经"卷缩"成油珠，从固体表面脱离进入洗涤液，有很多与被洗物品表面相接触而黏附于物体表面的机会，通过表面活性剂的乳化作用，可以使油污乳化并稳定地分散悬浮于洗涤液中，有效地阻止了液体油污再沉积过程的发生。

洗涤剂乳化性能越强，洗涤效果越好。日常生活中，人们认为一种洗涤液的好坏取决于起泡作用，洗涤过程中泡沫越多，洗涤效果越好。实际上，表面活性剂的起泡作用对洗涤效果有一定的影响，但二者之间并没有直接的相关性。如低泡洗涤，效果也很好。洗涤液形成泡沫，可以有利于玻璃等硬表面物的油滴和尘土带走。

4.3.4 增溶作用和微乳状液

4.3.4.1 增溶作用[18]

表面活性剂在水溶液中形成胶束后，具有能使不溶或微溶于水的有机化合物的溶解度显著增加的能力，且溶液呈透明状，这种作用即为表面活性剂的增溶作用。增溶作用与溶液中胶团的形成有密切关系，在临界胶团浓度到达以前，并没有增溶作用，只有当表面活性剂水溶液的浓度达到 CMC 以后增溶作用才明显表现出来。微溶物溶度的增加是由于胶团的存在，表面活性剂浓度越大，胶团数量就越多，微溶物也就溶解得越多。例如，乙苯基本不溶于水，但在 100mL 0.3mol/L 十六酸钾中可溶解达 3g 之多。

（1）增溶作用的特点 表面活性剂的增溶解现象要与有机物溶于混合溶剂中的情形相区别。以苯为例，大量乙醇的加入会使苯在水中的溶解度大大增加，其原因在于，大量乙醇的加入改变了溶剂性质。而在增溶作用中，表面活性剂的用量相当少，溶剂的性质无明显变化。这表明增溶时溶质并未拆散成单个的分子或离子，而很可能是成束地溶解在表面活性剂溶液中。

增溶现象与乳化作用要区分开。乳化作用是不溶液体分散于水或油中，形成热力学上不稳定的多相分散体系，因有巨大的表面自由能，体系不稳定，最终是要分层的。实验表明，发生增溶作用时，被增溶物的蒸气压会下降，表明增溶作用使被增溶物的化学势降低，故使整体体系更稳定。

（2）影响增溶作用的因素 被增溶物的增溶量是与增溶剂和被增溶物的分子结构、性质以及溶液中的胶束的数目有关的。

增溶剂分子的碳氢链越长，分子的疏水性越强，在水中形成胶束的浓度越低，即它的临界胶束浓度越小，在较低浓度下即能产生增溶作用，因此增溶能力越大。增溶剂的碳氢链长对增溶量的影响也与被增溶物结构有关，对非极性有机分子是增溶剂碳氢链越长，增溶能力越大的；而对含极性基的有机物则要看两者碳氢链的相对长短，只有在增溶剂的碳氢链比极性有机物碳氢长时才符合上述规律。当增溶剂的疏水基中含有不饱和双键，或含有支链时，其增溶能力下降。表面活性剂的增溶作用还与其临界胶束浓度大小及胶束的疏松度有关。

在表面活性剂溶液中加入电解质、有机添加物和改变温度都会对表面活性剂的增溶能力造成影响，并根据表面活性剂和被增溶物的影响各异。

4.3.4.2 微乳状液[19]

(1) 微乳状液的形成 微乳状液是由不相混溶的油、水和表面活性剂自发形成的外观均匀、透明、稳定的液体。由此，如表 4-4 所示，我们迄今知道含有油、水和表面活性剂的混合体有三种：乳状液、微乳状液和增溶了的胶团或反胶团的溶液。

表 4-4　乳状液、微乳状液和肿胀胶团溶液性能对比

性　质	乳　状　液	微　乳　状　液	肿胀胶团溶液
外观	乳白、不透明	透明或稍带乳光	透明
分散度	粗分散体系，不均匀，质点尺寸 >0.1μm，显微镜甚至肉眼可见	分散质点尺寸在 0.1μm 以下，质点大小比较均匀，显微镜不可见	胶团大小一般小于 0.1μm，显微镜不可见
质点形状	球状，分散相浓度太大时可呈不规则形状	孤对的粒子，成球状	低浓度时为球状，浓度大时可呈各种形状
稳定性	不稳定，用离心机可使之分离	稳定，离心机不能使之分离	稳定，不会分离
表面活性剂用量	用量少	用量多，常需使用助表面活性剂	浓度超过临界胶团浓度即可形成

(2) 微乳状液的性能 这种分散体系具有很高的实用价值，如早期的一些地板抛光蜡液，机械切削油、织物和构件的表面清洗剂等。近年来，在石油开采的三次采油过程中应用微乳注水法可使原油的采收率提高 10% 以上，应用于蛋白质和酶的研究中，可改变水相介质条件，增大蛋白质的溶解度。作为反应介质制备高纯超细颗粒及纳米材料等。

由于界面张力的急剧降低，所以，微乳状液的热力学稳定性很高，是低黏度的，还能自动乳化，长时间存放也不会分层破乳，甚至用离心机离心也不会使之分层，即使能分层，静置后还会自动均匀分散。微乳状液中液滴的大小在 10nm 左右，介于一般的乳状液和胶束溶液之间，有时被称为膨大了的胶束溶液。但从本质上看，微乳状液不同于胶束的增溶，其差异表现在如下两个方面：①测定结果表明胶束比微乳状液的液滴更小，通常小于 10nm，并且不限于球形结构；②制备微乳状液时，除需要大量表面活性剂外，还需加辅助剂。但是胶束溶液的表面活性剂的量只要超过临界胶束浓度以后，就可以形成胶束，并具有增溶能力。

从微观结构上说，微乳状液是极微小的油滴分散于介质中，形成水包油（O/W）型微乳状液，或极微小的水滴分散于油相中，形成油包水（W/O）型微乳状液，后来还发现，在特定的条件下微乳状液可由同一种类型转变为另一种类型。在微乳液结构的转变过程中可形成一种水相和油相都是连续相，且相互交错在一起的二连续结构。

4.3.5　分散和聚集作用[20]

4.3.5.1 分散作用

表面活性剂降低了水-固体微小粒子间的界面张力，并在固体微小粒子周围形成一层亲水的吸附膜，使固体粒子均匀地分散于水中形成分散液，这就是洗涤表面活性剂的分散作用。

表面活性剂有促进固体分散形成稳定悬浊液的作用，所以添加的表面活性剂叫分散剂。实际上使半固态的油脂在水中乳化分散时很难区分是乳化还是分散，并且通常作为乳化剂或分散剂的表面活性剂往往是同一种物质，所以实用中把两者放在一起统称为乳化分散剂。

分散剂的作用原理与乳化剂基本相同，不同之点在于被分散的固体颗粒比被乳化的液滴

的稳定性一般稍差些。

固体污垢从物体表面的去除过程与液体油垢的去除过程机理有些不同，固体污垢黏附在物体表面主要靠分子间作用力的吸附作用而不是靠静电引力。固体污垢粒子的悬浮分散电引力。在洗涤过程中表面活性剂水溶液首先把固体污垢及物体表面润湿，接着表面活性剂分子会吸附到固体污垢和物体表面上，由于表面活性剂吸附层的形成加大了污垢粒子与物体表面间的距离，从而削弱了它们之间的分子间吸引力，由于污垢粒子与物体表面所带电荷一般相同，从而增强了它们之间的排斥力使污垢在表面上的黏附强度减弱，在机械外力作用下就容易从表面上去除，并被表面活性剂稳定地分散到水溶液中。另一方面使用阴离子表面活性剂配制的洗涤剂时，由于一般表面在水中带有负电荷，固体污垢也带有负电荷，当阴离子表面活性剂的负离子吸附到物体与固体污垢表面上时会增加它们表面带的负电荷数量，从而加大了它们之间的静电斥力，有利于污垢从表面洗脱和防止再沉积到物体表面，所以使用阴离子表面活性剂做洗涤剂时对固体污垢去除效果更好。

固体污垢颗粒越大，越易被去除，而小于 $0.1\mu m$ 的污垢颗粒由于牢固地吸附在物体表面就很难被去除。在固体污垢去除过程中，除了表面活性剂的润湿、分散作用之外，机械力的作用也很重要。

4.3.5.2　聚集作用

聚集作用可看做两步的过程：一是被分散粒子的去稳定作用导致的粒子间排斥作用减弱；二是去稳定的粒子相互聚集。粒子间的排斥力抑制聚集作用，而吸引力对抗斥力有利于聚集作用。上述的两个步骤可分别用胶体的相互作用和聚集动力学进行研究。粒子的无规则布朗运动随时在进行。不同大小的粒子以不同的速度做相对运动将引起碰撞和絮凝。当粒子相当大和紧密时，甚至可以发生明显的沉淀作用。

絮凝剂是在很低浓度就能使分散体系失去稳定性并能提高聚集速度的化学物质。絮凝剂主要用于生活用水、工业用水和污水处理，以除去其中的无机和有机固体物。

4.3.6　表面活性剂的应用

表面活性剂的应用可分为民用和工业应用。据资料显示：民用表面活性剂中有 2/3 用于个人保护用品。合成洗涤剂是表面活性剂消费最大的市场之一，产品包括洗衣粉、液体洗涤剂、餐具洗涤剂和各种家庭用清洗产品及个人保护用品（如洗发香波、护发素、发乳、发胶脂、润肤乳液、爽肤液和洗面奶等）。工业用表面活性剂是民用表面活性剂以外用于各工业领域的表面活性剂总和，其应用领域包括纺织工业、金属工业、涂料、颜料工业、塑料树脂工业、食品工业、造纸工业、皮革工业、石油开采、建材工业、采矿业和能源工业等。以下简述表面活性剂在工业、农业和日用化学品行业的应用。

4.3.6.1　表面活性剂在工业中的应用

表面活性剂在工业中的应用比较广泛，其领域包括电镀工业、煤炭工业、石油开采工业等。

(1) 表面活性剂在电镀工业中的应用　表面活性剂在电镀工业中的作用是：拓宽电镀业的 pH、温度和电流密度使用范围；对电镀中析出的金属粒子具有良好的分散性，有利于提高镀件表面的平滑和光滑度；减低表面张力，有利于对镀件的润湿；促进在阴极表面产生的氢气尽快脱离，可防止镀件产品凹痕和针孔；经过表面活性剂清洗的镀件，其电镀效果明显改善，还可以节省耗电量。

另外，在电镀工业中，机械零件在电镀前，通常要进行清洗处理，除锈、除氧化层和除污垢，用盐酸清洗往往是必不可少的程序。工业盐酸的 HCl 含量一般在 30% 左右，清洗时往往散发出大量的酸雾。这种酸雾不仅对操作人员产生严重的危害，而且还腐蚀周围的金属设备和原材料；所以很有必要抑制酸雾的挥发，从而提高工作的环境质量，减少经济损失，这也是表面活性剂的重要用途之一。

目前表面活性剂在电镀行业中主要用于提高镀件的平滑和光亮度以及镀件的清洗，用量较少且不够普遍，即使有这方面的研究也只是注重在提高镀件的质量上，未考虑表面活性剂对环境的负面影响，所以开发具备经济效益和环境效益的表面活性剂具有时代意义，也是可持续发展战略对表面活性剂工作者提出的时代要求。

（2）表面活性剂在煤炭工业中的应用[21]　开采到的煤粒，一般被黏土黏附，大颗粒表面黏土易洗去，但煤泥中有相当的可观的小煤粒，一般用泡沫浮选法回收，在浮选过程中，单靠煤与碱石表面性质的自然差还不够，必须向煤浆中添加一定量的浮选药剂，以提高煤表面的疏水性，使煤能够更好的黏附在气泡上，形成矿化泡沫层。再者，在单纯的煤浆中充气，产生的气泡极容易破碎，应添加浮选药剂增加其稳定性和分散性，因此，浮选效果的好坏取决于浮选药剂。同样为提高絮凝法选煤的效果，应在絮凝过程中的加入分散性较好的助剂。这些助剂是分子表面活性剂，分子较长，在煤粒表面的吸附能力强，絮凝效果也较好。

（3）表面活性剂在油田中的应用　表面活性剂形成泡沫，密度低、重量小、压力小，相当于水压力的 0.02～0.05 倍，有一定的黏滞性、连续流动，对水、油、砂石有携带作用，控制配方使其具有一定的表面黏度和深液黏度，可以保证泡沫有一定的稳定性。由于这些特点，表面活性剂在石油开采中得到广泛使用。特别是缺水地区和中低压油气层，如采用常规水基泥浆钻井，会带来严重的油层损害。许多井在钻井过程中有油气显示，测井解释也是油层，而完井试油却含量很低，甚至滴油不出，采用表面活性剂形成的泡沫体系作为低密度低压力的钻井液，泡沫的细小紧密结构所形成的黏滞性，使其具有良好的携带能力，有利于发现油层和保护油层，并有效地防止漏失。也能显著提高钻井速度，有时达水基泥浆的 4～5 倍。表面活性剂还可用于油田三次采油中，据有关专家介绍，表面活性剂、碱和聚合物是油田三元复合驱的重要原料[22]。不久前，国内第一个千吨级油田三次采油用表面活性装置的主体部分在大庆油田技术开发实业公司投料试车一次成功，使我国油田三次采油用表面活性剂国产化取得了突破性进展，此前在大庆油田三元复合驱油试验中所用的表面活性剂全部由国外进口。作为新兴的采油手段，聚合驱油和三元复合驱油技术已相继在大庆油田取得重大进展，复合驱油在油田进入工业化生产阶段，三元复合驱油试验效果日见明显，因而有关专家预测，表面活性剂应用市场前景广阔。

4.3.6.2　表面活性剂在农业中的应用[23]

表面活性剂在农业中的应用也比较广泛，以下就重点介绍表面活性剂作为肥料结块防止剂的应用。

肥料结块防止剂是以水溶性或非水溶性的高分子增溶于活性剂溶液中，最后形成高分子活性剂的络合物。这些高分子活性剂络合体的防止结块作用是：处理后经干燥即生成许多小针状结晶，处理后的肥料即使反复深解，干燥也不结块，添加量少效果也很大，对料的吸湿性没有影响等。可以推断，这是由于结晶习性改性作用的缘故。

4.3.6.3　表面活性剂在日用品中的应用[24]

表面活性剂在日用化学品领域的应用亦相当广泛，而且发展速度很快，以下主要介绍表面活性剂在化妆品和洗涤剂行业中的应用。

（1）表面活性剂在化妆品中的应用　乳液是化妆品中使用最普遍的输送体系，它们能把各种各样的成分迅速、便利地输送到皮肤和头发，乳液都含有亲水性和亲油性两部分物质，它们构成乳液内外相，其中内相称为分散相，而外相称为连续相。乳液的成分包括油相、水相、乳化剂。油相是由一些非极性或极性不高的，一般与水不相溶的物质组成，包括脂、油、蜡和它们的衍生物。如脂肪醇、脂肪酸、硅氧烷、烷烃和酯等。它们对皮肤能提供许多有益的作用，如用作赋形剂、柔软剂、保湿剂、光滑剂及其他多种效果。这些物质被用到皮肤上后，都能形成一层防止水分蒸发的薄膜，当用于头发上时，它起到调理、定型、提供光泽和改善头发外观的作用。水相是由水和其他亲水性物质组成，如甘油、丙二醇、水溶性聚合物、植物提取液和水溶性物质等。水相有调节乳液黏度，降低油相物质的油腻感，提供保湿性，供给营养源，增加产品的美容性和降低生产成本等作用。

(2) 表面活性剂作洗涤剂的应用　洗涤剂的基本组分为表面活性剂、助剂和各种添加剂。自从人们开始穿衣以来，就需要清洗大多数的衣物。大约公元 1500 年，即中世纪末期，洗涤是一项社会活动，当时的"洗衣日"是人们的庆祝日。以我们今天的观点来看，洗涤仍是一项社会活动，同时通过洗涤可将脏的衣服恢复到可用的状态，现在不论从每年消费的洗涤剂总量还是总价值来说，洗涤剂与清洗剂市场已经发展成为工业品市场的一个重要分支。

表面活性剂是洗涤剂的主要成分，它与污垢或污垢与固体表面之间发生一系列的物理化学作用（如润湿、渗透、乳化、增溶、分散、起泡等），并借助于机械搅拌获得洗涤效果。用量最多、最广泛的是阴离子和非离子表面活性剂，阳离子和两性表面活性剂只是在生产某些特殊类型和功能的洗涤剂时才使用。表面活性剂主要品种有 LAS（直链烷基苯磺酸酯盐）、AES（脂肪醇聚氧乙烯醚硫酸盐）、MES（脂肪酸甲酯磺酸盐）、AOS（α-烯基磺酸盐）、烷基聚氧乙烯醚、烷基酚聚氧乙烯醚、脂肪酰二乙醇胺、氨基酸型、甜菜碱型等。

4.4　化妆品基本知识

4.4.1　化妆品的定义和分类[25]

4.4.1.1　化妆品的定义
一般来说，化妆品是用以清洁和美化人体皮肤、面部、毛发和牙齿等部位而使用的日常用品。它能充分改善人体的外观、修饰容貌、增加魅力，可以培养人们讲究卫生，给人以容貌整洁的好感；还有益于人们的健康。

4.4.1.2　化妆品的分类
化妆品的分类方法较多，其中通用的分类方法是以产品的使用目的和部位为基准的，而比较规范化的分类法是按其生产工艺和外形特点进行分类。

(1) 按化妆品功能分类　按照化妆品功能可以将化妆品分为以下五类。
① 清洁类　如洗面奶、清洁霜、浴液、香波、清洁面膜、磨砂膏、去死皮膏等。
② 保护类　此类化妆品也可用作美容化妆前的基础处理，也可称作基础化妆品，如化妆水（露）、乳（蜜）、霜、发油、发乳、护发素。
③ 营养类　如添加了维生素、水解蛋白、中草药、透明质酸等生物活性成分的霜、膏、乳、露。
④ 美容类　如粉底、遮盖霜、唇膏、胭脂、眼影、发胶、摩丝、焗油膏等。
⑤ 特殊用途类　此类化妆品也可称作功能性化妆品，有的将其列入美容化妆品类，也有将其列入药物化妆品类。如生发灵、冷烫精、脱毛露（霜）、减肥霜、祛斑霜、防晒霜（油）以及香水、花露水等。

(2) 按化妆品使用部位分类　按照化妆品使用部位可以将化妆品分为以下四类。
① 毛发用化妆品类　如香波、发油、护发素、发胶、摩丝、烫发剂、染发剂、剃须膏等。
② 皮肤用化妆品类　如洗面奶、雪花膏、润肤乳、粉底等。
③ 唇、眼用化妆品　如唇膏、亮唇油、眼影、睫毛膏等。
④ 指甲类化妆品　如指甲油。

（3）按产品生产工艺和配方特点分类 按照化妆品生产工艺和配方特点可以将化妆品分为以下十类。

① 乳化状化妆品 如清洁膏、粉底霜、润肤霜、营养霜、雪花膏、发乳等。

② 悬乳状化妆品 如香粉蜜、水粉、微胶囊状化妆品等。

③ 液体状化妆品 如化妆水、香水、花露水、生发水等。

④ 油状化妆品 如发油、防晒油、按摩油等。

⑤ 粉状化妆品 如痱子粉、爽身粉等。

⑥ 膏状化妆品 如洗发膏、睫毛膏、剃须膏等。

⑦ 笔状化妆品 如眉笔、眼线笔、唇线笔等。

⑧ 块状化妆品 如粉饼、胭脂、眼影等。

⑨ 薄膜状化妆品 如面膜。

⑩ 蜡状化妆品 如发蜡。

4.4.2 洁肤化妆品制备[25]

皮肤是人体重要的器官之一，对人体的健康起着重要的作用。人体在正常情况下，皮肤表面由皮脂腺分泌的皮脂所覆盖，形成天然的保护膜，使皮肤表面柔软、光滑。但由于体内的分泌物与所处环境的接触，使皮肤受到污染和刺激。皮肤上存在的异物包括：

① 皮肤表面形成的皮脂膜长时间与空气接触后，被空气中的尘埃附着，与皮肤表面的皮脂混合而形成的皮垢。

② 皮脂中的某些成分因暴露在空气中而被氧化发生酸败，或接触微生物发生污物的分解所产生的新的污染物。

③ 皮肤分泌的汗液在水分挥发后残留于皮肤表面的盐分、尿素和蛋白质分解物等成分。

④ 由于新陈代谢，逐渐由人体表皮角质层脱落和死亡的细胞残骸（俗称死皮）发生酸败，而滋生的微生物。

⑤ 残留的化妆品和灰尘细菌等。

这些物质可影响皮肤正常的新陈代谢，使皮肤正常的生理机能受到阻碍而产生各种皮肤病，也可加速皮肤的老化。为了保持皮肤的健康和良好的外观，需要经常清除皮肤上的污物、皮脂、其他分泌物和死亡的细胞等。洁肤类化妆品就是一类能够去除污垢、洁净皮肤而又不会刺激皮肤的化妆品。目前，此类化妆品已成为生活中不可缺少的生活必需品。

洁肤类化妆品的品种繁多，其种类、特征各有特色。具体包括肥皂、美容皂、洗面奶、面膜、洁面乳等。几类面部清洁类化妆品的主要特性见表4-5。

表4-5 几类面部清洁类化妆品的主要特性

项 目	美容皂	清洁霜	面膜	磨面膏	洁面乳
剂型类别	表面活性剂型	乳化型	溶剂型	乳化型	表面活性剂型
pH	中性	弱酸-中性		弱酸-中性	中性
脱脂力	中等	几乎没有	弱	弱	中等
护理作用	无特别作用	有	有	有	有
成本	中	高	中	高	中
特色	泡沫洁面	溶解洁面	黏附洁面	摩擦洁面	泡沫洁面
洗后感	有些紧绷	存薄膜	干后滑爽	特别干净	略有紧绷感

4.4.2.1 清洁霜

清洁霜的成分中包括油相、水相和乳化体系。油相作清洁剂或溶剂，如油、脂、蜡类；水相作溶剂，调节洗净作用及使用感，如水、保湿剂等；乳化体系包括W/O型和O/W型，以及无水液化型，乳化剂主要是合成表面活性剂及其多组分的混合体系等。

无水油型清洁霜的配方如表 4-6、表 4-7 所示。

表 4-6 无水油剂型清洁霜配方

序号	组 分	质量分数/%	序号	组 分	质量分数/%
1	石蜡	10.0	5	肉豆蔻酸异丙酯	6.0
2	凡士林	20.0	6	香精	适量
3	鲸蜡醇	6.0	7	防腐剂	适量
4	白油	58.0			

表 4-7 无水膏剂型清洁霜配方

序 号	组 分	质量分数/%	序 号	组 分	质量分数/%
1	石蜡	15.0	5	白油	45.0
2	二甲基硅氧烷	2.0	6	凡士林	30.0
3	微晶蜡	8.0	7	香精	适量
4	防腐剂	适量			

无水油型清洁霜的制法相对简单，具体是：先混合香料以外的蜡、凡士林等各种油性成分，加热溶解（约 95℃），再搅拌冷却后加香（约 45℃），混合均匀后即可包装。制备过程中，冷却时的搅拌方式对膏体性能的影响较大。

4.4.2.2 泡沫清洁剂

(1) 基础成分 泡沫清洁剂的主要成分和原料成分包括：油性原料、洗净剂（表面活性剂）、保湿剂及其他水溶性组分等。

油性原料主要作为溶剂和润肤剂。包括高级脂肪醇，如十六醇、十八醇等，以及其他添加剂，如精制羊毛脂、羊毛脂衍生物、卵磷脂、脂肪酸酯类等。

洗净剂主要指表面活性剂和高级脂肪酸与碱剂形成的皂基。表面活性剂选用具有良好洗净作用的温和型阴离子、两性离子和非离子品种。

保湿剂主要指甘油、丙二醇、山梨糖醇等组分。水有良好的去污作用，也是良好的保湿剂，还可通过加入透明质酸发挥明显的保湿作用。

水溶性高分子组分主要起稳定增稠作用。

(2) 产品配方及配制方法 泡沫清洁剂的配方见表 4-8、表 4-9。

表 4-8 普通洗面奶配方

序 号	组 分	质量分数/%	序 号	组 分	质量分数/%
1	硬脂酸	7.0	7	甘油	4.0
2	硬脂酸单甘油酯	8.0	8	三乙醇胺	0.9
3	十六醇～十八醇	2.0	9	防腐剂	适量
4	辛酸/癸酸三甘油酯	5.0	10	香精	适量
5	蓖麻油	1.0	11	去离子水	68.1
6	葵花油	4.0			

表 4-9 泡沫洗面奶配方

序 号	组 分	质量分数/%	序 号	组 分	质量分数/%
1	月桂醇醚琥珀酸酯磺酸二钠盐	45.0	5	柠檬酸	适量
	和乙酸月桂酯磺酸钠盐		6	椰油酰氨基丙基甜菜碱	4.0
2	香精	适量	7	椰油二乙醇胺	3.0
3	去离子水	48.0	8	防腐剂	适量
4	氯化钠	适量			

表 4-8 所示配方是由硬脂酸与三乙醇胺进行中和反应所生成的胺盐作为乳化剂，非离子

表面活性剂硬脂酸单甘油酯在其中也起乳化剂作用，两者协同进行乳化；配方中的辛酸/癸酸三甘油酯是一种性质优良的润肤剂，柔润性好，与皮肤有良好的亲和性。其制备方法与清洁霜的制备相同。

表 4-9 所示配方中的月桂醇醚琥珀酸酯磺酸二钠盐和乙酸月桂酯磺酸钠盐是一类复配产品，不需乳化，具有良好的发泡性，性能温和，制备时只需将它与椰油酰氨基丙基甜菜碱、椰油二乙醇胺及水混合，经搅拌至均匀乳液，用柠檬酸调节 pH 至 6.0～6.5，加入香精和防腐剂即可，黏度用氯化钠调节。

4.4.3　雀斑美白化妆品制备[25]

4.4.3.1　基本原理

人类的表皮基层中存在着一种黑素细胞，能够形成黑色素。黑色素是决定人的皮肤颜色的最大因素。黑素细胞的分布密度无人种差异，各种肤色的人基本相同，全身共有 20 亿个。正常时黑色素能吸收过量的日光光线，特别是吸收紫外线，保护人体。若生成的黑色素不能及时代谢而聚积、沉积或对称分布于表皮，则会使皮肤上出现雀斑、黄褐斑或老年斑等。

以防止色素沉积为目的的祛斑美白化妆品的基本原理主要体现在以下几个方面：①通过抑制酪氨酸酶的生成和活性，或干扰黑色素生成的中间体，抑制黑色素的生成；②黑色素的还原、防止光氧化；③促进黑色素的代谢；④防止紫外线的进入。

4.4.3.2　原料组成

可用于化妆品的传统祛斑美白剂包括：动物蛋白提取物、中草药提取物、维生素类、曲酸及其衍生物等；同时，不断有安全、高效的新型美白剂被开发出来，如熊果苷等。

(1) 果酸及其衍生物　果酸是 α-羟基酸，包括柠檬酸、苹果酸、乳酸、酒石酸、葡萄糖酸等，因存在于多种水果的提取物中，故统称为果酸。

果酸主要是通过渗透至皮肤角质层，加快细胞更新速度和促进死亡细胞脱离两个方面来改善皮肤状态，对皮肤有着美白、保湿、防皱、抗衰老作用。试验表明：作为酸性添加剂，浓度 6% 以下的果酸化妆品对皮肤是安全、无副作用的。

(2) 抗坏血酸及其衍生物　抗坏血酸（即维生素 C）是最具有代表性的黑色素生成抑制剂，在生物体内担负着氧化和还原的作用。抗坏血酸能美白皮肤，治疗、改善黑皮症、肝斑等。但抗坏血酸易变色，对热极不稳定，直接应用有困难；抗坏血酸的衍生物则很稳定。为使抗坏血酸能在化妆品配方中稳定，将其制成高级脂肪酸和磷酸的酯类体。如抗坏血酸磷酸酯镁盐，它经皮肤吸收后，在皮肤内由于水解而使抗坏血酸游离。添加抗氧化剂或还原剂，也能和黑色素反应而使抗坏血酸还原。抗坏血酸及其衍生物协同使用，可取得良好的减少色素、美白、抗皱的效果。

4.4.3.3　配方实例

祛斑美白化妆品的主要类型有增白霜、美白乳液以及祛斑乳、祛斑霜等。祛斑美白化妆品的制法与一般化妆品相同。

祛斑美白化妆品的配方见表 4-10、表 4-11。

表 4-10　美白乳液的配方

序　号	组　　分	质量分数/%	序　号	组　　分	质量分数/%
1	L-抗坏血酸-聚氧乙烯加成物	2.0	5	甘油	5.0
2	橄榄油	15.0	6	对羟基苯甲酸甲酯	0.1
3	棕榈酸异丙酯	5.0	7	乙醇	7.0
4	聚氧乙烯壬基酚醚	0.5	8	去离子水	加至 100.0

表 4-11 所示配方中的植物精油可选择具有祛斑增白作用的金缕梅精油、洋甘菊精油、

小黄瓜精油等。抗坏血酸衍生物为水溶性物质，具有稳定性好，易被吸收的特点。

表 4-11 祛斑乳液配方

序号	组　　分	质量分数/%	序号	组　　分	质量分数/%
1	角鲨烷	5.0	9	甘油	3.0
2	肉豆蔻酸异丙酯	5.0	10	黄原胶	0.1
3	十六醇	4.5	11	抗坏血酸衍生物	1.5
4	甲基硅氧烷	0.5	12	EDTA	0.1
5	单硬脂酸聚氧乙烯甘油酯	2.0	13	柠檬酸	适量
6	单硬脂酸甘油酯	4.0	14	香精、防腐剂	适量
7	植物精油	1.0	15	去离子水	71.3
8	1,3-丁二醇	2.0			

4.4.4　防晒化妆品制备[25]

防晒化妆品是指具有屏蔽或吸收紫外线作用，减轻因日晒引起皮肤损伤的化妆品。随着人们对紫外线危害性认识的逐步加深和自身保护意识的增强，防晒化妆品的需求量日益增长迅速。这类化妆品可在膏霜类及奶液类的基础上添加防晒剂制得，其形态有防晒膏、防晒霜、防晒油、防晒液等。

4.4.4.1　原料组成

防晒化妆品主要含有防晒剂，一种是紫外线屏蔽剂，如氧化锌、氧化铁、二氧化钛等；另一种是紫外线吸收剂，如对氨基苯甲酸及其酯类、水杨酸酯类等。现代防晒化妆品常使用对紫外线有滤除作用的防晒剂。

防晒的效能和组成产品的成分有关，有水溶性和油溶性的，也有许多是溶解于酒精中的。水溶性的防晒效果不大，特别是形成的薄膜易被汗液或水冲洗掉；油溶性防晒剂所制得制品通常在使用时有油腻感。

4.4.4.2　配方实例和制备工艺

防晒制品的配方见表 4-12、表 4-13。

表 4-12 防晒油配方

序　号	组　　分	质量分数/%	序　号	组　　分	质量分数/%
1	水杨酸薄荷酯	6.0	4	液体石蜡	20.5
2	棉子油	50.0	5	香精、色素和抗氧剂	0.5
3	橄榄油	23.0			

表 4-13 防晒液配方

序　号	组　　分	质量分数/%	序　号	组　　分	质量分数/%
1	芦荟液（浓缩）	2.0	5	羧甲基纤维素	0.3
2	1,2-丙二醇	6.0	6	氢氧化钠	适量
3	二苯甲酮	3.0	7	香精	适量
4	苯基苯并咪唑磺酸	2.0	8	去离子水	加至 100.0

防晒油的制法是将防晒剂溶解于油中（如有需要，可适当加热），溶解后加入香精等，再经过滤即可。

这是一种含有水、醇的液体，具有使用方便的特点，有清爽感，但耐水性差。其中添加的是水溶性紫外线吸收剂。其制备过程为：将所有成分加热溶解，冷却后加入香精、抗氧剂和防腐剂，冷至室温即可。

4.4.5　抗衰老化妆品制备[25]

皮肤老化包括两个方面，即内在或本征老化和光致老化。现代皮肤生物学的进展，逐步揭示了皮肤老化现象的生化过程，认为在这个过程中对细胞的生长、代谢起决定作用的是蛋白质、特殊的酶和起调节作用的细胞因子。因此，可以设计和制备一些生化活性物质，参与细胞的组成和代谢，替代受损和衰老细胞，使细胞处于最佳健康状态，以达到抑制或延缓皮肤衰老的目的。

4.4.5.1 抗衰老活性物质

(1) 超氧化物歧化酶（SOD） 目前衰老学说有许多种，其中之一是衰老的自由基学说。体内的自由基作用于细胞膜的多不饱和脂肪酸，形成脂质过氧化物（LPO），生成的丙二醛等物质与细胞膜上的蛋白质作用而生成褐色素，沉淀于皮肤，形成色斑。自由基也能使皮肤表皮内的胶原蛋白、弹力纤维交联和变性，变脆而失去弹性。如果能采取措施减少皮肤自由基生成，或对自己生成的自由基进行有效清除，就可以有效地减缓皮肤的衰老。酶在细胞的生理新陈代谢过程中具有主要的作用。酶的种类很多，其中 SOD 具有清除机体内过多的超氧自由基，调节体内的氧化代谢功能，具有抗衰老作用。SOD 已在化妆品中得到广泛的应用。

(2) α-羟基羧酸 α-羟基羧酸（简称 AHA），俗称果酸，存在于天然水果、蔗糖和奶酪中，长期的试验确认 AHA 作为抗衰老添加剂的应用特点为：能有效地穿入皮肤毛孔，加快表皮死细胞脱落，减少皮肤角质化，使表皮细胞更新。这一作用表现为消除皮肤皱纹，消退皮肤色素及老年斑，使皮肤光洁，柔软和富有弹性。

(3) 胶原蛋白、弹力蛋白 随着年龄的增长，皮肤内胶原蛋白和弹力蛋白的数量下降，溶解度降低，结缔组织的新陈代谢变缓，真皮和表皮的结合松懈，蛋白纤维松弛、折断而使皮肤起皱老化。这一状况可通过在化妆品添加胶原蛋白、弹力蛋白得以改善。

目前还可利用生化技术重组蛋白质或小的 DNA 片段，以代替天然提取得到的蛋白质衍生物，将这些生化活性物质应用于化妆品中，能够很容易渗透到表皮的深层和真皮层，与体内完全相同的蛋白分子结合，重组细胞结构、功能，以达到抗衰老的目的。

4.4.5.2 配方实例

抗衰老化妆品配方见表 4-14、表 4-15。

表 4-14 抗衰老霜配方

序号	组　分	质量分数/%	序号	组　分	质量分数/%
1	十六烷基糖苷	6.0	6	山梨醇(70%)	5.0
2	棕榈酰羟化小麦蛋白	2.5	7	香精	适量
3	异壬基异壬醇酯	25.0	8	防腐剂	适量
4	白油	5.0	9	去离子水	加至100.0
5	聚二甲基硅烷醇/聚二甲基硅烷酮	5.0			

表 4-15 果酸除皱祛斑霜配方

序 号	组　分	质量分数/%	序 号	组　分	质量分数/%
1	乙醇酸	2.1	7	甘油	10.0
2	维生素 A 棕榈酸酯	1.0	8	对羟基苯甲酸甲酯	0.2
3	维生素 E 乙酸酯	0.5	9	氯代烯丙基氯化六亚甲基四胺	0.1
4	十六烷酯蜡	8.4	10	月桂基硫酸钠	2.5
5	十六烷醇	4.0	11	去离子水	加至100.0
6	十八烷醇	10.0			

表 4-14 所示配方中采用了一种小麦蛋白生物媒介物（棕榈酰羟化小麦蛋白）作抗衰老活性成分，在 0.1% 的低浓度下对皮肤结构具有"刺激"和"促进生长的作用"，且对真皮

胶原纤维有"重建作用"，即有使纤维伸长的趋势，这种作用在 pH 为 6.6 时更为明显。

表 4-15 所示配方中乙醇酸是从蔗糖中提取的，配制时加入以 70% 含量调制成的水溶液，在其中作为抗衰老添加剂，具有胶原的生物合成作用；维生素 A 棕榈酸酯和维生素 E 乙酸酯是具有皮肤保护作用和促进治疗作用的组分。

4.4.6　洗发用品制备[25]

洗发化妆品包括清洁和调理头发的化妆品，其英文名称为 shampoo，音译为香波。

作为一种以表面活性剂为主的制品，其形态可分为透明液状、乳膏状、块状和粉末状。当使用时能从头发和头皮中去除表面的油污和皮屑，而对头发、头皮和人身健康无不良的影响。洗发香波具有各种各样的性质和功能，对产品的要求主要有：①具有适当的洗净力和脱脂作用；②能形成丰富而持久的泡沫，呈奶油状；③具有良好的梳理性，这是区别于其他洗涤用品的一个特点，包括湿发梳理性和干后头发的梳理性，洗后的头发应具有光泽、滋润和柔顺性；④对头皮、头发和眼睛要有高度的安全性；⑤在常温下应具有最佳洗发效果，耐硬水，易洗涤；⑥有良好的稳定性，应保证 2~3 年不变质。

近年来，由于人们洗发次数增多，要求香波脱脂力低、性能温和，因此，有柔发性能的调理香波和对眼睛无刺痛的婴儿香波日趋盛行。

液体香波主要包括透明液体香波和珠光液体香波等，具有性能好、使用方便、制备简单等特点，已成为香波中的主体。其品牌及产量发展极为迅速，在化妆品中的消费量最高，占市场上洗发用品 60% 以上，是大众化和有影响的一类洗发化妆品。

(1) 原料组成　此类香波基本原料有三种类型：表面活性剂、辅助表面活性剂及添加剂。

① 表面活性剂　表面活性剂为香波提供了良好的去污力和丰富的泡沫，使香波具有极好的清洗作用。用于香波的表面活性剂有阴离子、非离子、两性离子型。一些阳离子表面活性剂也可作为洗涤的原料，但去污发泡仍以阴离子为主，利用它们的渗透、乳化和分散作用将污垢从头皮和头发中除去。

常用的表面活性剂包括脂肪醇硫酸盐（AS）和脂肪醇聚氧乙烯醚硫酸盐（AES）。AS 的通式为 $ROSO_3M$，AES 的通式为 $RO(CH_2CH_2O)_nSO_3M$，$n=2~4$，其可溶性以 $n=4$ 时最佳。AS 和 AES 多为钠盐和铵盐。这类表面活性剂洗涤性优良，对硬水稳定，起泡力符合香波的泡沫要求，是目前香波配方中最常用的成分。

AS 有很好的发泡性和去污力及良好的水溶性，其水溶液呈中性并且有抗硬水性，其缺点是在水中的溶解度不够高，对皮肤、眼睛有轻微的刺激性。其中以月桂醇（C_{12}）的钠盐发泡力最强，去污性能良好；乙醇胺盐（LST）的稠度较高，一般在 40% 时测得其稠度随乙醇数的增加而降低。30% 月桂醇硫酸铵在 −5℃ 能保持透明，浊点较低，不会产生浑浊现象，适宜制备透明香波；而其他月桂醇硫酸盐溶解度较差，浊点较高，适宜制备膏状香波。烷基硫酸三乙醇胺盐比烷基硫酸盐对皮肤的刺激性小，但它的缺点是在与游离胺共存下经日光照射或受热会变黄色，因此必须充分考虑抗氧剂、香波的颜色、容器的颜色等因素。烷基链的长短对产品性能影响也很大，一般在 10~15 个碳为宜。

与 AS 相比，AES 可制得接近无色的基剂。由于环氧乙烷的加入大大提高了其水溶性，即使是钠盐也具有较好的溶解性和耐硬水性，对皮肤的刺激也降低；但另一方面会降低起泡力和洗净力。环氧乙烷数增加，水溶性增加，稠度也增加，但浊点下降。环氧乙烷加成数在 2~4mol 的气泡力和洗净力最适宜。在香波中 AES 已逐渐代替了 AS，或通常多将起泡性好而廉价的 AS 与亲水性更好、刺激性更低的 AES 组合使用。变化烷基链和聚氧乙烯链的长度，适当地调整起泡性、刺激性和亲水性。在使用的 AES 香波中，一般都使用无机盐进行增稠，AES 虽然起泡迅速，但泡沫不够稳定，还需要添加稳泡剂复配，如与烷基醇酰胺并用更能提高性能。最常用的 AES 是月桂醇聚氧乙烯醚（3EO）或其硫酸钠盐（2EO）。

② 辅助表面活性剂　辅助表面活性剂是指那些用量较少，能增强主表面活性剂的去污力和泡沫稳定性，改善香波的洗涤性和调理性的表面活性剂，主要包括阴离子、非离子、两性离子型表面活性剂。主要包括：

a. N-酰基谷氨酸钠（AGA）　是氨基酸表面活性剂中产量最大的一类，具有很好的洗涤去污力、耐硬水，对毛发有亲和力，对皮肤刺激性小，作用温和，能与各种阴离子、非离子和两性离子表面活性剂配伍。

b. 甜菜碱类　可与阴离子表面活性剂配合，起到提高安全性和增加黏度的辅助目的。也有单独使用的情况。主要有十二烷基二甲基甜菜碱和咪唑啉甜菜碱。

c. 吐温 20　是聚氧乙烯山梨糖醇酐月桂酸单酯。它是一种优良的非离子型乳化剂和增溶剂，对皮肤、眼睛的刺激性非常小，还可以减少其他洗涤剂的刺激性，可用在温和、透明香波和儿童香波中。

d. 环氧乙烷缩合物　此类产品品种很多，其中包括脂肪醇聚氧乙烯醚（AEO）、烷基酚聚氧乙烯醚（APE）等。这类产品是非离子型表面活性剂中产量最大、应用最广，也是应用于香波中用量最大的一类。它们的去污能力强，耐硬水，对皮肤刺激性小，但泡沫力较差，不能单独使用，一般作为透明剂、低刺激香波助剂及香料的增溶剂。

③ 添加剂　是为了赋予香波某种理化特性和特殊效果而使用的各种添加剂，如稳泡剂、增稠剂、稀释剂、螯合剂、澄清剂、抗头屑剂等。

(2) 配方设计及配制工艺　香波种类较多，配方结构也是各种各样的。大多数液态香波的组成见表 4-16。表中所列的结构成分不是任何一种香波所必需的，其中表面活性剂、稳泡剂、调理剂、防腐剂和香精是基本成分，其他成分则取决于消费者的需要、配方设计的要求和成本的经济性等，可作不同的选择。

表 4-16　液态香波的配方组成

组　成	主　要　功　能	含量范围/%
主要表面活性剂	清洁作用，起泡作用	10~20
辅助表面活性剂	降低刺激性，稳泡作用，调理作用	3~1
增稠剂和分散稳定剂	调理黏度，改善外观和体质	0.2~5
稳泡和增泡剂	稳泡和增泡作用，调节泡沫的外观和结构	1~5
调理剂	调理作用（柔软、抗静电、定型、光泽）	0.5~3
防腐剂	抑制微生物生长	适量
珠光剂和乳白剂	赋予珠光和乳白外观	2~5
螯合剂	络合钙、镁和其他金属离子，抗硬水作用，防止变色，对防腐剂有增效作用	0.1~0.5
着色剂	赋予产品颜色，改变外观	适量
酸度调节剂和缓冲剂	调节 pH	适量
香精	赋香	0.1~0.5
稀释剂	稀释作用，一般为去离子水	适量

① 配方设计　香波制品虽是主要体现清洁功能的产品，但其配方设计与一般洗涤用品，如清洁霜、肥皂等有所不同。要根据产品所提出的要求，确定产品的物理、化学性质（如外观、黏度、pH、刺激性等），据此选取适合的原料种类。此外，要确定产品成本界限，并以此确定具体原料，还要考虑原料的供应等因素。制品主要体现温和的洗涤力和良好的发泡性，以及黏度、pH、稳定性和调理性能。

② 制备工艺　香波的制备技术与其他产品，如乳液类制品相比，是比较简单的。它的制备过程以混合为主，一般设备仅需有加热和冷却的夹套配有适当的搅拌反应锅。由于香波的主要原料大多是极易产生泡沫的表面活性剂，因此，加料的液面必须浸过搅拌桨叶片，以

避免过多的空气被带入而产生大量的气泡。

香波的制备有两种方法：一种是冷混法，它适用于配方中原料具有良好水溶性的制品；另一种是热混法。从目前来看，除了部分透明香波产品采用冷混法外，其他产品的配制大多采用热混法。

a. 透明香波的制备　透明香波外观为清澈透明的液体，具有一定的黏度，常带有各种悦目的浅淡色泽，受到消费者的欢迎。冷混法和热混法都可用于透明液体香波的配制。一般以烷醇胺类（月桂基硫酸三乙醇胺）为主要原料和用椰子二乙醇胺为助洗剂的体系，水溶性、互溶性均好，可用冷混法。其步骤是：先将烷醇胺类洗涤剂溶解于水，再加其他助洗剂，待形成均匀溶液后，加入其他成分，如香精、色素、防腐剂、络合剂等，最后用柠檬酸或其他酸类调节所需的 pH 范围，黏度用无机盐来调节。若遇到加香精后不能完全溶解，可先将它与少量助洗剂混合后，再投入溶液，或者使用香精增溶剂来解决。

当配方中含有蜡状固体或难溶物质时，必须采用热混法生产透明香波液体。热混法是将主要洗涤剂溶解于热水中，在搅拌下加热到 70～90℃，然后加入要溶解的固体原料和脂性原料，继续搅拌，直至符合产品外观需求为止。当温度下降到 40℃ 以下时，加色素、香精、和防腐剂等。pH 和黏度的调节一般在环境温度下进行。生产过程的温度不超过 60～70℃，以免配方中某些成分遭到破坏。高浓度表面活性剂溶解时，需缓慢加入水中，以免形成黏度极大的固状物，溶解困难。

b. 珠光香波的制备　珠光香波一般比透明香波的黏度高，呈乳浊状，带有珠光色泽，配方中除了含普通香波的香料以外，还加入了固体油（脂）类等水不溶性物质作为遮光剂（如高级醇、酯类、羊毛脂等），使其均匀悬浮于香波中，经反射而得到珍珠般光泽。香波呈珠光是由于其中生成了许多微晶体，具有散射光的能力，同时香波中的乳液微粒又具有不透明的外观，于是显现珠光。珠光香波的制备主要采用热混法。其步骤是：先将表面活性剂溶解于水中，在不断搅拌下加热至 70℃ 附近，加入珠光剂及羊毛脂等蜡类固体原料，使其熔化，继续缓慢搅拌，溶液逐渐呈半透明状，控制一定的冷却速度使其冷至 40℃ 附近，加入香精、色素、防腐剂等，最后用柠檬酸调节 pH，冷至室温，即得。若用单硬脂酸乙二醇酯做珠光剂，其加热温度不宜超过 70℃。珠光香波能否具有良好的珠光外观，不仅与珠光剂用量有关，且与搅拌速度和冷却时间有关。快速冷却和搅拌，会使体系外观暗淡无光，而控制一定的冷却速度，可使珠光剂结晶增大，从而获得闪烁晶莹的光泽。加入香精、色素和防腐剂时，体系的温度应在 40℃ 左右。pH 和黏度的调节也应在尽可能低的温度下进行。

(3) 配方实例　液体香波的配方见表 4-17～表 4-19。

表 4-17　普通液体香波配方

序　号	组　　分	质量分数/%	序号	组　　分	质量分数/%
1	十二烷基聚氧乙烯(3)硫酸酯三乙醇胺盐(40%)	32.0	5	香精、色素	适量
			6	防腐剂、螯合剂	适量
2	十二烷基聚氧乙烯(3)硫酸钠	6.0	7	柠檬酸(调节 pH 至6.5)	适量
3	月桂酸二乙醇酰胺	4.0	8	去离子水	57.0
4	聚乙二醇	1.0			

表 4-17 所示配方为普通液体香波，其使用方便、泡沫丰富、易于清洗。

表 4-18 所示配方中使用了 AES 和 MES 的复配体系，并加入了两性离子表面活性剂，使其比单独使用 AES 或 LST 的刺激性低。

表 4-18　低刺激液体香波配方

序号	组　分	质量分数/%	序号	组　分	质量分数/%
1	月桂基醚硫酸钠(70%)	14.0	6	尼泊金甲酯	0.2
2	醇醚磺基琥珀酸单酯二钠(28%)	10.0	7	柠檬酸	适量
3	十二烷基二甲基甜菜碱(30%)	4.5	8	香精	适量
4	月桂酸二乙醇酰胺	2.0	9	色素	适量
5	氯化钠	0.7	10	去离子水	68.3

表 4-19　透明液体香液配方

序　号	组　　分	质量分数/%	序　号	组　　分	质量分数/%
1	月桂基硫酸三乙醇胺(30%)	45.0	6	氯化钠	0.3
2	月桂酸二乙醇酰胺	5.0	7	香精、色素	适量
3	甘油	5.0	8	防腐剂	适量
4	羟丙基甲基纤维素	1.0	9	去离子水	43.5
5	EDTA-Na$_2$	0.2			

表 4-19 所示配方中添加了羟丙基甲基纤维素，起增稠作用，它的加入可减少配方中月桂基硫酸三乙醇胺的用量。同时，由于这种水溶性纤维素醚的加入，可以较少或免去无机盐的加入，使香波黏度比用盐增稠时更高，且由于纤维素醚的非离子性，也不影响表面活性剂的浊点，故具有良好的透明性和低温稳定性。

4.4.7　护发用品制备[25]

护发制品的作用是使头发保持天然、健康和美观的外表，使其光亮而不油腻、赋予头发光泽、柔软和有生气。头发经过洗涤后，头发上的皮脂几乎消失殆尽。随着头发的染色、烫发，定形发胶、摩丝的使用，洗头频率的增加以及日晒和环境的污染，也会使头发受到不同程度的损伤。如果在染发、烫发处理后涂敷一些护发化妆品，则对头发有很明显的保护作用。

护发化妆品的剂型多种多样，表 4-20 为护发用品的原料组成及其功效。

表 4-20　护发化妆品的原料组成及其功效

组　成	主要功能	代表性原料
主要表面活性剂	乳化作用,抗静电,抑菌	季铵盐类阳离子表面活性剂
辅助表面活性剂	乳化作用	非离子表面活性剂
阳离子聚合物	调理,抗静电作用,流变性调节,头发定型	水解蛋白、二甲基硅氧烷、壳多糖等
基质制剂	形成稠厚基质,过脂剂	脂肪醇、蜡类、硬脂酸酯类
油分	调理剂,过脂剂	各种植物油、三甘油酯、支链脂肪醇类等
香精	赋香	酸性稳定的香精
增稠剂	调节黏度,改善流变性能	某些盐类、羟乙基纤维素、聚丙烯酸树脂
防腐剂	抑制微生物生长	对羟基苯甲酸酯类、凯松-CG
螯合剂	防止钙和镁离子沉淀,对防腐剂有增效作用	EDTA 盐类
抗氧化剂	防止油脂类化合物氧化酸败	BHT、BHA、生育酚
着色剂和珠光剂	赋色、改善外观	酸性稳定的水溶性或水散着色剂
其他活性成分	赋予各种功能,如去头屑、定型、润湿等	ZPT、PCA-Na、泛醇等

发蜡是一种半固体的油、脂、蜡混合物，含油量高，属重油型护发化妆品。发蜡主要是用油和蜡类成分来滋润头发，使头发具有光泽并保持一定的发型。发蜡主要有两种类型，一种是由植物油和蜡制成；另一种是由矿脂制成。

(1) 原料组成　发蜡用的主要原料有蓖麻油、白凡士林、松香等动植物油脂及矿脂，还有香精、色素、抗氧化剂等。

（2）制备工艺 两种类型发蜡的制备过程基本相同，略有区别。配置发蜡的容器一般采用装有搅拌器的不锈钢夹套加热锅。具体的操作步骤如下。

① 原料熔化 植物性发蜡的配置一般是把蓖麻油等植物油加热至 40～50℃，若加热温度高，易被氧化。一般将蜡类原料加热至 60～70℃备用。对于以矿脂为主要原料的矿脂发蜡，一般熔化原料温度较高，凡士林一般需要加热至 80～100℃，并抽真空，通入干燥氮气，吹去水分和矿物油气味后备用。

② 混合、加香 植物性发蜡配制中是把已熔化备用的油脂混合，同时加入色素、香精、抗氧剂，开动搅拌器，使之搅拌均匀，并维持 60～65℃，通过过滤器即可浇瓶。矿物发蜡的配制是把熔化备用的凡士林等加入混合锅，并加入其他配料，如石蜡、色素等，冷却至 60～70℃，加入香精，搅拌均匀，即可过滤浇瓶。

③ 浇瓶冷却 植物性发蜡浇瓶后，应放入−10℃专用的工作台面上，因为浇瓶后要求快速冷却，这样结晶较细，可增加透明度。而矿物发蜡浇瓶后，冷却速度则要求慢些，以防发蜡与包装容器之间产生孔隙，一般是把整盘浇瓶的发蜡放入 30℃的恒温室内，使之慢慢冷却。

（3）配方实例 发蜡的配方见表 4-21、表 4-22。

表 4-21　植物性发蜡配方

序　号	组　　分	质量分数/%	序　号	组　　分	质量分数/%
1	蓖麻油	88.0	3	香料	2.0
2	精制木蜡	10.0	4	色素、抗氧剂	适量

表 4-22　矿物性发蜡配方

序　号	组　　分	质量分数/%	序　号	组　　分	质量分数/%
1	固体石蜡	6.0	4	液体石蜡	液体石蜡
2	凡士林	52.0	5	香料	3.0
3	橄榄油	30.0	6	色素、抗氧剂	适量

4.4.8 美容类产品制备[26]

4.4.8.1 香粉类

（1）香粉 香粉是用于面部化妆的制品，可遮盖面部皮肤表面的缺陷，改变面部皮肤的颜色，且可预防紫外线的辐射。好的香粉应该很易涂敷，并能均匀分布；去除脸上油光，对皮肤无损害刺激；色泽应近于自然肤色，不能显现出粉白的感觉。

香粉的参考配方见表 4-23。

表 4-23　香粉配方

组成	质量分数/%					组成	质量分数/%				
	1	2	3	4	5		1	2	3	4	5
滑石粉	42.0	50.0	45.0	65.0	40.0	氧化锌	15.0	10.0	15.0	15.0	15.0
高岭土	13.0	16.0	10.0	10.0	15.0	硬脂酸锌	10.0		3.0	5.0	6.0
碳酸钙	15.0	5.0	5.0		15.0	硬脂酸镁			4.0	2.0	4.0
碳酸镁	5.0	10.0	10.0		5.0	香精、色素	适量	适量	适量	适量	适量
钛白粉			5.0	10.0							

（2）粉饼 粉饼和香粉的使用目的相同，将香粉制成粉饼的形式，主要是便于携带。粉饼在配方上除具有香粉的原料外，为便于压制成型，还必须加入足够的胶黏剂，常用的胶黏

剂有黄芪树胶粉、阿拉伯树胶等天然胶黏剂以及羧甲基纤维素等合成胶合剂。

4.4.8.2　唇膏

唇膏是点敷于嘴唇，使其具有红润健康的色彩并对嘴唇起滋润保护作用的化妆品，是将色素溶解或悬浮在脂蜡基质内制成的。

唇膏的参考配方见表 4-24。

表 4-24　唇膏参考配方

组　　成	质量分数/%			组　　成	质量分数/%		
	原色唇膏	变色唇膏	无色唇这		原色唇膏	变色唇膏	无色唇这
蓖麻油	35.0	35.8		羊毛脂		3.0	
白凡士林	4.0	4.0	40.0	溴酸红	2.0	5.0	
单硬脂酸甘油酯	40.0	42.0	26.0	色淀	5.0		
棕榈酸异丙酯	8.0			尿囊素			0.1
巴西棕榈蜡	4.0	4.0		香精	2.0	适量	0.4
鲸蜡			7.0	抗氧剂	适量	0.2	0.5
轻质矿物油		6.0	26.0				

原色唇膏的制法是将溴酸红溶解或分散于蓖麻油及其他溶剂的混合物中；将色淀调入熔化的软脂和液态油的混合物中，经胶体磨研磨使其分散均匀；将羊毛脂、蜡类一起熔化，温度略高于配方中最高熔点的蜡；然后将三者混合，再经一次研磨。当温度降至较混合物熔点约高 5~10℃ 即可浇模，并快速冷却。香精在混合物完全熔化时加入。

变色唇膏的制法：可将溴酸红在溶剂（蓖麻油）内加入溶解，加入高熔点的蜡，待熔化后加入软脂、液态油，搅拌均和后就加入香精，混合均匀后即可浇模。

无色唇膏的制法最简单，将油、脂、蜡混合，加热熔化，然后加入磨细的尿素囊，在搅拌下加入香精，混合均匀即可浇模。

4.4.8.3　睫毛膏

睫毛膏是使眼睫毛增加光泽和色泽、显得浓长、增强立体感、烘托眼神的化妆品。可以制成固体块状、也可制成乳化型的膏状，还可制成液体状。睫毛膏的质量要求是容易涂敷，不会很快干燥，并没有结块和干裂的感觉，对眼睛无刺激，容易卸妆等。

睫毛膏的颜色以黑色和棕色两种为主，一般采用炭黑和氧化铁棕。固体块状睫毛膏是将颜料与肥皂及其他油、脂、蜡混合而成，为减少肥皂的碱性而产生的刺激，多采用硬脂酸三乙醇胺皂制成。膏霜型则是在膏霜基质中加入颜料制成。其参考配方见表 4-25。

表 4-25　睫毛膏参考配方

组　　成	质量分数/%		组　　成	质量分数/%	
	块　状	膏霜状		块　状	膏霜状
硬脂酸三乙醇胺	54.0		单硬脂酸甘油酯	3.0	
硬脂酸	3.0	9.0	羊毛脂	6.0	3.0
蜂蜡	21.0		三乙醇胺		10.0
巴西棕榈蜡	6.0		甘油		
石蜡	2.9		色素	4.0	0.15
液体石蜡		9.0	防腐剂	0.1	53.85
矿脂		6.0	去离子水		5.0

4.4.9　护理皮肤化妆品制备[27]

4.4.9.1　雪花膏

雪花膏是典型的 O/W 型乳化体膏霜，一般是以硬脂酸和碱作用所生成的肥皂类阴离子乳化剂为基础的 O/W 型乳化体，成分配比中绝大部分是水，当水分挥发后就留下一层硬脂酸、硬脂酸皂以及保湿剂等组成的薄膜，能节制表皮水分过量的挥发，减少外界气候刺激的影响，保护皮肤不致粗糙干裂，并使皮肤白皙留香，可以作为基料加入粉质、药物、营养物质形成雪花膏的不同品种。

膏体的稠度和硬脂酸皂化的程度、所用碱的种类以及配方中各种成分有关，一般成分的配比为硬脂酸 15%～25%，保湿剂 2%～20%，滋润型物质 1%～4%，碱类 0.5%～2%。

在制定雪花膏配方中，首先要考虑到硬脂酸的百分率、被碱皂化的百分率和所用碱的用量。一般硬脂酸的含量占配方成分的 15%～25%，其中 15%～30% 被碱中和。

雪花膏是一种半固体膏状化妆品，白似雪花，涂在皮肤上遇热融化，像雪花一样地消失，故得名雪花膏。

通常雪花膏的配方见表 4-26。

表 4-26　通常雪花膏配方

组　　分	配　方/%	组　　分	配　方/%
硬脂酸	10～25	香精	1
苛性钾(80%KOH)	1～3(皂化硬脂酸 20% 计算)	水	余量
甘油	10		

雪花膏的质量标准主要有理化指标和感官指标，如表 4-27 所示。检验方法按标准《雪花膏》（QB 963—85）的规定进行。

表 4-27　雪花膏的主要质量指标

指标分类	项　目	项　目　内　容
理化指标	耐热	经 50℃/6h(营养性雪花膏为 40℃/6h)恒温试验后,膏体无油水分离现象
	耐寒	根据技术要求的不同,经 0℃、-5℃、-10℃、-15℃ 或 -30℃/24h 恢复室温后,膏体正常,无粗粒出水现象
	pH	微碱性≤8.5;微酸性 4.0～7.0;粉质雪花膏≤9.0;特种药物雪花膏另定
感官要求	色泽	白色或符合规定的色泽
	香气	符合规定之香型
	膏体结构	细腻、擦在皮肤上应润滑,无面条状,无刺激(过敏性例外)

4.4.9.2　润肤霜和蜜

(1) 作用　恢复和维持皮肤的滋润、柔软和弹性，保持皮肤的健康和美观。

(2) 成分　润肤霜和蜜中所含润肤物质可分为两大类，即水溶性和油溶性。

油溶性物质主要有羊毛脂、蜂蜡、月桂醇、磷脂、多元醇酯、硅油、各种动植物油脂等。这些物质都是有效的封闭剂，敷在皮肤上阻滞水分挥发，同时对皮肤表层起柔软、增塑作用。其中有些物质与皮肤成分相似，可以渗透到皮肤中被细胞组织吸收，改善皮肤的生理机能。

水溶性物质有各种保湿剂，如甘油、山梨醇、丙二醇；水相增稠剂，如维生素胶、海藻酸钠、膨润土等；许多防腐剂和杀菌剂，如五氯酚、对羟基苯甲酸酯，也是水相中的一种组分；还有营养霜中的一些活性物质，如水解蛋白、人参浸出液、珍珠粉水解液、水溶性维生素及各种酶制剂等。

当两相的大致比例和组分决定之后，就可进行乳化剂的选择，乳化剂可用阴离子型、非离子型或阳离子型表面活性剂，使润肤霜或蜜成为均一的乳化体。

4.5　洗涤剂基本知识

4.5.1　洗涤剂的定义和组成[28]

　　根据国际表面活性剂会议（CID）用语，所谓洗涤剂，是指以去污为目的而设计配方的制品，由必需的活性成分（活性组分）和辅助成分（辅助组分）构成。作为活性组分的是表面活性剂，作为辅助组分的有助剂、抗沉淀剂、酶、填充剂等，其作用是增强和提高洗涤剂的各种效能。

4.5.2　洗涤剂去污理论

　　去污的原理可简单地用下式表示：

$$织物·污垢+洗涤剂 \longrightarrow 织物+污垢·洗涤剂$$

　　在开始状态，织物与污垢结合在一起。污垢之所以能牢固地附着在被污物上，主要是由于它们之间的相互吸引。洗涤剂的去污，首先是降低和削弱污垢与被污物之间的引力，洗涤剂的润湿作用就能起到使它们之间引力松脱的作用，也使污垢被破坏成微小粒子。这时，引力松脱的污垢粒子仍吸附在被污物的表面，只有经过机械搅拌或搓洗或受热，被污物上的污垢才大量卷离到水中。此时固体微粒借助洗涤中表面活性剂的分散作用，油脂污垢借助其乳化增溶作用，而不再沉积于被污物表面，从而使污垢和织物分开。

　　所以，洗涤剂的去污作用，实质上是润湿、乳化、分散、增溶等基本效用的综合表现。因此，为了获得良好的去污作用，洗涤剂中所用表面活性剂，单单具有某一效用是不够的，而要求它具有较好的综合性能，再加上各种助洗剂的配合，最后得到优良的洗涤效果。

4.5.3　洗涤剂常用原料

　　合成洗涤剂是由表面活性剂及一些有机和无机洗涤辅助成分依照一定配方组成而得的复配物。洗涤剂的原料主要包括：溶剂（水或有机溶剂）、表面活性剂、助剂、漂白剂和小料（辅助助剂）[29]。

4.5.3.1　水[29]

　　洗涤大部分是以水为介质。水在洗涤中的基本作用是溶解可溶性污垢、分散溶解性差的污垢溶剂，并作为介质传递其他洗涤力。

　　作为洗涤剂的溶剂，水的特点是溶解力和分散力非常宽，有适度的熔点、沸点和蒸气压。水的比热容和汽化热很大。水的比热容比乙醇和石油类溶剂高约两倍，汽化热高达2.26kJ/g，这是利用热物理洗涤力时的洗涤介质最优良的性质。不燃性是另一个突出的优点。

　　从洗涤角度讲，水存在一些缺点。水对于油脂类污垢的溶解力差，需借助分解力以外的洗涤力。洗涤是从对脏污衣物的润湿开始，但是水的表面张力相当高；而同样在接触气相的条件下，乙醇、苯等的表面张力则小得多。水的表面张力大的缺点使得水成为浸透润湿性极差的液体，这一点会妨碍洗涤力迅速到达污垢和洗涤体的界面。将脏污衣物浸泡到水中时，水的表面张力会妨碍水浸入到织物中去。水的这一不足，可通过往水中添加微量表面活性剂使表面张力显著降低来弥补，如表4-28所示。

　　水质差严重影响洗涤效率，甚至有损洗衣机。水中的钙离子可能形成碳酸钙沉淀，或是与洗涤剂中的某些成分形成沉淀。这些沉淀会沉积于洗涤物品上，也会在洗衣机上结壳。水中钙的含量高会影响带色污垢的去除。在制备洗涤剂时，一般要考虑对水进行软化处理，常用离子交换树脂、蒸馏法或电渗析法。

表 4-28　添加微量表面活性剂后水的表面张力

表面活性剂	浓度/%	温度/℃	表面张力/$mN \cdot m^{-1}$	表面活性剂	浓度/%	温度/℃	表面张力/$mN \cdot m^{-1}$
月桂酸钠	0.05	60	45.9	油酸钠	0.05	25	30.5
	0.50	60	21.2		0.50	25	26.4
	1.00	60	28.3		1.00	25	26.8
月桂醇硫酸酯钠盐	0.10	45	55.0	油醇硫酸酯钠盐	0.10	25	36.5
	0.10	25	26.0		0.10	45	35.4

4.5.3.2　洗涤剂用表面活性剂

作为洗涤剂必要活性组分的表面活性剂是这样一类物质，当它的加入量很小时，就能使溶剂的表面张力或液-液界面张力大大降低，改变体系的界面状态；当它达到一定浓度时，在溶液中缔合成胶团。因而产生润湿或反润湿、乳化或破乳、起泡或消泡、增溶、洗涤等作用，以达到实际应用的要求。

表面活性剂品种繁多，商品牌号已达 16000 多个，产量达 1200 万吨，其用途非常广泛，涉及工农业及人民生活的各个领域，有"工业味精"的美称。其中在洗涤剂中使用表面活性剂主要有以下品种。

(1) 阴离子表面活性剂[28]　阴离子表面活性剂主要包括烷基苯磺酸钠和 α-烯基磺酸盐两种。

① 烷基苯磺酸钠（LAS，ABS）　烷基苯磺酸钠是当今世界生产洗涤剂用量最多的表面活性剂。市场上各种品牌的洗衣粉几乎都是用它做主要成分配制的，其产量占表面活性剂总产量的近三分之一。

20 世纪 60 年代以前，用于洗涤剂的烷基苯磺酸钠来自四聚丙烯苯，为支链的烷基苯磺酸钠，称为硬性烷基苯磺酸钠（ABS），它的生物降解性较差。当前世界普遍采用的是直链 $C_{11} \sim C_{13}$ 烷基苯磺酸钠（LAS），称为软性烷基苯磺酸钠，其生物降解性显著好于支链产品。

据权威机构预测，世界烷基苯磺酸钠总产量将由 2005 年的 400 万吨增至 2010 年的 500 万吨。

② α-烯基磺酸盐（AOS）　α-烯基磺酸盐为 α-烯烃经三氧化硫磺化后制得的产品，为烯基磺酸盐、羟基磺酸盐、多磺酸盐等组成的混合物。AOS 是近 20 年来广为开发的阴离子表面活性剂。它的原料供应充足，成本低，受到洗涤行业的普遍重视，是最有希望的烷基苯磺酸钠替代表面活性剂之一。

AOS 是一种高泡、水解稳定性好的阴离子表面活性剂，具有优良的抗硬水能力，尤其在有肥皂存在时具有很好的起泡力和优良的去污力。毒性和刺激性低，性质温和，生物降解性好。α-烯基磺酸盐与非离子和其他阴离子表面活性剂都具有良好的复配性能。

AOS 适用于配制个人保护卫生用品，如各种有盐或无盐的香波、抗硬水的块皂、牙膏、浴液、泡沫浴等，餐具洗涤剂，各种衣用洗涤剂，羊毛、羽毛清洗剂，洗衣用的合成皂，液体皂等家用洗涤剂，还可用来配制家用或工业用的硬表面活性剂等。AOS 主要用作乳液聚合乳化剂、配制增加石油采收率的油田化学品、混凝土密度改进剂、发泡墙板、消防用泡沫剂等，还可用作农药乳化剂、润湿剂等。

(2) 非离子表面活性剂[28]　非离子表面活性剂主要包括脂肪醇聚氧乙烯醚、烷基酚聚氧乙烯醚等。

① 脂肪醇聚氧乙烯醚（AEO） 脂肪醇聚氧乙烯醚是非离子表面活性剂系列产品中最典型的代表。它是以高碳醇与环氧乙烷进行聚氧乙烯化反应制得的产品，它与 LAS 一样，是当今合成洗涤剂的最主要活性物之一。在美国、日本及欧洲等发达地区，AEO 的年消费量都在 20 万吨以上。

② 烷基酚聚氧乙烯醚（APE） 烷基酚聚氧乙烯醚也是洗涤剂中常用的非离子表面活性剂。它是由烷基酚与环氧乙烷加成聚合而成的。常用的烷基酚有辛基酚、壬基酚等。环氧乙烷的加成数为 9～10mol 的产品是洗涤剂中最常用的。主要是用于各类液状、粉状洗涤剂配方，但由于生物降解的原因。有些国家和地区已开始限制 APE 的用量，我国洗衣粉国标中将其列为禁用表面活性剂。

(3) 两性离子表面活性剂[30] 两性表面活性剂主要包括烷基二甲基甜菜碱、十二烷基二甲基甜菜碱等。

① 烷基二甲基甜菜碱 为浅黄色液体，溶于水。与烷基硫酸钠和烷基醚硫酸钠共同使用可产生丰富、稳定的奶油状泡沫，是有效的泡沫促进剂和稳定剂。对酸碱稳定性好，对皮肤温和，对眼睛刺激性小。用于制备温和香波和洗浴剂，也可用作工业上的乳化剂、分散剂、润湿剂和杀菌剂。

② 十二烷基二甲基甜菜碱 别名 BS-12，为无色至微黄色黏稠液体，易溶于水，活性物含量一般为 30%（质量分数）左右，无机盐含量约 7%（质量分数），pH 为 6～8。有优良的去污能力、柔软、易生物降解，毒性低，有良好的抗硬水性和对金属的缓蚀性。不耐 120℃以上长时间的高温，100℃ 以下稳定，耐酸、碱、耐硬水。

BS-12 与阴离子表面活性剂复配可产生丰富、细腻的泡沫，同时降低阴离子活性剂对皮肤的刺激，对头发产生柔软易梳理功效，并同时有调高黏度的作用。这些作用使 BS-12 广泛用于洗发香波及其他个人卫生用品。利用 BS-12 优异钙皂分散力，可与非离子、阴离子活性剂复配抗硬水的洗涤剂。

4.5.4　洗涤剂的复配规律[30]

复配的目的是提高产品的综合性能，它涉及产品各个方面，复配不仅指配方比例组合，而且还要包括其制备工艺。当制备工艺不同时，即使是同样的组分间配比，得到的产品在性能上往往有所不同。

洗涤剂主要由表面活性剂和各种洗涤助剂复配而成。通过复配能提高表面活性剂的活性，同时再加入一些附加的助剂，互相协调，达到洗涤去污的目的。

4.5.4.1　表面活性剂之间的复配

所谓表面活性剂的复配是将阴离子型、阳离子型、两性离子型及非离子型这四类表面活性剂至少有两类按一定份额配比混合，一起发挥协调作用，以提高吸附能力、降低表面张力及促进胶团化，提高表面活性。由于使用性能及市场价格等因素的影响，最为普遍的复配是利用阴离子型与非离子型表面活性剂的协同作用。

① 同系表面活性剂之间的复配 一般表面活性剂都是同系物的混合物。同系表面活性剂混合物的物化性质介于各种表面活性剂之间。这是因为表面活性剂同系物的混合体系中，由于同系物分子结构十分相近，有相同亲水基，憎水基结构亦相同，仅有链长的差别，故溶液较为理想。其表面张力及临界胶束浓度（CMC）均介于两个单一的表面活性剂之间，并与其混合的比例有关，存在一定的规律。在混合体系中，其中表面活性较高、CMC 值较低的组合在混合胶团中的比例大，也就说明此种表面活性剂易在溶液中形成胶团。反之，表面活性较低、CMC 值较大的表面活性剂则不容易形成

胶团。

② 离子表面活性剂和非离子表面活性剂复配　当非离子表面活性剂加入离子表面活性剂中时，可使其 CMC 下降。这是由于非离子表面活性剂与离子表面活性剂能在溶液中形成混合胶团。

表 4-29 给出了单元阴离子表面活性剂和单元非离子表面活性剂复配物去污洗涤性能。可以看出，复配前，非离子表面活性剂的去污力均高于阴离子表面活性剂。复配后，复配物的去污力随着非离子表面活性剂含量的增大而增强。

表 4-29　单元阴离子型和非离子型表面活性剂复配物的各项指标

复配物的组成（质量分数）/%		去污力/%	白　　度	pH	漂 清 次 数
阴 离 子 型	非 离 子 型				
100	0	42.04	81.0	10.25	6
75	25	45.14	86.1	10.13	4
65	35	47.38	87.7	10.12	4
50	50	50.43	90.1	10.11	4
0	100	52.31	107.0	10.10	4

③ 阴、阳离子表面活性剂的复配　阳离子表面活性剂与阴离子表面活性剂相互混合时，会互相作用形成不溶性沉淀，失去应有的作用。但在适当条件下正、负离子表面活性剂混合不会产生沉淀而失去效果，可得到比单一表面活性剂活性更高的混合物，是值得注意和研究的。

4.5.4.2　表面活性剂和洗涤助剂的复配

洗涤助剂分为无机助剂和有机助剂，无机助剂又分为无机电解质和非电解质类，而有机助剂又分为低分子有机物和高分子有机物。洗涤助剂与表面活性剂复配时，一些助剂直接同表面活性剂发生作用，影响表面活性剂的性质，而另一些助剂虽不能直接提高表面活性剂的活性，但它们却有完善洗涤剂的功能，有些甚至提供附加的洗涤力，如洗涤液 pH 的调节、硬水的软化、增白等。这些助剂与表面活性剂必须具有良好的配伍性，不能降低表面活性剂的活性。

① 电解质和表面活性剂的复配作用　总的来说，存在于表面活性剂溶液中的电解质，会使溶液的表面活性提高。对于离子型表面活性剂，加入与其相同离子的无机盐时，溶液表面活性提高，CMC 下降，而且离子的价数越高，降低溶液 CMC 的作用越显著，表面张力降低越大。

多种电解质存在时对表面活性剂的作用较复杂，对表面活性剂的洗涤力有一定的影响。表 4-30 为多种助剂对烷基苯磺酸钠洗涤力的影响。

从表 4-30 可以看出，多种助剂复配有一定的协同作用，比使用单一的助剂效果好。

② 极性有机物和表面活性剂的复配作用　少量极性有机物的加入，常使表面活性剂溶液的 CMC 发生显著的变化。脂肪醇无论对阳离子表面活性剂还是对阴离子表面活性剂的溶液，均能显著降低其临界胶束浓度和表面张力，提高起泡性、乳化性等表面活性，并且这种作用随脂肪醇的浓度增加和醇的烃链的加长而变得越发显著，且使溶液的黏度加大，可用作增稠剂。

表 4-30　复配无机助剂对 LAS 洗涤力的影响（质量分数）

LAS/%	Na₂SO₄/%	Na₂CO₃/%	Na₂SiO₃/%	Na₄P₂O₇/%	洗涤力增加率/%
40	60	—	—	—	16.5
40	20	40	—	—	18.0
40	20	—	40	—	34.0
40	20	—	20	20	41.0
40	20	—	—	40	42.0

③ 高分子化合物与表面活性剂的复配作用　在合成洗涤剂中常常加入一些水溶性的高分子化合物，如羧甲基纤维素钠、聚乙烯吡咯烷酮、羧甲基淀粉等，来作为增稠剂、抗污垢再沉积剂等，以改善洗涤效果。

4.5.5　常用洗涤剂的生产

4.5.5.1　衣服用洗涤剂

(1) 衣服用粉状洗涤剂配方[28]　洗涤用品已成为每家每户的生活必需品，人们对洗涤用品的需求随着生活水平的提高也日益多样化。目前洗衣粉在全球占有主导地位，并且向着有利于环保、节水、高效、温和、使用方便和节能方面发展。

① 重垢洗衣粉　重垢洗衣粉是指碱性较强，适用于洗涤污垢较重的衣物，其配方中以阴离子表面活性剂为主，由表面活性剂、助剂、有机螯合剂、消泡剂和香精等组成。该类洗衣粉 pH 一般大于 7，为高碱性配方产品。漂白剂的用量很少或不加，也不添加柔软剂。

重垢洗衣粉应具有使用方便、去污力强、耐硬水、不损伤衣物和皮肤等性能。通常可用手洗和机洗。

其参考配方见表 4-31、表 4-32。

表 4-31　重垢洗衣粉配方 1

序　号	组　　分	质量分数/%	序　号	组　　分	质量分数/%
1	十二烷基苯磺酸钠	10.0	6	蒙脱土凝胶	28.0
2	硅酸钠	10.0	7	荧光增白剂	0.02
3	去离子水	7.98	8	碳酸钠	8.0
4	三聚磷酸钠	15.0	9	羧甲基纤维素	1.0
5	硫酸钠	20.0			

表 4-32　重垢洗衣粉配方 2

序　号	组　　分	质量分数/%	序　号	组　　分	质量分数/%
1	直链烷基苯磺酸钠	12.5	5	甘油聚氧乙烯醚	1.5
2	凝固牛油脂肪酸皂	0.5	6	硫酸钠	13
3	硅铝酸钠	18	7	硅酸钠	15
4	碳酸钠	17	8	水	22.5

制备工艺：

a. 蒙脱土凝胶制备　取钠基膨润土 50g，加水 500mL，充分溶解后除去杂质，升温至 70℃，加入 36%盐酸 10mL 进行酸化处理。搅拌酸化 0.5h，放置 12h。酸化后的蒙脱土离心沉降，去除上层清液，用水清洗，离心沉降，反复上述过程，直至离心沉降（1000r/min）后得到一层半透明凝胶，测得土凝胶固含量为 16%，经透射电子显微镜分析，粒径均在 80nm 以下。

b. 洗衣粉制备　取去离子水，加热至 70℃，投入十二烷基苯磺酸钠、碳酸钠、纳米蒙脱土凝胶，3000r/min 搅拌 30min，再加入三聚磷酸钠、硅酸钠、羧甲基纤维素、荧光增白剂、硫酸钠搅拌均匀。在 70℃下通风干燥得本配方产品。

制备工艺：按上述配方量配成料浆，喷雾干燥，得到平均粒径 380μm、堆密度 0.33g/mL 的通用洗衣粉。

② 轻垢洗衣粉　轻垢洗衣粉用于洗涤细软织物，如羊毛、锦纶、丝绸等织物。轻垢洗衣剂主要成分为表面活性剂和助剂。其参考配方见表 4-33。

表 4-33　低泡洗衣粉配方

序 号	组　　分	质量分数/%	序 号	组　　分	质量分数/%
1	三聚磷酸钠	15.0	5	碳酸氢钠	53.7
2	羧甲基纤维素	2.0	6	烷基苯磺酸钠	11.4
3	次氯酸钠	2.0	7	硅酸钠	8.0
4	脂肪酸	7.9			

制备工艺：将三聚磷酸钠、碳酸氢钠、羧甲基纤维素混合，再加入烷基苯磺酸钠、硅酸钠、次氯酸钠，当反应完全后加入脂肪酸。混合几分钟后排出老化，第二天再将混合粉装入混合器中，并按下列比例加入过硼酸钠和荧光增白剂：上述混合粉 99.0%，过硼酸钠 10.0%，　荧光增白剂适量。

③ 浓缩洗衣粉　所谓浓缩洗衣粉是指密度较大（堆密度 ≥0.6g/cm³）的一类洗衣粉。浓缩洗衣粉与普通洗衣粉的不同点表现在以下三方面：a. 配方上，浓缩洗衣粉的活性物多为复配型，且提高了非离子表面活性剂的含量，对助剂要求较严格；b. 制造工艺采用附聚成型工艺制得，为实心颗粒，密度大，体积小，普通洗衣粉则是以高塔喷雾制得；c. 有效成分含量高，去污力强，用量少、省时、效率高，使用量是一般洗衣粉的 1/4～1/3，属于节能型产品，生产过程比高塔喷粉节省燃料、蒸汽、电和劳动力。

参考配方见表 4-34。制备工艺：将 80% 的 A 和 20% 的 B 混合即可制得。

表 4-34　浓缩洗衣粉参考配方

(1) A 组配方

序 号	组　　分	质量分数/%	序 号	组　　分	质量分数/%
1	十二烷基苯磺酸钾	28.0	5	C_{14}～C_{16} α-烯基磺酸钾	9.0
2	C_{16}～C_{18}脂肪酸钠皂	2.0	6	碳酸钾	4.0
3	碳酸钠	7.6	7	沸石	20.0
4	聚氧乙烯三癸基醚	4.0	8	其他添加剂	25.4

(2) B 组配方

序 号	组　　分	质量分数/%	序号	组　　分	质量分数/%
1	C_{14}～C_{18}饱和脂肪酸甲酯 α-磺酸钠	30.0	4	聚氧乙烯（C_{18}）脂肪酸酯甲醚	12.2
2	α-碳酸钾	10.0	5	碳酸钠	5.0
3	沸石	20.0	6	其他添加剂	22.8

(2) 衣服用液体洗涤剂配方[28]　液体洗涤剂被誉为"节能型产品"，以其生产工艺设备简单、节省资源、操作费用低、易溶解、可低温或常温洗涤等诸多优点越来越受到人们的欢迎。

① 重垢液体洗涤剂　重垢液体洗涤剂是液体洗涤剂中数量最大、发展速度最快、最具开发前景的一类产品。同重垢洗衣粉一样，属于弱碱性液体洗涤剂产品，具有去污力强的特点。

目前，重垢液体洗涤剂有两种：一种是高活性物而不加助剂，活性物含量可达30%～50%的复配型产品；另一种则是活性物含量降低为10%～15%，助剂含量为20%～30%的产品。在重垢液体洗涤剂配方中，表面活性剂一般是水溶性较好的，常用的助剂有柠檬酸钠、焦磷酸钾。另外，为了使体系透明均匀，可加入尿素、低碳烷基苯磺酸钠等增溶剂。参考配方见表4-35。

表 4-35　重垢液体洗涤剂参考配方

(1) A 组：稳定剂体系

序　号	组　　分	质量分数/%	序　号	组　　分	质量分数/%
1	水	55.5	3	Gantrez® AN-149	0.95
2	NEODOL® 1-5	0.05	4	氢氧化钾(45%)	4.0

(2) B 组：洗涤剂体系

序　号	组　　分	质量分数/%	序　号	组　　分	质量分数/%
1	染料和荧光增白剂	适量	4	羧甲基纤维素	0.5
2	硅酸钠	4.0	5	NEODOL® 1-5	10.0
3	焦磷酸钾	25.0			

制备工艺：a. 将水温最少加热至 60℃，伴以适当的搅拌。b. 加 NEODOL® 1-5，然后缓缓加入 Gantrez® AN-149 粉，同时将混合物温度升高至 88℃，持续适度搅拌直至混合物变成透明溶液。此时，稳定剂反应完成。c. 当溶剂透明后，搅拌下加入氢氧化钾。在以下的程序中，搅拌器的速度提高至最大，如 198r/min 于 1.5L 容器中。d. 加入染料和荧光增白剂。e. 按顺序加入羧甲基纤维素、硅酸钠和 NEODOL® 1-5，在每一组分添加前应保证前一组分已完全溶解。f. 加入焦磷酸钾，最后的混合物搅拌至均匀。最终产品可瓶装，并冷却。

除 Gantrez® AN-149 外，所有其他的组分都可以水溶液的形式添加，但要适当调节总的含水量。在整个操作过程中应尽量减少水分的蒸发。

② 轻垢液体洗涤剂　轻垢液体洗涤剂是用于洗涤丝绸等柔软、轻薄织物和其他高档面料服装的液体洗涤剂，因此此类洗涤剂不要求有很高的去污力，而更重视对织物不损伤、性能温和，低碱性或中性。产品功能是专用化、功能化。这类洗涤剂呈弱碱性或中性。其参考配方见表4-36。

表 4-36　轻垢液体洗涤剂配方

序　号	组　　分	质量分数/%	序　号	组　　分	质量分数/%
1	十二烷基苯磺酸钠	16	7	羧甲基纤维素	2
2	脂肪醇聚氧乙烯(9)醚	8	8	氢氧化钾(20%)	1.6
3	荧光增白剂(FWA)	0.3	9	菜子油脂肪酸二乙醇胺	1.5
4	分散剂(BMS)(10%)	10	10	硅酸钠(36%)	5
5	硅油消泡剂	0.1	11	三聚磷酸钠	12
6	香料	0.5			

4.5.5.2　居室用洗涤剂[28]

(1) 厨房用洗涤剂　厨房洗涤剂包括洗涤餐具、水果、蔬菜等用途的洗涤剂类型，其大多数是液体产品。

厨房用洗涤剂按剂型、功能、使用方法、洗涤对象可作如下分类，见表4-37。

表4-37 厨房用洗涤剂分类

分 类 标 准	类 型
按剂型分类	主要是液体透明产品，还有少量粉状、块状、膏状产品
按功能分类	单纯洗涤型（洗涤灵、洗洁精），洗涤消毒型（洗消剂）
按使用方法分类	手洗洗涤剂，机洗洗涤剂
按洗涤对象分类	餐具（碗、叉、筷、刀）洗涤，蔬菜水果等洗涤，厨房器皿、厨房设备洗涤等

① 手洗餐具洗涤剂　手洗餐具洗涤剂大多属于轻垢型液体洗涤剂，可洗涤餐具，也可用于衣物的洗涤。但与衣物液体洗涤剂不同的是，餐具洗涤剂中不允许使用荧光增白剂，对甲醇等有毒物质限量很低，选择高泡和去污力强的表面活性剂。

手洗餐具洗涤剂由表面活性剂、增溶剂、螯合剂、无机盐、泡沫形成剂、增稠剂、杀菌防腐剂、香料、着色剂等组成，不含助洗剂，pH在6~8。在此类洗涤剂中，很少使用单一的一种表面活性剂，两种或两种以上表面活性剂复配往往具有比单一表面活性剂更好的洗涤效果。另外，还可以加入釉面保护剂如乙酸铝、磷酸铝、硼酸酐及其混合物，添加量为3%~15%。还可加入消除斑点和条纹的蔗糖和酶制剂。其参考配方见表4-38。

表4-38 手洗餐具洗涤剂配方

序 号	组 分	质量分数/%	序 号	组 分	质量分数/%
1	蔗糖油酸酯	18	6	乙醇	12
2	葡萄糖酸	5	7	色素	适量
3	柠檬酸钠	12	8	香精	适量
4	丙二醇	1.5	9	水	51.3
5	羧甲基纤维素	0.2			

配制工艺：将水及羧甲基纤维素加入溶解罐中，升温至45~50℃，在不断搅拌下使羧甲基纤维素全部溶解。然后加入蔗糖油酸酯使其全溶。降至室温后继续加入葡萄糖酸、柠檬酸钠、丙二醇及乙醇，搅拌均匀。最后加入色素及香精搅匀，即制得本品。使用时将本品用水以（1:5000）~（1:10000）比例稀释，可用于洗涤餐具、蔬菜、水果等。

② 机洗餐具洗涤剂　随着自动洗碗机的逐步普及，机洗餐具洗涤剂的需求量逐渐增多。机洗餐具洗涤剂包括机洗餐具洗涤剂和冲洗助剂两类物质。机洗餐具洗涤剂是靠水喷射，要求无泡或低泡，因此选择低泡非离子表面活性剂，如环氧丙烷-环氧乙烷嵌段共聚物等。

冲洗助剂是在最后冲洗阶段降低洗过的物件与水之间的界面张力，形成均匀疏水膜，防止溶解在水中的无机盐形成污点、污渍、条痕。通常冲洗助剂由非离子表面活性剂（10%~60%）、络合水硬度的有机酸、增溶剂和香料组成。机洗餐具洗涤剂参考配方见表4-39。

表4-39 机洗餐具洗涤剂配方

序 号	组 分	质量分数/%	序 号	组 分	质量分数/%
1	硅酸钠	20	6	过硼酸钠	4
2	三聚磷酸钠	30	7	聚丙烯酸钠	5
3	乙二胺四乙酸	2	8	氯化磷酸三钠	0.1
4	淀粉酶	0.5	9	香精	0.1
5	碳酸钠	10	10	去离子水	28.3

配制工艺：容器中加入去离子水及聚丙烯酸钠，慢慢搅拌至聚丙烯酸钠溶解成均匀而透明的溶液。然后加入其他成分（过硼酸钠、三聚磷酸钠可用适量热水先溶解），即制得产品。

说明：使用时根据餐具污垢程度，将原液用5～20倍水稀释后加入餐洗机中进行洗涤。

（2）卫生间用洗涤剂　卫生间用洗涤剂包括瓷砖洗涤剂、浴盆洗涤剂、抽水马桶洗涤剂、厕所用固体除臭剂及芳香剂等，起到使卫生间保持清洁、消毒和除臭等作用。剂型有液状、固体状、块状和气雾灌装等。

① 卫生间瓷砖洗涤剂　其中弱碱性全能洗涤剂用于正常或经常产生的污垢的清洗，而对于难去除的水沉积物则需要选用酸性洗涤剂，尤其清洗地砖要选择含有磷酸的表面活性剂溶液，当清洗新建筑设施时须选择强酸洗涤剂来去除水泥等残留物。气溶胶瓷砖洗涤剂是液体成分与推进剂按一定比例装入气雾罐包装。卫生间瓷砖洗涤剂实例配方见表4-40。

表 4-40　卫生间瓷砖洗涤剂配方

序　号	组　　分	质量分数/%	序　号	组　　分	质量分数/%
1	钙镁粉（80目）	81	5	月桂醇聚氧乙烯醚	2.4
2	轻质碳酸钙	6.5	6	杀菌剂	0.4
3	碳酸钠	6.5	7	群青	1.2
4	乙二酸	2	8	香精	适量

配制工艺：先将钙镁粉粉碎过筛，然后与群青混合于搅拌器中搅拌15min，用刮板测试无条痕迹后将其余各种原料加到搅拌器中，继续搅拌20～30min即可。

② 浴缸、浴盆清洗剂　应配制成中性或弱碱性使用，为了去除肥皂、钙皂和皮脂沉积物，洗涤剂应含有表面活性剂、络合剂、溶剂（乙醇、异丙醇、乙二醇醚）、香料和抗菌添加剂等。实例配方见表4-41。

表 4-41　浴缸、浴盆清洗剂配方

序号	组　　分	质量分数/%	序号	组　　分	质量分数/%
1	异丙醇	30	7	十二烷基硫酸钠	1
2	C_{14}～C_{20}脂肪醇	1	8	硫酸制还原剂	4
3	聚乙二醇	18	9	聚甲基硅氧烷或聚二甲基硅氧烷	1
4	草酸铵和（或）柠檬酸、酒石酸	0.8	10	C_{10}～C_{16}烷基磷酸酯钾盐（32%～34%）	10
5	氢氧化铵	10	11	乙二胺四乙酸	0.8
6	香精	0.5	12	水	22.9

本品适用于清洗固体表面（如浴盆和卫生设备）。本清洁剂具有良好的自净作用，洗后表面光洁，还有防尘、抗静电作用，不损伤被清洁物表面，对皮肤温和、无刺激，对人体无毒害。

③ 抽水马桶清洗剂　抽水马桶清洗剂共分为以下四种类型：

a. 酸性马桶洗涤剂　其主要成分为盐酸、磷酸、甲酸、柠檬酸等和耐酸性的表面活性剂。产品去污强，对清除尿碱及异味有特效，使用方便、性能稳定，流动性好。

b. 抽水马桶发泡洗涤剂　将碳酸氢钠、己二酸、二氯异氰尿酸钠制成片剂，投放到马桶中发泡，具有去污、杀菌、消毒、除臭等作用。

c. 块状、粉状抽水马桶洗涤除臭剂　由聚合物、表面活性剂、染料、杀菌剂、除臭剂、香料组成。粉末状洗涤剂含有硫酸氢钠、碳酸钠和碳酸氢钠，还含有少量的氯化钠和表面活性剂。

d. 两层包囊型抽水马桶洗涤剂　用聚氧乙烯醇薄膜将碳酸氢钠、柠檬酸、香料等制成碱性内包囊，再将柠檬酸、季铵盐杀菌剂制成酸性外包囊，得到两层包囊的洗涤剂。实例配方见表4-42。

配制工艺：向耐酸容器中，按配比计量加入水，在搅拌下慢慢加入脂肪醇聚氧乙烯醚硫酸盐，充分搅拌使其全部溶解。在搅拌下，按配比计量依次向脂肪醇聚氧乙烯醚硫酸盐溶液中加入磷酸、盐酸、椰子油酰二乙醇胺和玫瑰香精，充分搅拌均匀。装入耐酸容器中密封、即得成品。

表 4-42　抽水马桶清洗剂配方

序号	组　分	质量分数/%	序号	组　分	质量分数/%
1	脂肪醇聚氧乙烯醚硫酸盐（70%）	2	4	椰子油酰二乙醇胺	0.6
2	磷酸（85%）	2	5	盐酸（31%）	6
3	玫瑰香精	适量	6	水	89.4

4.5.5.3　皂类洗涤剂

（1）肥皂概述　肥皂是指至少含有 8 个碳原子的脂肪酸或混合脂肪酸的碱性盐类的总称。肥皂是个广义的概念，包括碱性皂和金属皂，在用途上包括家用和工业用两类。家用指香皂、洗衣皂和特种皂，工业皂主要是指纤维用皂。肥皂的原料有油、合成脂肪酸、碱及各种辅助原料、填料等。

① 油脂　油脂是油和脂的总称，由一分子的甘油和三分子的脂肪酸酯化而成，称为三脂肪酸甘油酯，简称"三甘酯"。常温常压下呈固态或半固态的称为脂，呈液态的称为油。根据油脂的性能及作用的不同，可以分为：a. 固体油脂，作用主要是保证肥皂有足够的去垢力，硬度及耐用性，主要有硬化油、牛羊油、骨油等；b. 软性油，软性油的作用是调节肥皂的硬度和增加的可塑性，主要有棉子油、花生油、菜油、猪油；c. 月桂酸含量高的油脂，有椰子油、棕榈油等，主要是为了增加脂皂的泡沫和溶解度；d. 油脂的代用品，人工合成的或其他可以取油脂的物质。

② 合成脂肪酸　以石蜡为原料经氧化制得的高级脂肪酸。

③ 碱类　制皂用碱主要是氢氧化钠，其次是碳酸钠、碳酸钾、氢氧化钾。其作用是与油脂进行皂化反应而生成肥皂。

④ 辅助原料与填料　辅助原料与填料不能截然分开，它们绝大部分都是既有辅助作用，又有填充作用。主要包括：

a. 松香　是松树的分泌物去除松节油之后的产品。松香在空气中易吸收氧，能使肥皂的颜色逐渐变暗，因此肥皂中不宜多用，一般用量为 2%～4%。松香在肥皂中可防止酸败、增加泡沫、减少白霜和降低成本。

b. 硅酸钠　硅酸钠可增加肥皂的硬度和耐磨性，并有软化硬水、稳定泡沫、防止酸败、缓冲溶液的碱性等作用。洗衣皂中含量在 2% 以上，香皂中含量在 1% 左右。

c. 荧光增白剂　是具有荧光性的无色或微黄色染料，吸收紫外线后，反射成蓝、青色可见光，这不仅抵消了织物上的微黄色，而且还增加了织物的明亮度，常用于增白洗衣皂。在肥皂中含量在 0.03%～0.2% 之间。

d. 杀菌剂　多用于浴皂和药皂，常用的杀菌剂有硼酸、硫黄、甲酚、三溴水杨酰苯胺等。杀菌剂用量在 0.5%～1% 之间。

e. 多脂剂　多脂剂常用于香皂，它能中和香皂的碱性，从而减少对皮肤的刺激，也能防止香皂的脱脂作用，用这种香皂有滑润舒适的感觉。这类物质可以是单一的脂肪酸，如硬脂酸和椰子油酸等，也可以由蜡、羊毛脂、脂肪醇配制成多脂混合物。多脂剂的用量为 1%～5%。

f. 羧甲基纤维素　无洗涤能力，但易附于织物和污垢的表面，能防止皂液中的污垢重新沉积在被洗物上。

g. 着色剂　作用是装饰肥皂的色泽。洗衣皂中一般加一些皂黄。香皂中所用的色调较多，有檀木、湖绿、淡黄、妃色、洁白等。肥皂中着色剂要求耐碱、耐光、不刺激皮肤、不沾染衣物等。

h. 香料　香皂中必须加入的主要助剂。对于洗衣皂有时也加入香料以消除不良气味。

(2) 肥皂的制造　肥皂的制造分两个阶段，第一阶段是制造皂基，第二阶段是调料并加工成型。

① 皂基制造　制皂方法有沸煮法、中和法、甲酯法、冷制法等。其中最普遍应用的有：

a. 间歇沸煮法　也称盐析法，该法利用油脂和碱进行皂化反应，然后经过盐析、碱析、整理等过程，最后制得纯净的皂基。

b. 连续制皂法　该法是建立在油脂连续皂化基础上，采用管式反应，即两管道分别输送碱液和脂肪酸，在汇和处进行瞬时中和反应，后离心分离，真空出料。

② 加工成型　生产肥皂的方法有冷桶法、冷板车法和真空干燥法。真空干燥法是世界上最先进的生产方法，包括以下工序：

配料→真空冷却→切块→晾干→打印→装箱

和传统的冷板工艺相比，真空出条工艺是肥皂工业比较先进的工艺路线，改变了笨重的体力劳动生产方式，基本上实现了机械化、自动化、连续化的流水作业，肥皂的内在质量和外观质量也大大提高，是今后肥皂工业发展的方向。

③ 香皂的生产　目前世界上最先进的香皂生产工艺与设备是由意大利麦佐尼、荷兰联合利华、日本佐藤等公司提供。研压法生产香皂工艺如下：

皂基→干燥→拌料（加入添加剂）→均化→真空压条→切块→打印→包装→成品

(3) 肥皂的品种　肥皂的种类很多，主要包括洗衣皂、香皂、透明皂、药皂、美容皂、减肥皂、复合皂等。

① 洗衣皂　洗衣皂的主要成分是高级脂肪酸钠。根据国家轻工业局 QB/T 2486—2000 的行业标准，洗衣皂归纳为Ⅰ型和Ⅱ型两种，Ⅰ型干皂脂肪酸含量≥54%，Ⅱ型干皂脂肪酸含量≥43%；对洗衣皂的质量，在感官指标方面，要求洗衣皂图案字迹清楚，形状端正，色泽均匀，无不良气味。物理、化学指标方面的规定见表 4-43。

表 4-43　洗衣皂的物理化学指标

项　目		指　标	
		Ⅰ型	Ⅱ型
干皂质量分数 W/%	≥	54	43
氯化物质量分数（以 NaCl 计）W/%	≤	0.7	1.0
游离苛性碱质量分数（以 NaOH 计）W/%	≤	0.3	0.3
乙醇不溶物 W/%	≤	15	/
发泡力（5min）/mL	≥	400	300

② 香皂　香皂产品分皂基型和复合型。皂基型（以Ⅰ表示）是指仅含脂肪酸钠、助剂的香皂；复合型（以Ⅱ表示）是指含脂肪酸钠和（或）其他表面活性剂、功能性添加剂、助剂的香皂。

③ 透明皂　通常采用纯净的浅色原料以保证成品皂的透明外观。采用牛羊油、漂白的棕榈油、椰子油做油脂原料，以多元醇，如糖类、香茅醇、聚乙醇、丙醇、甘油或蔗糖做透明剂。透明皂具有耐用、碱性小、溶解度大、泡沫丰富等特点。

④ 药皂　药皂是在香皂中加入中西药物而制成的块状硬皂。由于加入药物种类和量的多少不同，药皂对不同的皮肤病有不同的疗效。近几年国内也出现了不少新的药物香皂，如硫黄香皂、去痱特效药皂、中草药香皂、驱蚊香皂等。

⑤ 美容皂　美容皂也称为营养皂。一般为块状硬皂。皂体细腻光滑，皂型别致。除普通香皂成分外，还加有蜂蜜、人参、珍珠、花粉、磷脂、牛奶等营养物质和护肤剂。配有高

级化妆香精，有幽雅清新的香味和稠密稳定的泡沫。

⑥ 减肥皂　减肥皂属于功能性肥皂。这些皂是将有减肥功效的成分加入到皂基中而制成，如海藻减肥皂。

⑦ 复合皂　为了克服肥皂本身的弱点，开发了配有表面活性剂或钙皂分散剂的皂类洗涤剂，这就是复合皂。

4.5.5.4　卫生洗涤剂

(1) 浴用洗涤剂配方实例[30]　沐浴液是体用香波的一种通俗叫法，主要是用来清洗全身皮肤，或淋浴，或浸浴。它具有柔和性、可漂洗性及发泡性，同时，还有良好的肤感和香气。沐浴液配方主要是考虑高起泡性、一定的清洁力和对皮肤的低刺激。与洗发香波比，其刺激性要求较低，不考虑柔顺性，但清洁力要求较高。为提高浴用香波的功效，使其具有一定的治疗、柔润和营养、抗衰老作用，往往加入一些特殊添加剂，如调理剂、天然植物萃取物和杀菌剂等。常用的提取植物有芦荟、柠檬、桉树、人参、田七、沙棘、核桃等。

泡沫浴是国外浴用制品市场上销售量最大的产品，特别是在欧洲，泡沫浴液是最流行的。泡沫浴液其主要功能是清洁身体的皮肤、并随着添加剂不同，附带有一些其他有益功能。经泡沫浴浸泡后，使身体上的污垢，油脂分散悬浮于浴水之中，并且，不会形成使用浴皂时产生的浮在浴缸边缘的污垢环。此外，泡沫浴液的泡沫优于传统的浴皂和其他浴洗剂，它兼有调理皮肤、祛污、赋香等功能，使整个浴室充满芳香，浴者感到放松和舒畅。实例配方见表 4-44、表 4-45。

表 4-44　典型透明型泡沫浴液配方

序号	组　分	质量分数/%	序号	组　分	质量分数/%
1	月桂醇聚氧乙烯醚硫酸酯钠盐30%（质量）	50	5	氯化钠	1.50
			6	柠檬酸	0.50
2	椰子油基二乙醇酰胺	4.00	7	香精	3.50
3	PEG-7 甘油椰子油脂肪酸酯	3.00	8	防腐剂、着色剂	适量
4	甲基硅油/聚醚	1.00	9	去离子水	加至 100

表 4-45　珠光泡沫浴液配方

序号	组　分	质量分数/%	序号	组　分	质量分数/%
1	月桂醇硫酸酯铵盐	35.00	7	乙二醇椰子油脂肪酸	0.70
2	月桂醇聚氧乙烯醚磺基琥珀酸酯二钠	8.00	8	EDTA-4Na	0.30
3	椰子油基酰氨基丙基羟基磺化甜菜碱	5.00	9	香精	3.00
4	月桂基酰基二乙醇酰胺	3.00	10	防腐剂、着色剂	适量
5	己二醇	2.00	11	去离子水	加至 100
6	PEG-7 甘油椰子油脂肪酸酯	4.00			

(2) 皮肤清洁剂[31]　皮肤清洁剂主要指沐浴液、洗手剂、洗脸剂等多种清洁和滋润皮肤的洗涤用品，这类产品兼有洗涤和化妆双重功能。实例配方见表 4-46～表 4-48。

表 4-46　洗手皂配方

序号	组　分	质量分数/%	序号	组　分	质量分数/%
1	Calfoam SLS-30（月桂基硫酸钠）	25.0	5	Calamide C（椰油酰二乙醇胺）	3.0
2	CaltaineC-30（椰油酰氨基丙基甜菜碱）	5.0	6	水	61.5
3	甘油	1.5	7	香精、染料等	适量
4	CalBlend PSB-38（冷配珠光浆）	4.0			

表 4-46 所示配方配制工艺：轻微搅拌下按顺序加活性组分与水中，用柠檬酸调节 pH（一般 6.5～7.0），用氯化钠调节黏度，体系黏度最好在 10000mPa·s 左右。

表 4-47　洗手液配方
(1) A 组配方

序号	组　分	质量分数/%	序号	组　分	质量分数/%
1	硬脂酸	3	4	十六醇	1
2	肉豆蔻酸丙酸酯(Lonz-est 143-S)	2	5	双硬脂酸六甘油酯	0.8
3	单硬脂酸甘油酯	1.5			

(2) B 组配方

序　号	组　分	质量分数/%	序　号	组　分	质量分数/%
1	山梨醇	5	3	去离子水	85.6
2	三乙醇胺	0.8			

(3) C 组配方

序　号	组　分	质量分数/%	序　号	组　分	质量分数/%
1	香精	0.3	2	防腐剂	适量

表 4-47 所示配方配制工艺：A 和 B 分别均质搅拌加热至 70℃，乳化均匀，冷至 45℃ 加入防腐剂，继续搅拌冷却至 30℃，加入 C。

表 4-48　洁面乳配方

序　号	组　分	质量分数/%	序　号	组　分	质量分数/%
1	聚硅氧烷高弹体粉	5	5	失水山梨醇倍半异硬脂酸酯	2
2	固蜡	10	6	吐温-80	4
3	蜂蜡	3	7	液蜡	41
4	凡士林	15	8	水	20

表 4-48 所示配方配制工艺：蜡油相加热混合，加入吐温-80，然后与水热混合乳化，制得洗面乳液。

(3) 口腔护理用品　口腔护理用品包括牙膏、含漱剂、口腔卫生剂、洁齿剂、口腔喷雾剂等。实例配方见表 4-49～表 4-51。

表 4-49　除口臭漱口剂配方

序　号	组　分	质量分数/%	序　号	组　分	质量分数/%
1	碳酸氢钠	2	5	香精	0.5
2	苄索氯铵	0.01	6	乙醇	10
3	聚氧乙烯十六醇醚	2	7	甘油	5
4	糖精钠	0.01	8	水	余量

表 4-50　儿童牙膏配方

序　号	组　分	质量分数/%	序　号	组　分	质量分数/%
1	氢氧化铝	45	5	糖精	0.3
2	甘油	15	6	香精	0.5
3	CMC	1.1	7	防龋剂	0.5
4	K12	2.5	8	水	余量

表 4-51　含氟牙膏配方

序　号	组　分	质量分数/%	序　号	组　分	质量分数/%
1	磷酸氢钙	5	4	单氟磷酸钠	0.76
2	偏磷酸钙	42	5	K12	1.5
3	甘油	22	6	水和其他添料	余量

4.5.6　洗涤剂的分析和检测[31]

为保证生产出高品质的洗涤剂产品，应有效地控制原材料、中间产品及成品的质量。本小节主要列出洗涤剂产品的国家或行业标准。

4.5.6.1　肥皂

皂类洗涤剂的国家或行业标准包括洗衣皂（QB/T 2486—2000）、香皂（QB/T 2485—2000）、透明皂（QB/T 1913—2004）、复合洗衣皂（QB/T 2487—2000）、洗衣皂粉（QB/T 2387—1998）、特种香皂（GB 19877.3—2005）等。

以下是一些有关肥皂产品分析检测的国家或行业标准：

QB/T 2623.1—2003(代替 QB/T 3748—1999) 肥皂试验方法　肥皂中游离苛性碱含量的测定。

QB/T 2623.2—2003(代替 QB/T 3749—1999) 肥皂试验方法　肥皂中总游离碱含量的测定。

QB/T 2623.3—2003(代替 QB/T 3750—1999) 肥皂试验方法　肥皂中总碱量和总脂肪物含量的测定。

QB/T 2623.4—2003(代替 QB/T 3751—1999) 肥皂试验方法　肥皂中水分和挥发物含量的测定。

QB/T 2623.5—2003(代替 QB/T 3752—1999) 肥皂试验方法　肥皂中乙醇不溶物含量的测定。

QB/T 2623.6—2003(代替 QB/T 3753—1999) 肥皂试验方法　肥皂中氯化物含量的测定滴定法。

QB/T 2623.7—2003(代替 QB/T 3754—1999) 肥皂试验方法　肥皂中不皂化物和未皂化物的测定。

QB/T 2623.8—2003 肥皂试验方法　肥皂中磷酸盐含量的测定。

GB/T 13173.7—1993　肥皂和洗涤剂 EDTA（螯合剂）含量的测定——滴定法。

GB/T 15816—1995 洗涤剂和肥皂中总二氧化硅含量的测定——重量法。

肥皂的质量检验主要包括包装的检验、外观检验、理化检验、香皂外观质疵情况检验等。

(1) 包装的检验　包装箱外部标志应有：a. 商品名称和商标；b. 干皂含量及每连（块）标准重量；c. 每箱连（块）数、毛重、净重和体积；d. 制造厂名及厂址；e. 生产批号及生产日期。包装检验还要检查箱体是否牢固，是否受挤压变形、破损，以及有无水渍、印迹等。

(2) 外观检验　要求是图案清晰，字迹清楚，形状端正，色泽均匀，无不良异味。肥皂的外观质疵现象主要有：a. "三夹板"，是指肥皂剖面有裂缝并有水析出，或用手轻扭，就会裂成三块的现象，原因是加工不良，"三夹板"现象会影响肥皂的使用；b. 冒霜，是指肥皂表面冒出白霜般颗粒的现象，造成的原因是碱含量或硅酸钠含量过高；c. 软烂，是指肥皂外形松软，稀烂不成型的现象，原因是固体油脂用量少，填料不足；d. 出汗，是指肥皂表面出现水珠或者出现油珠的现象，原因是在制皂过程中用盐量过多，而造成肥皂中氯化钠含量过高引起肥皂吸湿和肥皂酸败所致；e. 开裂和糊烂，是指肥皂在积水的皂盆中浸泡后，出现糊烂，虽经干燥，但表面会出现裂缝的现象。

(3) 理化检验　肥皂的理化检验内容及指标，依据上述洗衣皂的物理化学指标。

(4) 香皂外观质疵情况检验　香皂的质疵情况，除"三夹板"冒霜、软烂、出汗、开裂和糊烂五种外，还有以下四种：a. 白芯，是指香皂表面和剖面上呈现白色颗粒现象，原因是皂片干燥过度或固体加入物细度不够；b. 气泡，由于干燥不当，香皂剖面上常有气泡产生，不仅影响香皂的重量，也影响使用效果；c. 变色，香皂存放一段时间后，出现泛黄或变色现象，引起香皂变色的因素较多且很复杂；d. 斑点，香皂表面出现棕色小圆点的现象，产生的原因是香皂中未皂化物质酸败引起的。

4.5.6.2 合成洗涤剂

以下是一些关于洗涤剂产品分析检测的国家和行业标准：

GB/T 13173.1—91 洗涤剂样品分样法

GB/T 13173.2—2000 洗涤剂中总活性含量的测定

GB/T 13173.3—91 洗涤剂中非离子表面活性剂含量的测定（离子交换法）

GB/T 13173.4—91 洗涤剂中各种磷酸盐的分离测定（离子交换柱色谱法）

GB/T 13173.5—91 洗涤剂甲苯磺酸盐含量的测定

GB/T 13173.6—91 洗涤剂发泡力的测定（Ross-Miles 法）

GB/T 13173.7—93 肥皂和洗涤剂中 EDTA（螯合剂）含量的测定　滴定法

GB/T 13174—2003 衣料用洗涤剂去污力及抗污渍再沉积能力的测定

GB/T 13175—91 粉状洗涤剂表观密度的测定（信息体积称量法）

GB/T 13176.1—91 洗衣粉白度的测定

GB/T 13176.2—91 洗衣粉中水分及挥发物含量的测定（烘箱法）

GB/T 13176.3—91 洗衣粉中活性氧的测定（滴定法）

QB/T 2114—1995 低磷、无磷洗涤剂中硅酸盐含量（以 SiO_2 计）的测定　滴定法

QB/T 2115—1995 洗涤剂中碳酸盐含量的测定

QB 6007—1993 合成洗涤剂工厂设计规范

合成洗涤剂的分析与检验主要包括包装检验、外观检验、稳定性、理化指标等。

(1) 包装检验　合成洗涤剂可采用塑料袋或硬纸盒包装，要求封口牢固整齐，印刷图案、文字清晰美观，不能褪色或脱色。具体要求是：a. 小包装箱，不得松动或鼓盖，必须放平码齐；b. 小包装箱上应有的标志包括产品名称、类别型号、商标图案、厂名厂址、性能及保管说明；c. 大包装上应有产品名称及牌号、净重及内装小包装袋数、厂名厂址、装箱日期、箱体体积以及"防止受潮"、"轻放轻装"等标志。

(2) 外观检验　包括：

① 色泽和气味检验　合成洗衣粉的色泽应为白色，不得混有深黄色或黑粉（若是添加了色料的洗衣粉色泽应均匀一致）。合成洗衣粉的气味要求正常，无异味。

② 颗粒度和表观密度检验　颗粒度是指洗衣粉的颗粒大小和均匀度，QB 510—84 规定了不同类型的洗衣粉的颗粒度指标。表观密度是指单位体积内洗衣粉的重量，以 g/mL 表示，它是反映洗衣颗粒度和含水量的综合指标。空心粉状洗衣粉的表观密度在 0.42～0.75g/mL。

③ 流动性和吸潮结块性检验　流动性较好的洗衣粉，为包装工艺和使用都带来了方便；而吸潮结块性的洗衣粉则相反，并易造成变质失效。

(3) 稳定性　指洗衣粉在贮存过程中，有无因受潮而出现的泛红、变臭现象。

(4) 理化指标　我国洗衣粉国家标准（GB/T 13171—2004）规定的洗衣粉属于弱碱性产品，适于洗涤棉、麻和化纤织物，按品种、性能规格分为含磷（HL）类和无磷（WL）类两类，每类又分为普通型（A 型）和浓缩型（B 型）。各类洗衣粉的物理化学指标见表4-52。理化指标的分析内容包括：

① 表面活性剂含量　它们含量的高低，直接影响合成洗衣粉的洗涤效果。

② 聚磷酸盐含量　三聚磷钠是洗衣粉中最主要的助洗剂，与洗涤效果有很大关系，其

含量以五氧化二磷的百分含量形式表示。

表 4-52　各类型洗衣粉的物理化学指标

项　目	含磷洗衣粉（HL）		无磷洗衣粉（WL）	
	HL—A 型	HL—B 型	WL—A 型	WL—B 型
外观	白色或带色粒，染色粉染色均匀不结团的粉状或粒状			
颗粒度	通过 1.25mm 筛的筛分率不低于 90%			
表观密度/g·cm^{-3}	—	0.60	—	0.60
总活性物含量/%	10			
总活性物、聚磷酸盐(0.7 倍)、4A 沸石含量之和/%	30	40	30	40
总五氧化二磷含量/%	—	—	1.1	1.1
水溶性硅酸盐含量/%	6			
pH(0.1%溶液，25℃)	10.5	11.0	10.5	11.0

③ 表面活性剂生物降解度　指活性物在一定条件下被微生物分解的程度，以活性物在 7～8 天后被微生物（活性污泥）分解的百分率表示。生物降解度小于 80% 的洗衣粉其洗涤废水会污染水源、破坏环境和生态平衡，这是一项重要指标。

④ 加酶粉的酶活力　是指加入的酶是否具有活性和具有多大活性的指标。存放过久的加酶洗衣粉，很容易失去活性。

⑤ 泡沫力　是指滴液管中的溶液流完后，立即记录下的泡沫的高度（以 mm 为单位）。

⑥ 去污力　测定时，先人为制造污布。具体做法是，用炭黑、阿拉伯树胶、蓖麻油、液体石蜡与羊毛脂为主要成分，以磷脂为乳化剂配制出人造污液，将白布浸染于此液中，形成人造污布。再人为配制硬水和按一定配方配制人造的标样洗衣粉。用标样洗衣粉和供试样品洗衣粉分别洗涤上述人造污布。通过布样的白度变化计算标准洗衣粉和供试洗衣粉各自的去污值。供试洗衣粉的去污值应大于标样洗衣粉才为合格，去污值计算公式如下：

$$去污值(R)\% = \frac{洗后白度读数 - 洗前白度读数}{白布白度读数 - 洗前白度读数} \times 100\%$$

参 考 文 献

［1］　周耀华，肖作兵. 食用香精制备技术. 北京：中国纺织出版社，2007：3-4.

［2］　徐宝财. 日用化学品：性能制备配方. 北京：化学工业出版社，2002：1-3.

［3］　蔡云升. 香料香精的历史、现状和发展趋势. 冷饮与速冻食品工业，2001，7（4）：34-36.

［4］　王慎敏，唐冬雁. 日用化学品化学：日用化学品配方设计及生产工艺. 哈尔滨：哈尔滨工业大学出版社，2001：1-6.

［5］　林翔云. 调香术. 2 版. 北京：化学工业出版社，2001.

［6］　孙宝国. 食用调香术. 北京：化学工业出版社，2003.

［7］　Ashurst P R. 食品香精的化学与工艺学. 汤鲁宏译. 3 版. 北京：中国轻工业出版社，2005.

［8］　汪清华，汪清泉，黄致喜，吴瑞琨等. 调香术食品香精调配. 上海：上海应用技术学院，2006.

［9］　周耀华，肖作兵. 食品香精制备技术. 北京：中国纺织出版社，2007：5-6.

［10］　汪清如，张承曾. 日用香精调配. 上海：上海应用技术学院，2006.

［11］　刘程. 表面活性剂应用手册. 北京：化学工业出版社，1992：1-12.

［12］　徐燕莉. 表面活性剂的功能. 北京：化学工业出版社，2000：22-32.

［13］　北原文雄等. 表面活性剂. 孙绍曾等译. 北京：化学工业出版社，1984：1-10.

［14］　赵国玺，朱埗瑶. 表面活性剂作用原理. 北京：中国轻工业出版社，2003：15-149.

［15］　梁治齐，宗惠娟，李金华. 功能性表面活性剂. 北京：中国轻工业出版社，2002：203-400.

［16］　赵维蓉，张胜义等. 表面活性剂化学. 合肥：安徽大学出版社，1997：56-108.

［17］　张连水. 日常生活与表面活性剂. 化学教育，1998，(3)：1-30.

［18］　方云，夏咏梅编译. 生物表面活性剂. 北京：中国轻工业出版社，1992：56-87.

［19］　方云. 两性表面活性剂. 北京：中国轻工业出版社，2001：103-134.

[20]　王万绪. 新型无机磷洗衣粉洗涤助剂层状结晶硅酸盐. 日用化学品科学，2001，24（1）：25-29.
[21]　姚献平，郑丽萍. 表面活性剂在煤炭工业中的应用. 精细化工，2001，18（3）：165-169.
[22]　伍晓林，陈坚，伦世仪. 生物表面活性剂在提高原油采收率方面的应用. 生物学杂志，2000，17（6）：25-28.
[23]　姚宇澄. 表面活性剂在农业制剂中的应用. 日用化学工业，1997，（2）：27-42.
[24]　朱雷，余丽丽，李仲谨. 表面活性剂在化妆品中的应用. 中国化妆品，2007，234（18）：80-86.
[25]　唐冬艳，刘本才. 化妆品配方设计与制备工艺. 北京：化学工业出版社，2003.
[26]　王培义. 化妆品：原理·配方·生产工艺. 北京：化学工业出版社，1999.
[27]　童琍琍，冯兰宾. 化妆品工艺学. 北京：中国轻工业出版社，1999.
[28]　徐宝财，周雅文，韩富. 家用洗涤剂生产及配方. 北京：中国纺织出版社，2005.
[29]　刘云. 洗涤剂. 北京：化学工业出版社，1998.
[30]　王慎敏. 洗涤剂配方设计、制备工艺与配方实例. 北京：化学工业出版社，2004.
[31]　徐宝财. 洗涤剂概论. 北京：化学工业出版社，2008.